Potential Analysis and Technical Evaluation
of Industrial Pollution Reduction

"十四五"国家重点出版物
出版规划项目

Potential Analysis and Technical Evaluation
of Industrial Pollution Reduction

工业污染减排潜力分析与技术评估

孙园园　白璐　乔琦　等著

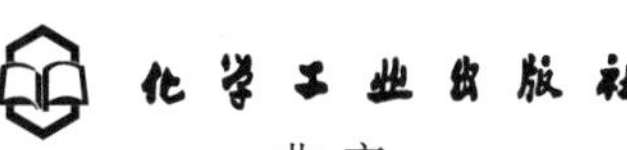

·北京·

内容简介

本书针对当前工业污染源精准化管理的热点研究问题，以实现区域、流域、行业精准化污染减排潜力分析为主线，主要介绍了作者及其团队在工业污染源精准化管理领域的多个层面和尺度开展的潜力分析、精准化管理、决策及实践应用案例。其中，在工业污染源潜力分析方面，构建了不同尺度的潜力评估模型，并专门针对全过程减排潜力模型进行了详细、深入的研究；在精准化管理方面，本书介绍的行业、区域、流域模型均逐层将行业、区域、流域的污染物减排约束到具体的生产过程，可为精准化管理提供参考；在决策方面，介绍的全过程减排潜力评估模型采用多目标决策方法，兼顾减排潜力、成本效益和碳减排，可为行业污染减排提供经济可行、碳排放减少和具有较大污染减排潜能的决策方案；在实践应用层面，介绍了包装印刷、制糖和水泥三个行业的案例、辽河流域清洁生产潜力分析的案例，以及甘肃、南阳、佛山市顺德区等不同区域尺度的研究案例。

本书旨在向读者展示当前工业污染源精准化管理和工业污染减排潜力分析的方法、模型及其应用，具有深入浅出的特色，可供工业污染源管理和工业污染减排领域相关的科研人员、企业管理者、政策制定者参考，也可供高等学校环境科学与工程、生态工程及相关专业师生参阅。

图书在版编目（CIP）数据

工业污染减排潜力分析与技术评估 / 孙园园等著
. -- 北京：化学工业出版社，2024.9
（工业污染源控制与管理丛书）
ISBN 978-7-122-45687-8

Ⅰ. ①工… Ⅱ. ①孙… Ⅲ. ①工业污染防治－研究
Ⅳ. ①X322

中国国家版本馆CIP数据核字(2024)第100615号

责任编辑：刘 婧 张 龙 卢萌萌 文字编辑：杜 熠
责任校对：宋 玮 装帧设计：王晓宇

出版发行：化学工业出版社
（北京市东城区青年湖南街13号 邮政编码100011）
印 装：北京建宏印刷有限公司
787mm×1092mm 1/16 印张24¾ 彩插10 字数522千字
2025年1月北京第1版第1次印刷

购书咨询：010-64518888 售后服务：010-64518899
网 址：http://www.cip.com.cn
凡购买本书，如有缺损质量问题，本社销售中心负责调换。

定 价：180.00元

《工业污染减排潜力分析与技术评估》

著者名单

著　　　者：孙园园　白　璐　乔　琦　张　玥　谢明辉　许　文

周潇云　李泽莹　李雪迎　刘丹丹

前言
PREFACE

工业是我国大气污染物的主要来源之一，面临着迫切的污染减排需求。21世纪开始，随着城市化、工业化和机动化的能源消耗量的大幅增加，工业污染物的排放量急剧上升，污染天数也急速增加。2012年，我国发布《大气污染防治“十二五”规划》，建立区域大气污染应急机制；2013年发布《大气污染防治行动计划》，要求建立监测预警应急体系，妥善应对重污染天气；2014年新修订的《环境保护法》提出建立环境污染公共监测预警机制，组织制定预警方案，启动应急措施。随之，全国各地区也出台了重污染天气应急预案。通过包括工业企业停产、限产、限排，燃煤替代，机动车限行及场地扬尘管理等应急措施的开展，实现了一定程度的污染减排。然而，工业企业停产、限产、限排，以及机动车限行等举措无法从根源上削减污染物的排放。因此，有必要开展污染排放潜力分析，明确具有减排潜力的行业和环节，进一步从源头降低污染物的排放量。随着国家关于污染物总量控制政策和排放标准越来越严格，污染物的高强度排放情况已明显改善，但排放总量依然很大，面临当前我国生态环境依旧较为脆弱的严峻形势，还需持续加强污染物排放总量减排。在我国经济由高速增长阶段转向高质量发展阶段过程中，污染减排是我国打好污染防治攻坚战，坚持精准治污、科学治污、依法治污，实现污染物排放总量控制和源头削减面临的一个重大挑战，也是需要跨越的一道重要关口。

我国工业污染源数量庞大，体系繁杂。根据第二次全国污染源普查的结果，2017年我国工业企业近250万家，涉及666个小类行业，上万种产品和原料。不同的生产过程，根据其使用的原辅料、燃料的不同，产生和排放的废水、废气和固体废物的种类也差异较大。工业生产过程使用的原料种类繁多、成分复杂，产生和排放的污染物种类不仅多，且部分污染物毒性大，对生态环境影响持久。为了系统全面地了解工业污染产生和排放过程中需要着重管理和控制的环节，协同考虑不同减排途径，从源头上削减污染物的产生和排放，本书针对工业污染源精准管理和减排的需求，分别在行业、流域、区域等多个尺度开发了多套减排潜力分析方法和模型，实现了不同尺度和维度的工业污染源减排决策和精准化管理。

全书共10章，其中第1～2章介绍了工业污染减排研究进展及工业生产全过程协同减排影响机制。第3章基于工业生产的产品-原料-工艺-末端治理的全过程构建了一套综合的协同控制系统模型（SPECM模型），通过多目标优化，实现工业污染源污染减排、成本效益和碳减排的协同。第4章论证了SPECM模型在包装印刷行业精准化VOCs管理和控制中的应用，基于具体的生产工艺，评估了行业从原料、生产到末端的全过程的减排潜力，提出了兼顾减排潜力、成本效益和碳减排的决策库。第5章研究了制糖行业主要污染物产生和排放的过程，构建了制糖工业节能与水污染物减排潜力（SIEWPRP）分析模型，计算了制糖工业未来中长期内的废水、化学需氧量、氨氮排放总量以及综合能耗总量，并分析了制糖工业未来的节能减排趋势和潜力。第6章采用SPECM模型，分析了水泥行业的产排污环节，并研究了水泥行业从原料-生产工艺-末端治理全过程全生命周期减污降碳潜力。第7章基于系统动力学方法，结合情景分析，同时兼顾流域的环境、社会、经济、政策体系的配套管理，构建了流域清洁生产潜力分析的系统动力学模型（SDM-BCPP），计算了辽河流域的工业清洁生产潜力，并探讨了辽河流域不同类型行业的清洁生产趋势。第8章应用SPECM模型，分别计算了不同区域尺度的工业污染源的减排潜力，并针对性地提出了全过程的减排策略。第9章在回顾甘肃省“十三五”总量减排的基础上，分析了甘肃省工业源主要污染物，包括COD和VOCs的全过程减排路径和潜力，并通过构建污染物减排项目综合减排效果评价指标体系，分别评估了甘肃省“十四五”污染减排项目的综合减排效果。

本书由孙园园、白璐、乔琦等著，具体分工如下：第1章主要由张玥、孙园园、周潇云、李泽莹、李雪迎和刘丹丹完成；第2章主要由孙园园、白璐、乔琦完成；第3章主要由孙园园、白璐、乔琦、张玥完成；第4章主要由孙园园、白璐、乔琦、张玥、周潇云完成；第5章主要由许文、白璐完成；第6章主要由孙园园、白璐、乔琦完成；第7章主要由谢明辉完成；第8章主要由孙园园、白璐、张玥完成；第9章主要由孙园园、白璐、乔琦完成；第10章主要由白璐、乔琦、孙园园、张玥完成；全书最后由乔琦、白璐统稿并定稿。本书引用的国内外有关研究成果已在本书最后的参考文献中列出，在此向这些文献的作者表示感谢。

限于著者水平及撰写时间，书中难免存在不足和疏漏之处，敬请读者提出修改建议。

著者

2023年11月

目录
CONTENTS

第1章 工业污染减排研究进展

- ☐ 工业污染减排现状及潜力
- ☐ 污染减排潜力方法和模型研究进展
- ☐ 污染减排绩效测算和评估研究进展
- ☐ 多目标污染减排协同方法的研究进展
- ☐ 技术的环境影响评价

1.1 工业污染减排现状及潜力

1.1.1 工业行业减排现状

工业是国民经济的主导，为国民经济各部门提供先进的技术装备、能源和原材料，以及各种消费品，是加强国防的重要条件。同时，工业也是污染物排放的主要来源之一，工业污染减排问题是当前国内外研究的热点之一，是我国打好污染防治攻坚战，坚持精准治污、科学治污、依法治污，实现污染物排放总量控制和源头削减面临的一个重大挑战。工业面临着迫切的污染减排需求。工业污染物包括工业生产活动中排放的废气（包括SO_2、NO_x、工业烟尘等）、废水（包括COD、氨氮、总氮、总磷、挥发酚和有害重金属等）、废渣（包括冶炼废渣、炉渣、煤矸石、尾矿和粉煤灰等）、粉尘和恶臭气体等物质。近年来，随着国家关于污染物总量控制政策和排放标准越来越严格，污染物的排放情况已明显好转（图1-1），但排放总量依然很大，生态环境依然十分脆弱，还需继续加强污染物排放总量控制，从源头上降低污染物的排放量。在我国经济由高速增长阶段转向高质量发展阶段过程中，污染减排是需要跨越的一道重要关口[1]。

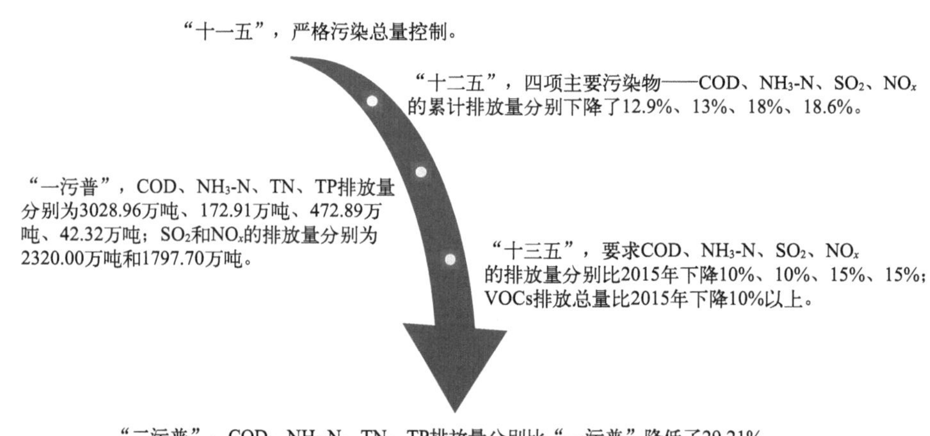

图1-1　我国工业污染物排放量变化

2007年，全国工业污染物中COD、氨氮、SO_2和NO_x的排放量分别占全国的18.63%、12.01%、91.37%和66.11%。《第二次全国污染源普查公报》显示，2017年全国工业水污染物中化学需氧量、氨氮、总氮和总磷的排放量分别占全国的4.24%、4.62%、5.12%和2.50%；工业大气污染物中二氧化硫、氮氧化物、颗粒物和挥发性有机物的排放量分别占全国的75.98%、36.18%、75.44%和47.34%。到2020年，工业源COD、氨氮、总氮、总磷的排放量分别占全国的1.9%、2.2%、3.5%和1.1%；工业源二氧化硫、氮氧化物、颗粒物和挥发性有机物的排放量分别占全国的79.6%、40.9%、65.6%和35.6%。与工业废气污染物排放量相比，我国工业废水污染物的排放量总体较低。工业废水的排放量对全国废水排放量的贡献较小，这可能得益于我国严格的废水排放管理政策和废水治理设施的不断优化升级；而工业废气的排放量对全国废气污染物的排放总量的贡献较大（图1-2，书后见彩图）。

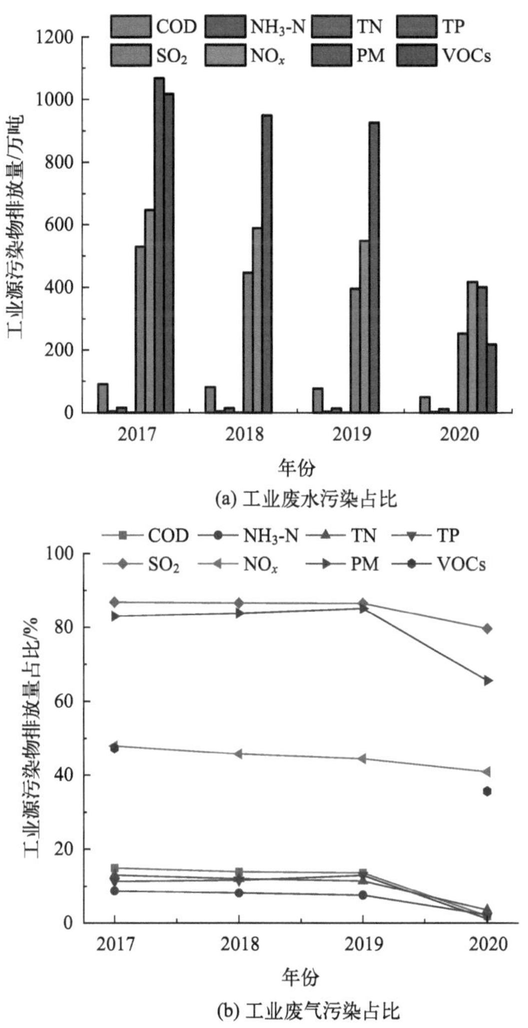

图1-2　2017～2020年我国工业污染物排放量级占比情况

21世纪开始，随着城市化、工业化和机动化的能源消耗量的大幅增加，工业污染物的排放量急剧上升，污染天数也急速增加。为应对污染天气，我国先后发布了《大气污染防治“十二五”规划》《大气污染防治行动计划》，修订了《环境保护法》，全国各地区也先后出台了重污染天气应急预案。通过包括工业企业停产、限产、限排，燃煤替代，机动车限行及场地扬尘管理等应急措施的开展，实现了一定程度的污染减排，环境质量开始明显改善。然而，工业企业停产、限产、限排，以及机动车限行等举措无法从根源上削减污染物的排放。因此，有必要开展污染排放潜力分析，明确具有减排潜力的行业和工段，进一步从源头降低污染物的排放量，科学治污、精准治污、依法治污，实现污染物的源头控制。

1.1.2 工业污染减排潜力

污染减排潜力是指通过实施清洁生产技术和末端治理技术后污染物排放量的降低程度。其中，清洁生产技术一般指源头控制技术和过程控制技术，源头控制技术也称源头预防技术，包括清洁原辅材料替代、能源结构调整、产业结构调整、产品结构升级等技术，过程控制技术包括优化工业生产过程中生产工艺和参数，以及物料存储、转移、转运过程管理及控制等技术。末端治理技术升级包括提高废气的收集率、提高治理设施的运行效率、采用高效的治理技术或配合采用多种治理技术组合等。工业污染减排潜力评估就是评估、计算实施清洁生产技术和末端治理技术后污染物排放量的降低程度。

工业产生过程涉及产品众多、生产工艺多样、产排污环节复杂，污染减排管控及减排潜力定量分析的难度较大。特别是，针对不同的减排对象，如区域/流域、行业、园区和企业，污染减排及其潜力分析的侧重点不同。对于区域/流域等较大尺度的减排对象，厘清区域/流域内的行业分布及污染物排放特征，然后针对区域/流域整体制定各行业的减排策略。针对特定的行业，明晰各生产过程和环节的生产工艺特点、污染物产生和排放特征，以及不同减排途径下可用的污染物防治技术及其控制效益，进而针对性地评估行业生产过程中主要产排污环节的污染物减排潜力及其效益，从而获得综合控制效果更佳的协同控制策略和减排技术路径。针对工业园区，摸清园区污染排放底数，明确园区工业生产过程主要排放污染物、污染物产生排放特征、排放水平，建立园区生产过程及环节污染物产生、排放数据库，针对主要产生、排放环节，以及园区生产工艺特征，因地制宜，选择适宜的污染减排策略。而对于企业，污染减排和潜力分析应侧重于分析企业原辅材料的使用、贮存、转运情况，企业的生产工艺技术参数，污染物的收集情况，采用的末端治理技术的治理效率和运行情况，以及管理情况，针对影响企业生产过程中污染物产排情况的重点过程针对性地选取减排技术和防治路径，一企一分析，一企一策。

1.1.3 全过程污染减排潜力

（1）末端治理

末端治理是指在生产过程的末端，在污染物排放到环境中之前，针对产生的污染物开发并实施的有效治理技术。末端治理有利于削减生产活动产生的污染物对环境的不利影响。常见的末端治理方式包括脱硫、脱硝、除尘等废气治理技术，以及废水处理等。末端治理侧重于生产末端的污染物的处理和处置，重点在于对已经产生的污染物的治理，使其达标排放。

末端治理在工业生产发展过程中具有一定的积极作用，有效地解决和预防了一些突出的环境污染问题。然而，随着工业化进程的不断深入，以及人们对生态环境质量要求的提高，末端治理的局限性日益凸显。第一，污染物产生后再进行处理的治理设施建设投资大，运行费用高。污染物末端治理往往只有环境效益，而无明显的经济效益，给国家和企业带来沉重的经济负担。第二，末端治理会造成一定程度的资源能源浪费。任一工业生产过程产生的污染物实际上都是没有被利用起来的物料，这不仅对环境产生了威胁，增加了治理的成本，同时也造成了一定程度的资源浪费。例如，我国农药生产的收率比国外低14% ～ 28%，国内生产1t农药比国外多排放上百公斤的污染物。第三，末端治理不当可能会产生二次污染问题，如废弃物的堆存可能会引起地下水污染，废物的焚烧会产生有毒有害气体，烟气脱硫、除尘过程会产生大量废渣，挥发性有机物热氧化去除过程会产生大量的碳排放，废水处理过程会产生含重金属的污泥等，都会对环境产生二次污染。末端治理是企业最后一道绿色防线，必须认真做好，做彻底。但由于末端治理“先污染，后治理”的治理模式与生产过程脱节，难以从根本上削减工业污染，缓解环境压力。

（2）清洁生产

1976年，欧共体在无废工艺和无废生产研讨会上首次提出“清洁生产”的概念。联合国环境规划署综合清洁生产的各种说法，将其定义为一种新的创造性的思想，指将整体预防的环境战略持续应用于生产过程中，以减少对人类和环境的风险。1992年，清洁生产正式写入《21世纪议程》。随后在全球范围内掀起了清洁生产活动的浪潮。同年，我国制定《中国环境与发展十大对策》，首次在国内提出清洁生产。次年，在全国工业污染防治工作会议中明确提出工业污染防治从末端治理向生产过程转变，实现清洁生产。2003年，《中华人民共和国清洁生产促进法》开始实施。此后，清洁生产在我国工业污染防治中发挥不可替代的作用。

与末端治理对污染物的去除量“做加法”的理念不同，清洁生产通过采用清洁的原辅材料、优化生产工艺、提高资源利用效率、加强技术进步等方式从源头上削减污染物的产生量，是对污染物的产生量“做减法”。清洁生产的核心是“节能、降耗、减污、增效”，强调从源头对污染的产生量进行削减，不仅能减轻末端治理的负担，并且可以有效缓解末端治理的弊端和对环境的不利影响。虽然，清洁生产也需要投入一定设备和资源，但由于末端治理成本的降低，以及生产效率和资源利用率的提高，长期来看，企业的经济效益反而会有所增加，有利于企业实现经济效益、社会效益和环境效益的协同提高。

虽然清洁生产有利于并能够实现企业经济效益、社会效益和环境效益的协调统一，有利于提高企业污染防治的积极性，但是清洁生产不能完全替代末端治理。即使是当前最先进的生产工艺，也无法完全避免污染物的产生，即无法彻底实现污染物的零排放，因此，必须依靠末端治理以缓解污染物对环境和健康的影响。

（3）不同路径协同减排

20世纪90年代，黄晓东等[2]研究了钻井作业过程中废物污染的全过程控制，通过采用低毒无害的钻井液、采用小井眼钻井工艺、强化作业过程的环境管理等手段，减少钻井过程的废物产生量和对环境的影响。2000年，张清友等[3]讨论了钢铁行业清洁生产和全过程污染控制的问题和内容。随后，周传良等[4]讨论了航天器研制全过程各个阶段的污染控制的必要性和污染控制技术；高小娟等[5]从清洁生产的角度出发，结合末端治理，开发了一套“减量-除杂-回用”的电解锰生产废水污染全过程控制路线。此外，李家玲等[6]通过研究再生铝行业生产过程中二噁英的成因，讨论了再生铝行业不同生产阶段二噁英污染的防治可行工艺。2013年，在第七届环境技术论坛的“工业废水治理论坛”上，曹宏斌等[7]表示工业废水处理需要全过程控制。自2001年以来，曹宏斌等[8,9]在钢铁、有色、煤化工等行业开展了诸多的研究，率先提出“全过程污染控制”的定义。全过程污染控制是利用系统工程的思路，将产品的生产过程和污染物的无害化处理过程作为一个整体，对其进行系统性的考虑。全过程污染防治首先通过清洁生产工艺，利用绿色、低毒或无毒的原辅材料代替有毒有害的原辅材料，从源头减少污染物的产生量；然后通过优化生产工艺，采用先进的生产技术组合，提高资源利用率，最大限度地降低生产过程中污染物的产生量；最后通过末端治理技术对生产过程中产生的污染物进行无害化处理。通过将清洁生产和末端治理综合考虑，实现生产过程和治理过程的双重控制，保障环境目标的最终实现。

全过程污染物控制是工业污染深度减排的有效手段。然而，全过程污染防治并非将清洁生产和末端治理简单地加和，而是需要统筹考虑源头减排、过程控制和末端治理间的协同关系，通过不断调整优化减排技术组合，获得满足区域/流域、行业、企业污染减排需求且具有较高的成本效益的污染控制路径。然而，现在关于全过程污染控制的研究很大一部分集中在对于生产过程各个阶段的污染控制技术和治理工艺的研究上。例如，杨中惠等[10]探讨了水泥窑协同处置危险废物的预处理阶段、入窑焚烧前端控制阶段，以及入窑焚烧末端尾气处理控制三个阶段的污染物控制策略。而张笛等[11]和赵月红等[12]建立的水污染物全过程控制模型是基于污染物生命周期分析，以行业水污染物控制综合成本最小化为目标进行优化的。此外，史菲菲等[13]分别从技术性能、经济成本、运行管理和环境影响等方面评价了电解锰行业全过程水污染物控制过程中各项技术的性能，然而，并未对过程控制和末端控制过程的工艺技术组合的协同关系和污染物控制性能进行讨论。当前对于全过程污染物控制的研究中，较少地考虑工业污染物控制过程中源头控制、过程控制和末端治理技术协同控制的路径，缺乏对工业生产过程中清洁生产端和末端治理端的系统性研究。

1.2　污染减排潜力方法和模型研究进展

1.2.1　污染减排潜力评估方法

目前工业污染减排潜力评估方法包括效益分析法、情景分析法、最佳可行技术分析法、生命周期评价法、多目标优化法、趋势外推法和因果分析法等方法。

效益分析法能够直观地反映减排技术、措施的污染减排潜力、成本和效益。Djukic等[14]根据塞尔维亚过去30年的人口增长和用水趋势，预测了该地区未来的用水需求，并研究了污水处理厂投资建设项目的成本效益及废水污染物的减排潜力。Liu等[15]根据广东省2006～2014年间的车辆保有量和行驶里程数据预测了2015～2020年的车辆保有量和行驶里程，并分析评估了我国珠江三角洲地区2015～2020年车辆减排措施的效益及减排潜力。Yang等[16]以2010年和2015年的煤炭消费政策对污染物排放的影响，并基于GDP、人口、家庭等因素预测了未来的能源消费情况和煤炭控制政策，分析了煤炭控制政策对碳排放和污染物排放协同减排效益，比较了源头控制和末端控制的贡献。曹建军等[17]以办公楼建筑群可再生能源分布系统为研究对象，通过建立蓄热技术与可再生能源分布耦合模型，分析了不同蓄热技术的经济可行性。结果表明以电定热模式下，引入蓄热技术可减少13.16%的一次能源使用，减少0.37t CO_2、0.28kg SO_2、0.15kg PM的排放，并且水、耐火砖、水合盐和石蜡的经济性显著高于导热油。毛显强等[18]总结了局地温室气体与污染物协同减排的效益及其评价方法，指出效益分析法通常是自上而下的宏观经济层面的分析，尚需深入行业内部开展协同控制费效优化研究。效益分析法虽然能够在一定程度上反映减排技术和政策对污染物的减排潜力，但一般是对已发生的或已完成的减排现状进行分析，或在此基础上通过人口、GDP、能耗、技术等的历史走势来预测技术或政策的减排潜力，预见性较差，且对工业生产过程众多产污环节的分辨识别考虑不足。

情景分析法弥补了污染物排放情况预见性较差的问题，多用于环境污染物排放的预测分析。张琦等[19]基于动态物质流分析，设计并预测分析了基准情景、生产结构调整情景、能效提升情景和政策强化情景下钢铁行业在2015～2050年的能耗情况和CO_2减排潜力。Lin等[20]使用对数均值指数LMDI研究了巴基斯坦电力部门在基准情景、较高排放情景和最低排放情景三种情景下的能源利用情况和CO_2排放量。Wang等[21]提出了一个多步骤的预测程序来模拟双边贸易中体现的碳减排方法，并预测了基准情景、理想情景、研发重点情景和以GDP为中心的情景四种情景下中澳双边贸易在2015～2022年的碳减排量。卢浩洁等[22]基于铝工业的存量水平、技术水平和能源结构研究了15种情景下我国铝工业在1990～2100年的能耗和碳排放情况，以及不同减排路径下的污染减排潜力。然而，情景分析法仅能预测有限情境下的污染物减排潜力，对于复杂的工业生产过程的系统性模拟效果较差，同时也无法解决对工业生产过程产排污环节识别分辨率不足的问题。

最佳可行技术分析法是通过研究和分析当前企业采取的清洁生产和末端治理技术，并与最佳可行技术比较，评估实施污染减排能够取得的效益。Hasanbeigi等[23]和Morrow等[24]通过电力和燃油节能供给曲线模型，分别评估了中国和印度两国钢铁行业23种和25种减排技术在2010～2030年的累计减排潜力，此外Morrow等还分析了印度水泥行业的22种减排技术在2010～2030年的累计减排潜力。田羽等[25]构建了橡胶制品行业末端治理技术的评估体系，评估了炼胶、压延和硫化过程中，冷凝技术、膜分离技术、直接燃烧法、蓄热氧化技术等10种末端治理技术的性能、经济效益和环境影响，结果显示，碳纤维吸附脱附法减排综合性能最佳，是该行业VOCs末端减排的最佳可行技术。樊静丽等[26]分析评估了我国生物质能-碳捕集与封存技术的污染物减排潜力和环境影响，发现火电行业的生物质能-碳捕集与封存技术，尤其是湿燃发电具有显著的减排前景。Kannah等[27]分析研究了热解、气化、天然气重整、电解水等7种制氢技术的成本效益及敏感性，发现蒸汽重整技术制氢过程会产生大量的CO_2，目前不是制氢的最佳可行技术。最佳可行技术分析法能有效弥补情景分析法对工业生产过程模拟性较差的问题，在一定程度上提高了工业生产过程主要产排污环节的分辨率，但该法依赖于最佳可行技术的确定，若无法确定某行业的最佳可行技术则无法使用该方法进行减排潜力评估，同时对工业生产的全过程减排的系统性考虑不足。

相比之下，生命周期评价法（LCA）能够更加全面地表征工业生产从原料或产品到制造、使用、回收、废弃和处置的全过程的污染排放情况。多名学者利用生命周期评价方法评估了废水处理技术的环境影响[28-30]。Parisi等[31]采用LCA方法计算了意大利地热发电厂的大气污染物排放的潜在环境影响，发现原材料的使用种类对环境的潜在影响更大，如发现使用NaOH的潜在环境影响是使用H_2SO_4和HCl的8倍。Wang等[32]对水电、核电和风电三种清洁能源技术进行了生命周期评估，发现风力发电的全球变暖潜势高于核电和水电，并指出制造阶段是风力发电和水力发电环境影响的最大贡献者。Zhang等[33]采用LCA对81个不同的河流特征情景进行了评估，并量化了河流特征对污染控制和输水一体化的影响，发现当河流自净系数在0.005以下、化学需氧量较低时，截污率和抽水时间应尽可能高；而当自净系数高于0.005且COD为50～80mg/L时，无论是非常高的污染物截留率还是非常长的抽水时间都无法在对环境影响最小的情况下改善水质。可见，生命周期评价方法能够确定在制造、使用、回收、废弃和处置的全过程中哪个过程对环境影响更大，更需要减排，然而该方法无法进行更精细的减排潜力和路径研究。同时由于工业生产过程产排污环节众多，涉及原料、生产工艺和产品复杂多样，难以建立一种生命周期评价方法同时对所有行业的所有原料或产品的污染减排潜力进行评价。

多目标优化法通过协调、统筹多个优化目标间的协同及冲突关系，能获取不同减排技术和方案的综合实施效果，有利于获取综合效益更优的减排方案，已成为污染源管理及减排潜力研究中常用的方法。多目标优化方法能够通过建立优化目标与工业污染减排过程的函数关系，模拟工业多重生产环节的污染物产生排放特征，并通过目标设置实现不同减排技术、路径下工业污染减排过程成本效益、环境效益的测算。Chen等[34]结合多种大气污染物时空分布，开发多目标优化的电力调度模型，在降低发电成本和碳排放的同时减轻$PM_{2.5}$、SO_2和NO_2的污染问题。Cai等[35]分别以经济、能源、环境、煤矸石和安全利润为优化目标，建立了煤炭产量预测多目标模糊决策模型，用以制定有效的煤炭生产决策方案，支撑煤炭生产系统的可持续发展。Dinga等[36,37]通过以CO_2、颗粒物、氮氧化物等8种污染物的减排量、能源消耗和经济成本为优化目标，构建了水泥行业节能减排协同控制模型，通过采用多标准决策的方法获取有效的节能减排管理方案和策略。

综上所述，针对复杂的工业生产系统，多目标优化法不仅能够测算不同减排技术、政策、措施的减排潜力，还能够统筹兼顾多种污染物的协同减排潜力以及技术经济性问题，是进行工业生产全过程污染减排潜力评估的上佳之选。

1.2.2　污染减排潜力评估模型

（1）国外

为了更系统地模拟工业生产活动过程中的污染排放情况，评估工业源的污染减排潜力，国外研究学者利用一定的建模思路模拟工业生产系统，建立了基于自上而下建模的CGE模型、3Es模型和MESSAGE模型等，以及基于自下而上建模的LEAP模型、MARKAL模型和EFOM模型等。

自上而下建模能够反映经济指标与能源消费和生产的关系。CGE模型最早由Johansen于1996年提出，在环境领域多用于模拟技术推广政策和行业减排潜力评估[38,39]。Rajbhandari等[40]利用CGE模型分析了2010～2050年温室气体减排对泰国宏观经济的影响，以及不同情景下的温室气体减排潜力。3Es模型是由日本长冈理工大学基于3E理论提出的能源-环境-经济模型，该模型通过模拟能源、环境和经济的发展趋势，为决策者制定相关管理决策提供参考[41]。Jin等[42]通过集成3Es模型研究了全球碳排放量前28位的国家可再生能源消费、不可再生能源消费、经济增长和碳排放的关系。MESSAGE模型侧重于中长期的能源政策研究和能源系统规划，主要用于大范围的能源系统规划研究[43-45]。Fujimori等[46]结合能源工程系统模型MESSAGE和土地利用模型GLOBIOM，分析了缓解气候变化对粮食安全的潜在不良影响，发现对粮食安全的不良影响随着缓解级别的提高不断被放大。自上而下的建模方式能够从宏观的层面模拟中长期的能源、经济政策对环境的影响，而对在工业生产过程的污染减排的关注较少，导致对工业生产过程污染减排的分辨率不高，减排的针对性不强。

自下而上建模能够模拟能源消费和工业生产过程，是能源环境领域常用的建模手段。LEAP模型以能源需求、消费及环境影响为分析目标[47, 48]。Cai等[49]基于LEAP模型探讨了蚌埠市在四种情景下，交通和能源领域在2030年之前碳达峰的路径，并模拟了不同情境下的能源需求、发电结构及CO_2排放情况，发现提高工业电气化率、逐步淘汰燃煤发电，以及大规模部署可再生能源对实现碳达峰目标至关重要。MARKAL模型是需求驱动型的通用的能源系统优化模型，能够满足在总能源成本最小和污染物排放限制条件下的最佳技术组合的选取[50-52]。Victor等[53]基于MARKAL模型分析了美国45Q法案的CCUS企业所得税抵免策略对北美长期能源系统发展的CCUS部署、CO_2排放、发电技术改革等的影响，发现45Q可以在短期内减少CO_2排放，但长远来看CO_2排放量可能会更高。AIM/enduse模型是由日本国立环境研究院开发的通过模拟原料进入生产系统到产生最终产品过程中的物质、能量流，分析生产部门的能源消耗和温室气体排放及减排潜力的方法。Pradhan等[54]基于AIM/enduse模型研究了在基准情景，低、中、高水平沼气和电烹饪利用四种情景下，沼气和电力烹饪对尼泊尔能源使用和温室气体及大气污染物排放影响，发现随着沼气和电烹饪利用率的增加，因烹调产生的污染物排放量将减少33.5%～74.3%。

（2）国内

国内对污染减排模型的自主研究较少，一般直接采用或修改国外的成熟模型。近年来，借鉴国外的成熟模型和算法，研究人员开发出了适用于我国能源-环境-经济结构的模型（LEAPChina、ChinaGEM、AIM-enduse等）。LEAPChina模型是基于长期能源替代规划系统LEAP软件建立的适用于我国实际情况的长期能源替代规划分析预测模型。Song等[55]为了预测2020～2050年我国生产端和消费端在不同情景下的二氧化碳减排潜力，基于LEAP软件建立了LEAPChina生产端和LEAPChina消费端模型，发现现行政策下生产端和消费端均无法在2030年实现碳达峰，而在可持续发展情景下，通过产业结构调整、能源结构优化、贸易结构调整等方式，生产端和消费端将分别在2029年和2032年实现碳达峰。目前，研究人员已建立了适合中国电力、水泥、造纸等行业二氧化碳减排潜力测算的LEAPChina模型[56-58]。ChinaGEM模型也是基于CGE模型建立的中国本地化的能源经济均衡模型[59]。Cui等[60]基于CGE模型构建了中国可再生能源电力削减模拟模型，模拟了风力发电、太阳能发电、水力发电等可再生能源电力削减的经济和环境效益，发现减少可再生能源电力削减将大幅减少电力行业的CO_2和污染物排放。同样的，AIM-enduse模型是AIM/enduse模型在中国的本地化改良及应用。Li等[61]采用AIM/enduse模型建立了适合我国钢铁行业节能减排潜力分析的AIM-enduse模型，分析了我国钢铁行业工厂层面的碳减排路径，结果表明税收政策、环境政策和低碳发电结合可以改变钢铁生产和能源结构，可实现大气污染物和汞排放量的协同减排。

此外，清华大学主导开发了空气污染控制成本效益与达标评估系统（ABaCAS-SE），能够实现基于空气质量目标的污染物减排量反算，以及批量减排方案快速筛查，并能够系统评估多部门多种污染物的减排成本[62]。盛叶文等[63]使用ABaCAS-SE系统评估了东莞市2017年、2020年和2025年的O_3污染控制情景下的费效，发现高减排率情景下以末端治理为主的控制措施的经济可行性较差，需要采取综合控制策略。

然而，以上模型适用于模拟能源、技术、政策推广，从行业整体出发，分析模拟减排措施、技术、政策等在不同减排情境下的减排效益，缺乏对行业具体生产工艺及其减排潜力的关注，无法预测和指导实际工业生产过程中的污染物控制和减排。

为了提高工业行业污染源管理的精准性和针对性，将行业整体减排潜力分解至具体的生产工艺，Wen等[64,65]通过对钢铁行业的原料、工艺组合、规模和产品进行模拟，通过多目标优化、结合情景分析方法，评估了行业不同节点技术、末端治理技术和共生技术等技术的节能减排潜力及其潜力偏好。该方法对行业的节能减排措施进行了系统的梳理和测算，但其仅评估了不同种类减排技术的节能减排潜力及成本，并未考虑钢铁行业生产过程从源头、过程到末端减排的系统性、协同性。

总体来看，国内外关于污染减排潜力评估模型大多关注于宏观的能源经济政策对环境的影响，以及技术推广、能源结构调整、技术普及率调整及节能减排技术应用等措施对环境的影响，但对工业生产过程的关注较少，更没有将工业生产单元作为独立的减排单元。现有的污染减排潜力评估方法和模型对工业污染减排的分辨率较低，针对性不强。

1.3　污染减排绩效测算和评估研究进展

污染减排绩效包括减排的环境绩效和经济绩效，目前国内外关于污染减排绩效测算的研究，一方面集中在不同污染治理技术、政策对污染物排放量、能源效率或节能减排成本等的影响。Fukushima等[66]基于污水处理整个过程的水质和水量数据，开发了用于评估出水水质和能源消耗情况的性能评估系统，获取了各处理阶段的优化技术策略。Brandt等[67]通过建立水循环矩阵，利用案例分析研究了水行业从取水到排放整个过程中提高资源利用效率和节能运行的技术和策略。Krampe等[68]通过审查和分析污水处理过程的每个流程的性能、污水流量和负荷变化，研究了最小的优化成本下污水处理过程的优化升级策略，将工厂主要升级进程推迟8～10年，显著减少了污水处理厂的资产管理和优化成本。Nguyen等[69]结合生命周期评价和全厂模型研究了污水处理厂的温室气体控制策略，全厂模型和LCA结合，更全面地捕获污水处理厂对环境的潜在动态影响，有利于获得环境影响最小的污水处理策略。李家玲等[70]通过研究再生铝行业生产过程中二噁英的成因，讨论了再生铝行业不同生产阶段二噁英污染的防治可行工艺。Naqi等[71]分析了从替代用于硅酸盐水泥生产的常规原材料和燃料，到用新型熟料（如硫铝酸盐水泥和镁质水泥）完全替代水泥熟料等7种主要的水泥替代类型的大气污染物减排效益，发现随石膏源比例的增加，水泥生产的碳排放显著降低。Luderer等[72]采用情景分析与生命周期评估相结合的方式，分析了不同技术路径下电力部分能源替代的协同规模和不良影响，指出以风能和太阳能为重点的减排情景在减少对人类健康影响方面的作用更显著，同时也将引发更显著的从化石资源枯竭到矿产资源枯竭的转变。Tang等[73]通过建立我国电厂污染物排放数据库，分析了电力行业超低排放的技术有效性，发现超低排放要求下，通过结构调整、技术革新、设备升级等措施，所有类型燃料的排放因子下降25% ～ 83%，绝对排放量降低60%以上。张薇等[74]通过建立钢铁行业CSC模型，分析了35种行业先进节能减排技术的成本效益、环境效益和全流程生产工序层面减排潜力因素。

另一方面，污染减排绩效测算研究较多地关注清洁生产和末端治理对减排主体生产效率、经济效益和环境效益的影响，以及影响减排主体决策的因素。Sarkis和Cordeiro[75]利用数据包络分析（DEA）模型分析了污染预防和末端治理对环境绩效和销售回报效率的差异，发现污染预防导致的环境绩效和销售回报效率的负相关性较末端治理更明显。Corral[76]基于环境及技术政策分析的行为模型，以墨西哥北部保税行业为案例研究了不同决定因素对企业参与清洁生产的当前和长期意愿的影响，以找出企业愿意进行清洁生产创新的最佳条件。Frondel等[77]分析了可能增强企业实施清洁生产技术和末端治理技术的各种倾向因素，发现环境政策和监管措施的严格性促使企业选择末端治理技术，而成本节约和通用管理系统及特定环境管理工具往往驱使企业采取清洁生产技术。Zhang等[78]采用对数平均指数法将二氧化硫的减排分成源头预防、过程控制和末端处理三个部分，发现中国2001 ～ 2010年的二氧化硫浓度降低主要来自末端治理，并认为实现全过程治理需要加强环保监管、升级环保技术。Williams等[79]通过自下而上的方式对美国能源和工业系统进行建模，分析了能源效率、脱碳电力、电气化和碳捕集相关的脱碳路径的成本和脱碳效益，指出最低成本的电力系统80%以上的能源来自风能和太阳能。Ding等[80]采用综合暴露-反应函数量化了排放控制、气象变化、人口增长和基线死亡率变化对环境$PM_{2.5}$减排的贡献情况，确定排放控制对减排$PM_{2.5}$相关死亡率的贡献最大。Wang等[81]采用指标分解法和全过程治理的视角识别控制污染物减排的驱动因素，发现末端治理依然是江苏省大气污染物控制的主要途径。王迪等[82]基于LMDI模型从全过程控制的视角分析了长江三角洲工业源SO_2排放的影响因素，发现过程和末端驱动因子有助于减少SO_2的排放，而源头驱动因子会促进SO_2的排放。Zheng等[83]基于LMDI模型估算了2000年以来我国CO_2排放量变化的经济社会影响因素，发现产业结构和能源结构调整导致一些地方的CO_2排放量的增长，但能够促进国家层面的CO_2减排。

此外，也有研究关注工业全生产过程或治理全过程的减排成本和环境效益。Azimi等[84]通过建立一个两阶段的能源优化方法来分析市政污水处理厂的能源使用优化路径，以降低能源使用成本和环境影响，发现全过程考虑对于全面了解运行成本、合理选择运营模式至关重要。Hang等[85]采用temporal-IDA方法从全过程治理的角度研究了中国SO_2的治理效果，发现末端治理是工业SO_2减排的主要贡献者，认为我国需要进一步转变工业SO_2的治理模式，挖掘源头预防和过程控制的潜力。Zhang等[86]基于厌氧—缺氧—好氧（A^2/O）活性污泥处理系统，建立了污水处理系统全过程节能减排计算模型，用于计算污水处理过程的碳排放增量、综合环境效益和各子单元的贡献比例。而Cao等[87-89]基于污染物生命周期分析，以行业水污染物控制综合成本最小化为优化目标建立了水污染全过程控制模型，发现全过程的控制策略较清洁生产具有更优的经济效益和环境效益。此外，史菲菲等[90]分别从技术性能、经济成本、运行管理和环境影响等方面评价了电解锰行业全过程水污染物控制过程中各项技术的性能。

以上对工业污染减排绩效的测算和评估多从行业整体出发，对污染减排分解的分辨率不高，为了更加细致地刻画工业生产过程污染物产生和排放绩效，乔琦等[91-94]遵循物质代谢规律，从工业生产状况角度提出了最小产污基准模块的概念以及基于实际生产情况的最小产污基准模块识别方法。最小产污基准模块识别和提取技术已经应用于《排放源统计调查产排污核算方法和系数手册》[95]的制定。然而，最小产污基准模块的概念和提取技术还未在工业污染减排绩效评估中获得应用。

综上所述，目前国内外关于工业生产过程中污染减排绩效的研究主要集中在对工业生产各个阶段污染防治技术的研究，或是关注清洁生产和末端治理决策因素的差异性。对于减排绩效的测算多从行业整体出发，并未考虑到将生产单元作为一个独立的减排单元，污染减排的分辨率低、精准性不足。同时对工业污染减排从源头、过程到末端的系统性考虑不足。

1.4　多目标污染减排协同方法的研究进展

工业生产过程受不同的原材料、生产技术、污染物排放（废水、废气、固体废物）、生产成本、能源消耗等多种因素的影响，而某些因素的变化往往会对另一因素产生一定的影响。例如，清洁原材料的使用可能会增加部分生产成本，但也将大幅度地降低某种污染物的排放。而一种污染物的控制和减排，也可能会增加另一种污染物或温室气体的排放。因此，工业污染物减排面临着污染物减排量、能源消耗、成本效益等多重目标协同管理的实际需求，而技术系统和控制方案的优化和选择的本质为多目标优化问题。

1772年，Franklin[96]首先提出了多目标冲突该如何协调的问题。而国际上一般认为多目标优化的思想，最早由法国经济学家帕累托（Pareto）在1896年提出[97]。他从政治经济学的视角将多个不易比较的问题转化为单目标最优化问题。到20世纪80年代，多目标规划理论基本建立。至今，多目标优化作为一个重要的工具在管理[98-101]、工程技术[102]、科研[103,104]等众多领域的应用越来越广泛。Sweetapple等[105]以温室气体排放、运营成本和污染物排放浓度最小化为优化目标，讨论了污水处理厂协同优化调控机制和策略，并研究了以经济高效方式减少温室气体排放的潜力。Salehizadeh等[106]协同考虑电力系统的污染物排放、安全性和可再生能源利用三个目标开发了一种用于拥塞管理的两阶段优化模型，以实现电力系统的污染物减排和传输拥塞管理成本最小化。Mayer等[107]通过耦合全生命周期评价法和多目标优化法，以经济成本和环境效益为优化目标，讨论了小型混合可再生能源系统中太阳能光伏、风力涡轮机、太阳能集热器、热泵、蓄热器、电池，以及隔热厚度等节能措施全生命周期的经济和环境影响。

国内学者也基于多目标优化的方法对电力行业、钢铁行业的节能减排效益开展了大量的研究。喻洁等[108]通过改进粒子群算法，以火电购电费用最低、火电污染气体排放最低、水电发电量最高为优化目标，探讨了水电火电协调的日交易策略。张晓花等[109]通过建立多目标机组组合模型，综合考虑二氧化碳和二氧化硫减排、一次能源成本等目标，分析了多机组组合发电调度优化问题。随后，他们针对风电场发电的随机性和波动性，通过建立风火电多目标机组组合减排模型，探究了风电火电机组组合减排策略[110]。陈洁等[111]模拟了风、光、储、微型燃气轮机、燃料电池和热电负荷微网的实际运行状态，证明多目标模型比单目标模型具有更好的经济效益和环境效益。Yu等[112]通过多目标优化的方法建立了一种混合动态输入输出优化模型，分析了中国产业结构调整优化策略及其节能减排效益，认为通过产业结构调整，中国可以实现能源和环境目标。Li等[113]分别以水能利用最大化和弃风最小化为优化目标，提出了水-热-风混合发电系统中可再生能源利用率以及降低煤炭成本和污染物排放的协同优化策略，具有高效率、低排放的特点。吕一铮等[114]基于多维度多决策模型和情景分析法，以CO_2、大气污染物、能源和水资源为主要约束建立了多目标优化模型，分析了宁波市制造业的产业结构优化路径及其效益。Wen等[115-117]通过协同考虑多种污染物减排量、减排成本和节能潜力等目标，分别讨论了中国钢铁行业、造纸行业的节能减排潜力。Tang等[118]基于多目标优化方法，以最大燃烧效率和最小化NO_x排放为目标，开发了一套基于深度信念网络的燃烧系统模型，以通过优化燃烧系统的设置提高燃烧效率和NO_x减排潜力。

总体来看，多目标协同控制已经广泛应用于能源系统、工程制造、节能减排等领域中。在工业污染防治研究中，多目标协同控制还处于发展阶段，研究人员围绕电力、钢铁、造纸等行业的污染物协同减排开展了大量的研究。然而，这些研究并未考虑到测算区域的污染物减排总量目标与行业的污染减排潜力的协调问题，也并未考虑到工业生产过程污染减排潜力和减排过程中碳排放的协同性。

1.5 技术的环境影响评价

1.5.1 技术环境影响评价要素

1.5.1.1 技术环境影响评价系统

评价是人类社会中一项经常性的、极为重要的认识活动。综合评价，即是对评价对象的全体，根据所给定的条件，采用一定的方法，给每个评价对象赋予一个评价值，再据此择优或者排序的过程[119]。

实际生活应用中，对某一事物的评价常常涉及多个方面，即多个因素或多个指标，评价即是在多因素相互作用下的一种综合判断，必须全面地从整体考虑问题。由评价的概念可知，评价具有系统性，即评价是由系统内多个因素相互作用而形成的结果，即为评价系统。相应的，技术环境影响评价也是一个完整的评价系统，其组成一般包括：评价主体、评价客体、评价目的、评价标准、评价技术方法以及评价环境等。如表 1-1 所列。

表 1-1　技术环境影响评价系统组成要素

序号	要素	说明
1	评价主体	评价活动实施人（政府/企业）
2	评价客体	评价对象，某一个或某几个技术
3	评价目的	政府——技术政策的制定 企业——寻求技术改进机会
4	评价标准	评价指标或其他参数
5	评价方法	技术环境影响评价方法
6	评价环境	处于某个区域，对某行业技术，或某段时间内

1.5.1.2　技术环境影响评价一般程序

熊本和[120]认为技术评价应当包括影响的预测、整理、调整、评价几个步骤。项保华[121]提出技术评价的具体步骤包括：

① 构造和表述问题；

② 提出各种备选技术方案；

③ 弄清外生变量—社会状态；

④ 分析各种技术方案的影响；

⑤ 进行影响评价；

⑥ 给出综合评价结论和建议。

总体来看，技术评价的要素主要包括对问题的识别、分析及评价等程序。其中，最重要的部分是影响评价，即对技术产生的各种影响予以定性的或者定量的评估。技术环境影响评价的程序与技术评价程序基本一致。

从综合评价系统及技术评价内容要素等方面考虑，技术环境影响评价程序一般由以下步骤组成。

（1）建立评价系统

明确技术评价系统要素，主要明确评价主体、评价客体、评价目的、评价标准、技术评价方法、评价环境等信息。

（2）收集数据

根据技术评价方法等需要，按要求收集相关数据。数据可通过实地调研、现场监测，或者通过文献调研、推算的方式获得。

（3）评价

按照所选择的评价方法评价、比选技术的环境影响，包括定性或者定量评价。

（4）评价结果分析

将评价结果结合技术自身特点进行综合分析，最终得出评价结论。

1.5.2 技术评价研究内容综述

目前，在技术评价领域内主要的研究内容、研究方法如下。

（1）结构建模及系统动力学

20世纪70年代末期兴起了一种结构建模和系统动力学的研究方法。包括技术评价在内的许多其他学科充分利用了系统论领域的优势，将这种方法应用于本领域的研究。Linstone等[122]对约100种基于计算机的结构建模技术进行了研究，并将其中的一些模型应用于技术评价中。Keller和Ledergerber[123]将双峰系统动力学方法应用于技术评价及问题预测中。

（2）影响分析

影响分析一直是技术评价领域的主要研究内容。早在1974年，Coates[124]就曾提出许多可以应用于综合影响分析的方法，例如：德尔菲法、交叉影响分析决策分析树法。Ballard和Hall[125]首次将整合的影响分析（integrated impact assessment）应用于EPA能源、矿物、产业局（OEMI）综合评价项目西部能源研究（western energy study）的案例中，该方法主要关注技术的四个方面：社会和政治内容、分析方法、组织管理和政策参与及实施。Smith和Byrd[126]对一个标准容器回收体系在能源、经济、劳动力、固体废物等其他方面产生的影响进行了评价。

（3）情景分析

情景分析法被应用于许多研究领域，对于技术评价也很有利用价值。Diffenbach[127]设计了一种兼容方法，分为问题形成、情景兼容、兼容性分析三步。Chen等[128]利用远景情景分析法评价了航空通信技术。Winebrake和Creswick[129]将层次分析法（Analytic Hierarchy Process，AHP）和基于多角度的情景分析（PBSA）结合，评价了五种燃料生产技术。

（4）风险评价

风险评价也是研究人员的主要关注对象之一。Hellstrom[130]以食品生产技术为例，讨论了技术、社会机构、关键基础设施之间的负协同效应。Wilhite和Lord[131]利用一种在线软件——技术风险评价系统（accessible technology risk assessment computer system，ATRACS）评估了技术发展中存在的风险。该软件基于修正的AHP，该工具使得各组成员通过互联网各自评价技术的风险，然后将结果计算汇总。

（5）决策分析

在一些技术评价的研究中还用到了决策分析法。Merkhofer[132]的技术评价过程包括定义、备选项、确定性分析、可能性分析、信息化分析和政策评估。Ramanujam和Saaty[133]利用AHP解决欠发达国家的技术选择问题。

（6）环境影响及整合的技术评价

从20世纪90年代末期起，技术评价领域在方法学和内容上有了新的发展，而环境影响成了技术评价研究领域的一个广泛关注的问题。Loveridge[134]比较和讨论了传统技术评价及环境影响评价两者之间的相同点和关联性。而早在1996年，Bohm和Walz[135]就曾运用生命周期评价作为技术评价的研究工具，并预测LCA是一个很有前景的用于分析技术的环境影响工具。"资源与工业分布的跨区域方法"（MARIA）模型主要运用于全球和区域尺度的温室气体排放情景分析。该方法可以预计化石燃料、生物质、核能和其他能源技术以及土地利用变更对温室气体排放的潜在影响。

1.5.3　技术的环境影响评价方法学综述

1.5.3.1　环境影响评价方法

国外学者对技术评价的回顾性研究表明，自20世纪90年代末期，技术评价领域在方法学上有了很大的进步，环境因素成为技术评价研究领域中的主要关注对象之一，这主要得益于人类对气候变化和其他环境威胁的重视。因此在21世纪初，所有决策制定活动，包括商业、个人、公共行政管理部门和政策制定者都开始考虑环境影响因素[136]。目前，用于对各种环境影响进行评价的方法[137,138]主要有生命周期评价（LCA）、环境影响评价（EIA）、战略环境影响评价（SEA）、环境风险评价（ERA）、物质流分析（MFA）等。

而除了上述方法之外，环境技术评价、专家评价体系也被广泛应用于一些技术的判断比选中[139]。主要的评价方法及其适用范围如表1-2所列。

表1-2 各类环境影响评价方法

序号	方法	性质	对象/适用范围
1	生命周期评价（LCA）	定量	产品或者工艺
2	环境影响评价（EIA）	定量	建设项目、规划环境影响评价
3	环境风险评价（ERA）	定性	建设项目
4	战略环境影响评价（SEA）	定量	政策、计划、规划、决策
5	物质流分析（MFA）	定量	经济生产活动中物质资源新陈代谢
6	环境技术评价（EnTA）	定性	技术的环境或其他方面影响
7	专家评价体系	定性	环境技术

（1）环境影响评价

其中，环境影响评价的目的主要是预防开发行为（一般是建设项目）对环境可能产生的污染和破坏作用，为环境管理工作提供科学依据，将人类活动对环境造成的不利影响限制到最低程度[140]。尽管这一方法目前已经发展得较为成熟，但其评价对象主要针对某一个具体的项目，是对具体的开发活动所进行的评价，并不适用于技术的评价。

（2）战略环境影响评价

战略环境影响评价是针对政策、计划、规划、决策的评价，强调的是前一种活动对后一种活动的影响，主要针对开发的范围、区域和部门，例如政策对规划、计划的影响或规划、计划对具体项目的影响[141]。根据技术评价的作用范畴可知，技术评价一般是为决策活动提供依据的，是决策活动的前期准备，而战略环境影响评价是针对决策的评价，二者的作用范围及对象不同。

（3）环境风险评价

环境风险评价被认为是环境影响评价的补充与进一步完善，其关注的内容为环境风险，即对由自发的自然原因和人类活动（对自然或社会）引起的，通过环境介质传播，能对人类社会及自然环境产生破坏、损害乃至毁灭性作用等不幸后果事件发生的概率及其后果的研究和评价。多用于对建设项目建设和开发运行中的环境风险进行评价[142]。

（4）物质流分析

物质流分析是指在一定时空范围内关于特定系统的物质流动和贮存的系统性分析，是一种资源、废弃物和环境管理的决策支持工具[143]。物质流分析主要是针对不同层次的经济系统、产业部门、工业园区或企业个体的生产活动中物质资源新陈代谢的研究[144]。

（5）环境技术评价方法

由联合国环境规划署（UNEP）开发的环境技术评价方法（environmental technology assessment，EnTA），是一种定性评价方法，用于评价现有的或者新兴的技术在环境或者其他方面的表现。UNEP从2000年开始对应用这一方法进行了大量培训，对于发展中国家清洁生产技术评价和清洁生产技术政策制定起到了一定的规范化作用。环境技术评价的基本目标是确认并描述不同技术对环境的影响范围。EnTA的主要目的是确认各种技术对环境造成的压力，并进一步评估这些压力的潜在环境影响。主要包括3个步骤：a. 确认技术操作给环境带来的压力；b. 描述这些压力可能对环境造成的影响；c. 根据技术定位条件评价各种影响的综合结果。举例而言，在调查某种制造技术的影响时，评价者需确认生产过程中产生哪些废物，描述废物流对环境造成的潜在影响，并根据其他环境压力、影响及定位条件进行综合的影响评价。

（6）专家评价体系

专家评价体系是在我国环境技术评价工作中应用最广泛、最具代表性的一类评价模式，即针对一项具体的环境技术，由政府或受委托的机构，邀请同行业专家和管理、应用方面的相关人士组成专家委员会，通过召开专家委员会会议或函审的形式，对申请技术进行综合评价，提出评价意见，其核心为专家评价意见。

1.5.3.2　技术的环境影响评价方法

1.5.3.1部分中适用于环境影响评价的方法，各有特点以及其适用的范围，通过对其简要的分析比较可知：EnTA、LCA以及专家评价体系相对于其他评价方法而言更适用于技术评价。

EnTA对于技术的评价思路可以概括为：确认—描述—评价。与生命周期评价所体现的思想如出一辙，都是基于压力-作用效应的评价模式；不同的是EnTA是一种定性评价方法，而LCA是一种定量方法学，相比而言，LCA在技术与环境的相互作用方面考虑得更全面、细致，也更适用于技术评价。而专家评价体系受限于专家人数以及专家经验的不确定性，相比LCA的定量化研究也相对缺乏说服力。

由此，LCA是目前各类环境影响评价方法中，相对更适用于技术的环境影响评价的方法。

第2章 工业生产全过程协同减排影响机制

- 工业污染物产排特征辨识
- 工业污染物减排路径

工业生产过程中的污染物的产生排放量和污染物减排目标的实现与生产过程中采用的原料种类、产生工艺（包括生产技术、规模等）和采用的末端治理技术有密切的关联。清晰的关联关系可为行业污染物减排过程中的原料替代、技术选择和替代提供参考。因此，系统辨识工业生产中污染物的减排量与原料、生产工艺、末端治理技术的关联及响应关系是研究工业行业生产全过程中污染物减排潜力和减排策略的重要基础。

2.1　工业污染物产排特征辨识

2.1.1　工业污染减排潜力的影响因素

2.1.1.1　产生量影响因素

工业生产的规模、结构和技术对生产过程中的能源和资源利用及污染物的产生和排放具有重要的影响。根据清洁生产审核办法，工业生产过程的产品、原材料、生产工艺、设备、技术水平和废弃物等客观因素，以及管理水平和员工技能等主观因素是评价工业生产过程对环境影响的主要因素（图2-1）。

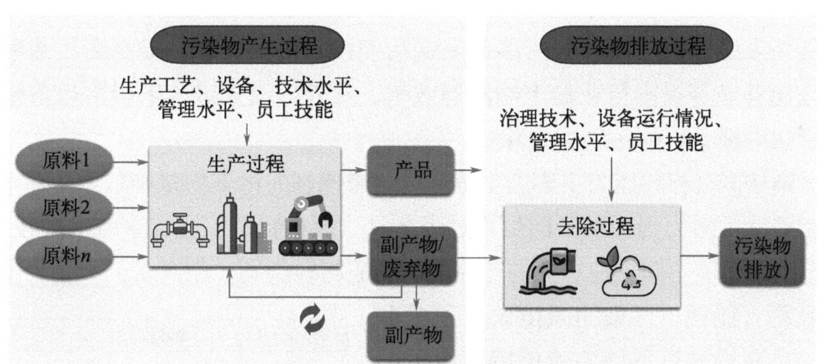

图2-1　工业污染物产生和排放的主要影响因素

行业i的污染物产生量PG_i为各个生产过程的污染物产生量的总和，其计算公式如下：

$$PG_i = \sum_{a=1}^{A} PG_a \quad A=1, 2, 3, \cdots, n \tag{2-1}$$

$$PG_a = \sum_{a=1}^{A} R_a \times Q_{\mathrm{ap/m}} \quad A=1, 2, 3, \cdots, n \tag{2-2}$$

$$R_a = f\left(\text{产品、原料、生产工艺、设备、技术水平、管理水平、员工技能}\right) \tag{2-3}$$

式中　PG_a——行业i生产过程a的污染物产生量，t；

R_a——行业i生产过程a的产污系数；

$Q_{ap/m}$——产品产量或原材料使用量。

生产过程的某种污染物的产污绩效受生产过程的产品、原料、生产工艺、设备、技术水平、管理水平及员工技能等因素的影响。

从客观上来讲，污染物的产生量受产污系数和产品产量或原辅材料使用量的影响，而产污系数与生产过程的产品和原料种类、生产工艺、生产规模等直接相关。当这些因素发生变化时，污染物的产生量也将发生变化。因此，污染物的减排当从这些因素的调整入手。即，通过改变制造产品的原材料种类、生产规模、生产工艺等因素，降低生产过程的产污系数，进而减少生产过程中的污染物产生量；或通过调整产品结构，减少产污强度高的产品产量，降低核算单元污染物的产生量。

2.1.1.2 排放量影响因素

根据工业污染源产排污核算方法，污染物的排放量为工业生产过程中的污染物产生量与去除量的差值。污染物产生量的主要影响因素如2.1.1.1部分所述。污染物的去除量的计算公式如下：

$$PR_j = PG_j \times \eta_t \tag{2-4}$$

式中 PR_j——核算单元j的污染物去除量；

PG_j——核算单元j的污染物产生量；

η_t——第t种末端治理技术的去除效率。

污染物的去除量和进入治理系统的污染物的量及末端治理技术的去除效率直接相关。通过创新末端治理技术，采用多种末端治理技术协同处理，提高高效治理技术的普及率等措施能够显著提高行业的末端治理效率。此外，改变进入末端治理系统的污染物量也能够影响治理系统的污染物去除量。

区域污染减排目标和压力主要因当地环境质量控制的污染物减排总量目标不同，行业污染减排和碳减排潜力则受到不同生产过程产品、原材料、工艺和末端治理技术的影响。通过自下而上地厘清不同工业行业的产品品类、原材料类别、生产工艺水平和末端治理技术等的普及率、能耗、污染物减排效果和成本效益情况，可获得通过不同的减排措施使行业达到的污染物减排潜力、成本-效益及引起的碳排放变化，能够指导行业的减排并为不同行业生产过程的污染控制方案的制定提供科学依据。厘清减排潜力的主要影响因素，以区域整体污染控制目标和具体工业生产过程减排效益双向约束和逼近，有利于制定更加贴合区域污染减排需求的行业减排目标和减排方案。

减排潜力主要影响因素分析路径见图2-2。

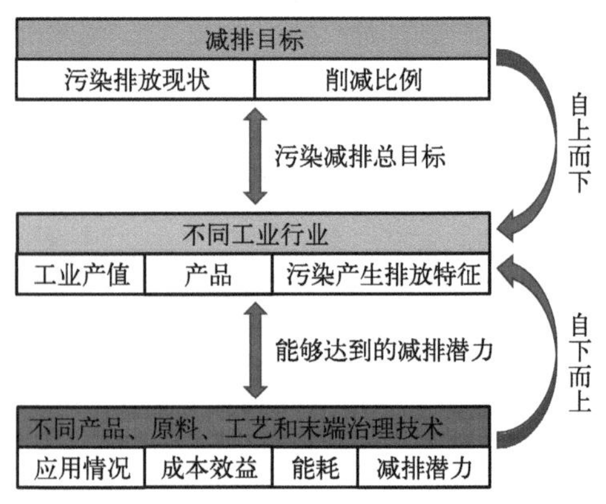

图2-2 工业污染减排潜力主要影响因素

2.1.2　污染物产生排放路径

工业产品的生产从原料输入到产品产出需经过多个生产工段，各个工段的生产工艺不同，污染物的种类和产生量存在较大差别，需要的末端治理技术也不同，污染物的排放水平也存在较大的差别。工业生产过程中污染物减排目标的实现与生产过程中采用的原料种类、生产工艺（包括生产技术、规模等）和采用的末端治理技术有密切的关联。这种关联可指导行业污染物减排过程中的原料替代、技术选择和替代。因此，研究工业生产过程中不同生产工艺组合下的污染物产生排放特征，系统描述行业产品生产过程中原料、生产工艺、末端治理技术与污染物产生量、排放量和减排量的关联、匹配关系，是研究工业行业生产全过程中污染物减排潜力和减排策略的重要基础。

特定产品生产过程中，不同的生产技术组合（原料-生产工艺-末端治理）下污染物的产生排放水平具有差异性。以水泥制造（3011）行业为例，当产品为水泥时，同时存在5种生产技术，而原料也包括钙、硅铝铁质原料和熟料、混合材2种，甚至规模分为$<1.0\times10^5$t水泥/a、$\geqslant1.0\times10^5$t水泥/a和<2000t熟料/d、$\geqslant4000$t熟料/d和2000～4000（不含）t熟料/d和$<6.0\times10^5$t水泥/a、$\geqslant6.0\times10^5$t水泥/a几种。而生产每吨水泥的颗粒物的产生量范围则为14.908～186.10kg，说明生产同样产品时，不同生产技术（包含原料和规模等因素）的组合污染物产生水平差异性较大，而在保证产品功能不受影响的前提下，生产单位产品产污强度更低的组合更符合清洁生产要求。反之，则相对具有更大的减排潜力。同理，对治理过程而言，不同治理技术的平均去除效率存在差异，以VOCs为例，既有高效的治理技术如燃烧或吸附+燃烧法，又有低效治理技术如光解、光催化、活性炭法和溶剂法，在产污强度相同的情况下更高效的治理技术具有更大的污染去除量，意味着更大的减排潜力。

本章分析了工业行业不同生产过程的污染物的产生排放路径（图2-3）。某行业i可能生产多种产品，而一种产品的生产可能存在多种原料-生产工艺-末端治理技术的组合，即工业生产过程中可能存在多种的产污水平和排污水平。

以家具制造业（大类行业）的木质家具制造行业（小类行业）为例，木质家具生产过程包括13种产生工业废气量的产污工艺组合、4种颗粒物产污工艺组合（图2-4），以及19种产生挥发性有机物的工艺组合（图2-5）。工业废气量的产污工艺组合即为排放工艺组合，而颗粒物的末端治理存在5种末端治理技术，挥发性有机物的末端治理过程存在6种末端治理技术。

而塑料板、管、型材制造行业的生产工艺流程相对简单，该行业仅生产一种产品，即塑料板、管、型材，并且只存在一种原料和工艺组合，即树脂、助剂，和配料-混合-挤出，同时存在5种颗粒物治理技术和8种挥发性有机污染物治理技术（图2-6）。因此，该行业分别仅有1种颗粒物和挥发性有机物产污水平，有多种颗粒物排放水平和挥发性有机物排放水平。

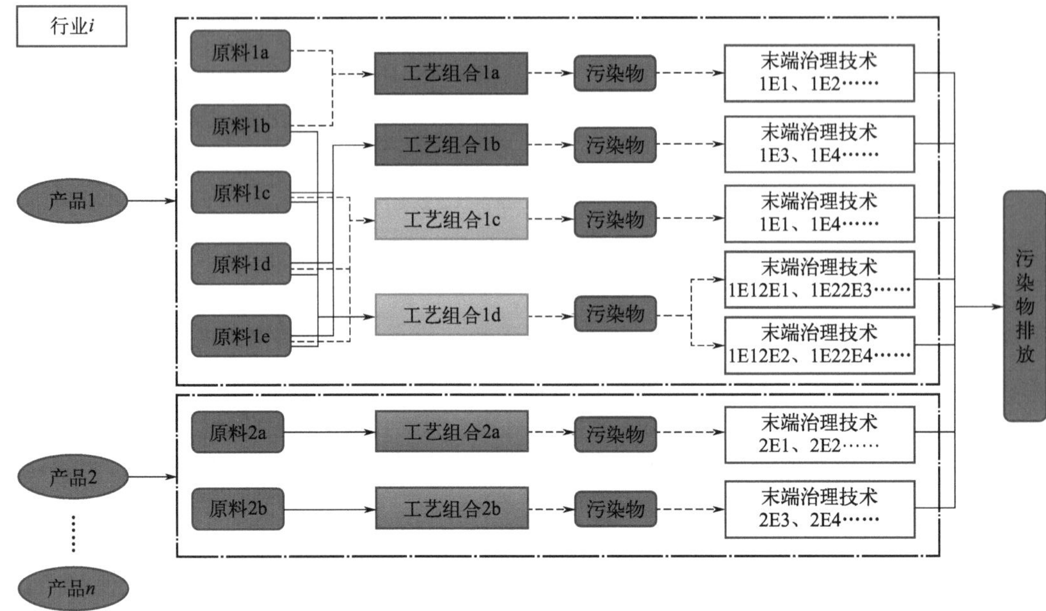

图2-3　工业生产污染物产生排放路径

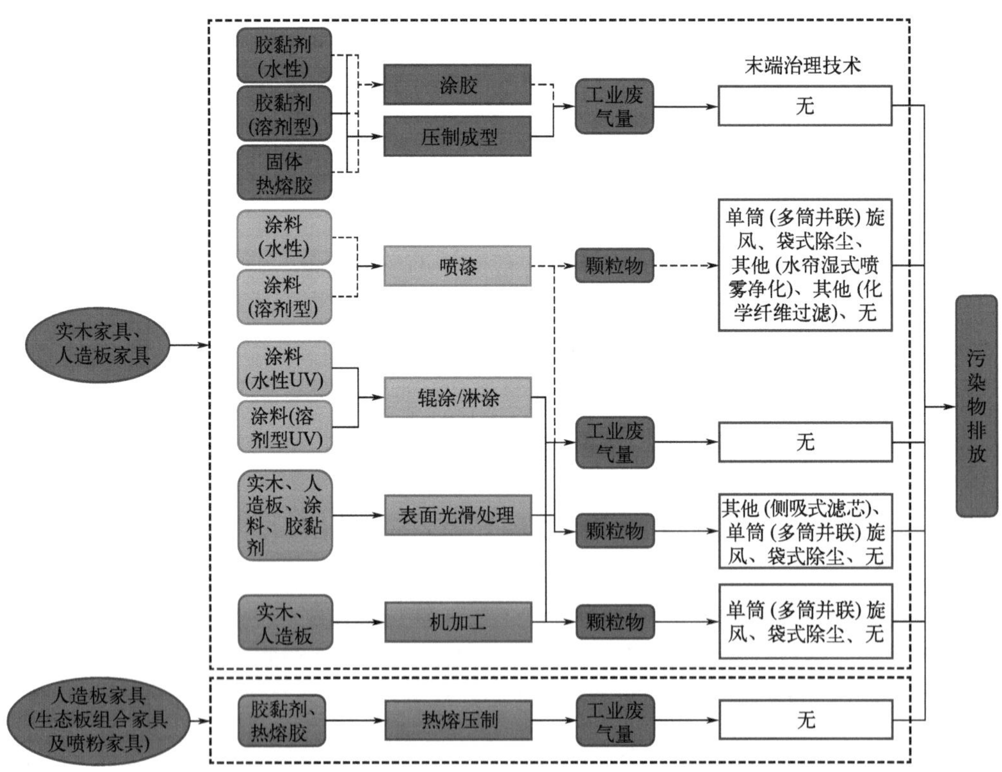

图2-4　木质家具制造行业的工业废气量和颗粒物产生排放路径

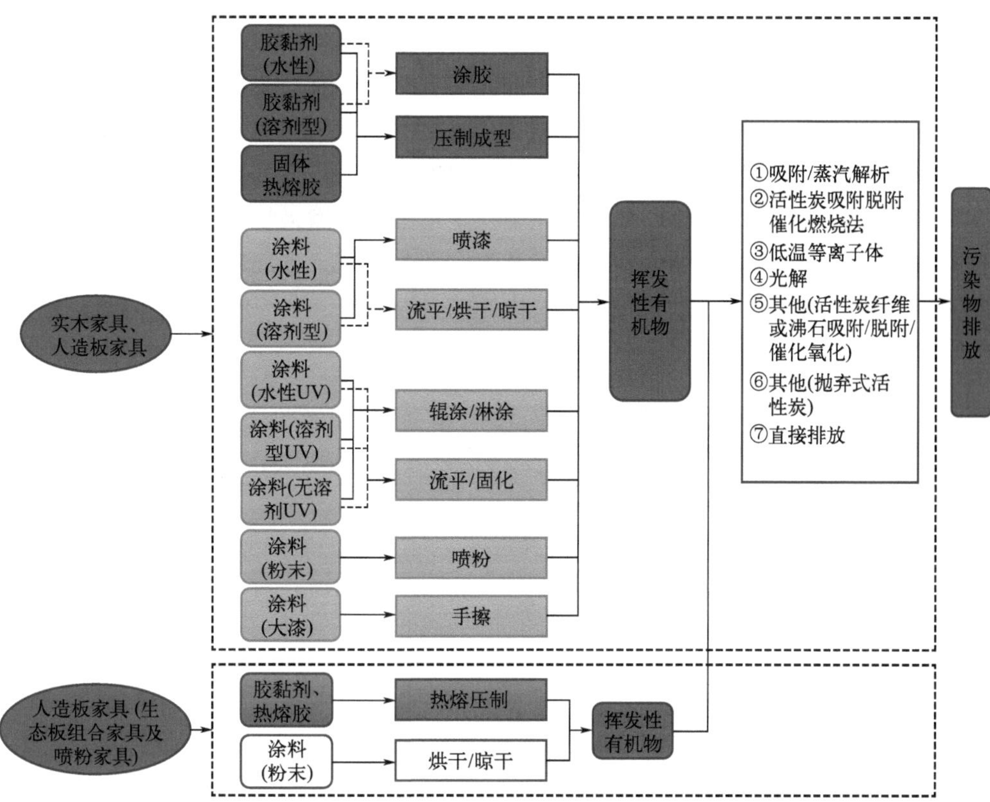

图2-5　木质家具制造行业的挥发性有机污染物产生排放路径

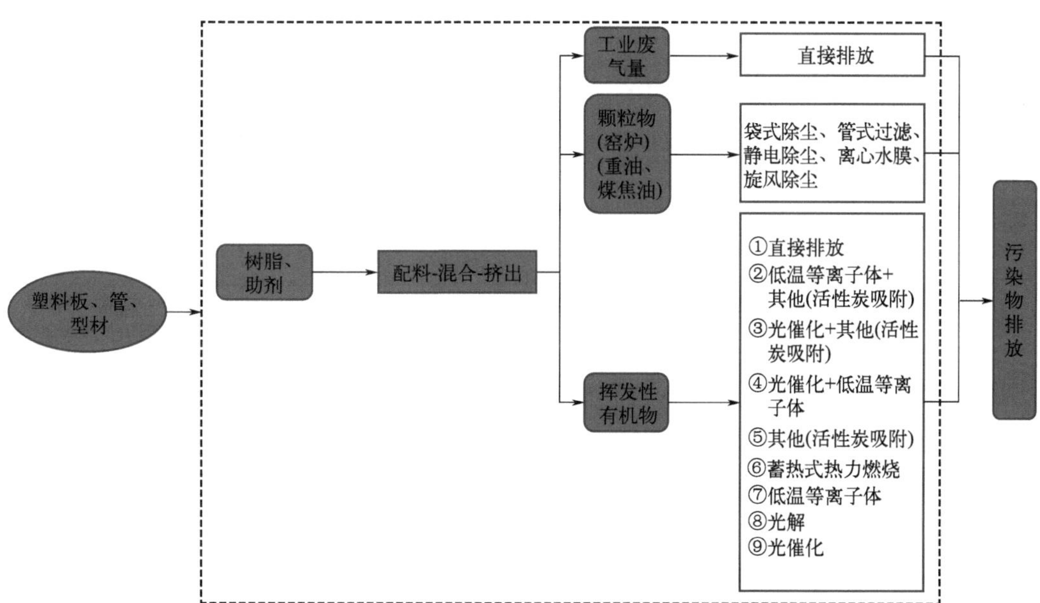

图2-6　塑料板、管、型材制造行业的污染物产生排放路径

在众多污染物产生排放路径中，辨识哪些过程的污染减排潜力较大，亟须进行重点减排是实现工业生产过程中污染物精准化减排的当务之急。

通过分析不同区域工业行业的主要产排污工段，发现在一定的测算范围内，某行业的污染物产生排放集中在为数不多的几个生产过程。如表2-1所列，深圳市和南阳市的木质家具制造行业的VOCs产生主要集中在实木家具、人造板家具的生产过程。不同的是，深圳市该行业的VOCs的产生主要集中在采用溶剂型涂料喷漆和流平/烘干/晾干两个生产过程；而南阳市该行业的VOCs的产生则较为分散，分别集中在溶剂型和水性胶黏剂涂胶过程、溶剂型涂料喷漆过程以及水性涂料喷漆和流平/烘干/晾干过程。

表2-1　木质家具制造行业VOCs的主要产生环节

区域	产品	原料	工艺	单位产值产污强度/（t/10^9元）	去除率/%	产生量占比/%
深圳市	实木家具、人造板家具	涂料（溶剂型）	流平/烘干/晾干	193.05	11.20	26.76
深圳市	实木家具、人造板家具	涂料（溶剂型）	喷漆	314.89	7.38	63.14
南阳市	实木家具、人造板家具	胶黏剂（溶剂型）	涂胶	1740.00	0	13.32
南阳市	实木家具、人造板家具	胶黏剂（水性）	涂胶	30.44	0	6.79
南阳市	实木家具、人造板家具	涂料（溶剂型）	喷漆	1333.50	0	8.50
南阳市	实木家具、人造板家具	涂料（水性）	流平/烘干/晾干	7.18	4.55	22.41
南阳市	实木家具、人造板家具	涂料（水性）	喷漆	44.30	5.28	44.82

通过分析深圳市和南阳市木质家具制造行业的末端治理情况（表2-2），可见深圳市和南阳市木质家具生产过程中的VOCs直排率均较高，直接排放的企业数量占比均超过70%。特别是，南阳市直接排放的VOCs量占比超过80%。此外，采取的末端治理技术的VOCs去除率较低。

表2-2　木质家具制造行业VOCs末端治理情况

区域	污染物处理工艺名称	技术普及率/%	排放量占比/%	实际去除率/%
深圳市	直接排放	70.12	14.93	0
深圳市	低温等离子体	1.34	2.72	8.98
深圳市	光解	3.29	4.61	5.64
深圳市	活性炭吸附/脱附催化燃烧法	1.71	0.83	16.50
深圳市	其他（活性炭纤维或沸石吸附/脱附/催化氧化）	12.20	23.37	19.41
深圳市	其他（抛弃式活性炭吸附）	9.02	52.35	5.28
深圳市	吸附/蒸汽解吸	2.32	1.19	0

续表

区域	污染物处理工艺名称	技术普及率/%	排放量占比/%	实际去除率/%
南阳市	直接排放	75	83.37	0
	光解	12.5	6.29	4.95
	活性炭吸附/脱附催化燃烧法	6.25	10.03	24
	其他（抛弃式活性炭吸附）	6.25	0.31	3

综上所述，不同工业行业的生产工艺流程长短不一，产污工艺组合的数量和产污绩效具有显著的差异性。并且，在不同的测算区域，行业的主要产污工艺分布不均匀。进一步，不同产污工艺组合的产排污影响因素不同。这些差异性均会影响行业污染物的产生排放量，进而影响行业污染物减排潜力的测算。

2.2　工业污染物减排路径

随着工业污染防治工作的不断推进，工业企业停产、限产及污染物重点减排工程等项目的不断落实，工业污染减排效果显著。然而，这些措施进一步减排的空间已经十分有限，工业污染减排进入新的阶段和起点。工业污染物深度减排和精准管理是我国打好污染防治攻坚战，坚持精准治污、科学治污、依法治污，实现污染物排放总量控制和环境质量改善面临的一个重大挑战。根据工业污染物产生排放路径分析，其减排路径可以分为源头减排、过程减排和末端治理。研究不同减排路径对工业污染物减排的影响，对获取工业污染精细化减排方案、实现工业污染物深度减排至关重要。

2.2.1　源头减排

源头减排指通过源头预防技术，包括清洁原辅材料替代、能源结构调整、产业结构调整、产品结构升级等从源头上减少生产过程中污染物的产生和排放。其中，产业结构调整和产品结构升级是通过降低高污染高耗能的产业或产品生产过程的比重减少污染物的产生和排放。能源结构调整是通过调整生产过程中的清洁用能的比例，减少整个生产过程中污染物的产生和排放。原材料的种类是影响生产过程中污染物产生量的一个重要因素。通过清洁原辅材料替代，可以降低生产过程的产污强度，进而降低污染物的产生和排放量。

以造纸行业的化学浆制造为例，不同原材料的COD产污强度具有显著差异［图2-7(a)］。其中，木材、苇、蔗渣和竹子的产污强度分布范围较大，且均值明显高于木材（针叶木）、桉木（阔叶木）、杨木（阔叶木）和棉，因此以木材（针叶木）、桉木（阔叶木）、杨木（阔叶木）和棉为原材料制备化学浆更符合清洁生产的要求，而以木材、苇、蔗渣和竹子为原料进行生产时具有很大的COD减排空间。而采用硫酸盐法制浆（漂白）工艺时，蔗渣的COD产污强度显著高于其他原料［图2-7（b）］。采用木材（针叶木）、竹子、桉木（阔叶木）和杨木（阔叶木）替代蔗渣，每生产1t化学浆将分别减少114kg、107kg、134kg和93kg的COD产生量。

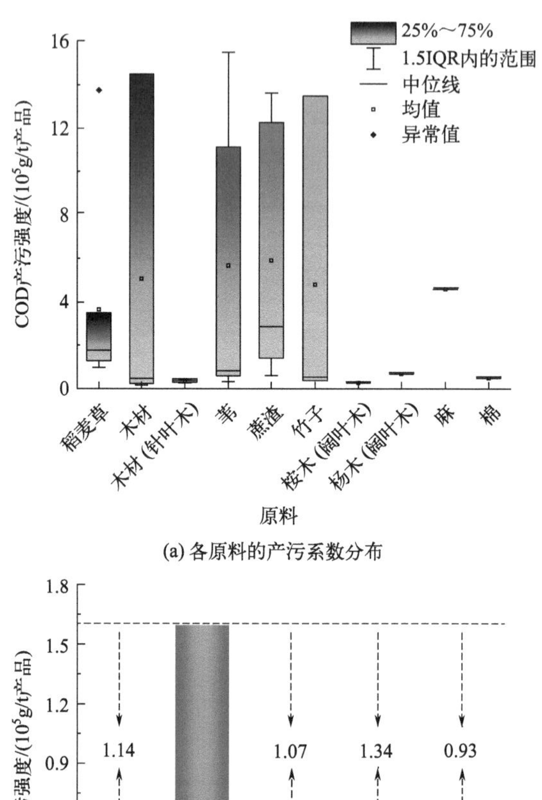

(a) 各原料的产污系数分布

(b) 采用硫酸盐法制浆(漂白)工艺时，各原料的产污强度

图2-7　化学浆制造过程不同原料COD产污强度

2.2.2　过程减排

过程减排是指通过优化生产工艺，包括优化工业生产过程中生产技术、规模和参数，以及物料存储、转移、转运过程管理及控制等从源头上减少生产过程中污染物的产生和排放。基于工业代谢分析，乔琦等通过辨识工业生产过程中影响污染物产生排放量

的主要因素及其组合，提出了最小产污基准模块的概念及其识别提取技术[94]。最小产污基准模块为工业生产过程中污染物产生量核算的最小单元，包括产品、原料、生产工艺、规模等因素。工业行业一般包括多个最小产污基准模块，行业的污染物产生量为各个最小产污基准模块污染物产生量的总和。根据白璐等[91]基于工业代谢分析理论开发的工业污染源精准量化模型PGDMA，工业生产过程中行业i的污染物产生量PG_i等于行业核算单元污染物产生量的总和，其计算方法如下：

$$PG_i = \sum_{j=1}^{n} PG_{\mathrm{W}_j} + \sum_{l=1}^{n} PG_{\mathrm{F}_l} \tag{2-5}$$

式中　PG_{W_j}——核算单元（最小产污模块）j的污染物产生量；

PG_{F_l}——通用核算单元（通用最小产污模块）l的污染物产生量。

然而，不论是PG_{W_j}还是PG_{F_l}均与最小产污模块的产品、原料、工艺、规模等相关，即：

$$PG_{\mathrm{W}_j} = M_{\mathrm{W}_j} \times f\left(x_{\mathrm{P}}, x_{\mathrm{m}}, x_{\mathrm{t}}, x_{\mathrm{s}}, x_{\mathrm{a}}\right)_{\mathrm{W}_j}, j=1, 2,3,\cdots,n \tag{2-6}$$

$$PG_{\mathrm{F}_l} = M_{\mathrm{W}_l} \times f\left(x_{\mathrm{P}}, x_{\mathrm{m}}, x_{\mathrm{t}}, x_{\mathrm{s}}, x_{\mathrm{a}}\right)_{\mathrm{W}_l}, l=1, 2,3,\cdots,n \tag{2-7}$$

式中　M_{W_j}——最小产污模块j的产品产量或原材料使用量；

M_{W_l}——最小产污模块l的产品产量或原材料使用量；

x_{P}——产品；

x_{m}——原料；

x_{t}——工艺；

x_{s}——规模；

x_{a}——其他。

根据工业污染物产生量的计算方法，生产工艺和规模是影响工业生产过程产污强度的重要因素。通过优化工业生产中的工艺组合及生产规模，能够降低生产过程的产污强度，进而减少污染物的产生和排放量。

以化学浆制造为例，采用相同原料、不同生产工艺的COD产污强度具有显著差异（图2-8）。亚铵法和亚硫酸钠法不涉及碱回收过程，其COD产污强度整体上低于烧碱法，比烧碱法更符合清洁生产的需求。通过亚铵法和亚硫酸钠法对烧碱法进行工艺优化，稻麦草制化学浆过程中，每生产1t化学浆COD产生量将分别减少1.03 ～ 1.35t和1.03 ～ 1.27t。烧碱法B、D的产污强度较烧碱法A、C更低，更符合清洁生产的需求，通过烧碱法B、D对生产工艺A、C进行工艺优化，每生产1t化学浆COD产生量将分别减少1.32t和1.23t。此外，亚铵法F的产污强度显著低于亚铵法E，通过亚铵法F对生产工艺E进行工艺优化，每生产1t化学浆COD产生量将减少0.25t。而亚硫酸钠法G的产污强度略低于亚硫酸钠法H，通过亚硫酸钠法G对生产工艺H进行工艺优化，每生产1t化学浆COD产生量将减少0.09t。

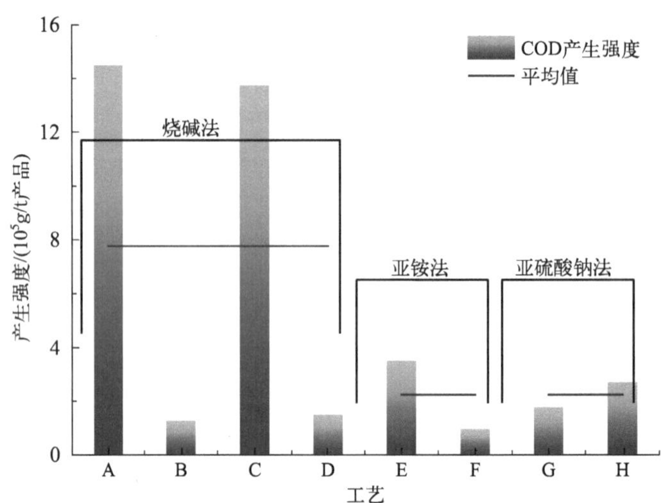

图2-8　稻麦草制化学浆过程不同生产工艺COD产污强度

A—漂白且无碱回收和综合利用；B—漂白且有碱回收和综合利用；C—未漂且无碱回收和综合利用；D—未漂且有碱回收和综合利用；E—漂白且综合利用；F—未漂且综合利用；G—漂白且综合利用；H—未漂且综合利用

2.2.3　末端治理

末端治理的重点在于对已经生成的污染物的治理，以达标排放为目的，是工业污染防治的重要手段。然而，随着工业化进程的不断深入，末端治理的局限性日益凸显。

① 末端治理设施建设投资大，运行费用高。因此，尽管有些末端治理技术的污染物去除效率较高，但考虑到技术经济性的影响，污染物的去除效率难以达到理论高度。

② 末端治理本身也是污染物产生的过程，可能会产生二次污染问题。如废弃物的堆存可能会引起地下水污染，废物的焚烧会产生有毒有害气体和碳排放，废水处理过程会产生含重金属的污泥，造纸行业废水治理过程会产生一定的氨氮等。

③ 末端治理会造成一定程度的资源浪费。污染物是放错位置的资源，这不仅对环境产生了威胁，增加了治理的成本，同时也造成了一定程度的资源浪费。

④ 某些末端治理技术无法彻底解决企业的达标排放问题。例如，京津冀地区超过80%的企业采用单一的低温等离子体、光氧化或一次性活性炭吸附技术，其中约80%的企业未达标排放。

在实际的污染减排过程中，可能涉及某一种减排路径，也可能涉及多种减排路径的组合及其协同减排效益。通过减排路径的组合，特别是源头减排+末端治理、过程减排+末端治理，以及源头减排+过程减排+末端治理的路径组合，在源头减排或过程减排后，污染物的性质、产生量、浓度等将发生变化，对末端治理技术的选择和要求也将发生转变。因此，需要统筹考虑生产过程的原材料替代、生产工艺优化和末端治理的协调关系。

以化学浆制造为例，稻麦草+烧碱法制浆（漂白无碱回收和综合利用）过程的COD产污强度高达14.5×10^5g/t产品，工业废水量的产生强度高达180t/t产品。如表2-3所列，

表2-3　化学浆制造过程VOCs减排路径

减排路径		原料	工艺	COD产污强度/（10^5g/t产品）	氨氮/（g/t产品）	工业废水量/（t/t产品）	挥发酚/（g/t产品）	挥发性有机物/（g/t产品）	一般固体废物/（kg/t产品）			末端治理技术		
									浆渣	绿泥	白泥			
工艺优化		稻麦草	烧碱法制浆(漂白)(无碱回收和综合利用)	14.50		180			10			E5	E4	
工艺优化	1	稻麦草	烧碱法制浆(未漂)(无碱回收和综合利用)	13.75		157.5			10			E5	E4	
工艺优化	2	稻麦草	烧碱法制浆(未漂)	1.50		105			10	12.5	550	E5	E4	
工艺优化	3	稻麦草	烧碱法制浆(漂白)	1.28		67			11	14	498	E5	E4	
工艺优化	4	稻麦草	亚铵法制浆(漂白)(综合利用)	3.49	12300	160			10			E5	E4	
工艺优化	5	稻麦草	亚铵法制浆(未漂)(综合利用)	0.96	2980	45			12			E5	E4	
工艺优化	6	稻麦草	亚硫酸钠法制浆(未漂)(综合利用)	2.69		121			10			E5	E4	
工艺优化	7	稻麦草	亚硫酸钠法制浆(漂白)(综合利用)	1.77		157.7			10			E5	E4	
原料替代+工艺优化	8	蔗渣	硫酸盐法制浆(漂白)(无碱回收)	13.63		190			10			E5		
原料替代+工艺优化	9	蔗渣	烧碱法制浆(漂白)(无碱回收)	12.90		165			10			E5		
原料替代+工艺优化	10	蔗渣	烧碱法制浆(未漂)(无碱回收)	11.66		145.5			10			E5		
原料替代+工艺优化	11	蔗渣	酸法制浆(漂白)(综合利用)	3.04		122.5						E5		
原料替代+工艺优化	12	蔗渣	酸法制浆(未漂)(综合利用)	2.67		82.5			10			E5		

续表

减排路径		原料	工艺	COD产污强度/（10^5g/t产品）	氨氮/（g/t产品）	工业废水量/（t/t产品）	挥发酚/（g/t产品）	挥发性有机物/（g/t产品）	一般固体废物/（kg/t产品）			末端治理技术		
									浆渣	绿泥	白泥			
原料替代+工艺优化	13	蔗渣	硫酸盐法制浆（漂白）	1.60		135			10	12.5	550	E5		
	14	蔗渣	烧碱法制浆（未漂）	1.20		120			10	12.5	550	E5		
	15	蔗渣	烧碱法制浆（漂白）	0.59		62			7	6.5	203	E5		
	16	苇	烧碱法制浆（未漂）（无碱回收）	11.15		205			10			E5	E4	
	17	苇	烧碱法制浆（漂白）	0.82		62			11	14	468	E5	E4	
	18	苇	烧碱法制浆（未漂）	0.59		41			11	13	468	E5	E4	
	19	苇	酸法制浆（漂白）(综合利用）	0.32		35			10			E5	E4	
	20	麻	烧碱法制浆（漂白）	4.59		500			10			E5	E4	
	21	棉	烧碱法制浆（漂白）	0.48		46						E5	E4	
	22	檀皮、稻麦草、麻	石灰法制浆	3.71		110			10			E5	E4	
	23	棉短绒	烧碱法制浆（溶解浆）	0.67		56						E5	E4	
原料替代+工艺优化+末端治理	24	竹子	硫酸盐法制浆（漂白）（无碱回收）	13.49		125			10			E3	E1	E2
	25	杨木（阔叶木）	硫酸盐法制浆（漂白）	0.68		77	171		10	10.5	75	E3	E1	E2
	26	竹子	硫酸盐法制浆（漂白）	0.53		32		2.42×10^3	7	26	450	E3	E1	E2

续表

减排路径		原料	工艺	COD产污强度/（10^5g/t产品）	氨氮/（g/t产品）	工业废水量/（t/t产品）	挥发酚/（g/t产品）	挥发性有机物/（g/t产品）	一般固体废物/（kg/t产品）			末端治理技术		
									浆渣	绿泥	白泥			
原料替代+工艺优化+末端治理	27	竹子	硫酸盐法制浆(未漂)	0.37		32		2.42×10^3	3	10	315	E3	E1	E2
	28	木材	预水解硫酸盐法制浆(溶解浆)	0.47		35		2.42×10^3	11	11	0	E3	E1	E2
	29	木材	酸法制浆(漂白)(综合利用)	0.23		45			20			E3	E1	E2
	30	木材(针叶木)	硫酸盐法制浆(漂白)	0.46		38	1	2.43×10^3	8	9	0	E3	E1	E2
	31	木材(针叶木)	硫酸盐法制浆(未漂)	0.29		30	1	2.43×10^3	11	12	0	E3	E1	E2
	32	桉木(阔叶木)	硫酸盐法制浆(漂白)	0.26		38	0.62	2.42×10^3	7	10	0	E3	E1	E2

注：表中，E1为化学混凝法+好氧生物处理法+化学混凝法；E2为化学混凝法+好氧生物处理法+上浮分离；E3为化学混凝法+好氧生物处理法+氧化还原法；E4为化学混凝法+厌氧生物处理法+好氧生物处理法+化学混凝法；E5为化学混凝法+厌氧生物处理法+好氧生物处理法+氧化还原法。

原材料不变时，通过优化生产工艺，COD和工业废水量的产生量均有显著的降低，然而采用烧碱法制浆（未漂）和烧碱法制浆（漂白）进行COD减排时，会显著增加固体废物，特别是白泥的产生量；而通过亚铵法进行COD减排时，会增加氨氮的产生量。而采用亚硫酸钠制浆法进行过程优化减排时，能同时减少COD和废水的产生量，且不增加其他污染物的产生。

原材料（非木竹类）和生产工艺同时优化时，废水污染物的种类未发生显著的改变，依然可以选用末端治理技术E5进行污染物的治理。通过原料减排与过程协同减排，特别是通过路径11 ～ 15、17 ～ 19以及21 ～ 23进行减排的过程中，COD和工业废水量的产生强度明显降低。然而，通过减排路径20，COD的产生量虽然显著降低，但废水的产生量却增加了近1.8倍。此外，通过减排路径13 ～ 15以及减排路径17和18进行COD减排时，一般固体废物，特别是绿泥和白泥的产生量显著增加。

原材料（木竹类）和生产工艺同时优化时，废水污染物的种类发生变化，需要采取对应的末端治理技术E1、E2或E3。减排过程中，COD和工业废水量的产生强度明显降低，然而，减排路径25将产生较多的挥发酚和一般固体废物，废水量也增加了近1.8倍。减排路径26 ～ 28以及路径30 ～ 32也伴随着大量挥发性有机物的产生，特别地，减排路径26和27还伴随着大量的一般固体废物（特别是白泥）的产生。

实木家具、人造板家具+溶剂型涂料+喷漆和干燥过程，以及使用胶黏剂进行涂胶过程是木质家具制造行业VOCs产生排放的重要来源。该生产过程的VOCs全过程协同减排对污染物排放情况的影响如表2-4和表2-5所列。

在末端治理技术不变时，通过水性涂料替代，每替代1kg溶剂型涂料，在喷漆和干燥过程VOCs减排量分别为328 ～ 360g和140 ～ 154g。用UV涂料替代时，情况略有不同，UV涂料一般采用淋涂/辊涂的形式进行涂饰，即UV型涂料替代需要结合生产工艺的优化。通过水性胶黏剂替代，每替代1kg溶剂型胶黏剂，涂胶过程的VOCs减排量为332 ～ 365g。

采用溶剂型UV、水性UV和无溶剂UV涂料替代时，每替代1kg溶剂型涂料，涂饰过程的VOCs减排量分别为374 ～ 411g、393 ～ 432g和404 ～ 444g，干燥过程的VOCs减排量分别为143 ～ 157g、162 ～ 178g和173 ～ 190g。

实木家具制造行业超过80%的企业采用治理效率较低的末端治理技术，通过升级为高效的末端治理技术，溶剂型涂料和胶黏剂使用过程中的VOCs的减排量为101 ～ 152g/kg涂料和67 ～ 100g/kg涂料。

采用水性涂料或水性胶黏剂替代后，VOCs产生量和工业废气量产生均有明显下降，但VOCs的浓度却有所增加。水性涂料和末端治理技术协同控制时，涂饰和干燥过程的VOCs减排量分别为374 ～ 380g/kg涂料和160 ～ 163g/kg涂料，涂胶过程的VOCs减排量为373 ～ 378g/kg涂料。

采用溶剂型UV或水性UV涂料替代后，VOCs和工业废气量的产生量也明显下降，但VOCs的浓度却与采用溶剂型涂料时相差不大。溶剂型UV或水性UV涂料与末端治理

表2-4　木质家具制造行业涂料使用过程VOCs全过程协同减排

减排路径	原料	工艺	VOCs/(g/kg涂料)	工业废气量/(m³/kg涂料)	浓度/(g/m³)	治理技术-去除效率/%	减排量/(g/kg涂料)
原料替代	涂料（溶剂型）	喷漆	444.5	2380	0.19	直接排放-0 低温等离子体-9 光解-6 其他（抛弃式活性炭）-4 吸附/蒸汽解析-0	
		流平/烘干/晾干	190.5		0.08		
	涂料（水性）	—	84	238	1.51		328～360
		—	36		0.65		140～154
原料替代+工艺优化	涂料(溶剂型UV)	淋涂/辊涂	33.1	600	0.06		374～411
		流平/固化	33.1				143～157
	涂料(水性UV)	淋涂/辊涂	12.07	60	0.20		393～432
		流平/固化	12.07				162～178
	涂料(无溶剂UV)	淋涂/辊涂	0.32	—	—		404～444
		流平/固化	0.32	—	—		173～190
末端治理	活性炭吸附脱附催化燃烧法-24 其他（活性炭纤维或沸石吸附/脱附/催化氧化）-25.5						101～152
原料替代+末端治理	涂料（水性）	活性炭吸附脱附催化燃烧法-24 其他（活性炭纤维或沸石吸附/脱附/催化氧化）-25.5					374～380
							160～163
原料替代+工艺优化+末端治理	涂料(溶剂型UV)	淋涂/辊涂	活性炭吸附脱附催化燃烧法-24 其他（活性炭纤维或沸石吸附/脱附/催化氧化）-25.5				416～419
		流平/固化					162～165
	涂料(水性UV)	淋涂/辊涂					434～435
		流平/固化					180～181

表2-5 木质家具制造行业胶黏剂使用过程VOCs全过程协同减排

减排路径	原料	工艺	VOCs/（g/kg涂料）	工业废气量/（m^3/kg涂料）	浓度/（g/m^3）	治理技术-去除效率/%	减排量/（g/kg涂料）
原料替代	胶黏剂（溶剂型）	涂胶	417.6	316	1.32	直接排放-0 低温等离子体-9 光解-6 其他（抛弃式活性炭）-4 吸附/蒸汽解析-0	332～365
	胶黏剂（水性）		52.4	31.6	11.56		
末端治理	活性炭吸附脱附催化燃烧法-24 其他（活性炭纤维或沸石吸附/脱附/催化氧化）-25.5						67～100
原料替代+末端治理	胶黏剂（水性）	活性炭吸附脱附催化燃烧法-24 其他（活性炭纤维或沸石吸附/脱附/催化氧化）-25.5					373～378

技术协同控制时，涂饰过程的VOCs减排量分别为416～419g/kg涂料和434～435g/kg涂料，干燥过程的VOCs减排量分别为162～165g/kg涂料和180～181g/kg涂料。

综上所述，减排路径会影响工业生产过程中的污染物种类、产生量、产生浓度、排放量及排放浓度。多种路径协同减排会产生一定的协同效应，特别是在源头或过程减排路径与末端减排路径协同减排时，为了达标排放，需要根据污染物种类、浓度的变化选择相应的末端治理技术。

综上所述，为了解决工业生产过程中不同生产路径组合下的污染物的减排量与产品生产过程中原料、生产工艺、末端治理技术的响应关系和影响机制未能充分辨识，导致清洁生产与末端治理技术间的协调性较差，减排目标与工业生产和减排过程存在脱节、污染减排方案落实难度较大等问题，本章节通过分析工业生产过程的污染物产排途径及影响因素，及减排途径对工业污染物产生、排放量的影响，研究了工业生产全过程协同减排的影响机制，为工业全过程协同减排潜力模型的构建提供理论基础。

① 基于工业污染物产排特征分析了工业污染物的产生排放路径。共从木质家具制造行业的2种产品、14种原料、12种生产工艺中识别出13种产生工业废气量的产污工艺组合、4种颗粒物产污工艺组合以及19种挥发性有机物产污工艺组合，并识别出5种颗粒物治理技术及6种挥发性有机物治理技术。然后，基于工业污染物产生排放量核算方法分析了工业生产过程中影响污染物产生量和排放量的主要因素，进而明晰了工业减排过程影响污染减排量的关键因素。

② 基于最小产污模块概念及工业产排污核算量化方法，分析了不同减排路径对工业污染减排的影响机制。原材料替代通过降低污染物的产污强度减少污染物的产生量，过程减排通过生产工艺优化降低最小产污模块的产污系数，进而减少污染物的产生量，末端治理通过削减进入环境的污染物量达到排放目标。

减排路径组合会影响污染物的产生量、产生浓度及污染物的种类，将改变对末端治理技术的选择。在稻麦草+烧碱法制浆（漂白无碱回收和综合利用）的32种减排路径中，有26种减排路径具有显著的COD减排效果，其中有1种路径会增加废水的产生量、有2种路径会增加氨氮的产生、有4种路径会增加挥发酚的产生、有6种路径会增加VOCs的产生、有9种路径会显著增加一般固体废物的产生。为了污染物的达标排放，路径24 ～ 32的末端治理技术的选择发生改变。

第3章 SPECM 模型概述

- □ SPECM 模型架构
- □ SPECM 模型的模块
- □ 模块的调用
- □ 数据来源

一方面，根据工业污染物减排路径的研究，从工业生产的源头、过程到末端治理的全过程的协同控制具有显著的减排潜力。另一方面，污染物减排受政策和技术两方面影响。政策方面，生态环境质量改善目标对污染物允许排放量提出限制性要求；技术方面，污染物减排潜力与生产工艺的技术化水平、污染控制技术水平和管理技术水平和效率等直接相关，在制定减排技术途径时需兼顾二者。此外，污染物减排的成本和碳排放也是“双碳”背景下工业污染物减排需要重点优化的目标。为了统筹考虑污染物全过程减排的潜力、成本效益、碳排放和区域减排目标等多重减排目标，本章节基于多目标优化的方法建立工业全过程协同减排潜力模型。

多目标优化是现实生活中各领域普遍存在的问题，是统筹多个目标函数在给定约束范围内的最优化。近年来，多目标优化广泛应用于人工智能、工程设计、机械加工、科学研究、交通轨道设计等领域。在环境领域，常用于电网调控、能源结构优化、行业节能减排等方面的策略研究和制定。一般，多目标优化问题的标准表述为：

$$\begin{cases} \min F(X)=[f_1(x),f_2(x),\cdots,f_n(x)]^{\mathrm{T}} \cdots\cdots\cdots\cdots\text{目标函数} \\ \text{s.t.}\quad X\in S \qquad \cdots\cdots\cdots\cdots\text{决策空间} \\ g(X)\leqslant 0 \qquad \cdots\cdots\cdots\cdots\text{约束条件} \\ X=(x_1,x_2,\cdots,x_{1n}) \qquad \cdots\cdots\cdots\cdots\text{决策向量} \end{cases}$$

其中，f为优化目标，X为可行解集。假设$x=(x_1，x_2，x_3，\cdots，x_n)^{\mathrm{T}}$是多目标优化模型的一个可行解，则$X$为所有可行解的集合。

当两个决策向量$a,b\in X$，且存在$a>b$，当且仅当$[\forall i\in(1,2,\cdots,n)\ f_i(a)\leqslant f_i(b)]$，都有$[\exists j\in(1,2,\cdots,n)\ f_j(a)<f_j(b)]$，则表示$a$支配$b$，即$a$帕累托占优$b$。若在多目标优化的可行域内不存在任何决策向量支配决策向量$\mathbf{x}_i$，则称$\mathbf{x}_i$为帕累托最优解。在决策空间S中，若存在$f(x^*)\leqslant f(x)\ \forall x\in S$，则称$x^*$为多目标优化的绝对最优解。若$f(x)\leqslant f(x^-)\ \forall x\in S$，则称$x^-$为多目标优化的非劣解。所有非劣解的集合为非劣解集。

本研究的多个优化目标，包括区域减排要求、减排潜力、成本效益和碳排放，约束条件包括减排目标约束、成本效益约束、碳减排约束、产品产量约束、生产工艺约束、产污强度约束等9大类。本研究的几个优化目标之间存在冲突对抗，例如，末端治理需要大量的能源和经济成本投入并产生大量的碳排放；原材料替代可能需要投入一定的经济成本并减少部分碳减排。因此，优化目标无法同时达到最优解，必须各有权重。如何将工业生产过程中的污染减排过程及其效益抽象成多个优化目标，并科学合理地优化多个目标间的协同和冲突关系是本研究的重点。

3.1 SPECM模型架构

本章建立的模块化多目标工业全过程减排潜力评估模型SPECM的模块化具有两层

含义：首先，是计算精度层面的模块化，本模型基于最小产污基准模块的概念，提取工业生产的最小产污基准模块作为独立的减排单元，使工业污染减排潜力分析的环节更加精细，提升了工业污染减排的分辨率，使得工业污染减排更加精准；其次，是指模型组成单元的模块化，使得模型的使用更加灵活，同时更有利于对模型进行进一步的开发和迭代升级。

面对工业污染减排精细化管理需求，本研究通过减排对象识别和提取，以最小产污基准模块（即工业生产的产品+原料+工艺+规模组合）为行业污染物减排单元（减排环节）。基于最小减排单元，将工业生产全过程污染减排聚焦至最小产污基准模块的协同减排。根据污染减排需求选择并设定污染减排的目标：污染物减排总目标、行业减排潜力、成本-效益和碳减排目标。

以最小产污基准模块、产排污系数和量化核算模型、蒙特卡洛抽样和多目标优化等为技术中台，该模型从识别行业减排单元出发，将行业减排转化为最小产污基准模块减排，通过不断对比不同减排路径的产污强度、单位产值产污强度测算生产过程的污染物减排潜力。通过对工业污染源数据的进一步挖掘，利用各行业污染源的活动水平和产排污信息，采用潜力差值测算的方式逐一识别原材料替代、工艺优化、治理技术升级等路径的减排潜力，及其成本-效益和碳排放情况。通过统筹优化多重污染减排目标，获取综合减排效益优良的污染减排路径，为区域行业污染减排和转型升级提供精准对策。

根据模型的功能，SPECM模型共分为前处理模块、对象识别和提取模块、目标设定模块、测算模块和不确定性分析模块5大类（图3-1）。

① 前处理模块（M1）的作用是提取、转化数据格式，提高数据使用的规范性。

② 对象识别和提取模块（M2）包括标杆选取（M21）和对象识别提取（M22）两个子模块，而对象识别提取（M22）又包括减排行业识别提取（M221）和减排单元识别提取（M222）两个子模块。M22模块的作用是在选取标杆的前提下，获取需要重点进行污染减排的生产过程。其中，M221模块的作用是从众多工业行业中获取需要重点减排的行业；M222模块的作用是从多种生产工艺组合中识别提取重点减排单元，包括需要重点减排的最小产污基准模块和有待进行升级的末端治理技术。

③ 目标设定模块（M3）包括减排目标设置（M31）、约束条件设置（M32）和多目标优化算法（M33）三个子模块。M31模块的作用是设置工业生产全过程协同减排的目标；M32模块的作用是划定模型的决策空间；M33的作用是选定优化算法，获取多目标模型的非劣解集。

④ 测算模块（M4）包括减排潜力测算（M41）、成本效益分析（M42）、碳排放量测算（M43）和污染物排放量测算（M44）四个子模块。M41模块的作用是测算不同减排技术和路径下的污染物减排潜力；M42模块的作用是测算减排过程的成本-效益；M43模块的作用是测算污染减排过程中的碳排放情况；M44模块的作用是测算工业生产过程中的污染物产生和排放量。M4模块测算的是重点减排行业重点减排过程在不同减排途径下的污染减排潜力。

⑤ 不确定性分析模块（M5）的作用是通过定性、半定量和定量的方法分析SPECM模型的不确定性。

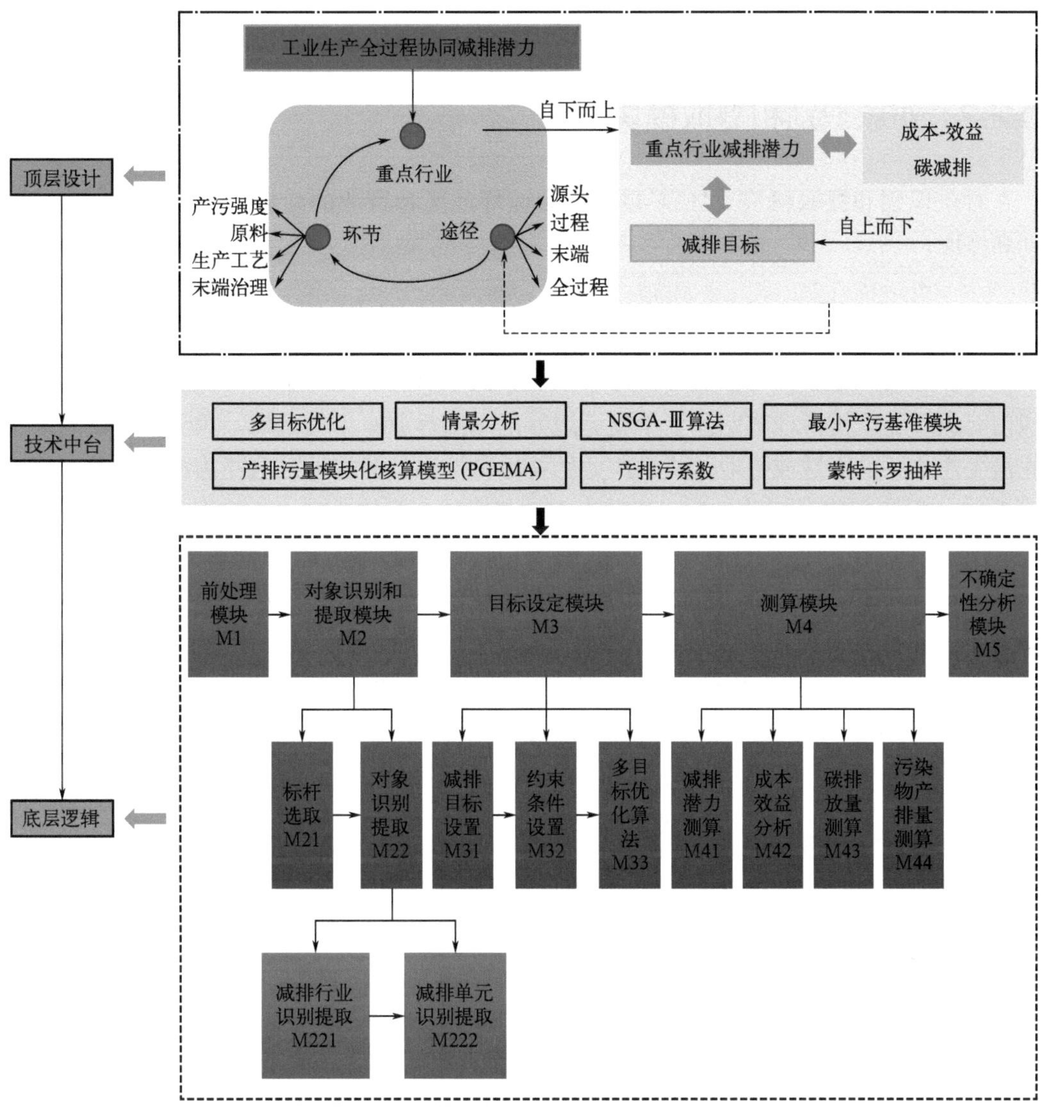

图3-1　SPECM模型的架构

3.2　SPECM模型的模块

3.2.1　数据前处理模块

数据前处理模块（M1）利用pandas将输入模型的数据按照用途（潜力测算、成本-效益评价、碳减排评价等）分类到不同的工作表，对缺失、重复、异常数据进行清洗，并根据后续模块需求进行简单的运算，提升数据使用的规范性。

3.2.2 对象识别和提取模块

对象识别和提取模块（M2）是在选定标杆地区和行业的前提下对减排对象进行识别和提取。

3.2.2.1 标杆选取（M21）

标杆即为产业结构近似但产排污绩效明显优于所评价地区水平的区域，或为国际或国内对应行业产排污绩效明显优于测算边界范围内行业水平的区域。对于本身已经处于先进生产水平的区域或行业，或是产业结构独特性强、标杆地区选择困难的行业，可以采用DEA数据包络分析的方法，选定生态效率高的企业的生产水平作为减排标杆。

DEA数据包络分析是基于投入产出的一种常用的生产效率分析方法，最早由A. Charnes和W. W. Cooper等于1978年基于相对效率的概念提出并发展起来的一种效率评价方法。通过对输入和输出数据的综合分析，DEA可以得出每个决策单元（DUM）的综合效率指标，并据此将每个DUM排序，确定相对有效的DUM，指出相对非有效DUM的非有效原因和程度。同时，还可判定各个DUM的投入规模是否恰当，并提供调整的方向和程度。

3.2.2.2 对象识别提取（M22）

M22模块包括减排行业识别提取（M221）和减排单元识别提取（M222）两个子模块。

（1）减排行业识别提取（M221）

M221模块是将用于测算不同途径减排潜力的数据按照行业进行分组聚合，按照其对污染贡献大小进行分级。具体步骤和分级准则如图3-2所示。

对于减排行业识别提取，按照其在不同区域的单位面积排放强度进行分级，分级的节点用Z%表示，在前Z%的为Ⅰ类减排行业，不在前Z%的为Ⅱ类减排行业。对于区域重点减排行业识别和提取，按照行业的污染物排放量、单位产值排放强度和单位面积排放强度进行分级，分级的节点分别为X%、Y%和Z%。X、Y和Z的取值原则为：X值的选择需使排放量占比＜5%的行业被划分到Ⅳ类中；Y值的选择需使单位工业总产值排放强度小于平均值的行业被划分到Ⅲ类中；Z值的选择需使单位面积排放强度大于平均值的行业划分到减排行业Ⅰ类中。

（2）减排单元识别提取（M222）

减排单元识别提取包括需重点减排的最小产污基准模块的识别提取，以及需升级的末端治理技术的识别提取。

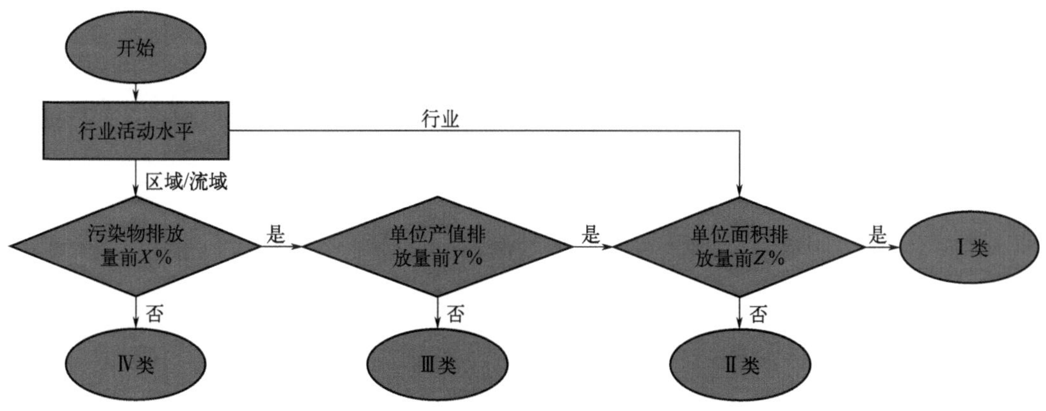

图3-2　数据分组分级的步骤和准则

工业生产过程的产品多、生产工艺复杂，但在一定的评估区域内，各行业和产品生产过程中主要产污的最小产污基准模块一般比较集中。通过识别某行业污染物产生量在前85%的产污工艺组合，能识别出大部分工业行业的主要产污工艺[145-148]。因此，该模块对该行业污染物产生量前85%的生产工艺进行识别，公式如下：

$$\mathrm{TOP}\left(\frac{\sum PG_{ij}}{\sum PG_{i}}\right) \geqslant 85\% \tag{3-1}$$

式中　TOP——取前X位的运算法则；

j——第j种产品-原料-工艺；

PG_{ij}——行业i第j种产品-原料-工艺的污染物产生量，t；

PG_i——行业i的污染物产生量，t。

末端治理情况识别包括对污染物实际去除率和末端治理技术应用情况的识别。行业/产品实际去除率直接用污染物的产生、排放量进行测算，是治理技术本身的去除效率和运行情况的综合反映，等于治理设施去除效率(η)与设备运行水平(K)的乘积。K是表征相同产污水平、采取相同治理技术和设施的不同企业污染物排放量的重要参数，常通过环保设施运行时长与相应产污工段生产时长的比值，或通过治理设施运行期间的耗电量进行核定[91]。K值的大小直接影响治理设施对某种污染物的实际去除率。当K值较多分布在[0.8, 1]时，说明治理设施的运行状态良好，末端减排的关键是提高治理技术的去除效率；当K值在[0, 0.6]分布较多时，说明末端治理设施存在较为严重的“摆样子”情况，末端减排需要加强管理监督，保证治理设施的良好运行。末端治理技术应用情况通过采用第k种末端治理技术的企业数量占比衡量。

末端治理状况识别公式如下：

$$\eta_{ik} = \frac{\sum PG_{ik} - \sum PO_{ik}}{\sum PG_{ik}} \tag{3-2}$$

$$Pr_{ik} = \frac{E_{ik}}{\sum E_{ik}} \tag{3-3}$$

式中　k——行业采取的第k种末端治理技术；

η_{ik}——行业i的第k种末端治理技术的实际去除率，%；

PG_{ik}——行业i使用第k种末端治理技术的污染物处理量，t；

PO_{ik}——行业i使用第k种末端治理技术的污染物排放量，t；

Pr_{ik}——行业第k种末端治理技术的普及率，%；

E_{ik}——行业i使用第k种末端治理技术的企业数量。

3.2.3　目标设定模块

目标设定模块（M3）包括减排目标设置（M31）、约束条件设置（M32）和多目标优化算法（M33）3个子模块。

3.2.3.1　减排目标设置

M31模块包括区域减排潜力目标设置、行业污染物减排潜力目标设置、成本效益目标设置，以及碳排放目标设置。

（1）区域减排潜力目标设置

区域减排潜力目标是多目标协同控制的重要目标[147]，通过调研区域的污染物减排目标，设置工业源行业污染减排的目标，旨在获得区域工业行业减排潜力极大的减排策略方案。

$$\sum_{i}^{I}\Delta P_i \geqslant ER_{\mathrm{t}};\quad i=1, 2, 3,\cdots,I \tag{3-4}$$

式中　ΔP_i——行业i的全过程协同减排潜力，t；

ER_{t}——区域工业过程减排目标，t。

（2）行业污染物减排潜力目标设置

行业重点减排单元在不同减排途径下的污染物减排潜力目标是工业生产全过程协同减排潜力评估的重要组成部分[147]，旨在获得行业生产全过程减排潜力极大的方案。

$$\max \Delta P_i = PO_{i0} - PO_{it} = \alpha_i \Delta PO_{i\mathrm{S}} + \beta_i \Delta PO_{i\mathrm{P}} + \gamma_i \Delta PO_{i\mathrm{E}} \tag{3-5}$$

式中　ΔP_i——行业i的全过程协同减排潜力，t；

PO_{i0}——行业i当前污染物排放量，t；

PO_{it}——行业i减排后的污染物排放量，t；

$\Delta PO_{i\mathrm{S}}$——行业i的源头减排潜力；

$\Delta PO_{i\mathrm{P}}$——行业i的过程减排潜力；

$\Delta PO_{i\mathrm{E}}$——行业i的末端减排潜力；

α_i、β_i、γ_i——源头、过程、末端减排潜力系数，%。

（3）成本效益目标设置

工业生产减排过程的成本效益是影响企业减排积极性的重要因素[149-151]，是工业生产过程协同减排的一个重要目标。通过对工业生产全过程协同减排的成本效益进行评估，旨在获得行业生产全过程减排成本效益极大的方案。

$$\max Eb_i = \alpha Eb_{i\mathrm{S}} + \beta Eb_{i\mathrm{P}} + \gamma Eb_{i\mathrm{E}} \tag{3-6}$$

式中　Eb_i——行业i的全过程协同减排成本效益；

$Eb_{i\mathrm{S}}$——行业i的源头减排成本效益；

$Eb_{i\mathrm{P}}$——行业i的过程减排成本效益；

$Eb_{i\mathrm{E}}$——行业i的末端减排成本效益。

（4）碳排放目标设置

由于资源能源的消耗，工业污染物减排过程将导致一定的碳排放，因此，碳排放目标也是工业生产全过程协同减排的一个重要目标。通过分析不同减排途径下的行业减排过程的碳减排情况，旨在获得行业全过程减排中碳排放极小的方案。

$$\min \Delta Ce_i = \alpha \Delta C_{i\mathrm{S}} + \beta \Delta C_{i\mathrm{P}} + \gamma \Delta C_{i\mathrm{E}} \tag{3-7}$$

式中　ΔCe_i——行业i的全过程协同减排碳排放变化，t；

$\Delta C_{i\mathrm{S}}$——行业i的源头减排碳排放变化；

$\Delta C_{i\mathrm{P}}$——行业i的过程减排碳排放变化；

$\Delta C_{i\mathrm{E}}$——行业i的末端减排碳排放变化。

3.2.3.2　约束条件设置

SPECM模型的约束目标包含了污染物减排总量约束、成本-效益约束、碳减排约束、原材料约束、产品产量约束、生产工艺约束、末端效率约束、产污强度约束和逻辑约束9个方面的约束。这些都是工业污染物防治中对减排效益具有显著影响的因素。

（1）污染物减排总量约束

① 区域工业过程减排潜力目标约束。减排目标来自区域政策文件，污染物减排目标可以是污染减排总量分配的目标，或清洁生产一级、二级标准经折算后的减排量，或根据排放口流量和浓度要求折算的减排量。当目标大于最大减排潜力时通过自下而上潜力对减排目标进行调整，反之则以减排目标为约束筛选最优的减排方案。各种工业生产过程的减排目标基于工业生产过程产生的污染物排放量对区域污染物排放总量的贡献（CR）。

$$ER_{\mathrm{t}} \geqslant CR \times ER_{\mathrm{T}} \tag{3-8}$$

式中　ER_{t}——区域工业过程减排目标，t；

ER_{T}——评估区域的污染减排目标，t。

② 行业工业过程减排潜力目标约束。

$$\Delta P_i \geqslant 0 \tag{3-9}$$

（2）成本-效益约束

$$Ba_t \geqslant 0 \tag{3-10}$$

$$Ca_t \geqslant 0 \tag{3-11}$$

$$GT = \Delta P / e \times Et \tag{3-12}$$

$$GT \geqslant 0 \tag{3-13}$$

$$Et \geqslant 0 \tag{3-14}$$

$$Fc = \sum Fc_t / L \tag{3-15}$$

$$Fc_t \geqslant 0 \tag{3-16}$$

$$Oc = \sum Oc_t \tag{3-17}$$

$$Oc_t \geqslant 0 \tag{3-18}$$

$$\Delta Q_s \geqslant 0 \tag{3-19}$$

式中 Ba_t——减排技术t的效益；

Ca_t——减排技术t的成本；

GT——环境保护税；

e——污染物当量；

Fc——固定成本；

Oc——运行成本；

Fc_t——技术t固定成本；

Oc_t——技术t运行成本。

（3）碳减排约束

$$\Delta C_{St} = W_S \times T_S \times \in \tag{3-20}$$

$$T_S \geqslant 0 \tag{3-21}$$

$$T_P \geqslant 0 \tag{3-22}$$

$$\Delta P_E \geqslant 0 \tag{3-23}$$

式中 ΔC_{St}——源头替代技术相关设备运行产生的碳排放变化；

W_S——设备功率；

T_S——源头减排设备运行时间；

T_P——过程减排设备运行时间；

$\in$——单位电耗碳排放量；

W_S——设备功率；

ΔP_{E}——末端污染物减排量。

（4）原材料约束

$$S_{\mathrm{A}} \geqslant De_s \tag{3-24}$$

$$S_{\mathrm{A}} = \Delta Q_s / Q_s \tag{3-25}$$

$$R_s \geqslant R_{s0} \tag{3-26}$$

$$C_{\mathrm{C}} \leqslant A_{\mathrm{C}} \tag{3-27}$$

式中　S_{A}——清洁原辅材料替代比例；

De_s——清洁原辅材料替代要求；

Q_s——原辅材料的用量，t；

ΔQ_s——清洁原辅材料的用量，t；

R_s——清洁原辅材料的产污系数；

R_{s0}——当前原辅材料的产污系数；

C_{C}——原辅材料的污染物含量；

A_{C}——原辅材料污染物含量限制。

（5）产品产量约束

$$T_{ip} = \sum_{v=1}^{n} Py_v \tag{3-28}$$

$$Py_v \geqslant De_v \tag{3-29}$$

式中　T_{ip}——行业i的产品P的生产总量；

Py_v——产品v的产量；

De_v——产品v的需求量。

（6）生产工艺约束

$$Pr_t \geqslant De_t \tag{3-30}$$

$$R_t \leqslant R_{t0} \tag{3-31}$$

式中　Pr_t——减排生产工艺t的普及率；

De_t——减排生产工艺t的普及率需求；

R_t——减排生产工艺t的产污系数；

R_{t0}——当前生产工艺t的产污系数。

（7）末端效率约束

$$PO_{it} = \sum_{e=1}^{m} \left(V_{ie} \times n_{ie}\right) \tag{3-32}$$

$$n_{ie} \leqslant A_{in} \tag{3-33}$$

$$CR_{ie} \geqslant A_{CR} \tag{3-34}$$

$$\eta_{ik} = \eta_{ik0} \times K \tag{3-35}$$

$$Pr_{ik} \geqslant A_{ik} \tag{3-36}$$

$$K \geqslant A_K \tag{3-37}$$

式中 V_{ie}——行业i中企业e的排气量；
n_{ie}——行业i中企业e的污染物排放浓度；
A_{in}——行业i的污染物排放浓度限值；
CR_{ie}——行业i中企业e的集气率；
A_{CR}——行业i的污染物收集率限值；
η_{ik0}——末端治理技术k的去除效率；
Pr_{ik}——行业i末端治理技术k的普及率；
A_{ik}——行业i末端治理技术k的普及率限值；
K——末端治理技术运行状况；
A_K——末端治理技术运行状况要求。

（8）产污强度约束

$$IG_i = PG_i / GV_i \tag{3-38}$$

$$IG_{it} \leqslant IG_{i0} \tag{3-39}$$

$$IS_i = PG_i / S \tag{3-40}$$

$$IS_{it} \leqslant IS_{i0} \tag{3-41}$$

式中 IG_i——行业i的单位工业总产值产污强度；
PG_i——行业i的污染物产生量；
GV_i——行业i的工业总产值；
IG_{it}——减排后行业i的单位工业总产值产污强度；
IG_{i0}——行业i当前的单位工业总产值产污强度；
IS_i——行业i的单位面积污染物产污强度；
S——污染物排放的面积；
IS_{it}——减排后行业i的单位面积产污强度；
IS_{i0}——行业i当前的单位面积产污强度。

（9）逻辑约束

源头和过程减排减少了末端治理压力。全过程协同减排潜力也可以通过下式计算：

$$\Delta P_i = PO_{i0} - PO_{it} = PG_i \times \left(1-\eta_{i0}\right) - \left(PG_i - PG_{iS} - PG_{iP}\right) \times \left(1-\eta_{ik}\right) \tag{3-42}$$

式中　$PG_{i\mathrm{S}}$——行业i经源头减排后减少的污染物产生量；

$PG_{i\mathrm{P}}$——行业i经过程减排后减少的污染物产生量。

其中，

$$PG_{i\mathrm{S}} = \alpha_i \Delta PO_{i\mathrm{S}} / \left(1-\eta_{i0}\right) \tag{3-43}$$

$$PG_{i\mathrm{P}} = \beta_i \Delta PO_{i\mathrm{P}} / \left(1-\eta_{i0}\right) \tag{3-44}$$

因此，末端减排量为：

$$\gamma_i \Delta PO_{i\mathrm{E}} = \Delta P - \alpha_i \Delta PO_{i\mathrm{S}} - \beta_i \Delta PO_{i\mathrm{P}} \tag{3-45}$$

可以简化为：

$$\gamma_i = 1-\left(\alpha_i \Delta PO_{i\mathrm{S}} - \beta_i \Delta PO_{i\mathrm{P}}\right) / PO_{i0} \tag{3-46}$$

因此，逻辑约束为：

源头、过程和末端的减排潜力系数均为[0,1]。

$$0 \leqslant \alpha_i \leqslant 1 \tag{3-47}$$

$$0 \leqslant \beta_i \leqslant 1 \tag{3-48}$$

$$0 \leqslant \gamma_i \leqslant 1 \tag{3-49}$$

源头和过程减排都属于清洁生产的范畴，因此有：

$$0 \leqslant \alpha_i + \beta_i \leqslant 1 \tag{3-50}$$

α_i, β_i和γ_i三者之和具有如下关系：

$$\alpha_i + \beta_i + \gamma_i = 1 + \alpha_i \left(1 - \frac{\Delta PO_{i\mathrm{S}}}{PO_{i0}}\right) + \beta_i \left(1 - \frac{\Delta PO_{i\mathrm{P}}}{PO_{i0}}\right) \tag{3-51}$$

根据α、β的取值范围，α、β、γ之和的范围在0～2之间。本研究中，末端减排是不考虑清洁生产时的减排潜力结果。但是，在与清洁生产减排协同时，实施清洁生产后产生的污染物量减少，导致末端减排潜力系数减小。α_i和β_i之和越大，γ_i值越小。即：

$$0 \leqslant \alpha_i + \beta_i + \gamma_i < 2 \tag{3-52}$$

3.2.3.3　多目标优化算法

将各目标间的权重分配与根据生物进化论发展起来的非支配排序遗传算法结合，能够有效避免陷入局部最优解的僵局，同时可使解集保持多样性。因此，本研究中采用多目标优化方法和模型求解时常用的非支配排序遗传算法获取非劣解。

在存在多个Pareto最优解的情况下，很难确定哪个解更可取。从Pareto最优解中获取令决策者满意的满意解是多目标决策模块的核心。对于如何从非劣解集中获取相对最优解，现今常用的方法有线性加权法、约束法、平方和法等几种，将多目标问题降维转化成线性问题；根据目标分层法和分层序列法将目标按重要关系排序，先求出第一个最重要目标的最优解，在保证前一个目标最优解的前提下依次求解每个目标的最优解；根据非劣解与其他解的冲突关系对非劣解进行排序、筛选；采用模糊Bellman-Zadeh法、灰色关联分析、优先顺序排序和专家评判等方法根据决策者的主观愿望及偏好进行满意解的筛选等。这些方法或多或少需要决策者引入主观评判条件，获得的满意解集相对缺乏客观性。

本研究通过NSGA-Ⅲ求取Pareto非劣集（前沿解），并采用王诺等[152]研究的灵敏比的概念求取满意解。在Pareto前沿，即非劣解集中，任一点的变化率与做对应的目标函数的值的比例称为Pareto灵敏比。灵敏比的引入，不需要决策者引入主观的人为设想和附加条件，能够排除决策者的主观假设和偏好，得到的解集能更加客观真实地反映实际生产生活中的规律。

以污染减排潜力、成本效益和碳减排协同控制为例，本研究汇总多目标优化求解步骤如下：

首先，给各前沿解编号。以减排潜力、成本-效益和碳减排三个目标函数为欧式空间坐标轴，按照每个前沿解距离原点的距离进行排序编号，所有前沿点的编号集合设为Q，$Q=(1,2,3,\cdots,q)$。i点和j点间距离的计算公式为：

$$\left|le^{(i,\ j)}\right| = \left\{\sum_{n=1}^{3}\left[f_n^{(i)} - f_n^{(j)}\right]^2\right\}^{1/2},\ i,j \in Q,\ n=1,2,3 \tag{3-53}$$

式中　$f_n^{(i)}$——前沿解$x^{(i)}$对应的目标函数f_n的值。

选择各点相邻点，若某点同时存在2个相邻点，则为非边缘点；若只存在1个相邻点，则为边缘点。计算i点与前沿各点的欧式距离，寻找满足$f_n^{(i)} \neq f_n^{(i_1)}$（$n$=1,2,3）最近的点$i_1$，作为第一个相邻点。若找到满足$f_n^{(i_1)} > f_n^{(i)} > f_n^{(i_2)}$或$f_n^{(i_1)} < f_n^{(i)} < f_n^{(i_2)}$（$n$=1,2,3）的最近点$i_2$则将其作为第二个相邻点。

前沿变化率指某一个目标函数的变化引起的其他目标函数变化的程度。

非边缘点变化率的计算公式为：

$$RC_n^{(i)} = \frac{1}{2}\left[\tan\theta_n^{(i,\ i_1)} + \tan\theta_n^{(i_2,\ i)}\right],\ i \in Q_1,\ n=1,2,3 \tag{3-54}$$

边缘点变化率的计算公式为：

$$RC_n^{(i)} = \tan\theta_n^{(i,i_1)},\ i \in Q_2,\ n=1,2,3 \tag{3-55}$$

其中，

$$\tan\theta_n^{(i,\ i_1)} = \frac{\left\{\sum_{m=1,\ m\neq n}^{3}\left[f_m^{(i)} - f_m^{(i_1)}\right]^2\right\}^{1/2}}{\left|f_n^{(i)} - f_n^{(i_1)}\right|},\ i,\ i_1 \in Q_2,\ n=1,2,3 \tag{3-56}$$

前沿灵敏比的计算公式为：

$$SR_n^{(i)} = \frac{RC_n^{(i)}}{f_n^{(i)}},\ i \in Q,\ n=1,2,3 \tag{3-57}$$

灵敏比无量纲化公式为：

$$ND_n^{(i)} = \frac{SR_n^{(i)}}{\sum_{i=1}^{q} SR_n^{(i)}}，\ i \in Q，\ n=1,2,3 \tag{3-58}$$

根据灵敏比概念，灵敏比大的解更符合决策者期望。筛选满意解集X^*的方法为：

$$X^* = \left\{x^{(i)} \in X \mid 不存在x^{(j)} \in X，使得ND_n^{(j)} \geqslant ND_n^{(i)}，\ n=1,2,3\right\} \tag{3-59}$$

此外，也可以根据优化需求选取其他的多目标优化算法。

3.2.4　测算模块

测算模块（M4）包括减排潜力测算（M41）、成本效益分析（M42）、碳排放量测算（M43）和污染物产排量测算（M44）4个子模块。

M4模块采用自下而上的方式基于最小产污基准模块进行测算。最小产污基准模块代表了工业生产过程的最小产污单元，蕴含和承载的生产要素与产排污内在联系，能够为挖掘工业生产系统污染排放水平的差异和减排潜力提供详实的数据基础。基于最小产污模块测算污染物的产排量、减排潜力、成本效益和碳排放量，能够更细致地刻画工业生产过程的污染物产生排放和减排特征，提高工业污染减排的精准性和针对性。

3.2.4.1　减排潜力测算

源头减排包括原辅料替代及由此引起的设备和技术改进；过程减排包括生产工艺改造，主要涉及工艺升级（包括温度控制、生产自动化、物料混合方式等）、工人操作技术优化、车间流程管理等；末端减排包括使用去除率较高的技术替代直接排放和去除效率低的技术。源头、过程、末端的减排潜力测算方式如下：

① 源头减排潜力是当前末端治理水平下通过原材料替代及其相应技术升级带来的最大减排空间。

$$\Delta PO_{i\mathrm{S}} = \sum_j \left[GV_i \times \Delta IG_{ij\mathrm{S}} \times \left(1-\eta_{i0}\right)\right] \tag{3-60}$$

式中　GV_i——行业i的工业总产值，10^9元；

$\Delta IG_{ij\mathrm{S}}$——第j种产品-原料-工艺组合在源头减排前后的产污强度差值，t/10^9元；

η_{i0}——当前末端治理技术的实际去除率。

② 同样地，过程减排潜力是当前末端治理技术水平下通过工艺升级能达到的最大减排空间。

$$\Delta PO_{i\mathrm{P}} = \sum_j \left[GV_i \times \Delta IG_{ij\mathrm{P}} \times \left(1-\eta_{i0}\right)\right] \tag{3-61}$$

式中　$\Delta IG_{ij\mathrm{P}}$——过程减排前后的产污强度差值，t/10^9元。

③ 末端减排潜力是在当前工业生产水平下通过末端治理技术升级能够达到的最大减

排潜力。

$$\Delta PO_{i\mathrm{E}} = -PG_i \times \Delta \eta_i \tag{3-62}$$

式中　$\Delta\eta_i$——行业i末端减排前后的治理技术实际去除率差值，%。

3.2.4.2　成本-效益分析

本节通过差值法分析减排过程中的成本效益。其中，减排成本为源头减排、过程优化和末端管控的成本效益总和。减排的经济成本包括原材料替代成本、技术改进成本和末端治理成本。减排经济收益包括原料替代或减排技术更新带来的经济效益和环境保护税减少量的总和。成本和效益均根据差值法测算各减排方式带来的成本和效益的变化量。

$$Eb_{it} = Ba_{it} - Ca_{it} \tag{3-63}$$

$$Ba_{it} = \Delta Q_{i\mathrm{S}} \times Up_{i\mathrm{S}} + Db_{it} * T + \Delta P_i / e \times Et_i \tag{3-64}$$

$$Ca_{it} = \sum\left(Q_{i\mathrm{S}} \times \Delta Up_i\right) + \sum Fc_{it} / L_i + \sum Oc_{it} \tag{3-65}$$

式中　Eb_{it}——某项减排技术t的经济成本效益；

Ba_{it}——减排技术t的效益；

Ca_{it}——减排技术t的成本；

L_i——寿命，年，本节按15年计；

Fc_{it}——技术t固定成本；

Oc_{it}——技术t运行成本；

$\Delta Q_{i\mathrm{S}}$——原材料用量变化量；

Up_i——原材料的单价；

$Q_{i\mathrm{S}}$——原材料的用量；

ΔUp_i——溶剂型原料与水性原料的单价差值；

Et_i——环境保护税单价；

Db_{it}——技术t的日均效益；

e——污染物当量，VOCs的污染当量按0.95计算。

3.2.4.3　碳排放量测算

污染物减排导致的碳排放变化包括实施源头替代、过程优化和末端管控后的碳排放变化总和。根据《工业企业温室气体排放核算和报告通则》GB/T 32150—2015，源头替代和过程优化的碳排放变化为购入电力产生的碳排放；末端管控的碳排放包括末端治理技术产生的电力消耗及治理过程本身引起碳排放变化的总量。清洁原材料替代和生产工艺升级在减少污染物排放量的同时，可能会引起能耗的变化。而末端管控由于能耗的增加会产生大量的碳排放，特别是通过燃烧法处理VOCs时，处理能耗引起的碳排放增加，在助燃和VOCs燃烧过程中都会产生大量的碳排放。蒋彬等[154]测算了通过热力氧化或焚烧技术治理1t VOCs将增加33.5t的碳排放[153]。

本研究通过差值法测算减排过程中的碳排放。源头减排的碳排放量通过原材料的替代量及原材料替代增加的电耗计算。过程优化的碳排放量通过过程优化的电耗变化计算。而末端管控的碳排放量通过末端减排的量计算。

$$\Delta C_{iS}=\sigma \times Q_{iS}+W_{is}\times T_{is}\times \varepsilon \tag{3-66}$$

$$\Delta C_{iP}=W_{iP}\times T_{iP}\times \varepsilon \tag{3-67}$$

$$\Delta C_{iE}=\Delta P_{iE}\times \delta \tag{3-68}$$

式中　σ——单位原材料替代碳排放变化；

Q_{is}——原材料替代量；

ε——单位电耗碳排放；

T——设备运行时间；

W——设备功率；

δ——末端治理的碳排放系数。

3.2.4.4　污染物产排量测算

本文通过调用工业产排污系数核算方法[153]及PGDMA模型[91]对缺乏污染物最小产污模块产排污信息的工业生产过程的污染物的产生量和排放量进行测算。

（1）污染物产生量测算

行业i的污染物产生量PG_i等于行业核算单元污染物产生量的总和，其计算方法如下：

$$PG_i=\sum_{j=1}^{n}PG_{W_j}+\sum_{l=1}^{n}PG_{F_l} \tag{3-69}$$

式中　PG_{W_j}——核算单元（最小产污模块）j的污染物产生量；

PG_{F_l}——通用核算单元（通用最小产污模块）l的污染物产生量。

然而，不论是PG_{W_j}还是PG_{F_l}均与最小产污模块的产品、原料、工艺、规模等相关，即：

$$PG_{W_j}=M_{W_j}\times f\left(x_p,x_m,x_t,x_s,x_a\right)_{W_j},j=1,2,3,\cdots,n \tag{3-70}$$

$$PG_{F_l}=M_{W_l}\times f\left(x_p,x_m,x_t,x_s,x_a\right)_{W_l},l=1,2,3,\cdots,n \tag{3-71}$$

式中　M_{W_j}——最小产污模块j的产品产量或原材料使用量；

M_{W_l}——最小产污模块l的产品产量或原材料使用量；

x_p——产品；

x_m——原料；

x_t——工艺；

x_s——规模；

x_a——其他。

（2）污染物排放量测算

污染物产生量的主要影响因素如2.1.1.1部分所述。污染物的去除量的计算公式如下：

$$PR_j = PG_j \times \eta_t \times \kappa_t \tag{3-72}$$

式中 PR_j——核算单元j的污染物去除量；

η_t——第t种末端治理技术的去除效率；

κ_t——第t种治理技术的实际运行率。

3.2.5 不确定性分析模块

工业行业污染减排路径包括清洁原材料替代、工艺优化、末端治理和全过程协同控制。行业部门的工业产值、产品产量和结构，产污水平及不同减排路径下的技术参数在不同研究区域、技术水平和管理水平存在差异性。工业行业减排潜力评估的不确定性主要来源于行业/企业生产过程数据的不确定性、减排措施的不确定性、减排技术参数的不确定性及行业减排目标的不确定性。因此，行业的污染物减排潜力对产品种类、产量和结构，原材料种类、生产工艺，污染物防治技术和末端治理效率等具有较高的敏感性。

为了探究不同减排路径和技术参数对减排结果的不确定性的影响程度，设置了不确定性分析模块（UAM），通过定性和定量结合方式对SPECM模型进行不确定性分析。定性分析法是根据主观判断推断对模型结果影响较大的不确定因素，如污染物排放活动水平、产污强度、过程路径组合和评估方法等因素。通过蒙特卡洛随机抽样定量分析不确定参数对结果的影响，如污染物减排目标、原料参数、工艺参数、减排技术普及参数、末端治理普及参数等因素；并通过Oracle Crystal Ball对减排因素的敏感性进行分析研究。

3.3 模块的调用

在不同的应用场景下，工业生产活动水平和污染物的减排需求具有差异性，需要优化的目标也不相同。针对不同的应用主体，需要选取、调用不同的功能模块。本研究针对不同减排主体的污染物产生排放特征，采用不同的模块组合测算不同减排途径下的污染物减排潜力。

3.3.1 行业生产全过程减排潜力评估模型

工业行业生产过程涉及产品众多、生产工艺多样、产排污环节复杂，并且某一生产环节的产品-原料-工艺和末端治理技术的改变将对整个过程的减排潜力和成本效益产生较大影响，各个部分变化的幅度导致整个生产过程的减排潜力和成本效益具有明显区别。不同的减排技术路径组合的经济效益关系着技术推广的效果，若某些技术路线减排效果良好，但成本投入过高，在应用推广时也会因为收益问题受阻。不同治理技术路线经济效益的评估，是确保行业污染减排方案在企业层面落实积极性的重要依据。

而“双碳”目标又给降碳提出新的要求。污染物包括废气、废水和固体废物的处理处置不可避免会产生直接或间接的碳排放。例如，为实现污染减排目标，进行末端治理技术的升级改造后，可能在治理环节增加了更多能源消耗，尽管行业主要污染物得到减排，但碳排放却整体增长。同时许多污染控制措施，如产业结构调整、节能降耗、绿色出行和低碳生活等也是碳减排的有效措施。将碳排放纳入行业污染减排考虑的范畴，符合碳交易背景下行业的中长期发展需求。

因此，工业行业全过程减排需要统筹污染物减排潜力、成本-效益和碳减排三个优化目标。根据行业生产全过程减排需求，选取和调用SPECM模型的模块。行业生产全过程减排潜力模型及测算流程如图3-3所示。

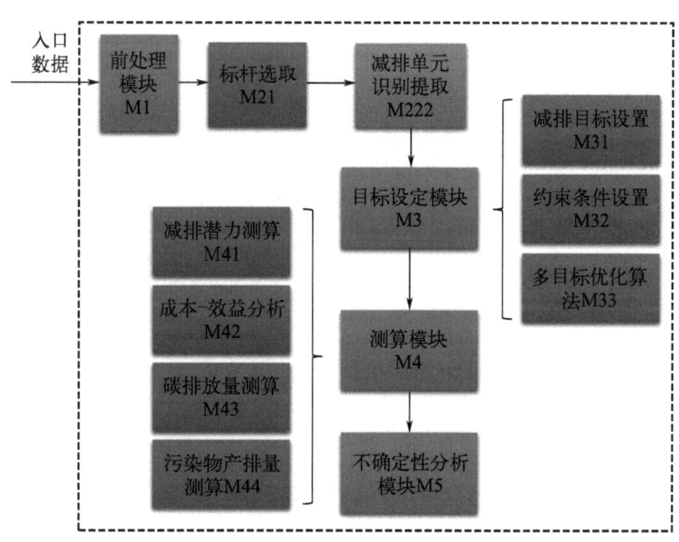

图3-3　行业生产全过程减排潜力模型

其中，行业工业生产全过程减排的标杆，可以选取产排污绩效明显优于测算边界范围内行业水平的区域作为标杆地区，也可以采用DEA数据包络分析的方法，选定生态效率高的区域的生产水平作为测算范围内行业的减排标杆。

在选取标杆的基础上，识别提取行业的关键减排单元。通过不断对比关键减排单元与标杆对应生产工艺组合的产污强度和末端治理状况，确定减排路径。然后根据行业污染物减排需求设置行业污染减排潜力目标，以及减排过程中的成本效益和碳排放目标。之后，测算减排单元在不同减排路径下的污染减排潜力、成本效益和碳排放量。通过统筹优化行业污染减排的三个目标，获取行业生产全过程的污染减排方案。最后通过不确定性分析模块分析减排方案对各减排路径的敏感性。

3.3.2 区域工业生产全过程减排潜力评估模型

区域包括流域、省域、市域和具有独立统计的县域。2021年7月，生态环境部发布《关于做好“十四五”主要污染物总量减排工作的通知》[155]，提出“十四五”各省总量减排目标应依据所承担的污染治理任务及其减排潜力确定，对各区域“十四五”总量减排工作及目标设定提出了新的要求和挑战。因此，对于区域污染物减排需要在区域实际污染治理能力和排放水平的基础上，统筹考虑区域污染物减排需求和各行业的污染减排潜力。

区域工业污染减排一般涉及多个行业、多种减排单元及污染减排技术。根据区域工业生产全过程减排的需求，选取和调用SPECM模型的模块。区域工业生产全过程减排潜力模型及测算流程如图3-4所示。

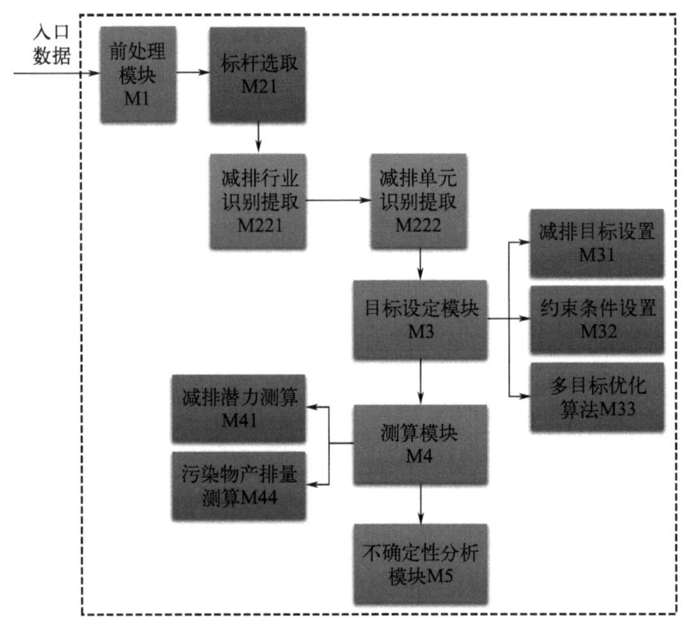

图3-4 区域工业生产全过程减排潜力模型

其中，区域工业生产全过程减排的标杆，一般选取产业结构近似但产排污绩效明显优于所评价地区水平的区域，或为国际或国内对应行业产排污绩效明显优于测算边界范围内行业水平的区域作为标杆地区。对于本身已经处于先进生产水平的区域，或是产业结构独特性强、标杆地区选择困难的行业，可以采用DEA数据包络分析的方法，选定生态效率高的企业的生产水平作为减排标杆。

在选取标杆地区的基础上，识别提取减排区域的关键减排行业，及其关键减排单元。通过不断对比关键减排单元与标杆地区对应生产工艺组合的产污强度和末端治理状况，确定各关键减排单元的减排路径。然后根据区域污染减排需求设定区域工业生产污染减排目标及行业污染减排潜力目标。并利用测算模块测算减排单元在不同减排路径下的污染减排潜力。同时统筹考虑行业减排潜力与区域污染减排总目标，获取区域工业生产全过程减排方案。最后通过不确定性分析模块分析减排方案的不确定性。

3.4　数据来源

SPECM模型所需要的数据包括用于测算不同途径减排潜力的行业名称、工业总产值、区域面积、污染物产生量、排放量、末端治理设施名称、末端治理设施运行情况（*K*值），产品名称、产品产量、原辅料名称、原辅料用量、生产工艺名称和行业节能推荐技术目录等；用于设定减排目标的区域/流域污染排放总量控制目标、清洁生产排放标准和行业污染物减排要求等；用于测算经济性的原辅料价格、减排技术固定和运行成本、各地污染物环境保护税等；用于测算碳排放变化的原辅料替代前后碳排放变化、减排技术能耗、末端治理单位污染物碳排放。

综上所述，本章以解决现有减排潜力评估方法和模型对工业生产过程污染减排分辨率低、精准性和针对性不强，以及缺乏协同减排潜力评估的系统性方法的问题，基于最小基准模块的概念，将工业生产污染减排聚焦至最小产污模块减排，将生产单元作为独立的污染减排单元，分析和识别污染物在生产单元从产生到排放的全过程。以最小产污基准模块、产排污系数和产排污量化核算模型、蒙特卡洛抽样和多目标优化等为技术中台，构建了工业生产从源头、过程到末端治理全过程的协同减排潜力评估模型——SPECM模型。

① 该模型以最小产污基准模块为工业生产污染减排的减排潜力测算单元，解决了现有减排潜力评估模型对工业生产过程污染减排的精准性和针对性不强的问题。并且将SPECM模型进行模块化处理，共划分成数据前处理模块、对象识别和提取模块、目标设定模块、测算模块和不确定性分析模块5大一级功能模块，以及9个二级功能模块和2个三级功能模块。能够实现模型在不同场景下的灵活应用，便于模型的进一步开发和升级迭代。

② 该模型基于最小基准模块，协同考虑了工业生产单元从原料、工艺到末端全过程的污染减排潜力，实现不同减排路径协同减排潜力的测算。一方面，通过统筹行业生产过程的污染减排潜力，及减排过程中的成本-效益和碳排放，实现减排潜力与成本效益和碳排放3个减排目标的协同优化。另一方面通过统筹区域工业生产全过程减排潜力目标，以及行业的污染减排潜力，实现自上而下的区域减排目标与行业自下而上的污染减排潜力2个减排目标的协同优化。

③ 工业生产过程受行业类型、技术水平、产品种类、原材料结构、生产规模和管理水平等多重复杂因素的影响，使得行业污染减排潜力评估和精细化管理往往存在一定不确定性问题。不确定性分析模块通过Oracle Crystal Ball对减排因素的敏感性进行验证，并通过蒙特卡洛抽样方法对行业减排目标和减排潜力的不确定性进行检验，用以定量评估不同影响因素对工业行业全过程协同减排潜力的影响。

④ 针对减排主体的污染减排需要，选择和调用模型的模块，分别建立行业生产全过程减排潜力评估模型和区域工业生产全过程减排潜力评估模型。

第 4 章

包装印刷行业污染减排潜力研究

- 包装印刷行业污染物排放现状与污染防治技术
- 包装印刷行业减排潜力评估模型设置
- 包装印刷行业减排潜力评估结果与分析
- 包装印刷行业全过程协同减排潜力
- 不确定性分析
- 包装印刷行业 VOCs 减排建议

4.1　包装印刷行业污染物排放现状与污染防治技术

4.1.1　包装印刷行业污染物排放现状

4.1.1.1　包装印刷行业生产流程

我国印刷业总产值稳步上升，到2017年底我国约有9.9万家印刷企业，从业人员超过280万人，资产总额高达1.36万亿元，总产值1.21万亿元。预计到2026年，我国印刷业的总产值将达到1.43万亿元。我国印刷行业以小微规模企业居多，据统计，规模以上重点企业占比仅为3.76%。其中，包装装潢印刷行业年产值占比最高，超过1.01万亿元，占印刷行业总产值的79%。我国印刷行业整体规模居全球第二，广东、浙江、江苏、河北、云南、河南、上海等地的包装印刷企业数量占全国总数的75%，是包装印刷行业VOCs减排管控的主要地区。包装印刷行业按照承印物的不同分为金属包装印刷、塑料包装印刷、纸包装印刷和其他包装印刷，其中其他承印物包括玩具、电路板、电线、电缆、电子器件、各种电器及器件等。根据印刷方式的不同，分为平版印刷（又称胶版印刷）、孔版印刷、凹版印刷、凸版印刷和数字印刷。包装印刷生产流程一般包含印前准备、装版润版、印刷、烘干、复合、再烘干等。

目前，我国的印刷方式中，胶印（平版印刷）、凹版印刷、凸版印刷（柔性版印刷）、孔版印刷（丝版印刷）和数字印刷占比分别为55%、21%、16%、4%和4%。可见，平版印刷和凹版印刷是我国印刷市场的主要印刷方式。2022年，我国油墨产量约88万吨，平版油墨和凹版油墨占比分别为36%和30.8%，二者占比超过66%，其中溶剂油凹版油墨占比近32.4%，是包装印刷行业VOCs产生、排放的主要来源之一。

4.1.1.2　包装印刷行业污染分析

（1）废气

包装印刷行业最突出的环境问题是大气污染问题，特别是高VOCs排放量和VOCs的环境污染问题。包装印刷与家具制造、涂装、石油化工，以及材料制造等溶剂使用类行业一同被列为主要VOCs管控工业行业，它们排放的VOCs化学活性较高，对环境和人体健康具有较为严重的影响。包装印刷行业作为主要的溶剂使用类行业之一，进行基本的生产操作时使用大量的油墨、稀释剂和清洗剂等原材料，这些原材料中含有大量的苯、甲苯、二甲苯、乙醇和乙酸乙酯等挥发性有机物。加之中国包装印刷行业以中小型企业为主，污染治理能力较差，无组织排放情况严重。受生产方式的影响，包装印刷行业的室外和室内VOCs污染及危害均十分严重，急需进行VOCs的减排控制。

包装印刷行业VOCs排放总量超过2×10^{6}t/a，VOCs排放主要集中在印刷、清洗、烘干和复合等生产工艺过程中（图4-1），主要来源于油墨、稀释剂、黏合剂、涂布液、润版液、油墨清洗剂等溶剂类含VOCs物料的挥发。现阶段，常用的印刷油墨包括溶剂型油墨、水性大豆油油墨、水性油墨和紫外光固化（UV）油墨；润版液包括溶剂型润版液和无醇润版液；清洗剂、覆膜胶、涂布液均有溶剂型和水性两种；上光油分为溶剂型、水性和UV型三种；胶黏剂有溶剂型、水性、UV型、白乳胶、热熔胶和无溶剂复合胶几种。

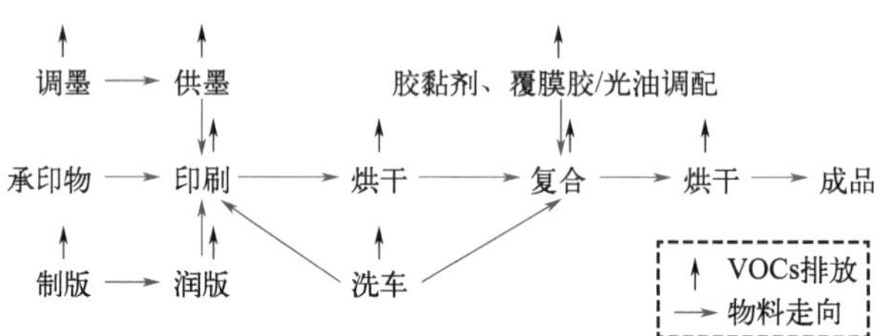

图4-1　印刷生产工艺流程中产生VOCs的主要环节

根据“17版”《排放源统计调查产排污核算方法和系数手册》，包装印刷行业在当前生产技术水平下，不同包装印刷产品的生产工艺、原材料的VOCs产污强度见表4-1。包装印刷行业的VOCs产生和排放与原材料种类具有较大的相关性。胶黏剂、润版液、油墨清洗剂（洗车水）、稀释剂、涂布液、上光油等使用过程中VOCs的产生排放取决于原材料的类型（即溶剂型、水性或无溶剂型）和用量，与承印物的种类及印刷方式无关。然而，油墨使用过程中VOCs的产生和排放的影响因素就较为复杂。UV油墨和喷墨墨水使用过程中VOCs的产生和排放均与承印物的种类无关，仅与油墨的种类有关。水性油墨使用过程中VOCs的产生和排放仅取决于油墨种类和印刷方式，与承印物的种类无关；而溶剂型油墨使用过程中VOCs的产生和排放不仅取决于油墨的种类和印刷方式，还受到承印物种类的影响。当承印物为金属时，单位溶剂型油墨使用量的VOCs产生和排放量相对更低。当承印物为塑料时，单位溶剂型油墨使用量的VOCs产生和排放量相对较大。此外，相对于其他印刷技术，凹版印刷单位油墨使用的VOCs产生排放量更大。最后，溶剂型油墨的VOCs产生量是水性油墨或UV油墨的十倍至数十倍。因此，水性或无溶剂型的原辅材料替代，及生产工艺改进是包装印刷行业VOCs减排管控的重中之重。

表4-1　包装印刷行业VOCs产生排放情况

原料名称	工艺名称	承印物	VOCs产污系数/（kg/t 原料）
溶剂型凹版油墨	凹版印刷	金属	450
		纸	600
		塑料	650
溶剂型平版油墨	平版印刷	金属	450
		塑料、纸	600

续表

原料名称	工艺名称	承印物	VOCs 产污系数/（kg/t 原料）
溶剂型凸版油墨	凸版印刷（柔性版印刷）	金属	450
		塑料、纸、其他	600
溶剂型孔版油墨	孔版印刷（丝网印刷）	塑料、纸、其他	450
水性平版油墨	平版印刷	纸	13
植物大豆平版油墨	平版印刷	塑料、纸	14
水性凸版油墨	凸版印刷（柔性版印刷）	纸	47
水性孔版油墨	孔版印刷（丝网印刷）	塑料、纸	49
水性凹版油墨	凹版印刷	塑料、纸	114
UV 油墨	平版印刷、凸版印刷（柔性版印刷）、孔版印刷（丝网印刷）	金属、塑料、纸	19
喷墨墨水	数字印刷	金属、塑料、纸	127
无溶剂复合胶	所有印后整理工艺	金属、塑料、纸、其他	0
热熔胶	所有印后整理工艺	金属、塑料、纸、其他	10
白乳胶	所有印后整理工艺	金属、塑料、纸、其他	13
胶黏剂（水性）	所有印后整理工艺	金属、塑料、纸、其他	13
胶黏剂（UV）	所有印后整理工艺	塑料、纸	19
胶黏剂（溶剂型）	所有印后整理工艺	金属、塑料、纸、其他	300
上光油（水性）	所有印后整理工艺	金属、塑料、纸、其他	25
上光油（UV）	所有印后整理工艺	金属、塑料、纸、其他	43
上光油（溶剂型）	所有印后整理工艺	金属、塑料、纸、其他	600
涂布液（水性）	所有印后整理工艺	金属、塑料、纸、其他	25
涂布液（溶剂型）	所有印后整理工艺	金属、塑料、纸、其他	400
溶剂型覆膜胶	所有印后整理工艺	金属、塑料、纸、其他	370
水性覆膜胶	所有印后整理工艺	金属、塑料、纸、其他	32
润版液（无醇）	平版印刷、凹版印刷、凸版印刷（柔性版印刷）、孔版印刷（丝网印刷）	金属、塑料、纸、其他	79
润版液（普通型）	平版印刷、凹版印刷、凸版印刷（柔性版印刷）、孔版印刷（丝网印刷）	金属、塑料、纸、其他	200
油墨清洗剂（水基型）	平版印刷、孔版印刷（丝网印刷）、凹版印刷、凸版印刷（柔性版印刷）、数字印刷	金属、塑料、纸、其他	120
油墨清洗剂（溶剂型）	平版印刷、孔版印刷（丝网印刷）、凹版印刷、凸版印刷（柔性版印刷）、数字印刷	金属、塑料、纸、其他	950
稀释剂	平版印刷、孔版印刷（丝网印刷）、凹版印刷、凸版印刷（柔性版印刷）、数字印刷	金属、塑料、纸、其他	1000
白可丁	平版印刷	金属	400

（2）废水和固体废物

包装印刷生产过程无连续性的废水产生，且大部分企业生产环节的废水产生量一般很少，并常与厂区的生活污水合并处理或直接排放。因此，包装印刷行业废水排放主要受末端治理技术的种类及其运行状况的影响。行业生产过程中的废水主要为制版的冲版废水、润版箱废水、部分承印物表面清洗废水、车间保洁废水和油墨清洗废水等。在部分企业，冲版废水和润版箱废水可重复循环使用。厂区废水的主要来源是生活污水，约占80%；主要废水污染物是COD、氨氮和石油类。

包装印刷行业的固体废物主要包括危险废物，如废印版、废菲林、沾有油墨的废橡皮布、废原料桶、污泥和末端治理设施换下的废活性炭等，一般固体废物，如边角料（废纸、次品等）、含油抹布、生活垃圾和废BOPP膜等。危险废物需按照危险废物处理办法进行处置，一般固体废物往往直接进入废品回收站进行回收，再利用。

4.1.2 包装印刷行业主要污染防治技术分析

4.1.2.1 污染预防技术

包装印刷行业VOCs排放节点多，且排放环节分散，无组织逸散排放量占比大、收集困难，不同生产工艺的排放系数和排放量差异较大，导致包装印刷行业VOCs管控的难度较大。据统计，凹版印刷的VOCs排放量约占整个行业的76%；其次是平版印刷，约占19%。根据包装印刷行业VOCs产生排放情况，包装印刷行业VOCs排放主要来源于含VOCs原辅材料的使用，因此国内外针对行业的源头管控出台了政策和标准。国内外对溶剂型原料使用行业的溶剂用量进行了限制，以减少工业释放到环境的污染物。

欧盟溶剂排放指令规定了挥发性有机物排放的限制。欧盟工业排放指令对某些使用有机溶剂的生产活动和装置，包括平版印刷、凹版印刷、柔版印刷和丝网印刷，及覆膜、上光等工序造成的挥发性有机物排放限制及溶剂逃逸量做出了具体的规定。美国《印刷出版业有害空气污染物的排放标准》对出版物凹版印刷、包装凹版印刷及柔性版印刷生产中产生的有害空气污染物做出了排放要求。修订后，该法规对某些染料、油墨和油漆等的VOCs含量进行了限制，以减少空气和环境污染。

2019年我国生态环境部印发《重点行业挥发性有机物综合治理方案》（环大气［2019］53号），提出要大力推进水性、辐射固化、植物基、无溶剂等低VOCs含量的油墨、胶黏剂、清洗剂等替代溶剂型产品，从源头减少VOCs的产生。国家市场监督管理总局和国家标准化管理委员会联合发布的《油墨中可挥发性有机化合物（VOCs）含量的限值》（GB 38507—2020）中规定了不同种类油墨中VOCs的含量限值。《2020年挥发性有机物治理攻坚方案》提出以包装印刷等为重点领域，全面加强VOCs控制。

包装印刷行业的源头防控技术包括低/无溶剂油墨替代技术、低/无溶剂胶黏剂替代技术、无醇润版液替代技术、低/无溶剂上光油技术、水基油墨清洗剂替代技术、水基型覆膜胶替代技术和水基涂布液替代技术。使用的原辅材料VOCs含量（质量比）均低于10%的工序，可不要求采取无组织排放收集和处理措施。

（1）低/无溶剂油墨替代技术

使用国家环境标志产品认证的无苯油墨、水性油墨、紫外光固化（UV）油墨和植物基油墨等。无苯油墨是指以聚氨酯为主体树脂的油墨，含有极少量的苯类溶剂，干燥后的苯类溶剂残留量极低，可忽略不计。水性油墨以水为溶剂，对环境污染和人体健康影响小。UV油墨中的高分子树脂在紫外光照射下发生交联，使油墨由液态变成固态，对外排放VOCs极少。植物基油墨以植物油替代石油系溶剂型油墨中的矿物油，目前使用最多的是植物大豆油墨，主要用于平版印刷。

（2）低/无溶剂胶黏剂替代技术

推荐使用水性胶黏剂、UV胶黏剂和无溶剂复合胶。水性胶黏剂是以水为主要溶剂的胶黏剂，可用于除蒸煮袋之外的食品、烟、酒及药品的包装。UV胶黏剂是指在紫外光照射下，发生聚合、交联和接枝反应，在数秒内由液态转化为固态的胶黏剂。无溶剂复合胶是100%固体的无溶剂型聚氨酯胶黏剂，使用过程中无VOCs排放，符合现代食品和药品包装的卫生要求。

（3）无醇润版液替代技术

推荐使用无醇润版液。无醇润版液，又称免酒精润版液，指用其他无毒化学成分替代酒精或异丙醇的润版液。

（4）低/无溶剂上光油技术

推荐使用水性上光油或UV上光油。水性上光油是指以水为载体，用于增加纸质印刷品的光泽度、耐水性、耐磨性的一种液体。水性上光油的VOCs含量低，适合食品、药品和烟草等行业的包装印刷材料的加工。UV上光油的主要成分为低聚物，在紫外光照射下能快速固化成膜，VOCs含量低，环境污染小。

（5）水基油墨清洗剂替代技术

水基油墨清洗剂是指以水为溶剂的油墨清洗剂，对环境污染小。

（6）水基型覆膜胶替代技术

水基型覆膜胶是水性聚氨酯胶黏剂的一种，一般用于薄膜的贴合。

（7）水基涂布液替代技术

推荐使用水基涂布液。包括改性PVA涂布液，这是一种以聚乙烯醇为主要原料、通过纳米材料改性、具有黏结性和氧气阻隔性能的高分子水溶性涂布液。

4.1.2.2 平版印刷污染预防技术

推荐平版印刷企业使用计算机直接制版技术、集中配墨技术、自动橡皮布清洗技术；零润版液胶印技术或无水胶印技术、无溶剂复合技术和共挤出复合技术。

① 计算机直接制版技术，省去了感光胶片及其冲洗化学品的使用，省去了胶片曝光冲洗、修版、晒版等环节，生产效率高，VOCs产生和排放量减少。

② 集中配墨技术，能够满足印刷厂中各种单张纸印刷机的供墨需求，集中为每台设备配墨和供墨，减少油墨损耗和VOCs逃逸。

③ 自动橡皮布清洗技术，在印刷机上安装自动橡皮布清洗装置，装置中的无纺布或毛刷辊与橡皮布接触并高速摩擦，达到清洗橡皮布的目的。与人工清洗相比，清洗剂的使用量比人工清洗减少30%以上，同时可减少废清洗剂和废擦机布等危险废物的产生，缩短清洗时间。

④ 零润版液胶印技术，适用于报纸、书刊、纸包装等的平版印刷。通过改造平版印刷机的水辊系统，实现不含VOCs的润版液替代。能够减少润版过程的VOCs排放和废润版液的产生。

⑤ 无水胶印技术，适用于书刊、标签等的平版印刷。通过使用表面不亲墨硅橡胶的印版、专用油墨和控温系统实现无水印刷。印刷过程无需润版液，可避免润版工序的VOCs和废润版液的产生和排放。成本较水性印刷高。

⑥ 无溶剂复合技术，适用于后印刷过程的复合工序。通过使用无溶剂聚氨酯胶黏剂（单组分、双组分），通过反应固化将不同基材黏结在一起，获得新的功能性材料。纸塑复合工序常采用单组分胶黏剂，软包装复合工序常采用双组分胶黏剂。该技术仅在清洗胶辊和混胶部件时使用少量含乙酸乙酯的原辅材料，VOCs产生量较干式复合减少99%以上。

⑦ 共挤出复合技术，适用于后印刷过程的复合膜生产工序。生产过程中不使用胶黏剂等含VOCs原辅材料，可减少VOCs的产生和排放量。该技术只能用于热熔塑料与塑料的复合，其产品的原材料组合形式相对较少，适用范围较小。

4.1.2.3 凹版印刷污染预防技术

推荐凹版印刷企业使用氮气保护全UV干燥技术、水性上光技术、红外线干燥技术、无溶剂复合技术和共挤出复合技术、预涂膜工艺。

① 氮气保护全UV干燥技术是指在UV固化系统中建立相对密闭的空间，将惰性气体（主要是氮气）充斥其中，从而极大地降低空气中的氧气和水蒸气对UV固化反应的

影响。能够极大地提高固化效果，具有低耗能、低排放的优势。

② 红外线干燥技术是一种利用红外线的热效应、使得物体在短时间内达到干燥目的的技术。具有高效、节能的特点。

③ 共挤出复合技术是一种将多种不同塑料利用多台挤出机通过一个多流道复合模头，生产多层结构的复合薄膜的技术。在生产过程中，无“三废”物质产生，减少对周边环境的污染，是包装印刷行业典型的清洁生产工艺。

④ 预涂膜工艺是指预先将塑料薄膜上胶、复卷后，再与纸张印品复合的工艺。覆膜过程中不需黏合剂加热干燥系统，大大简化了覆膜程序，同时无溶剂气味，减少环境污染。

⑤ 无溶剂复合技术参见4.1.2.2部分相关内容。

4.1.2.4　凸版印刷（柔版印刷）污染预防技术

推荐采用水性制版替代溶剂型制版、柔版多次使用；集中配墨；联机操作，减少离线工艺。

① 水性制版和溶剂型制版是根据显影方式的不同分类的。水性制版是指采用水性显影剂进行制版；溶剂型制版是指采用溶剂显影进行制版。水显影所使用的基材为水洗柔性树脂版（以下简称水洗柔版），显影过程中无需使用溶剂，且显影速度快，大幅缩短了制版工艺和制版时间，减少了对环境的污染。

② 柔版多次使用，柔版印刷版可重复使用，可以节省生产成本，减少污染物排放和对环境的污染。

③ 集中配墨技术能够节省3% ～ 8%的油墨，减少员工工作量，便于进行废气收集，减少污染物的排放。

④ 联机操作，减少离线工艺。联机操作是将所有设备串联成一整条生产线，印刷品按照工艺顺序不间断地依次经历各个环节，直到生产出最终产品。联机操作的工艺安排紧凑，节省工艺时间和空间，更节约能耗、更环保。

4.1.2.5　孔版印刷（丝版印刷）污染预防技术

推荐使用网印版重复使用；合理设计网印版，有效利用网印版面；集中配墨；联机操作，减少离线工艺。

① 网印版重复使用，将网印版上残留的油墨清洗干净，保证图文部分网孔不被油墨堵塞，充分干燥后可重复使用。网印版重复使用可降低生产成本、节省能源，减少对环境的污染。

② 合理设计网印版，有效利用网印版面。提高网印版的使用效率和使用时长，减少成本和污染物排放。

③ 集中配墨、联机操作，减少离线工艺参考4.1.2.4部分相关内容。

4.1.2.6 数字印刷污染预防技术

数字印刷生产过程中的VOCs排放量较传统印刷大量减少。一般数字印刷企业生产过程中有微量VOCs排放，对于设备众多，生产空间局促，或者印刷和印后黏接混置的企业需要监测后按需开展必要的治理。对于印刷和黏接分置的企业，在干燥和黏接过程需要注重VOCs排放的收集和控制。

4.1.3 包装印刷行业主要污染治理技术

4.1.3.1 污染治理技术应用现状

我们比较了包装印刷行业不同的末端治理技术的普及率（Pr）及平均去除率（Ar）的情况。从表4-2可以看出，P&P行业的无组织排放率较高，达到了88%。并且P&P企业更倾向于采用低温等离子体、光催化、光解等较为低效的末端治理技术，高效治理技术的普及率较低。此外，全部密闭情况下的末端治理技术的去除效率略优于外部集气的治理效率，说明全部密闭+末端治理技术的去除效率并未达到其理论去除效率。如目前行业较为推荐的全密闭-吸附/催化燃烧和全密闭-催化燃烧的平均处理效率远低于其理论治理效率，且普及率不足2%。

表4-2 P&P行业EOP技术的应用情况

EOP技术		普及率Pr/%	平均去除率Ar/%
全密闭	无组织排放	88.32	0.00
	低温等离子体	0.67	29.83
	光催化	0.33	53.52
	光解	0.01	6.3
	其他（活性炭吸附）	1.74	23.90
	吸附/催化燃烧	1.60	36.23
	催化燃烧	0.47	15.49
外部集气罩	低温等离子体	1.17	15.85
	光催化	0.04	62
	光解	1.41	14.00
	燃烧	0.09	11.00
	其他（活性炭吸附）	0.03	29
	吸附/催化燃烧	0.07	24.35

调查包装印刷行业的末端治理技术设施运行情况（图4-2），发现采取末端治理的企业的末端治理设施运行状况总体较好。仅有9%的企业的末端治理设施运行K值小于0.8。因此，包装印刷行业的末端治理要点是提高废气的收集率，减少无组织排放。

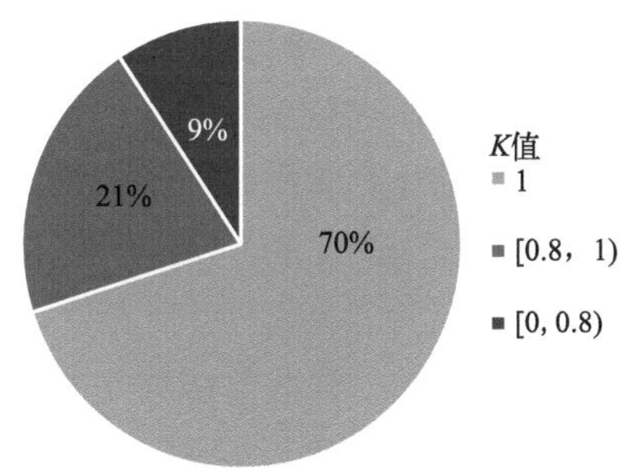

图 4-2　包装印刷行业末端治理技术设施运行情况

比较不同地区包装印刷行业的末端治理技术的处理效率，发现全密闭-吸附/催化燃烧和全密闭-催化燃烧的处理效率最高，达到81%。但其普及率不足5%。然而，行业内较多采用的低温等离子体、光催化和光解技术的治理效率较低，但普及率却超过了50%。包装印刷行业的末端治理水平整体较低，需要加强推广高效治理技术的应用，同时提高废气的收集率。

4.1.3.2　污染治理技术处理水平

当前包装印刷行业较为推荐的末端治理技术包括直接燃烧法、催化燃烧法、蓄热式燃烧法（RTO）、活性炭吸附抛弃法-在线监测、吸附-冷凝回收法、吸附-催化燃烧法、水吸收-疏水性吸附剂吸附浓缩-蓄热燃烧/催化燃烧法。

直接燃烧法、催化燃烧法和蓄热式燃烧法适用于凹版印刷、凸版印刷、丝网印刷和上光的烘干过程，以及上光、调配、清洗等过程。适宜VOCs产生浓度见表4-3。原则上，直接燃烧法需符合安全要求；催化燃烧法的催化燃烧温度不低于300℃，定期进行废气监测，定期更换催化剂；焚烧燃烧温度不低于760℃。

表 4-3　直接燃烧法、催化燃烧法和蓄热式燃烧法的适宜VOCs产生浓度

治理技术	适用生产工艺	原辅材料及工艺类型	产污环节	VOCs产生浓度/（mg/m^3）
直接燃烧法、催化燃烧法、蓄热式燃烧法	凹版印刷	溶剂型油墨	烘干	800 ～ 5000
		水性油墨	烘干	100 ～ 500
	凸版印刷	溶剂型油墨	烘干	400 ～ 800
	丝网印刷	溶剂型油墨	烘干	400 ～ 600
	上光	溶剂型光油	烘干	500 ～ 1000
			上光、调配、清洗等	200 ～ 500

其中，蓄热燃烧技术分为固定式有机废气蓄热燃烧技术、旋转式蓄热燃烧净化技术和蓄热燃烧催化技术。固定式有机废气蓄热燃烧技术采用多床固定式蓄热室，设备运行温度为800℃左右。采用两床时的VOCs净化效率≥90%；采用三床及以上时的VOCs净化效率≥97%。旋转式蓄热燃烧净化技术，主体结构设有多个蜂窝陶瓷蓄热室和燃烧

室，蓄热体和被净化废气直接接触，VOCs净化效率≥97%。蓄热燃烧催化技术的设备运行温度为300℃左右，VOCs净化效率≥97%，适用于中高浓度的VOCs废气的治理。

活性炭吸附抛弃法-在线监测适用于单张纸胶印、热固轮转胶印（有二次燃烧）、冷固轮转胶印和UV上光油等过程，适宜的VOCs产生浓度分别为20～150mg/m^3、10～30mg/m^3、15～30mg/m^{3}和20～30mg/m^3。原则上，颗粒炭设计风速≤0.5m/s，蜂窝炭设计风速≤0.8m/s，废气温度＜45℃。在线监测废气浓度，活性炭饱和时及时更换。

吸附-冷凝回收法适合凹版印刷和溶剂型胶黏剂干式复合/覆膜等生产过程，适宜的VOCs产生浓度为300～1000mg/m^3。适宜的废气温度＜45℃，定期监测废气浓度，定期更换活性炭，不凝废气通过焚烧或再吸附处理。活性炭吸附-氮气脱附冷凝回收技术，采用惰性气体氮气为脱附载气，解决了传统回收工艺的安全性问题，回收溶剂易于提纯，VOCs净化效率≥96%。

吸附-催化燃烧法适用于单张纸胶印、热固轮转胶印（有二次燃烧）、冷固轮转胶印的印刷、清洗、润版、烘干等生产过程，以及UV上光油的烘干、上光、清洗等生产过程，适宜的VOCs产生浓度分别为20～150mg/m^3、10～30mg/m^3、15～30mg/m^{3}和20～30mg/m^3。适宜的废气温度＜45℃，原则上催化燃烧温度不低于300℃，定期监测废气浓度，定期更换活性炭和催化剂。吸附浓缩倍数达10倍以上，沸石转轮吸附净化效率≥90%，燃烧净化效率≥97%。吸附浓缩技术将中低浓度大风量的VOCs废气转化为高浓度低风量的有机废气，然后进行燃烧，降低了废气净化的成本。

水吸收-疏水性吸附剂吸附浓缩-蓄热燃烧/催化燃烧法适用于主要污染物为水溶性物质的水性凹版印刷、水性凸版印刷、水性湿法复合和水性上光油等生产过程，适宜VOCs产生浓度分别为50～200mg/m^3、30～40mg/m^3、20～30mg/m^{3}和20～30mg/m^3。需要定期换水。

4.2 包装印刷行业减排潜力评估模型设置

4.2.1 包装印刷行业减排潜力评估框架

（1）确定主要控制过程

挥发性有机物的排放特性取决于工业生产过程和产品。本研究分析了不同地区包装印刷行业挥发性有机物排放的主要产品-原料-工艺-末端治理技术。计算主要产品-原料-工艺-末端治理的生产和排放强度，以获得具有减排潜力的工艺。

$$IG_j = PG_j / GV \tag{4-1}$$

$$IE_j = PO_j / GV \tag{4-2}$$

式中　IG_j——评估区域第j项技术组合的污染物产生强度，t/10^9元；

IE_j——评估区域第j项技术组合的污染物排放强度，t/10^9元；

PG_j——评估区域内第j项技术组合的污染物产生量，t；

PO_j——评估区域内第j项技术组合的污染物排放量，t；

GV——包装印刷行业的工业总产值。

我们计算了溶剂基材料和绿色材料的比例。将产生前85%污染物的生产工艺作为包装印刷行业的主要减排工艺。

$$\mathrm{TOP}\left(\sum PG_j / PG\right) \geqslant 85\% \tag{4-3}$$

式中　TOP——用于取前第X位的算法；

PG——评估区域内包装印刷行业产生的污染物总量，t。

减排潜力(ΔP)、经济效益(Eb)和碳减少(ΔCe)从源头减排、过程减排和末端减排三个途径评估。源头减排是指通过替代水基材料和相应的技术更新（如将热风干燥升级为微波干燥）来控制污染。过程减排主要通过使用先进的生产技术来提高生产效率。其中，技术升级是指采用先进适用的新技术、新工艺、新设备，改造现有设施和生产工艺条件。例如，采用自动橡皮布清洗技术、集中供墨技术或智能组合印刷机等。末端减排是指采用行业推荐的末端治理技术（如燃烧技术），通过在废气收集过程中采用全气密性或在气体收集口安装挡板或遮挡帘来提高废气收集率。

（2）协同减排潜力

我们根据SPECM模型的模块3测量了包装印刷行业不同生产过程的ΔP。

$$\max\Delta P=\alpha\Delta P_{\mathrm{S}}+\beta\Delta P_{\mathrm{P}}+\gamma\Delta P_{\mathrm{E}} \tag{4-4}$$

式中　ΔP_{S}——源头减排潜力；

ΔP_{P}——过程减排潜力；

ΔP_{E}——末端减排潜力；

α——源头减排潜力系数；

β——过程减排潜力系数；

γ——末端减排潜力系数。

$$\Delta P_{\mathrm{S}} = \sum\left[GV \times \Delta IG_{j\mathrm{S}} \times \left(1-\eta_0\right)\right] \tag{4-5}$$

$$\Delta P_{\mathrm{P}} = \sum\left[GV \times \Delta IG_{j\mathrm{P}} \times \left(1-\eta_0\right)\right] \tag{4-6}$$

$$\Delta P_{\mathrm{E}} = -PG \times \Delta\eta \tag{4-7}$$

式中　j——行业第j种产品-原料-工艺-末端治理技术组合；

GV——当前生产过程的工业总产值，10^9元；

$\Delta IG_{j\mathrm{S}}$——源头减排前后的产生强度差值，t/10^9元；

η_0——当前末端治理技术的实际去除效率，%；

ΔIG_{jP}——过程减排前后的产生强度差值，t/10^9元；

PG——产生的污染物量，t；

$\Delta\eta$——末端减排前后的实际去除率的差值。

在评估的几个城市和地区中，由于该行业的密度更高，减排要求更高，并且已经实施了更多的挥发性有机物控制政策，广东省的深圳市和佛山市顺德区被选为包装印刷行业挥发性有机物减排的基准区。

(3) 协同减排的成本效益

本研究中评估的Eb是水基替代、过程优化和末端治理的成本效益之和。减排的经济成本包括材料替代、技术改进和末端治理的成本。减排的经济效益包括经济效益和因材料替代或VOC减排技术更新而减少的排放税之和。

$$\max Eb=\alpha Eb_{\mathrm{S}}+\beta Eb_{\mathrm{P}}+\gamma Eb_{\mathrm{E}} \tag{4-8}$$

$$Eb_t = Ba_t - Ca_t \tag{4-9}$$

$$Ba_t = \Delta Q_{\mathrm{S}} \times Up_{\mathrm{S}} + Db_t \times T + \Delta P / e \times E_{\mathrm{t}} \tag{4-10}$$

$$Ca_t = \sum\left(Q_{\mathrm{S}} \times \Delta Up\right) + \sum Fc_t / L + \sum Oc_t \tag{4-11}$$

式中　Eb_{S}、Eb_{P}、Eb_{E}——源头、过程和末端减排的成本效益，万元；

Eb_t——特定减排技术t的经济效益，万元；

Ba_t、Ca_t——技术t的收益和成本，万元；

ΔQ_{S}——材料的减少量，t；

Up_{S}——材料的单价，万元；

Db_t——技术t的平均每日收益，万元；

e——VOCs的污染当量，为0.95；

E_{t}——环境保护税的单价，即不同地区的VOCs排放收费标准，万元，河南省、广东省、甘肃省和内蒙古自治区的每个污染当量的收费标准分别为4.8×10^{-4}万元、1.8×10^{-4}万元、1.2×10^{-4}万元和2.4×10^{-4}万元；

Q_{S}——材料的用量，t；

ΔUp——溶剂基和水基材料之间的单价差异，万元，数据来源于原材料购买网，参见附表1；

Fc_t——技术t的固定成本，万元；

L——设备寿命，在本研究中计算为15年；

Oc_t——技术t的运营成本，万元；减排技术的成本-效益数据来自文献，参见附表2。

(4) 协同减排的碳减排变化

挥发性有机物减少引起的ΔCe包括水基替代、过程优化和末端治理后的碳减排变化。水基替代和过程优化产生的碳减排来自购电产生的碳，而末端治理产生的二氧化碳减排包括用电、辅助燃料燃烧和挥发性有机化合物燃烧产生的温室气体总量。

$$\mathrm{Min}\ \Delta Ce=\alpha\Delta C_{\mathrm{S}}+\beta\Delta C_{\mathrm{P}}+\gamma\Delta C_{\mathrm{E}} \tag{4-12}$$

$$\Delta C_{\mathrm{S}}=\sigma\times Q_{S}+W\times T\times\varepsilon \tag{4-13}$$

$$\Delta C_{\mathrm{P}}=W\times T\times\varepsilon \tag{4-14}$$

$$\Delta C_{\mathrm{E}}=\Delta P_{\mathrm{E}}\times\delta \tag{4-15}$$

式中　σ——单位材料替代产生的碳减排变化，t；

Q_S——源头清洁原辅材料替代量，t；

ε——单位用电量的碳减排系数，t；

T——运行时间，h；

W——设备功率，kW；

δ——末端治理的碳减排系数，计算为33.5t/t。

（5）多目标约束

1）污染强度约束

$$0\leqslant IG_{jt}\leqslant IG_{j0} \tag{4-16}$$

式中　IG_{j0}、IG_{jt}——减排前后第j个技术组合的污染物产生强度，t/ 10^9元。

2）成本效益约束

$$Ba_t\geqslant 0 \tag{4-17}$$

$$Ca_t\geqslant 0 \tag{4-18}$$

$$GT=\Delta P/e\times E_{\mathrm{t}} \tag{4-19}$$

$$GT\geqslant 0 \tag{4-20}$$

$$\Delta Q_{\mathrm{S}}\geqslant 0 \tag{4-21}$$

式中　GT——环保税。

3）碳减排约束

$$R_{\mathrm{S}}\geqslant R_{\mathrm{S0}} \tag{4-22}$$

$$C_{\mathrm{C}}\leqslant A_{\mathrm{C}} \tag{4-23}$$

式中　R_{S}——清洁材料的污染产生因子；

R_{S0}——溶剂基材料的污染产生因子；

C_{C}——材料中污染物的含量值；

A_{C}——材料中污染物的含量限值。

4）减排途径约束

源头-过程-末端协同减排潜力（ΔP）可通过以下公式计算。

$$\Delta P = PO_0 - PO_t = PG \times (1-\eta_0) - (PG - PG_S - PG_P) \times (1-\eta_k) \tag{4-24}$$

式中 PO_0、PO_t——减排前后的污染物排放量，t；

PG_S——源头排放减排后污染物产生量的减少量，t；

PG_P——过程减排后污染物产生量的减少量，t；

η_0——当前末端治理的去除率，%；

η_k——第k种末端治理技术的去除率，%。

其中，

$$PG_S = \alpha \Delta P_S / (1-\eta_0) \tag{4-25}$$

$$PG_P = \beta \Delta P_P / (1-\eta_0) \tag{4-26}$$

$\alpha, \beta,$和γ之间的逻辑关系为：

$$\gamma = 1 - (\alpha \Delta P_S - \beta \Delta P_P) / PO_0 \tag{4-27}$$

逻辑约束条件如下：

由于源头减排和过程减排都属于清洁生产手段，因此α和β之和在0 ～ 1之间。末端减排潜力系数也在0 ～ 1之间。

$$0 \leqslant \alpha + \beta \leqslant 1 \tag{4-28}$$

$$0 \leqslant \alpha \leqslant 1 \tag{4-29}$$

$$0 \leqslant \beta \leqslant 1 \tag{4-30}$$

$$0 \leqslant \gamma \leqslant \left[1 - (\alpha \Delta P_S - \beta \Delta P_P) / PO_0\right] \tag{4-31}$$

$$0 \leqslant \alpha + \beta + \gamma < 2 \tag{4-32}$$

4.2.2 研究区域概况和数据来源

4.2.2.1 研究区域概况

包装印刷行业是为其他制造业服务的辅助生产行业。包装印刷行业的发展程度在很大程度上取决于其他行业的发展，并直接关系到该地区的经济发展。中国的包装印刷行业比较分散，市场集中度低。企业主要集中在沿海大中城市和经济发达地区。根据中国印刷设备工业协会的统计结果，中国印刷设备行业的区域差异明显，不同区域的发展呈现等级结构。广东、浙江等沿海地区处于领先地位；湖南、河南等中部地区正处于稳定发展阶段；甘肃、新疆、内蒙古等西部和北部地区有较大的发展空间。在本研究中，我们根据中国包装印刷产业的分布特征、区域经济发展水平和地理位置，选择了具有不同特征的五个区域，即佛山市顺德区、南阳市、兰州市、深圳市和内蒙古自治区作为案例研究，产业结构和挥发性有机物排放比例见表4-4。

表4-4　五个研究案例概述：地理位置、经济发展水平、企业数量和挥发性有机物防治现状

<table>
<tr><th>区域</th><th>产业</th><th>行业企业数量/个</th><th>VOCs排放占比/%①</th><th>经济发展水平</th><th>地理位置</th><th>无组织排放率/%</th><th>行业VOCs防治情况</th></tr>
<tr><td>南阳</td><td>主要从事农产品加工和工业原料生产，现代工业集中度有限</td><td>87</td><td>18.56 (包括平版制造14.57)</td><td>总产值稳居全省前五位</td><td>该市位于中国中部的河南省，是一个盆地，全年有73.4%的优良空气天数</td><td>74</td><td>（1）积极推广低/无挥发性有机物含量的绿色原辅材料和先进的生产工艺和设备；
（2）加强对逃逸气体的收集；
（3）建议采用吸附-燃烧/催化燃烧组合技术，单一溶剂采用吸附-冷凝组合技术</td></tr>
<tr><td>兰州</td><td>工业结构长期以来一直以重污染行业为主，如石油化工、设备制造、冶金和钢铁</td><td>168</td><td>7.19</td><td>是西北地区重要的工业基地和中心城市之一</td><td>该市位于中国西北部甘肃省的河谷盆地，污染物扩散条件差。全年优良空气天数的比例为73.4%</td><td>98</td><td>积极推广使用挥发性有机化合物含量低/无的原辅材料和环保技术替代品；全面加强无组织排放控制，建设高效末端设施</td></tr>
<tr><td>顺德</td><td>顺德区是中国制造业创新中心</td><td>1356</td><td>3.17</td><td>是中国第一个“万亿制造区”</td><td>该区位于中国南部沿海的广东省佛山市，全年有85.5%的优良空气天数</td><td>6</td><td rowspan="2">大力推进VOCs源头控制和行业深度治理，建立完善源头、过程和末端的VOCs全过程控制体系。禁止建设生产和使用高VOCs含量的溶剂型涂料、油墨、胶黏剂等项目。严格实施VOCs排放企业分级管控，全面推进涉VOCs排放企业深度治理。加强无组织气体收集，提高收集率</td></tr>
<tr><td>深圳</td><td>深圳是国家高新技术产业基地和文化产业基地</td><td>8281</td><td>17.82</td><td>是中国的经济特区和经济中心城市</td><td>该市位于中国南部沿海的广东省，全年有96.2%的优良空气天数</td><td>60</td></tr>
<tr><td>内蒙古</td><td>工业结构长期以来一直以煤炭加工和化工产品制造为主</td><td>860</td><td>0.77</td><td>是中国的一个欠发达地区</td><td>该自治区位于中国北部，矿产资源丰富。污染扩散条件良好。全年优良空气天数的比例为89.6%</td><td>60</td><td>到2025年，溶剂型工业涂料、油墨使用比例分别降低20个百分点、10个百分点，溶剂型胶粘剂使用量降低20%。加大VOCs无组织排放治理力度</td></tr>
</table>

① 包装印刷行业占当地工业源VOCs排放量的比例。

4.2.2.2 数据来源

本研究使用的数据来源于生态环境统计数据和包装印刷行业的部分调查数据。缓解成本效益数据是根据文献研究和市场研究评估的源头、过程和末端减排成本效益协调得出的。污染物排放数据一般来自监测法和系数法。不同地区包装印刷行业的末端治理技术的应用情况来源于实地调研。本研究基于乔琦等开发的污染物生产和排放核算模型估计工业部门污染物生产过程的减排潜力，选取中国南阳市、兰州市、佛山市顺德区、深圳市和内蒙古自治区五个城市和地区，研究了包装印刷行业VOCs减排潜力和减排方案。不同空间尺度和排放水平尺度下碳减排和经济效益的双重约束，碳排放和经济效益数据来源于文献和问卷调研。

4.2.3 减排技术和路径

不同的产业结构和产品种类对生产工艺的要求不同，针对不同产品种类探讨其主要的VOCs产生排放环节的减排效益有利于对包装印刷行业提出针对性的VOCs减排策略。本研究分析了各地区包装印刷行业的主要VOCs排放来源，主要产排污环节的单位工业总产值的产生排放强度，溶剂型及水性原材料使用结构，以及不同产品种类的主要末端治理技术，获得区域包装印刷行业的VOCs减排环节及减排方向路径。

依据包装印刷行业推荐技术目录，对于不同产品的主要VOCs减排控制环节从源头减排、过程优化和末端管控三个方面针对性地提出相应的减排措施。溶剂型油墨及有机溶剂的使用是包装印刷行业的主要VOCs排放来源。源头减排是指通过水性油墨、水性油墨清洗剂、水性涂布液、水性胶黏剂以及无醇润版液替代及其相应技术更新进行减排，根据标杆地区的水性原材料使用时的产污强度水平进行测算。过程减排主要通过连续供墨技术、自动油墨清洗技术、计算机直接制版技术、干燥技术等的使用进行减排，根据与行业技术水平先进地区的产污强度水平进行减排潜力的评估。末端减排潜力，是通过采用印刷行业推荐末端减排技术、在废气收集过程中采用全密闭或在集气口加装遮挡板或遮挡帘的形式提高废气收集率，根据推荐技术的去除率与当前实际末端去除率水平差值测算末端减排潜力。

依据包装印刷行业污染防治可行技术对于不同产品的主要VOCs减排控制环节从源头减排、过程优化和末端管控三个方面针对性地提出相应的减排措施。包装印刷行业测算减排效益所涉及的减排措施和技术见表4-5。源头减排是指通过水性油墨、水性油墨清洗剂、水性涂布液、水性胶黏剂以及无醇润版液替代及其相应技术更新进行减排，根据标杆地区的水性原材料使用时的产污强度水平测算其减排潜力。过程减排主要通过连续供墨技术、自动油墨清洗技术、计算机直接制版技术、干燥技术等的使用进行减排，通过不断与选取的标杆地区的产污强度水平比较测算其减排潜力。干燥技术包括高速热空气干燥、红外干燥、紫外固化、微波（MW）干燥等，干燥方法可共同使用，以提高干燥速度，降低干燥过程中的VOCs排放量。末端减排是通过采用印刷行业推荐末端减排技术[《挥发性有机物无组织排放控制标准》(GB 37822—2019)]、在废气收集过程中采用全密闭或在集气口加装遮挡板或遮挡帘的形式提高废气收集率，根据推荐技术的去除率与当前实际末端去除率水平差值测算其减排潜力。

表4-5　源头、过程和末端的减排措施

源头减排	过程减排	末端减排
植物油基油墨替代技术	计算机直接制版（CTP）系统	全部密闭
水性油墨替代技术	印刷油墨控制程序	燃烧技术
无/低醇润版液替代技术	集中供墨技术	
水性油墨清洗剂替代技术	自动橡皮布清洗技术	
水性上油光替代技术	干燥技术①	

①采用高速热空气干燥、红外干燥、紫外固化、MW干燥等常规干燥方法，可共同使用，以提高干燥速度，降低干燥过程中的VOCs排放量。

4.3　包装印刷行业减排潜力评估结果与分析

4.3.1　重点减排环节

采用M222模块分析了各区域包装印刷行业VOCs产生排放特征，并识别提取了重点减排单元。溶剂型油墨、溶剂型油墨清洗剂和稀释剂等的水性替代，是包装印刷行业VOCs减排的管控重点之一（图4-3）。包装印刷行业在中国东部沿海地区分布的密集度较高。本研究不同地区污染物排放来源分析也发现，在行业分布密集的广东省佛山市顺德区的VOCs排放量与兰州市的排放量相当，且远超过南阳市的排放量，甚至超过了整个内蒙古自治区的排放量。而深圳市的VOCs排放量是其他几个城市或地区的数倍至数十倍。此外，纸制品印刷是各个区域VOCs排放的主要来源。进一步地，行业主要的VOCs排放主要来自溶剂型油墨、稀释剂、溶剂型油墨清洗剂和溶剂型润版液的使用。此外，制版和PS版制造是南阳市包装印刷行业VOCs排放的主要来源，且南阳市的制版生产主要来自深圳市的产业转移。

不同承印物印刷品的原辅料使用情况略有不同，但总体上，所用油墨、润版液、胶黏剂、油墨清洗剂等以溶剂型为主。特别的，溶剂型油墨和稀释剂的使用，是包装印刷行业VOCs排放的最主要来源。从溶剂型和水性原材料使用比例来看，目前包装印刷行业使用的原材料仍然以溶剂型的为主（图4-4）。顺德区和深圳市包装印刷行业的产品种类较多，在金属类、塑料类、纸类及其他承印物均有分布，而南阳市、兰州市和内蒙古自治区金属承印物的相关产业较少。

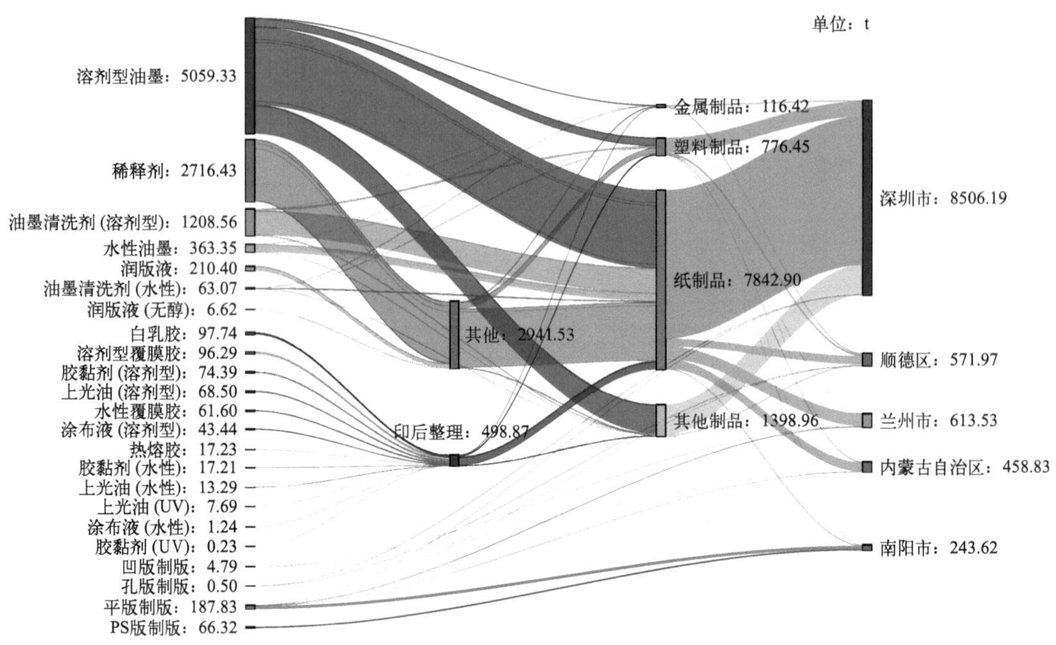

图4-3　不同区域印刷行业的VOCs排放来源

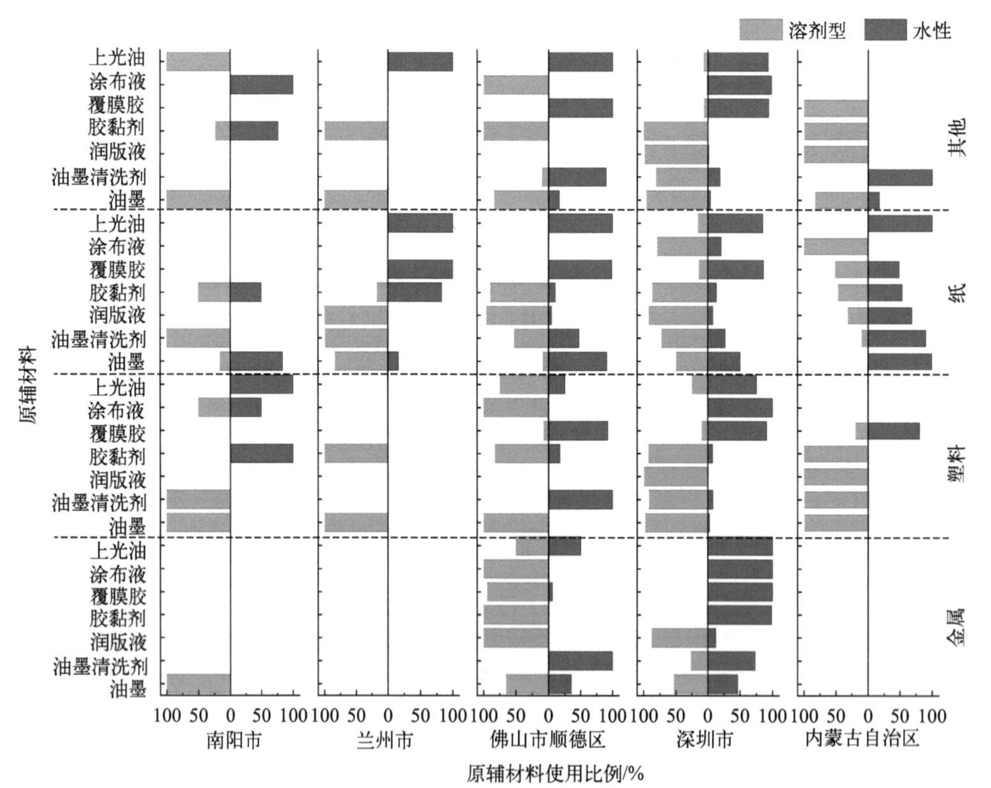

图4-4　不同区域印刷行业的原辅料使用情况

以纸承印物为例，在南阳市、顺德区和内蒙古自治区，印刷所用油墨以水性油墨为主，而兰州市和深圳市仍有较大比例的溶剂型油墨使用，具有较大的水性油墨替代空间。除内蒙古自治区主要采用水性油墨清洗剂和润版液外，其他几个区域均以溶剂型油墨清洗剂和溶剂型润版液为主。南阳市、佛山市顺德区、深圳市和内蒙古自治区主要以溶剂型胶黏剂为主，具有较大的水性替代空间。此外，深圳市和内蒙古自治区溶剂型涂布液的使用比例极高，具有较大的原料替代空间。

纸制品印刷是各地包装印刷行业VOCs排放的最主要的来源，其主要VOCs产生排放来自平版印刷过程中溶剂型油墨、稀释剂和溶剂型油墨清洗剂的使用。通过对不同城市和区域该生产环节VOCs产排污强度的计算，发现采用UV油墨、水性油墨和植物大豆油墨的产排污强度极低，是纸制品平版印刷源头减排油墨替代的几种较好选择。采用低挥发性油墨替代后，稀释剂的用量减少70%～90%，稀释剂的产排污强度也将大幅度降低。深圳的水性油墨清洗剂的产排污强度极低，是其他区域水性油墨减排和水性油墨替代的标杆。而顺德地区采用溶剂型油墨进行纸制品平版印刷的产排污强度最低，清洁生产水平最高，为剩下几个区域过程减排的标杆。此外，由图4-5（书后另见彩图）可以看出，各个区域的产污强度和排污强度接近，说明各地区的末端治理情况欠佳，具有较大的VOCs减排空间。值得注意的是，虽然深圳市的包装印刷行业的VOCs排放量较其他4个区域的高出很多，但深圳印刷行业的各VOCs产排环节的产排污强度低于其他几个区域，因此测算减排潜力时考虑以深圳市的产排污强度水平作为标杆。

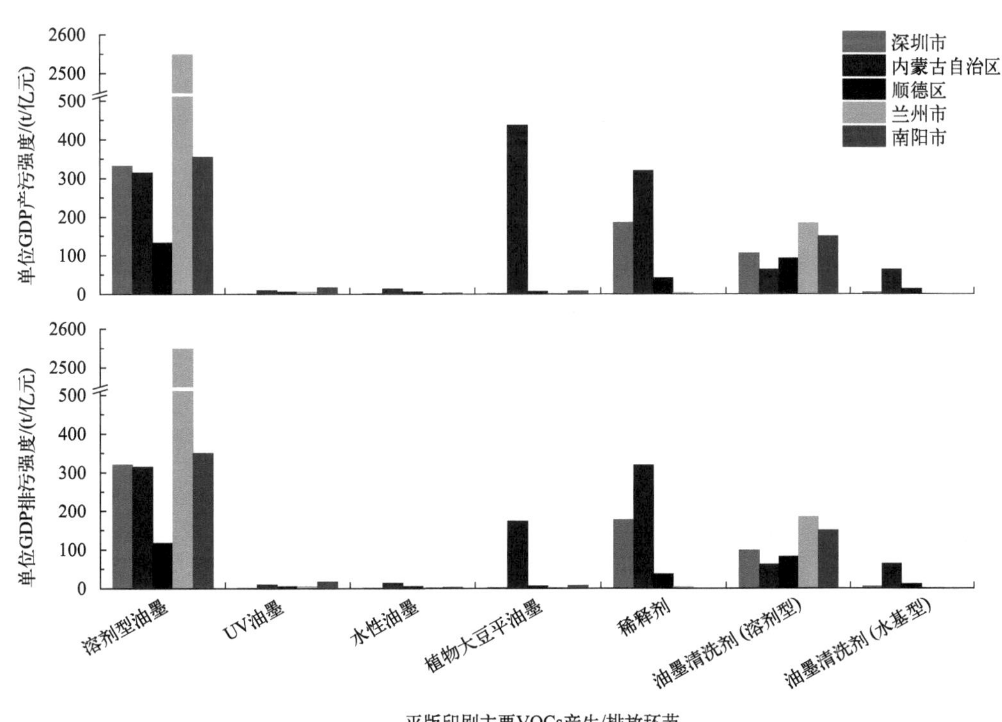

图4-5　不同区域纸制品平版印刷的主要产污环节的VOCs产排污强度

为了进一步探究原材料使用与VOCs排放量的关系，我们以纸制品印刷过程为例，计算了不同材料的VOCs排放量与消耗量的比值（图4-6）。发现溶剂型的原材料使用过程中的VOCs排放量是低溶剂或无溶剂型原材料的数倍。因此，将溶剂型的原材料如溶剂型油墨、溶剂型油墨清洁剂和稀释剂，替换为水性原材料，是包装印刷行业VOC管理和控制的关键点之一。

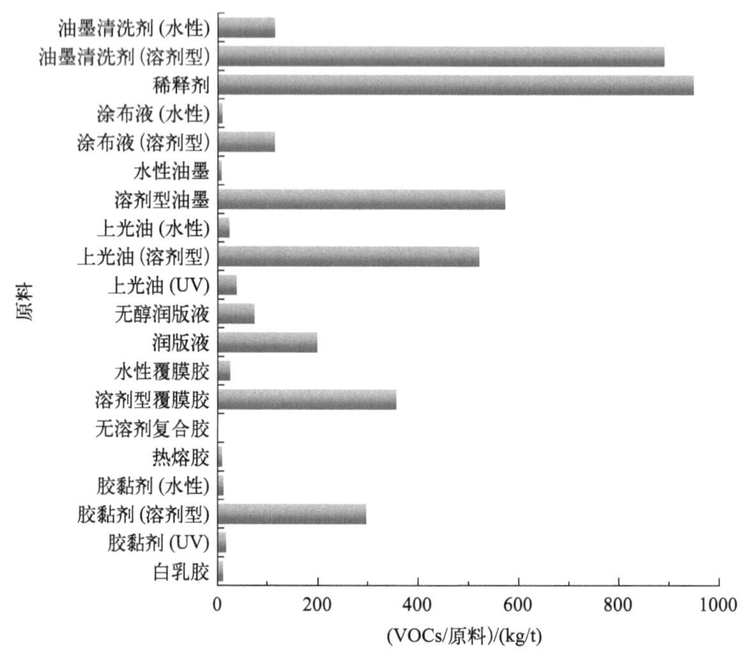

图4-6　不同原材料的VOCs排放和原料消费比例

4.3.2　末端治理情况

比较不同区域包装印刷行业的末端治理技术的普及率（Pr）及平均去除率（Ar）情况（表4-6），发现末端治理技术，如全密闭-吸附/催化燃烧和全密闭-催化燃烧的处理效率最高，达到81%，但其普及率却不足5%。而行业内较多采用的低温等离子体、光催化和光解技术的治理效率较低，但普及率却超过了50%。整体上，佛山市顺德区的末端状态较好，无组织排放率最低。内蒙古自治区倾向于采用外部集气罩收集废气而非全密闭的生产方式。南阳市、深圳市和佛山市顺德区需要提高高效治理技术的普及率；兰州市需要加强末端治理，降低直接排放率；而内蒙古自治区，有必要加强生产、治理过程的密闭性管理。

进一步调查不同区域包装印刷行业的末端治理技术设施运行情况，发现南阳市、佛山市顺德区、深圳市和内蒙古自治区企业的末端治理设施运行状况总体较好，仅有不足

10%的企业的末端治理设施运行K值＜0.8（图4-7）。然而，值得一提的是，兰州市有近50%的企业，末端治理设施的运行K值低于0.8。因此，兰州市还需加强末端治理设施运行管理，确保设备的运行效果。

表4-6　不同地区包装印刷行业EOP技术的应用情况

末端治理技术		南阳市		兰州市		佛山市顺德区		深圳市		内蒙古自治区	
		Pr /%	Ar /%	Pr /%	Ar /%	Pr /%	Ar /%	Pr /%	Ar /%	Pr /%	Ar /%
全密闭	无组织排放	74	0	99	0	31	0	87	0	92	0
	低温等离子体	—	—	—	—	8	36	—	—	—	—
	光催化	10	16	—	—	—	—	1	16	—	—
	光解	—	—	—	—	2	16	1	16	—	—
	其他（活性炭吸附）	2	14	—	—	2	14	2	14	—	—
	吸附/催化燃烧	2	81	1	66	—	—	—	—	—	—
	催化燃烧	2	81	—	—	—	—	—	—	—	—
外部集气罩	低温等离子体	—	—	—	—	20	14	3	16	—	—
	光催化	5	7	—	—	1	6	—	—	1	7
	光解	2	5	—	—	27	7	2	7	3	6
	燃烧	3	26	—	—	—	—	—	—	1	26
	其他（活性炭吸附）	—	—	—	—	7	6	3	6	1	6
	吸附/催化燃烧	2	34	—	—	—	—	—	—	1	34

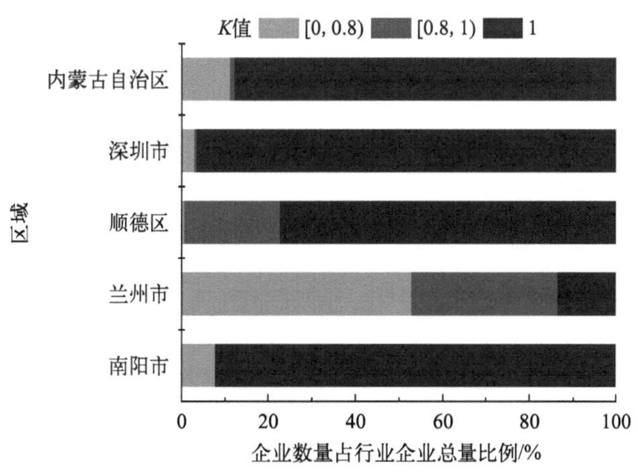

图4-7　不同区域包装印刷行业末端治理技术设施运行情况

作为一个服务于办公室、住宅、工业包装和其他行业辅助生产的“服务型”行业，包装印刷行业包括多种产品、原材料和多种生产工艺。鉴于工作量大和数据要求高，很难为产生排放污染物的每种工艺技术都制定协同减排控制策略。图4-3～图4-6均表明，不同地区的VOC排放的来源相对集中，主要生产工艺组合（产品、原材料、生产工艺、处理技术）的污染物产生和排放量和强度较大，且主要产排污过程的减排潜力，占行业总潜力的80%～98%（图4-8）。因此，将行业的污染减排落实到关键的产排污过程可以实现行业污染物的精确控制。

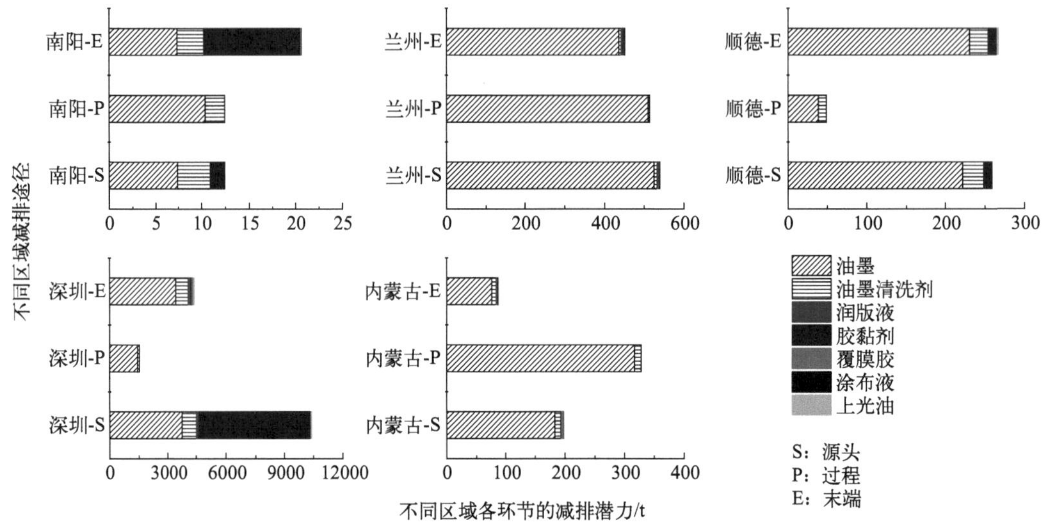

图4-8　不同生产过程中纸制品的减排潜力

4.4　包装印刷行业全过程协同减排潜力

4.4.1　源头－过程－末端全过程协同减排

根据图4-3，纸制品贡献了大量的挥发性有机物排放，并且相比于其他产品，每个研究区域的纸制品印刷均有更全面的生产流程数据，因此我们针对纸制品印刷的全过程协同减排进行详细的分析。通过比较不同地区和不同生产工艺的源头、工艺和末端的减排潜力，我们可以发现，水性油墨替代是减少各区域纸制品印刷过程中VOCs排放的有效途径（图4-8，书后见另彩图）。并且，南阳市胶黏剂的水性替代也具有较大的减排潜力，且使用产生的废气主要是无组织排放。通过提高气体收集率和采取更高效的末端治理技术，将具有相当大的末端减排潜力。同时在深圳市和佛山市顺德区，特别是深圳市，水性黏合剂替代也具有相当显著的VOCs减排潜力。此外，水性油墨清洁剂替代也是减少各区域VOCs排放的有利途径。另外，南阳市、兰州市和内蒙古自治区的工业发展水平相对较低，生产工艺的改进大大有助于减少挥发性有机物。而对于包装印刷行业生产水平相对较高的深圳市和佛山市顺德区，水性油墨、油墨清洁剂和黏合剂替代VOCs减排的首要措施。

包装印刷行业无组织排放情况较为严重，末端治理一直是行业VOCs治理的主要手段。根据推荐的VOCs治理方式，燃烧法是一种彻底去除VOCs污染物的有效方法，也是目前VOCs治理过程中比较推荐的一种措施。但VOCs治理过程，特别是通过焚烧法治理VOCs的过程中，电耗、辅助燃烧及VOCs本身的燃烧均会带来大量的碳排放，同时增加生产的成本。而水性原辅材料替代是一种减少VOCs和碳排放的一种有效手段。通过比较相同减排潜力下，源头-过程-末端全过程协同减排和末端治理的碳排放和成本-效益，发现全过程协同减排路径具有极好的经济效益和环境效益（图4-9）。对于不同区域的VOCs减排，全过程协同减排比单纯的末端治理减排每年会减少3.25×10^2 ～ 1.38×10^5t的CO_2排放，并产生1.57×10^2 ～ 2.20×10^9元的成本-经济效益。

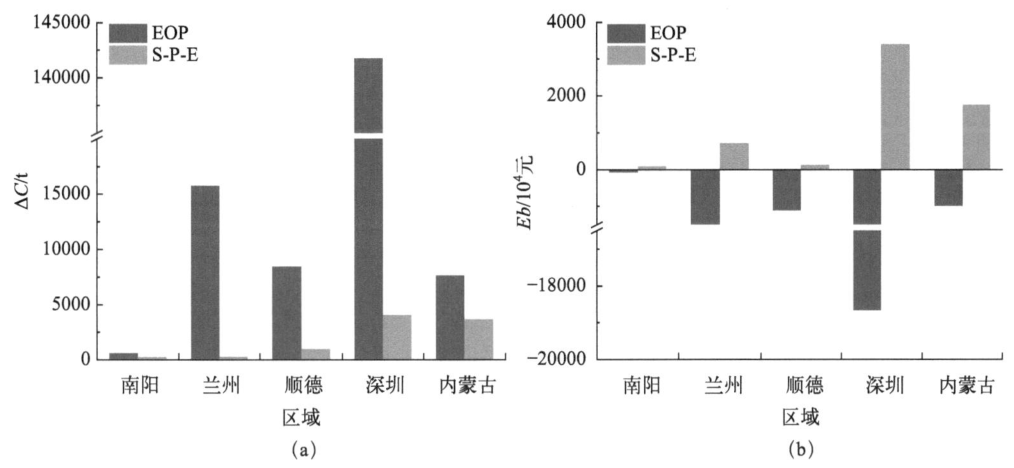

图4-9　相同减排潜力下，全过程协同减排（S-P-E）和末端减排（EOP）的碳减排量（ΔC）和经济效益（Eb）比较

进一步地通过全过程协同控制，仅考虑包装印刷行业VOCs的减排时，在较优的减排方案解集下各地区的减排潜力达到最大值，同时由于生产过程中原料用量的节省、污染物排放税减少等带来的效益超过了部分地区的减排成本，例如南阳市、兰州市。部分减排方案下深圳市和内蒙古自治区也具有正向的成本-效益。但是，减排过程却带来了超过10倍VOCs减排量的碳排放（图4-10，书后另见彩图）。

在碳中和目标下，因治理VOCs而导致如此大量碳排放的减排措施显然是无法满足

深度治污阶段的减排需求的。因此，进行VOCs和碳减排的协同控制是十分必要的。

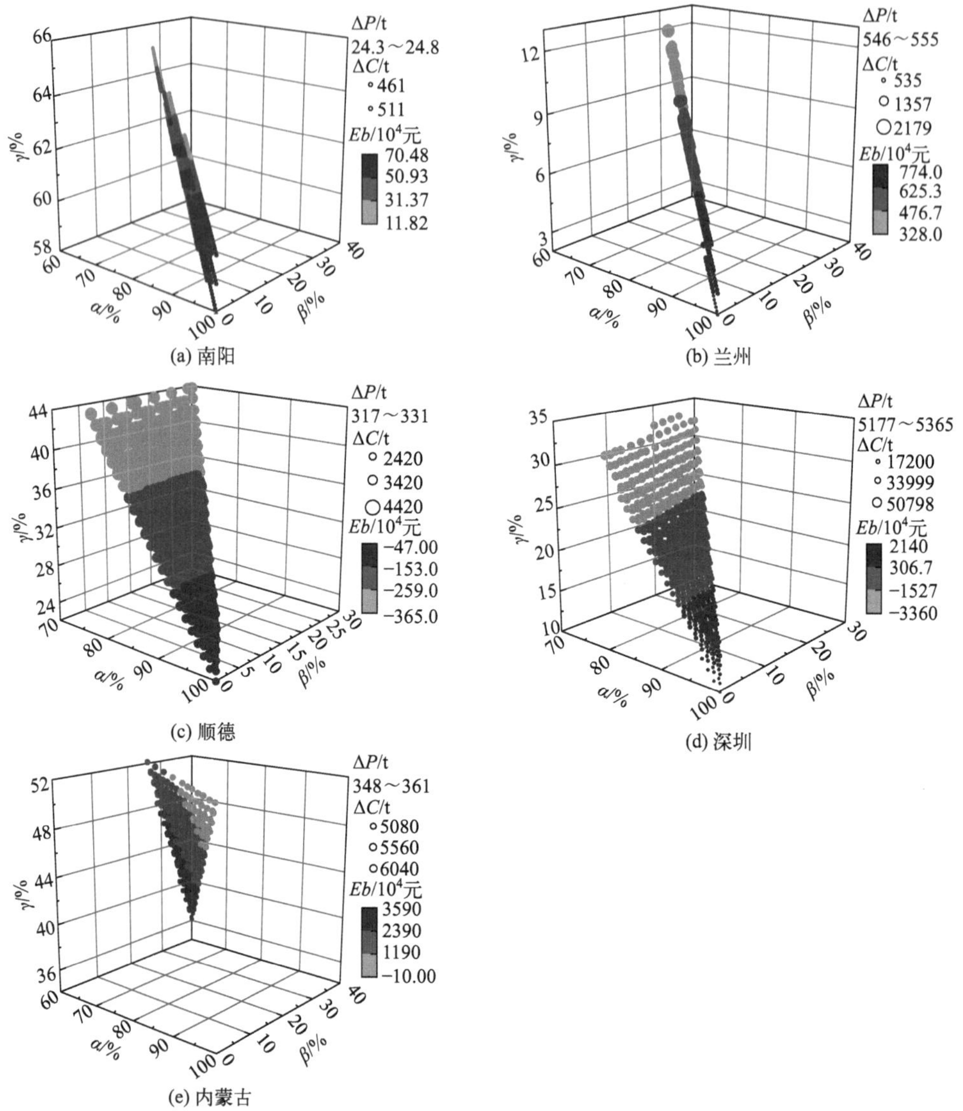

(a) 南阳

(b) 兰州

(c) 顺德

(d) 深圳

(e) 内蒙古

图4-10　以VOCs减排潜力为目标时不同区域纸产品的潜力及效益

4.4.2　全过程减污-降碳协同减排

为了获得较大的减排潜力，同时仅带来少量的碳排放，我们进一步优化了减排潜力和碳排放的协同控制方案。

以VOCs减排潜力和碳减排协同控制为目标时不同区域纸产品的潜力及效益如图4-11所示（书后另见彩图）。

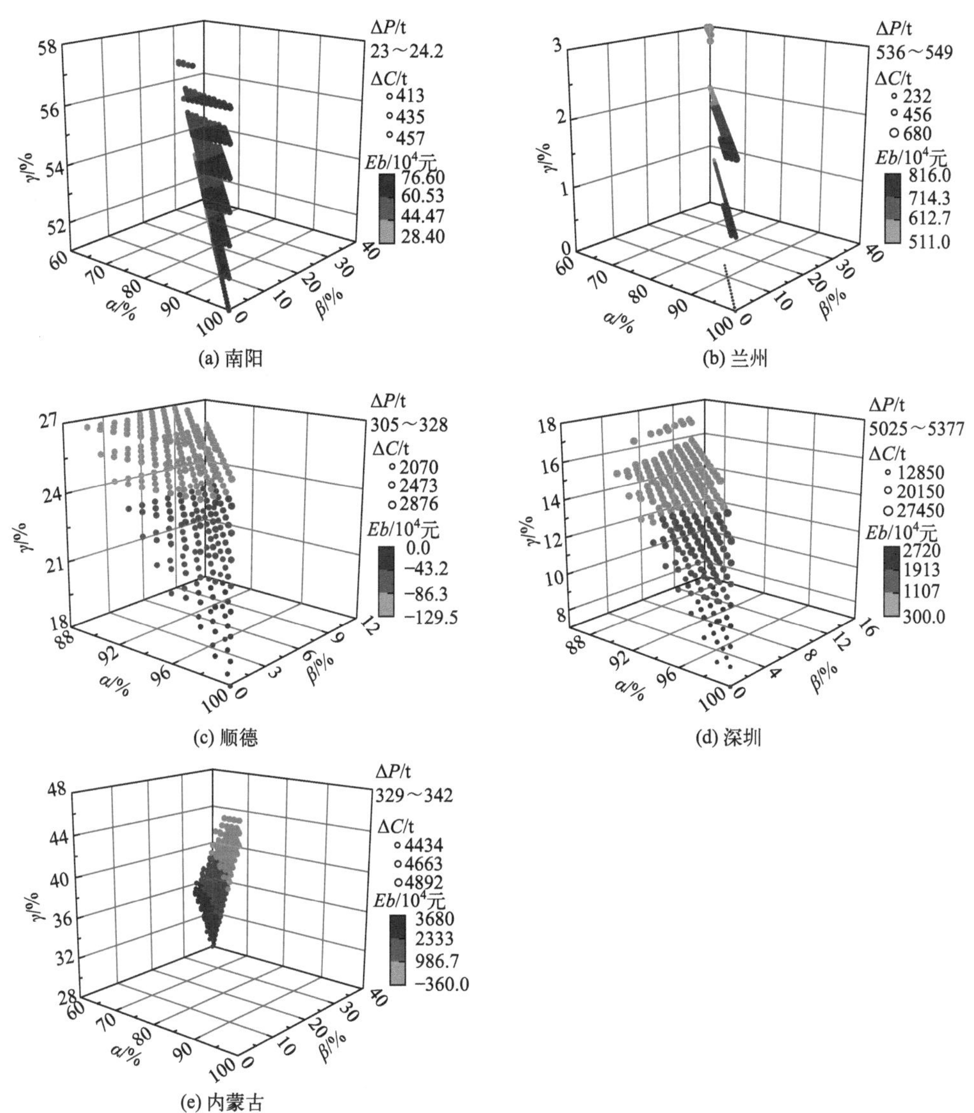

(a) 南阳　(b) 兰州　(c) 顺德　(d) 深圳　(e) 内蒙古

图4-11　以VOCs减排潜力和碳减排协同控制为目标时不同区域纸产品的潜力及效益

由图4-11可见，协同考虑包装印刷行业VOCs减排潜力和碳减排时，南阳市、兰州市、顺德区、深圳市和内蒙古自治区的减排潜力分别达到仅考虑潜力时的94.08%、97.45%、94.84%、93.86%和91.15%；南阳市、兰州市、顺德区、深圳市和内蒙古自治区的碳排放量分别达到仅考虑潜力时的84.22%～88.06%、18.27%～36.99%、56.67%～69.22%、35.45%～58.22%和80.13%～86.50%；同时，南阳市、兰州市、顺德区、深圳市和内蒙古自治区的成本效益分别达到仅考虑潜力时的108.11%～150.75%、87.05%～109.66%、4.18%～65.30%、−1819.77%～3600%和−23.53%～497.55%。在减排潜力和碳减排协同控制的目标下，虽然牺牲了少量的VOCs减排潜力，但整个减排过程中的碳排放有明显的改善。此外，各地的成本-效益也有明显改善。

协同考虑减排潜力和碳减排目标时，最优解集下的源头减排潜力系数分布仅考虑VOCs减排潜力时，从整体上看数值更大，分布范围更窄（图4-12）。同时，过程减排潜力系数和末端减排潜力系数整体更小，且除兰州市和内蒙古自治区的过程减排潜力系数分布更大外，其他区域的减排潜力系数分布范围更窄。这可能与兰州市纸制品印刷过程中溶剂型油墨和溶剂型油墨清洗剂使用过程中的产污强度高，以及与内蒙古自治区纸制品印刷过程中植物大豆油墨、稀释剂和水性油墨清洗剂使用过程中的产污强度高有关（图4-5）。

图4-12（a）～（e）分别表示南阳市、兰州市、佛山市顺德区、深圳市和内蒙古自治区的减排潜力系数分布；其中α_1，β_1和γ_1分别为仅考虑VOCs减排潜力时的源头、过程和末端减排潜力系数，α_2，β_2和γ_2分别为综合考虑VOCs减排潜力和碳减排时的源头、过程和末端减排潜力系数。

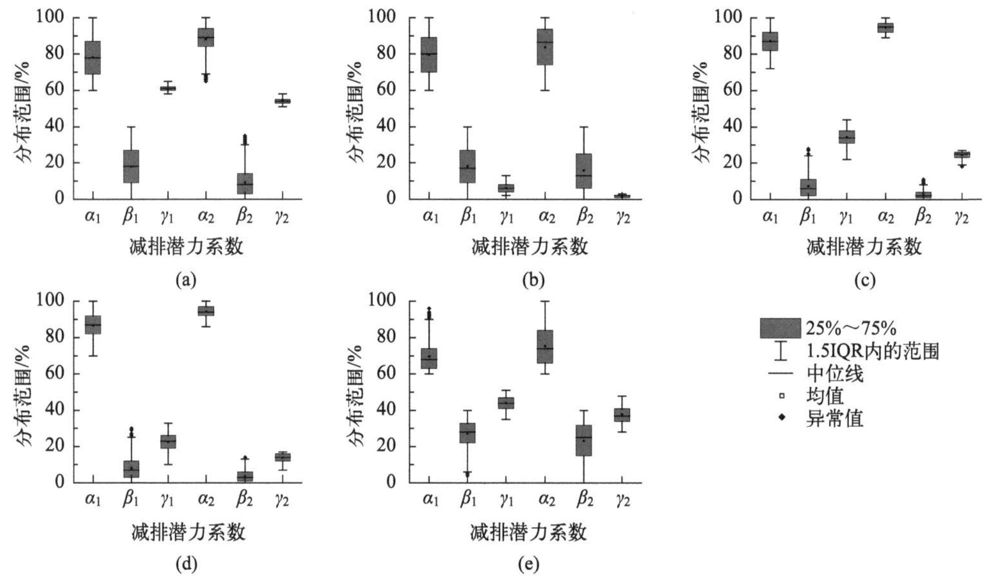

图4-12　不同控制目标下各区域纸制品的减排潜力系数分布比较

4.4.3　全过程减污-降碳-成本效益协同减排

通过对全过程协同减排潜力、碳减排和成本-效益进行综合的评估，发现相对于过程减排和末端减排，原辅材料替代对包装印刷行业的减污减碳、协同增效具有较大的贡献（图4-13）。值得一提的是，内蒙古自治区的协同控制主要依赖于过程优化。并且，除南阳市外，其他区域的末端减排潜力系数均较低。与图4-12中仅考虑VOCs减排潜力，以及综合考虑VOCs减排潜力和碳减排时相比，综合考虑VOCs减排潜力、碳减排和成本-效益时，南阳市、兰州市和顺德区的源头减排潜力系数更大、过程和末端减排潜力系数更小。然而深圳市的源头和末端减排潜力系数略低于仅考虑VOCs减排潜力，以及综合考虑VOCs减排潜力和碳减排时的源头减排潜力系数，而过程减排潜力系数更大。

综合考虑VOCs减排潜力、碳减排和成本-效益时，内蒙古自治区的源头和末端减排潜力系数显著降低，过程减排潜力系数显著增大。

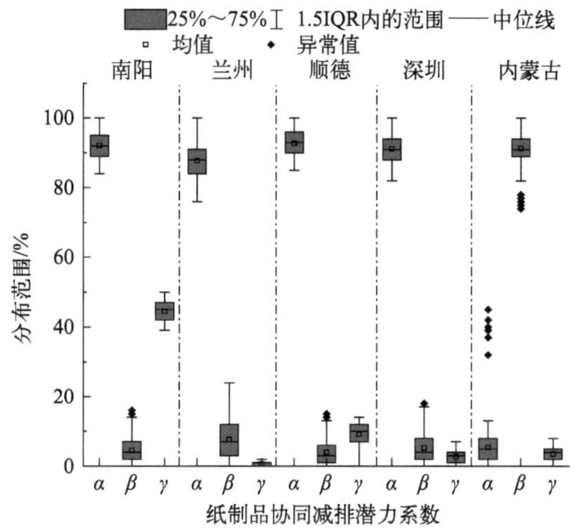

图4-13　不同区域包装印刷行业减污-降碳-成本效益协同减排的潜力系数分布

在获得的满意解集下，α越大，碳排放量越低，成本效益越好（图4-14，书后另见彩图）。即通过源头水性油墨、水性油墨清洗剂等的替代和清洁生产技术的使用对印刷过程

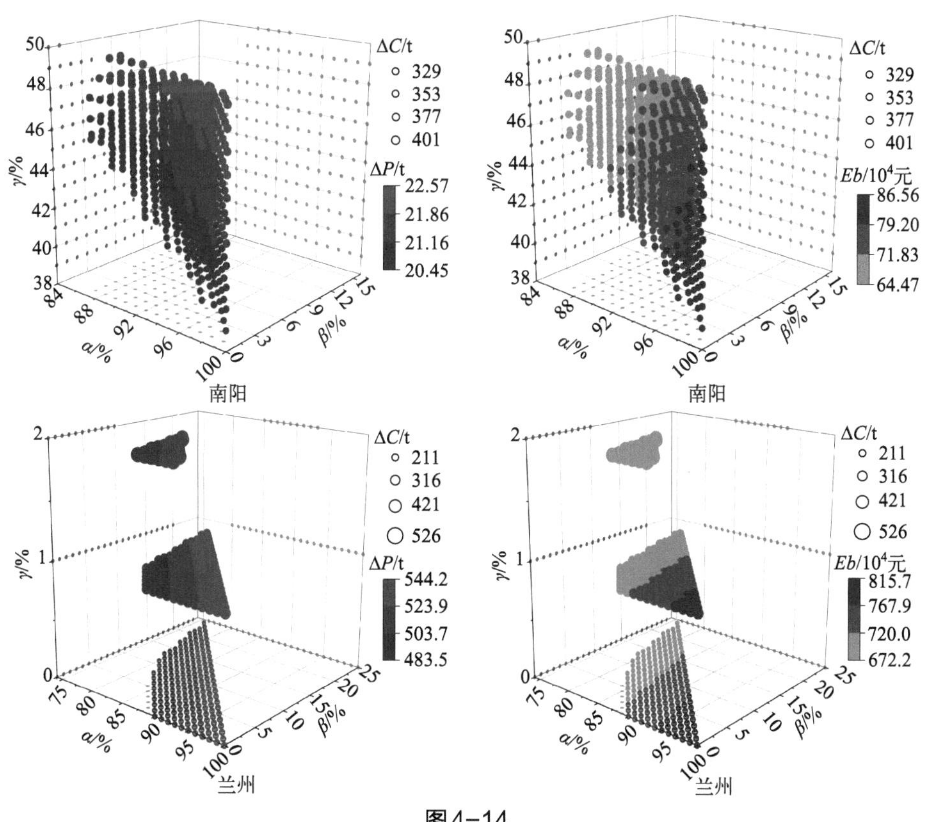

图4-14

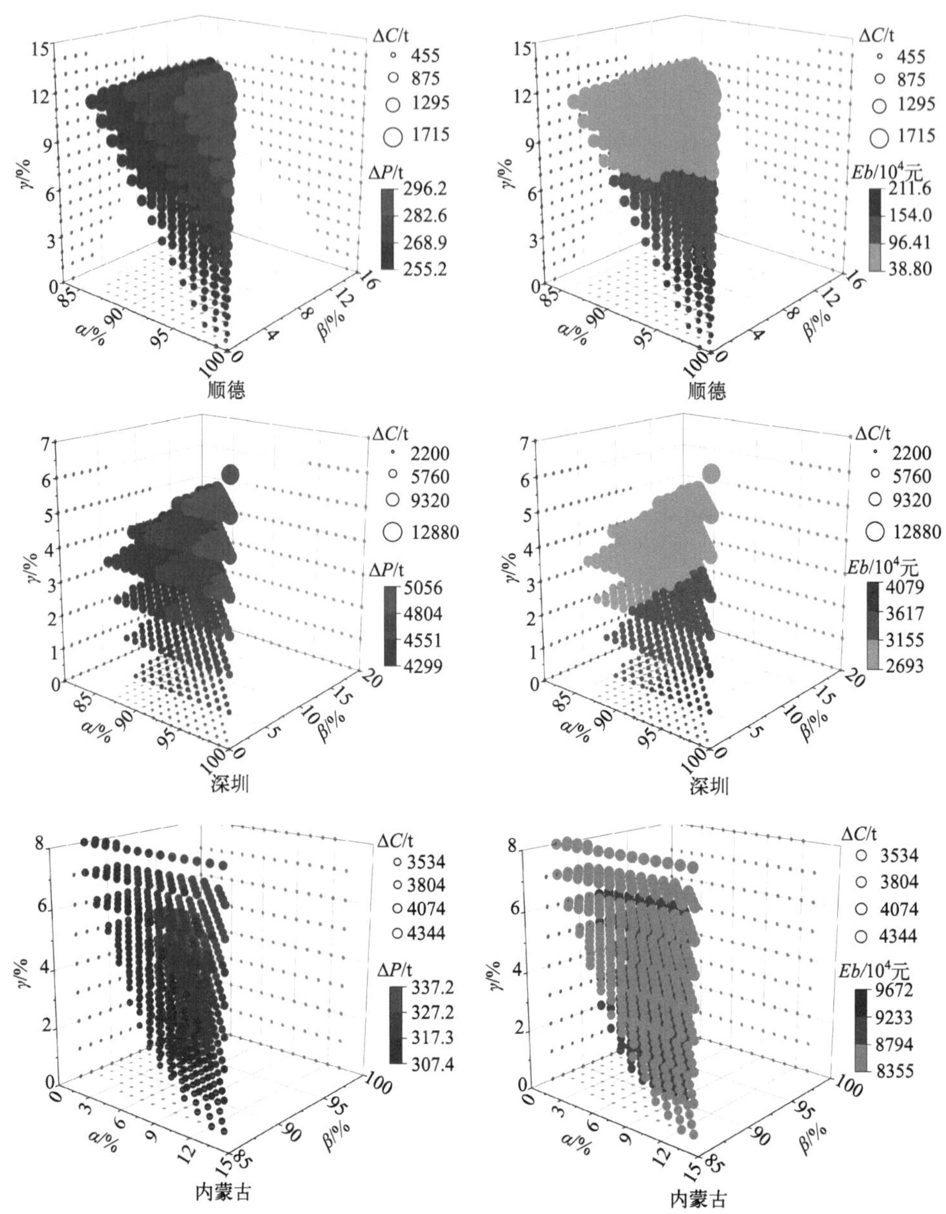

图4-14　满意解集下的协同减排潜力、碳减排和成本效益

中的VOCs减排效果显著，尽管水性替代物增加了干燥时间和电力消耗，这一发现仍然成立。这与当前水性油墨的使用比例不高且产污系数低有关，也与相关研究中的水性油墨替代本身具有较好的经济效益和碳减排效益的观点相契合。由于末端减排处理过程产生的固定成本、运营成本和碳排放量较高，γ越低，减排过程的碳排放越低，产生的经济效益越好。虽然单纯印刷这一过程，通过减排会增加部分的碳减排，但对于包装印刷整个生命周期过程来说，由于对原材料的需求结构变化，整个生命周期的碳减排也可能是降低的。在优化减排方案中，南阳市、兰州市、佛山市顺德区、深圳市和内蒙古自治区的平均减排

潜力分别为21.41t、516.12t、266.72t、4530.04t和320.38t，其中，各地区54.05%、95.14%、90.25%、96.40%和5.56%的减排源于源头减排。然而，内蒙古自治区89.11%的减排源于过程优化，是该区域VOCs减排的有力措施。此外，南阳市胶黏剂使用过程和内蒙古的植物大豆油墨使用过程产生的VOCs无组织排放率分别为71%和78%，具有较大的末端减排潜力。

减排的经济效益可以影响实施减排政策和措施的积极性水平，而碳减排量的变化可以表明污染减排措施是否符合碳达峰和碳中和目标。我们比较了通过不同评估方式获得的不同区域控制策略的减排潜力、成本效益和碳减排。从图4-14中，我们发现，当仅考虑减排潜力最大化时不同地区的优化减排战略会导致大量碳减排。综合考虑减排潜力和碳减排量，优化减排方案的碳减排量大幅减少，但减排潜力也有所降低，部分地区成本效益较差。综合考虑减排潜力、成本效益和碳减排，可适用的控制战略对三个目标的包容性显著提高。因此，这种新的综合评价体系有利于获得综合效果更好的协调控制方案。

我们进一步比较了使用不同评估系统获得的不同区域控制策略的减排潜力、成本效益和碳排放。图4-15显示，当仅考虑减排潜力的最大化时，针对不同区域的优化减排策

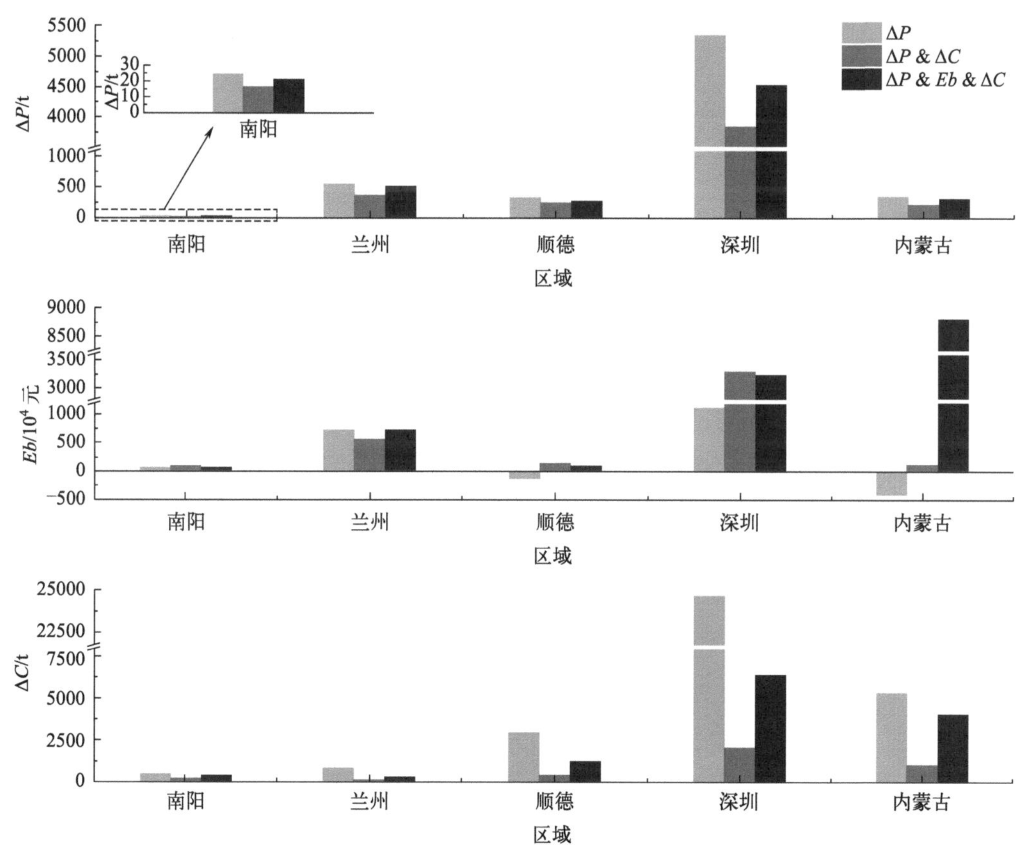

图4-15　不同评估系统下全过程协同减排（S-P-E）的减排潜力（ΔP）、经济效益（Eb）和碳减排量（ΔC）

略产生了大量的碳排放。南阳市、兰州市、佛山市顺德区、深圳市和内蒙古自治区的碳排放量分别超过400t、800t、2900t、24000t和5000t。值得注意的是，当综合考虑减排潜力和碳排放时，优化减排方案的碳排放量大大减少。南阳市、兰州市、佛山市顺德区、深圳市和内蒙古自治区的碳排放量分别下降了约40%、20%、14%、8%和20%。不利的是，减排潜力也有所减弱，而一些地区的成本效益也有所下降。总体而言，通过综合考虑减排潜力、成本-效益和碳减排，三个目标的适用控制战略的包容性显著提高。不同区域的减排潜力为最大值的80%～90%，碳排放量减少了20%～70%，成本-效益也有不同程度的增加。因此，综合评估VOCs减排潜力、成本-效益和碳减排，有利于获得综合效果更优的协同控制方案，提高减排的综合效益。

我们比较了综合评估系统获得的减排方案在不同减排路径下的减排潜力、成本效益和碳排放。由图4-16可见，南阳市、兰州市、佛山市顺德区、深圳市和内蒙古自治区的末端减排潜力分别超过20t、450t、260t、440t和280t，这与包装印刷行业对VOCs的治理不善有关。末端减排的成本效益范围为-1.9×10^{8}～-8×10^{5}元，而碳排放量高达700～1.5×10^{5}t。不同地区源头减排的碳排放量比末端减排低91%～98%。而南阳市、兰州市、佛山市顺德区、深圳市和内蒙古自治区的过程减排的碳排放量分别比末端减排低约70%、

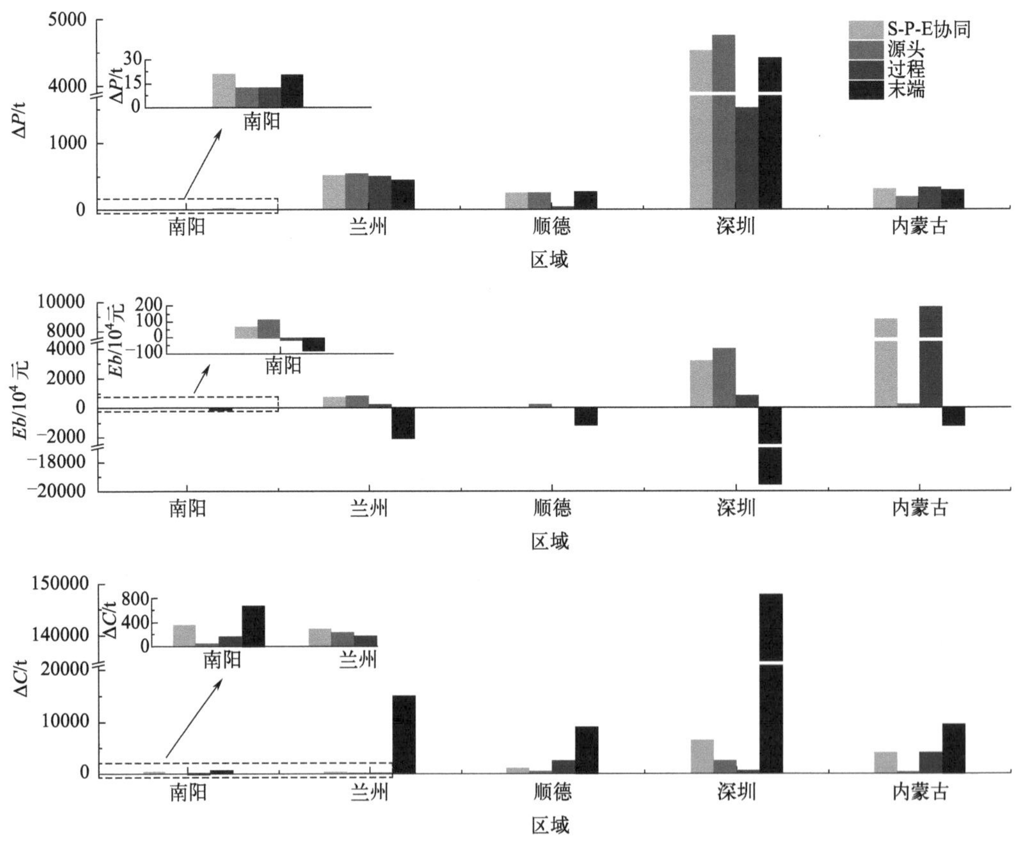

图4-16　综合评估系统下不同减排途径的减排潜力（ΔP）、经济效益（Eb）和碳减排量（ΔC）

98%、70%、99%和58%。值得注意的是，水性原料替代或过程优化的成本-效益为末端减排的0.8 ～ 8倍。然而，在实际的环境管理中，很难实现完全的水基替代或生产技术的完全普及。因此，必须对整个生产过程进行协同的控制，以实现更好的减排效益。此外，通过实施全过程协同减排，不同地区每年可减少VOCs排放量20.5 ～ 5056t，减少CO_2排放量2.1×10^2 ～ 1.3×10^5t，并且将带来3.9×10^5 ～ 9.7×10^7元的成本-经济效益。

迄今为止，依赖溶剂型油墨生产的包装印刷公司大致可分为两类：一是对产品质量要求高的企业（例如，在产品表面印刷产品标识、名称和使用说明）；二是低附加值产品的企业，水性油墨的替代可能会减少这些低附加值的产品的利润。鉴于某些产品的质量、生产成本和原材料供应要求，在某些情况下也很难进行水性油墨替代。因此，建议简化包装流程以减少非必要的印刷内容，或将印刷内容转换为电子格式。同时，需要对整个过程进行协同控制，以实现更好的污染物控制效果。

金属制品、塑料制品及其他制品的协同减排潜力分析方法与纸制品印刷的分析过程类似，在此不作过多赘述。

4.5　不确定性分析

4.5.1　模型的不确定性

长期以来，受限于污染物产生排放量核算方式的影响，不同生产工艺组合的污染物产生排放数据的历史积累较少，本研究的污染物的产生排放数据主要来源于生态环境统计数据，成本-效益数据和碳减排数据来自文献、环境影响评价、政府采购网以及实地调研，受时间和数据获取能力的影响，个别数据的样本数量较少，会给核算结果带来一定的不确定性，同时模型本身也存在一定的不确定性。主要的不确定因素如下：

① 获取的数据与实际生产情况存在一定的误差；

② 新型原料、生产工艺不断涌现，现有的产排污水平数据难以全覆盖；

③ 受限于生产工艺过程工业产值的计算，本研究中，生产过程的污染物产生强度是通过使用工业部门的总工业产值来计算的，这与生产过程的实际污染物产生强度存在一定差距；

④ 源头减排目前仅考虑了原辅材料替代，未考虑到产业结构调整、能源结构调整、产品结构调整等减排方式；

⑤ 未考虑到区域的气候条件、污染物的扩散条件、当地环境的纳污量，及服务半径内产业和市场需求等因素对包装印刷行业污染减排目标和减排方案的影响；

⑥ 部分产品的原材料替代难度较大，可能难以达到较高的替代率；

⑦ 未考虑到行业上下游供应链对行业污染物减排潜力和效益的影响；

⑧ 本研究中使用的污染物产生和排放的核算方法与产品产量有很强的相关性。因此，产品产量的波动也会造成一定的误差。

4.5.2 减排技术的敏感性

通过Oracle Crystal Ball对包装印刷行业VOCs减排、成本-效益和碳减排的影响因素的敏感性进行验证，发现包装印刷行业的全过程协同减排主要受某些减排技术和减排潜力系数的影响。

由表4-7可见，南阳市包装印刷行业的VOCs减排主要受到过程减排潜力系数、溶剂型凸版油墨的水性替代、末端减排潜力系数和源头减排潜力系数等的影响。而减排过程的成本效益对溶剂型凸版油墨的水性替代、源头减排潜力系数、溶剂型平版油墨的水性替代及末端减排潜力系数的敏感性较高（表4-8）。南阳市包装印刷行业VOCs减排过程的碳排放主要受末端减排潜力系数、水性胶黏剂使用过程中的末端治理、过程减排潜力系数，以及热熔胶使用过程中末端治理技术外部集气罩-光解的升级改造等的影响（表4-9）。

表4-7 南阳市包装印刷行业VOCs减排潜力影响因素的敏感性

减排途径	减排潜力影响因素	敏感性/%
过程减排潜力系数		20.33
源头减排	溶剂型凸版油墨	20.09
末端减排潜力系数		18.87
源头减排潜力系数		14.38
源头减排	油墨清洗剂（溶剂型）	8.55
末端减排	胶黏剂（水性）	5.42
源头减排	溶剂型平版油墨	2.66
末端减排	热熔胶-外部集气罩-光解	2.21
末端减排	水性凸版油墨-全部密闭-光催化	1.90
源头减排	胶黏剂（溶剂型）	1.67
末端减排	油墨清洗剂（溶剂型）	1.35
其他		2.58

表4-8 南阳市包装印刷行业成本-效益影响因素的敏感性

减排途径	成本-效益影响因素	敏感性/%
源头减排	溶剂型凸版油墨	67.20
源头减排潜力系数		15.39
源头减排	溶剂型平版油墨	9.04
末端减排潜力系数		4.19
末端减排	胶黏剂（水性）	0.77
其他		3.42

兰州市包装印刷行业的VOCs减排主要受到溶剂型平版油墨的水性替代、过程减排潜力系数、源头减排潜力系数和溶剂型平版油墨的生产工艺优化等的影响（附表3）。而减排过程的成本效益对溶剂型平版油墨的水性替代、源头减排潜力系数、过程减排潜力系数及末端减排潜力系数的敏感性较高（附表4）。包装印刷行业VOCs减排过程的碳排放主要受末端减排潜力系数、溶剂型平版油墨的水性替代、过程减排潜力系数、源头减排潜力系数等的影响（附表5）。

表4-9 南阳市包装印刷行业碳排放影响因素的敏感性

减排途径	碳排放影响因素	敏感性/%
末端减排潜力系数		54.77
末端减排	胶黏剂（水性）	12.19
过程减排潜力系数		10.65
末端减排	热熔胶-外部集气罩-光解	6.45
末端减排	水性凸版油墨-全部密闭-光催化	4.90
末端减排	油墨清洗剂（溶剂型）	3.21
源头减排	胶黏剂（溶剂型）	2.16
源头减排潜力系数		0.96
末端减排	溶剂型平版油墨	0.86
末端减排	溶剂型凹版油墨	0.62
末端减排	胶黏剂（溶剂型）	0.61
源头减排	油墨清洗剂（溶剂型）	0.60
其他		2.01

佛山市顺德区包装印刷行业的VOCs减排主要受到源头减排潜力系数、溶剂型油墨的水性替代、稀释剂使用过程中的末端治理升级和溶剂型凹版油墨使用过程中的末端治理技术升级等的影响（附表6）。而减排过程的成本效益对源头减排潜力系数、稀释剂使用过程中的末端治理升级，以及溶剂型凹版油墨的水性替代、过程优化和末端治理技术升级的敏感性较高（附表7）。包装印刷行业VOCs减排过程的碳排放主要受源头减排潜力系数、溶剂型油墨清洗剂使用的过程优化，以及稀释剂和溶剂型凹版油墨使用过程中的末端治理技术升级等的影响（附表8）。

深圳市包装印刷行业的VOCs减排主要受到溶剂型平版油墨水性替代、源头减排潜力系数、稀释剂的源头减排和过程减排潜力系数等的影响（附表9）。而减排过程的成本效益对溶剂型平版油墨的水性替代和末端减排潜力系数的敏感性较高（附表10）。包装印刷行业VOCs减排过程的碳排放主要受末端减排潜力系数的影响（附表11）。

内蒙古自治区包装印刷行业的VOCs减排主要受到过程、源头和末端减排潜力系数的影响，而减排过程的成本效益对过程减排潜力系数的敏感性较高，包装印刷行业

VOCs减排过程的碳排放主要受过程和末端减排潜力系数的影响（附表12）。

4.6 包装印刷行业VOCs减排建议

包装印刷行业是VOCs减排重点管控行业之一，其减排需因地制宜，根据区域污染产生排放及环境容量特征，选择合适的减排方式。行业整体的VOCs减排建议如下：

① 印刷行业的VOCs排放主要来源于油墨、稀释剂和清洗剂中的溶剂挥发。生产过程中尽可能采用无溶剂或用危害小的溶剂，优先考虑使用水性或植物油基油墨、清洗剂、涂布液和无溶剂复合胶等。即便是低VOCs含量的墨水和清洗剂的消耗也不可避免会产生不良的环境影响，印刷过程中使用连续油墨供应系统和自动清洗系统，尽量保持最佳的油墨和清洗剂的使用。在供墨端和自动清洗环节做好废气的收集和处理，能有效减少生产过程中VOCs的产生和排放。

② 本章更多地关注于使用水基替代品和技术优化升级后产生的直接减排效益，而没有考虑全生命周期成本效益和环境影响。行业上下游供应链之间的“绿色”合作将加强减排潜力。当在水基油墨的生产过程中使用低挥发性溶剂时，由于原料供应导致的VOCs和碳排放也在减少。未来的研究应进一步分析印刷过程中的减排对上游和下游产业链的经济和环境影响。

③ 区域减排目标的制定需结合地区的生产特点，包括油墨使用情况、产业分布情况、生产技术水平状况，区域本身的气候环境情况及减排迫切度，针对性地制定减排策略。对于减排迫切度较低的地区，优先选择碳减排量低、经济好的减排方案。减排迫切度较高的地区，优先选择减排潜力更大的减排方案。

④ 政府的鼓励政策推动行业污染物减排。在达标排放的情况下，对主动减排的企业进行补贴或政策倾斜，鼓励企业的自主减排行为。例如，上海市在VOCs减排1.0行动中取得了明显的环境质量改善，空气质量指数优良率增加9.3%。上海市VOCs减排2.0行动中印发的《上海市重点行业企业挥发性有机物综合治理工作推进细化方案》指出，单个VOCs治理项目补贴金额为10万元/t。深圳市印发的《深圳市大气环境质量提升补贴办法（2022—2025年）（征求意见稿）》指出，企业和个人通过使用先进治理技术每吨VOCs削减量补贴5万元。

综上所述，本章以包装印刷行业作为行业减污、降碳、增效全过程协同控制的实例，对本研究提出的方法进行了应用研究。

① 分析研究了包装印刷行业的VOCs排放现状、主要污染防治技术及末端治理现状。分别选取不同空间尺度、经济和工业发展水平各异的南阳市、兰州市、佛山市顺德区、深圳市和内蒙古自治区为包装印刷行业全过程协同控制的案例区域。并建立了包装印刷行业VOCs减排、成本效益和碳减排协同控制模型。

② 通过GECAM模块探究了包装印刷行业VOCs产生的主要来源和末端治理情况，确定纸制品印刷过程是包装印刷行业VOCs排放的主要来源，而溶剂型油墨、稀释剂和溶剂型油墨清洗剂使用过程分别贡献了行业48.67%、26.13%和11.63%的VOCs排放量，是包装印刷行业VOCs减排的主要控制环节。南阳市、兰州市、佛山市顺德区、深圳市和内蒙古自治区包装印刷行业无组织排放率较高，分别达到74%、99%、31%、87%和92%，并且主要采用低温等离子体、光催化和光解等低效的末端治理技术，处理效率较高的末端治理技术的普及率不足5%。

③ 通过本研究提出的包装印刷行业VOCs减排路径和技术，经过本研究的模型计算，发现南阳市、兰州市、佛山市顺德区、深圳市和内蒙古自治区的VOCs减排潜力分别有54.05%、95.14%、90.25%、96.40%和5.56%来自水性原辅材料替代，证明水性原材料替换是研究区VOCs减排的重要措施。然而，生产工艺优化贡献了内蒙古自治区89.11%的VOCs减排量，是当地包装印刷行业VOCs减排的主要措施。

④ 通过比较不同减排途径，以及不同评估系统下的VOCs减排潜力、成本效益和碳减排情况，发现当仅考虑减少潜力的最大化时，南阳市、兰州市、佛山市顺德区、深圳市和内蒙古自治区的碳排放量分别超过400t、800t、2900t、24000t和5000t。一方面，通过综合考虑减排潜力、成本-效益和碳减排三个目标，减排方案的包容性显著提高。不同区域的减排潜力为最大值的80% ～ 90%，碳排放量减少了20% ～ 70%，同时，成本-效益也有增加。另一方面，全过程协同减排比单纯的末端治理减排每年会减少3.25×10^2 ～ 1.38×10^5t的CO_2排放，并产生1.57×10^2 ～ 2.20×10^9元的成本-效益。并且在全过程协同控制方案下不同区域每年可减少VOCs排放量20.5 ～ 5056t，减少CO_2排放量2.1×10^2 ～ 1.3×10^5t，并且将带来3.9×10^5 ～ 9.7×10^7元的成本-效益。解决了综合考虑工业污染物治理过程中减排潜力、成本-效益和碳排放协同控制的问题，为碳中和背景下的工业领域污染控制和管理提供新思路。

⑤ 定性分析了本研究提出的包装印刷行业减污、降碳、增效的综合评估模型的不确定因素，并通过Oracle Crystal Ball分析各区域包装印刷行业VOCs减排、成本-效益和碳减排的影响因素的敏感性，校验了对各区域包装印制行业VOCs和碳减排协同控制具有显著影响的污染减排技术和措施。

第5章 制糖行业水污染物减排潜力研究

- 制糖行业污染物排放现状与污染物防治技术
- 制糖工业节能减排潜力评估模型构建
- 制糖工业节能减排潜力核算结果与分析
- 不确定性分析

5.1　制糖行业污染物排放现状与污染物防治技术

5.1.1　制糖行业污染物排放现状

5.1.1.1　制糖行业生产流程

制糖生产流程一般包含破碎（切丝）、提取、清净、蒸发浓缩、结晶、分蜜、干燥等工序，并以在清净工序中所使用的澄清剂不同分为亚硫酸法和碳酸法工艺。我国采用亚硫酸法生产工艺的甘蔗制糖企业比例占到了95%（生产流程见图5-1），采用碳酸法生产工艺的甘蔗制糖企业约占5%（生产流程见图5-2），少数几家企业使用石灰法，甜菜制糖企业则全部使用碳酸法工艺（生产流程见图5-3）。甘蔗制糖产品主要为白砂糖，而甜菜制糖产品主要有白砂糖和绵白糖两种。

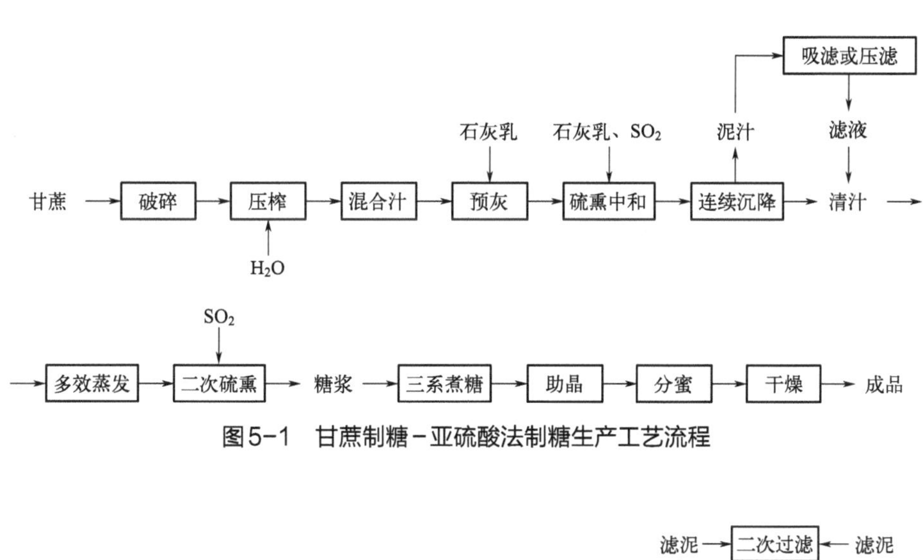

图5-1　甘蔗制糖－亚硫酸法制糖生产工艺流程

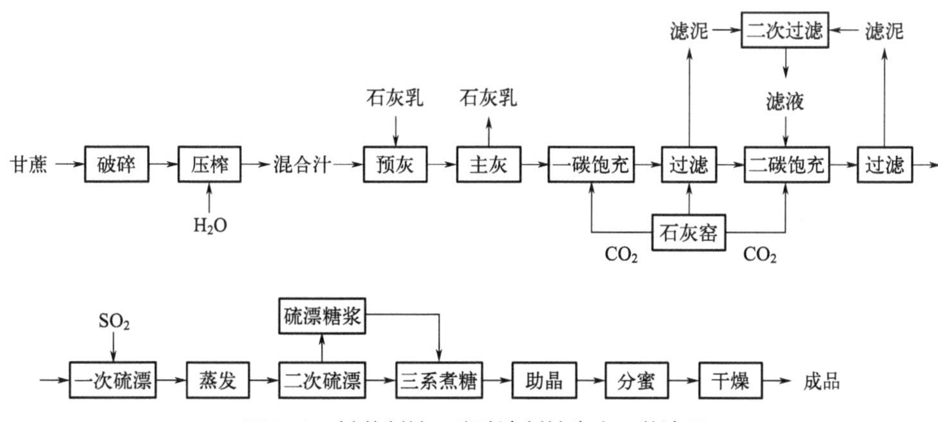

图5-2　甘蔗制糖－碳酸法制糖生产工艺流程

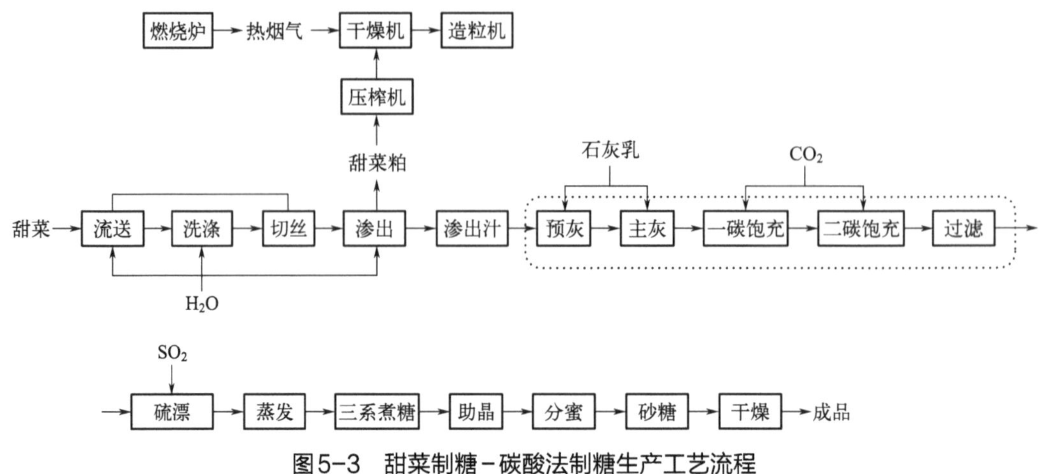

图5-3 甜菜制糖-碳酸法制糖生产工艺流程

2017～2018年制糖期，全国共有开工制糖生产企业（集团)46家，开工糖厂216间。其中甘蔗糖生产企业（集团）42家，开工糖厂187间，主要甘蔗制糖省份为广西、云南、广东以及海南的糖厂数量分别为91间、56间、27间和11间，分别占全国甘蔗糖厂总数的48.66%、29.95%、12.50%和5.09%；甜菜糖生产企业（集团）4家，开工糖厂29间，主要甜菜制糖省份新疆、内蒙古和黑龙江的糖厂数量分别为14间、7间和3间，分别占全国甜菜糖厂总数的48.28%、24.14%和10.34%。多数制糖企业生产规模集中在2000～5000t/d。

2017～2018年制糖期全国累计产糖1031.04万吨，较上个制糖期增加102.22万吨，同比增加11%。其中甘蔗制糖产量916.07万吨，同比增长11.16%；甜菜制糖产量114.97万吨，同比增长9.80%。就具体食糖产品类型而言，其中优级和一级白砂糖913.69万吨、精制糖14.79万吨、绵白糖58万吨、赤砂糖和红糖29.88万吨、原糖以及其他糖产品14.68万吨。

5.1.1.2 制糖工业能耗水平分析

制糖行业能耗问题虽然没有其水污染问题突出，但我国制糖行业仍属于高耗能行业，尽管近年来制糖工业节能水平有较大提升，但是相比欧美等发达国家的先进水平仍有一定差距。甘蔗糖厂先进水平能耗比国际先进水平高19%以上，甜菜糖厂先进水平能耗比国际先进水平高43%以上。目前国内多数大中型糖厂的装备与技术，基本处于中等水平，并且有不少企业依然沿用着20世纪90年代建设的老旧生产线，节能潜力较大。

制糖企业在甘蔗和甜菜原料的压榨、切丝、提汁、蒸发浓缩以及结晶分离等生产环节都需要消耗大量的电力和蒸汽，主要的能源消耗集中在压榨切丝车间和制炼车间。一般来说，压榨、切丝车间能源消耗占比约为4.50%，制炼车间为95.50%。在评价制糖行业的能源消耗水平时，常采用的能耗指标是百吨甘蔗（甜菜）耗标煤。所谓百吨甘蔗（甜菜）耗标煤是指每处理100t甘蔗（甜菜）原料所消耗的标准煤吨数。能耗指标的大小因糖厂生产规模、设备效率、工艺流程、操作水平和管理能力的不同而存在差异。一般而言，生产规模大、设备效率高、安全生产率高、汽电耗用平衡、管理水平较高的制糖厂，其能源消耗水平也较低。图5-4为主要制糖省份178家制糖企业2017 ～ 2018年制糖期百吨原料能耗数据分析结果（散点图标识出178家制糖企业所有的能耗调研数据；箱线图则展现了数据的分布情况，从下至上依次表示最小值、下四分位数、中值、上四分位数以及最大值，下同）。广西和云南等甘蔗制糖省份制糖企业能源消耗较低，百吨甘蔗能源消耗均值均在5t标准煤以下。作为先进制糖省份的广西，在此次能耗调研的70家企业中，百吨甘蔗能源消耗最大值也仅为5.56t标准煤。主要甜菜制糖省份的新疆，制糖企业能耗控制水平较为落后，百吨甜菜制糖能耗均值达到了9.02t标准煤。而在2018 ～ 2019年制糖期，我国制糖行业百吨原料能耗平均值为5.65t标准煤，较2017 ～ 2018年制糖期5.83t标煤的百吨原料能耗平均值略有降低。

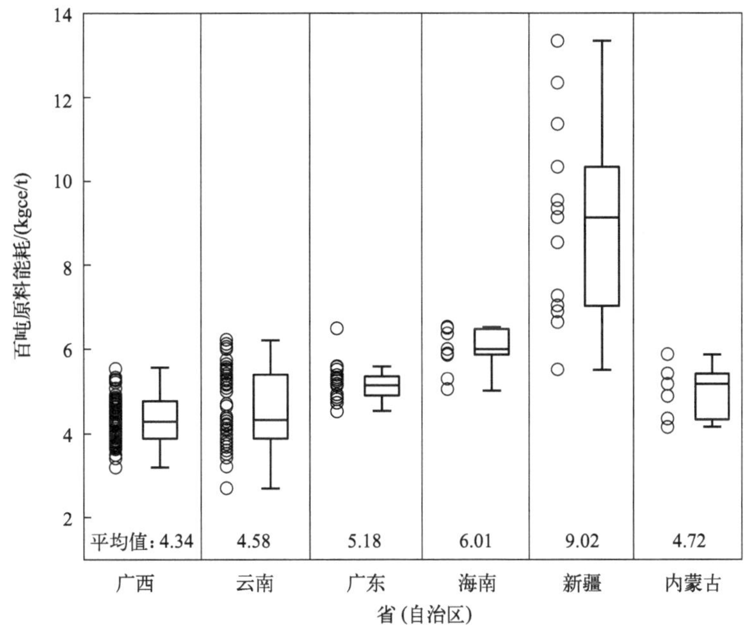

图5-4　2017 ～ 2018年制糖期主要制糖省（自治区）制糖企业百吨甘蔗/甜菜能耗

我国制糖工业关于制糖企业的能耗限值及计算方法等标准的制定与执行相较于其他主要制糖国家也较为落后。在2015年之前，我国一直没有关于制糖工业整体层面的专业能耗标准，仅在1992年针对甘蔗制糖企业颁布了《甘蔗制糖工业企业　综合能耗标准和计算方法》（QB/T 1310—1991），而甜菜制糖企业仍然面临着生产能耗无标准可依的尴尬局面。随着国家节能减排工作的启动和深入，制糖工业能耗问题逐渐受到重视。我国工业和信息化部在2010年发布了“关于开展重点用能行业单位产品能耗限额执行情况监督检查的通知”，并在全国范围内对重点用能行业单位产品能耗限额的执行情况进行专项监督检查工作。2015年，我国首个有关制糖行业糖单位产品能耗限额和制糖企业综合能耗国家标准《糖单位产品能源消耗限额》（GB 32044—2015）得以发布，结束了我国制糖工业企业生产能耗无国家标准可依的真空状态。

5.1.1.3 制糖工业废水污染分析

制糖工业最主要的环境问题是水污染，包括高废水排放量和水污染物的环境污染问题。本节分析了178家调研企业中的132份关于制糖企业基准排水量的有效数据，分析结果见图5-5。制糖行业基准排水量是指每生产1t糖所排放的废水量。在水重复利用率不断提升的情况下，尽管当前制糖行业整体基准排水量有所下降，但主要甘蔗制糖省份云南和广东以及主要甜菜制糖省份新疆的基准排水量较我国制糖行业先进水平仍有较大差距，存在一定的减排空间。

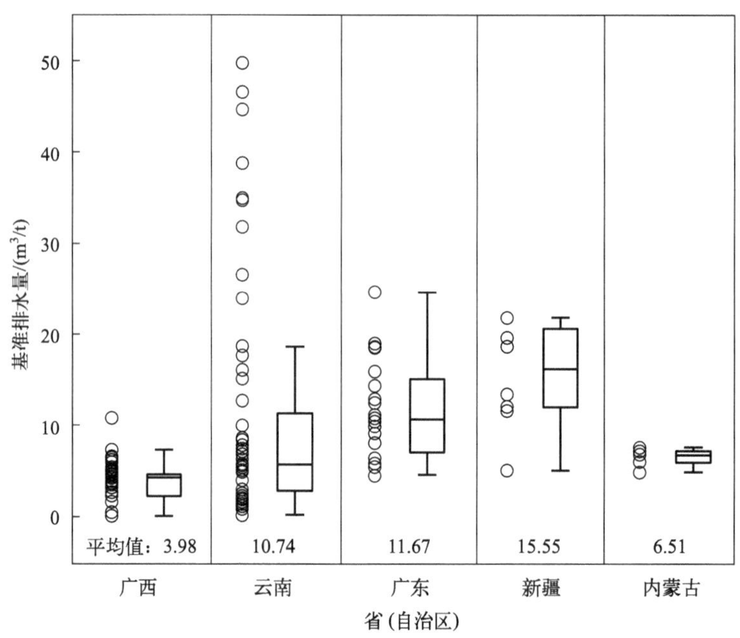

图5-5 2017～2018年制糖期主要制糖省（自治区）制糖企业基准排水量

制糖工业产生和排放的废水中的主要污染物为COD_{Cr}、氨氮以及悬浮物等。产生节点主要来自预处理、渗出、清净、蒸发、煮糖、分蜜等单元。废水包括除尘水、冲灰水等；预处理单元原料流送、清洗废水等；甘蔗糖生产中亚硫酸法的压滤洗水、碳酸法的滤泥沉降的溢出水以及甜菜糖生产的压粕水和滤泥沉降的溢出水；清净单元洗滤布水、滤泥；蒸发单元冷凝冷却水、洗罐水等；煮糖、分蜜单元煮糖冷凝冷却水等。

（1）甘蔗制糖废水与水污染物产排分析

甘蔗制糖企业产生的废水中一般含有有机物和糖分，COD_{Cr}、BOD_5、悬浮物浓度较高，为主要污染物。除此之外，氨氮、总氮、总磷等也是甘蔗制糖企业废水主要的污染控制指标。图5-6为此次甘蔗制糖企业2017～2018年制糖期水污染物控制指标排放浓度调研数据的分析结果，75%的甘蔗制糖生产企业的水污染物控制指标排放浓度（箱线图中的上四分位数）均低于现行的《制糖工业水污染物排放标准》（GB 21909—2008）中对应的污染物项目限值，但仍有不少企业不能实现所有控制指标的达标排放。

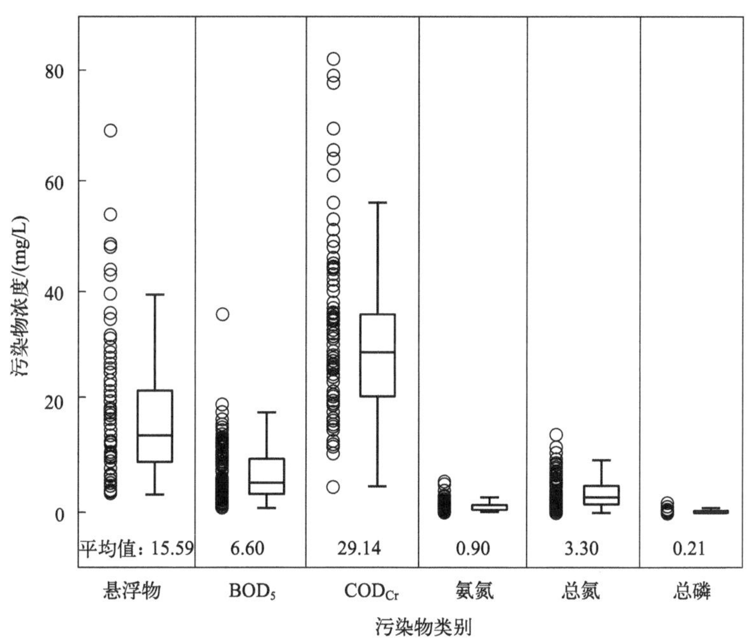

图5-6　2017～2018年制糖期甘蔗制糖水污染物控制指标排放浓度

根据企业调研数据，甘蔗制糖企业平均每加工1t甘蔗约排放0.85m^3的废水，废水中污染物产生浓度为COD_{Cr} 300～1000mg/L、BOD_5 180～370mg/L、悬浮物150～480mg/L（甘蔗制糖的废水产生来源及去向见表5-1，甘蔗制糖亚硫酸法和碳酸法废水及水污染物产生节点见图5-7和图5-8）。甘蔗制糖生产废水按照污染程度的不同和其本身性质差异等可分为3类：

① 低浓度废水的主要来源包括动力设备冷却水、真空吸滤机水喷射泵用水和蒸发、煮糖冷凝器排出的冷凝水等。这部分的废水产生量较大，占到了生产废水总量的65%～75%，水质成分主要为悬浮物、COD_{Cr}（含极微量糖分）、其中COD_{Cr}浓度低于50mg/L、悬浮物浓度约为30mg/L，低浓度废水的水温一般在40～60℃。

② 中浓度有机废水的主要来源包括洗罐污水以及澄清工序的洗滤布水（洗滤布水存在于亚硫酸法生产糖厂）等。这类废水含有悬浮物、糖和少量机油，且废水排放量较少，占制糖企业废水总排放量的20%～30%。中浓度废水悬浮物和COD_{Cr}的浓度为几百毫克/升至几千毫克/升。

③ 高浓度废水的来源较为单一，一般为采用碳酸法生产工艺的制糖企业的湿法排滤

泥废水。但是，目前我国碳酸法制糖企业已经普遍采用滤泥干排工艺，消除了这部分废水的排放。

表5-1　甘蔗制糖的废水产生来源及去向

生产单元	废水产生来源	废水去向
提汁系统	甘蔗制糖压榨设备轴承冷却水	除油、除渣、冷却降温后回用
清净系统	真空吸滤机水喷射泵用水	直接回用
	滤布洗水	沉淀处理后回用作渗透水；回用作锅炉冲灰水
蒸发系统	蒸发罐冷凝水、汽凝水	直接回用；冷却降温后回用
结晶系统	结晶罐冷凝水、助晶箱冷却水	直接回用；冷却降温后回用
锅炉系统	设备冷却水	冷却降温后回用
	锅炉废气湿式除尘废水	沉淀后回用

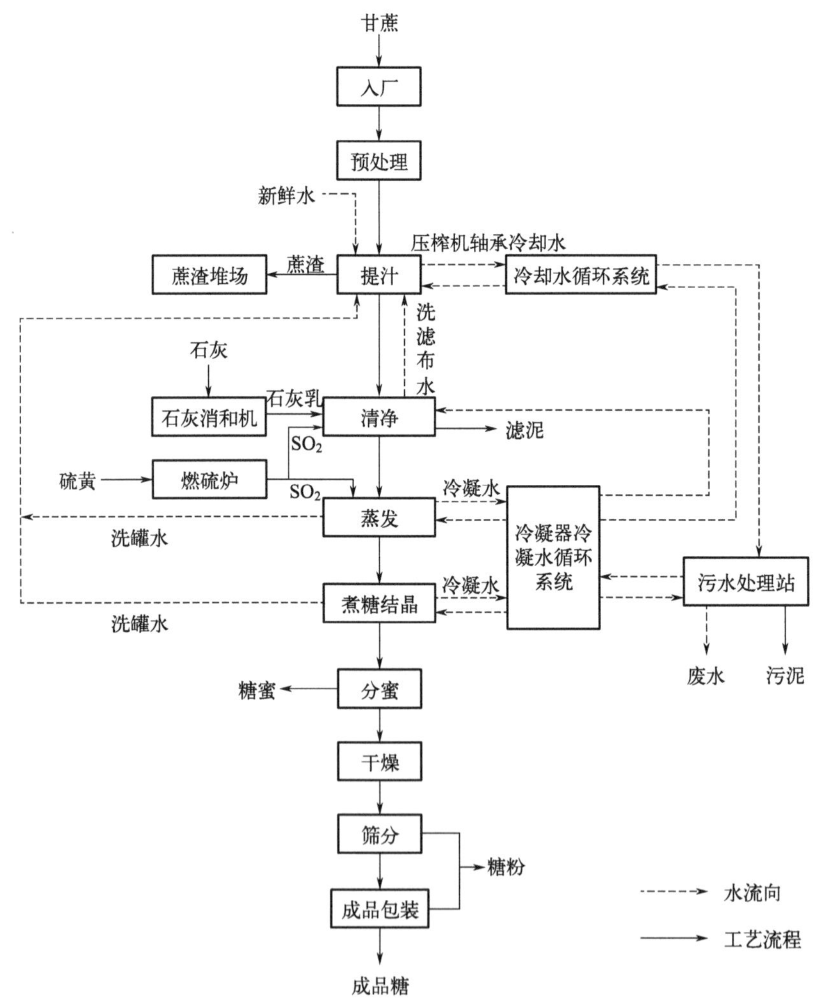

图5-7　甘蔗制糖-亚硫酸法生产工艺废水及水污染物产生节点

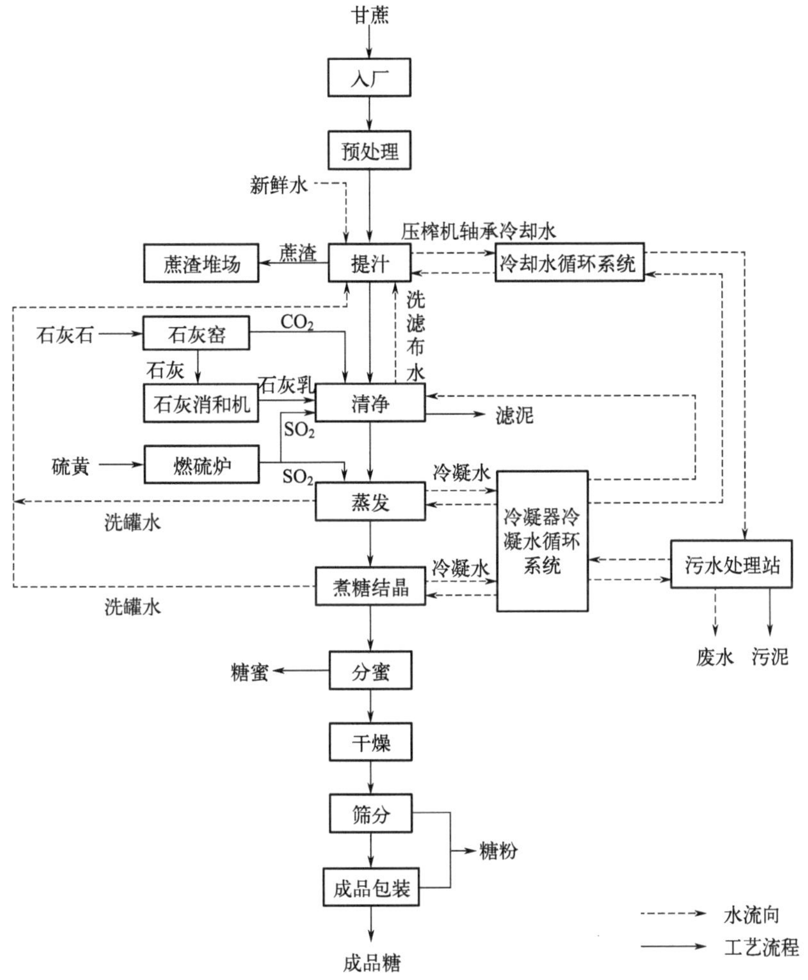

图5-8　甘蔗制糖－碳酸法生产工艺废水及水污染物产生节点

（2）甜菜制糖废水与水污染物产排分析

甜菜制糖生产废水较甘蔗制糖生产废水污染程度大，主要水污染物为COD_{Cr}和悬浮物等，且浓度也较高，pH值、氨氮、总氮、总磷等也是控制指标。图5-9为此次甜菜制糖企业2017～2018年制糖期水污染物控制指标排放浓度调研数据的分析结果，虽然75%的甜菜制糖企业水污染物控制指标排放浓度低于《制糖工业水污染物排放标准》（GB 21909—2008）中对应的污染物项目的排放限值，但相较甘蔗制糖企业，甜菜制糖企业水污染控制水平更加参差不齐，不少企业主要水污染物的排放浓度存在较大的可降低空间。

甜菜制糖污染主要来自输送、洗涤、切丝、渗出、清净、蒸发、煮糖、助晶、分蜜和包装等单元（甜菜制糖的废水产生来源及去向见表5-2，甜菜制糖碳酸法工艺废水及水污染物产生节点见图5-10）。甜菜制糖的生产废水按照污染程度的不同和其性质差异也可以分为3类：

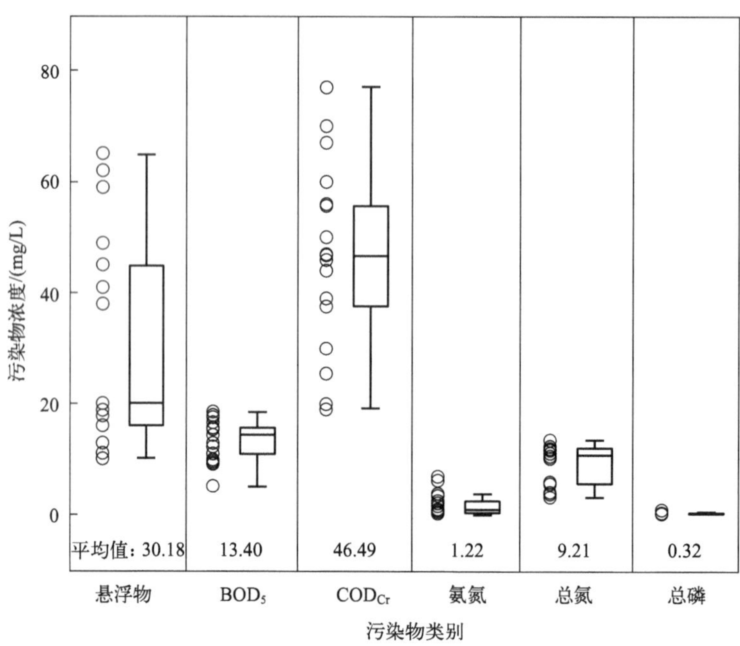

图5-9　2017 ～ 2018年制糖期甜菜制糖水污染物控制指标排放浓度

表5-2　甜菜制糖的废水产生来源及去向

生产单元	废水产生来源	废水去向
提汁系统	甜菜制糖流送洗涤水	过滤、沉淀、澄清处理后上清液回用
	甜菜制糖压粕水	除渣、降温、杀菌后回用
清净系统	真空吸滤机水喷射泵用水	直接回用
	滤布洗水	沉淀处理后回用作渗透水；回用作锅炉冲灰水
蒸发系统	蒸发罐冷凝水、汽凝水	直接回用；冷却降温后回用
结晶系统	结晶罐冷凝水、助晶箱冷却水	直接回用；冷却降温后回用
颗粒粕系统	设备冷却水	冷却降温后回用
锅炉系统	设备冷却水	冷却降温后回用
	锅炉废气湿式除尘废水	沉淀后回用

① 低浓度废水受污染的程度相对而言较低，主要来源于甜菜糖厂生产中动力设备的冷却水、蒸发罐和结晶罐等的冷凝水等。除温度较高外，水质基本无变化（冷凝水则含有少量氨气和糖分）。这部分废水的水质成分悬浮物在100mg/L以下，COD_{Cr}一般在60mg/L以下，产生量占废水产生总量的30% ～ 50%。

② 中浓度废水的主要来源包括甜菜流送、洗涤废水等。中浓度废水的溶解性有机质含量很高，且含有较多的悬浮物。废水悬浮物的浓度一般在500mg/L以上，BOD_5为1500 ～ 2000mg/L，水量也较多，占到了废水总量的40% ～ 50%。

③ 高浓度有机废水主要产生于制糖生产中湿法流送水、压粕水、洗滤布水、滤泥湿法输送泥浆水等。高浓度废水有机物和糖分的含量很高，尤其是压粕水，COD_{Cr}一般会

超过5000mg/L。不过高浓度有机废水的产生量较少，只占糖厂总排水量的10%左右。

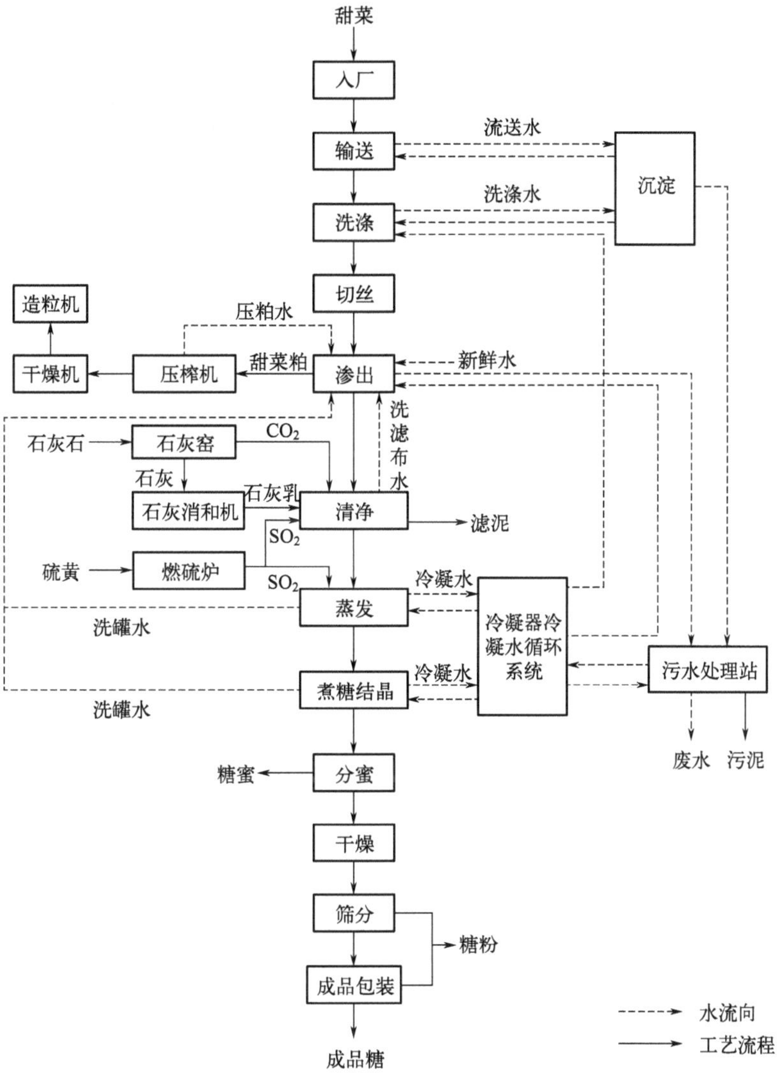

图5-10　甜菜制糖－碳酸法生产工艺废水及水污染物产生节点

5.1.2　制糖工业主要污染防治技术分析

5.1.2.1　污染预防技术

图5-11为当前制糖行业甘蔗制糖和甜菜制糖污染预防主流技术及使用企业比例的调研数据分析，压榨机轴承冷却水循环回用技术、无滤布真空吸滤技术、喷射雾化式真空冷凝技术、冷凝器冷凝水循环回用技术等是我国甘蔗制糖和甜菜制糖企业使用较为广泛的污染预防技术。

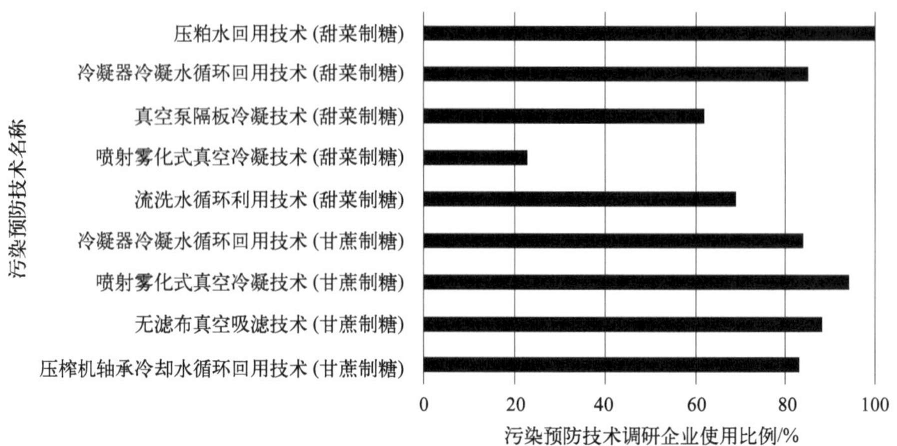

图5-11　制糖工业污染预防主流技术及使用比例

5.1.2.2　甘蔗制糖污染预防技术

(1) 压榨机轴承冷却水循环回用技术

压榨机轴承冷却水含有少量的蔗渣和轴承润滑油。在压榨车间设置单独的压榨机轴承冷却水循环回用系统，将压榨机轴承冷却水经隔油、沉淀处理后，引入冷却系统进行冷却降温后循环回用，循环水利用率可达95%以上。以日榨量10000t的糖厂为例，采用压榨机轴承冷却水总投资为20万元左右，可每天节约新鲜水约2500t。

(2) 无滤布真空吸滤技术

采用吸滤的方法，在滤泥汁中掺入蔗渣，在真空的作用下，通过钢网与蔗渣组成的过滤介质，截留悬浮液中固体颗粒，实现固液分离。该技术不使用滤布，不产生洗滤布水，具有干滤泥转光度低、废水产生量少、生产效率和自动化程度高等优点。不使用滤布，一方面能够减少滤布消耗，节约生产成本；另一方面无洗滤布水产生，节水30%左右，基本能够实现洗滤布水的“零排放”，并减少70%的洗滤布水污染负荷排放，减少排污费用。

(3) 喷射雾化式真空冷凝技术

喷射雾化式真空冷凝器为近年来开发的新型产品，主要由水室、喷雾喷嘴、喷射喷嘴、过滤器、排渣扳手、尾管等构成，是一种工作效率高同时又比较节约能耗的较为理想的冷凝设备，正逐步取代传统湿式真空冷凝器。通过喷出具有大表面积的雾化水滴，与汁汽充分混合并进行热交换，气液混合均匀，使可凝性气体迅速凝结成水而形成真空。未冷凝气体通过喷射流水抽吸而排出尾管，从而达到稳定高真空的目的。该技术使用水量少，喷雾喷嘴装置使汁汽能够快速均匀地凝缩，同时高温水亦能稳定使用，故总的用水量比传统只有喷射喷嘴的冷凝器节省25%以上，并同时削减冷凝废水COD 30%以上。

（4）冷凝器冷凝水循环回用技术

冷凝器冷凝水循环回用技术将冷凝器冷凝水排入循环热水池，经冷却塔冷却降温至30℃后进入循环冷水池，从循环冷水池抽取部分冷凝水进行生化处理，处理达标后回流至循环冷水池补充冷凝水，从而使冷凝水污染物浓度满足冷凝器用水要求。该技术不再抽取纯水置换循环水池中的冷凝水，达到节水节能的目的。通过采取以上措施，循环回用率可达95%以上，制糖过程能源消耗减少14%左右。

5.1.2.3　甜菜制糖污染预防技术

（1）流洗水循环利用技术

流洗废水只含微量的有机质和糖分，但是含有大量的泥沙。将流洗废水固液分离后上清液可回用，泥浆则进一步处理，目前国内常用斜板（管）沉淀池进行固液分离。流洗水循环利用技术，是在流送洗涤工序后设置辐流沉淀池，流洗水沉淀泥沙后循环利用，从而减少新水补充量，适用于甜菜制糖流送洗涤工段。以日榨量2000t的糖厂为例，投资流洗水循环利用技术67万元，每榨季节约新鲜水1.936×10^5t。

（2）喷射雾化式真空冷凝技术

该技术和甘蔗制糖中的喷射雾化式真空冷凝技术相同。以日榨量3000t的糖厂为例，该企业对真空冷却布水管网及冷却喷头进行改造，提高冷却效率，总投资26.30万元。该技术实施后，每生产期新鲜用水量减少5.76×10^4t，并同时可节约用电50%左右。

（3）真空泵隔板冷凝技术

真空泵隔板冷凝技术的工作机理是配套真空泵和干式逆流的隔板式冷凝器，并利用隔板式冷凝器将蒸汽冷凝成水，再用真空泵将不凝气体抽走。该技术真空度较高且稳定，所以冷凝效果较好，用水量也能实现降低。以某日榨甜菜量1500t的制糖企业为例，每小时可以实现循环水量约700t。

（4）冷凝器冷凝水循环回用技术

和甘蔗制糖冷凝器冷凝水循环回用技术相同。以新疆某日榨甜菜量3500t的制糖企业为例，投资冷凝器冷凝水循环回用技术在22万元左右，每个制糖榨季内可节约新鲜水10000t，节水效益良好。

（5）压粕水回用技术

压粕水首先进入一级处理水箱进行初步沉淀，去除压粕水中的粗杂质，再由水泵打入旋流除渣器进一步去除胶体颗粒、泥浆、砂、碎粕等，出水进入高位水箱，与新鲜的渗出水通过计量装置按比例分配至渗出器，整体工艺全封闭运行。通过对压粕水的回收可以回收大量的热能和糖分，减少废水排放量，起到节水、节电、降低污染程度的作用。以日榨甜菜量2200t的制糖企业为例，进行压粕水系统改造总投资大约为23万元，每制糖榨季可以节约新鲜水7.05×10^4t，并节约用电40%左右。根据调研结果，该项技术目前已在我国甜菜制糖企业中全面使用，技术普及率达到了100%。

5.1.3 污染治理技术

5.1.3.1 污染治理技术应用现状

根据调研数据统计，制糖行业废水一般经格栅、调节池和沉淀池等一级处理后进入二级生物处理工艺，且对污染物去除起主要作用的为二级处理，故下文所讨论的废水污染治理技术均指二级处理工艺。一级处理主要为沉淀池，包括竖流、平流、辐流式和斜管（板）沉淀池。二级处理工艺中，厌氧生物处理技术多为水解酸化和升流式厌氧污泥床；好氧生物处理技术主要包括常规活性污泥法、序批式活性污泥法、生物转盘法及生物滤池、生物接触氧化法、氧化沟等。

图5-12（书后另见彩图）展示了当前我国制糖行业废水二级处理中主流的治理技术（组合）及使用该项治理技术（组合）的企业数量占比。图中所示的8项治理技术（组合）在甘蔗制糖企业中均有采用，其中最常采用的废水治理技术（组合）为常规活性污泥法和水解酸化+常规活性污泥法。水解酸化+SBR（或CASS）和水解酸化+生物接触氧化（或生物转盘法、生物滤池）的使用比例相对较少，主要集中在广西的部分甘蔗制糖企业。甜菜制糖企业基本采用厌氧生物处理+好氧生物处理的技术组合，且主要为水解酸化+常规活性污泥法或UASB+常规活性污泥法。

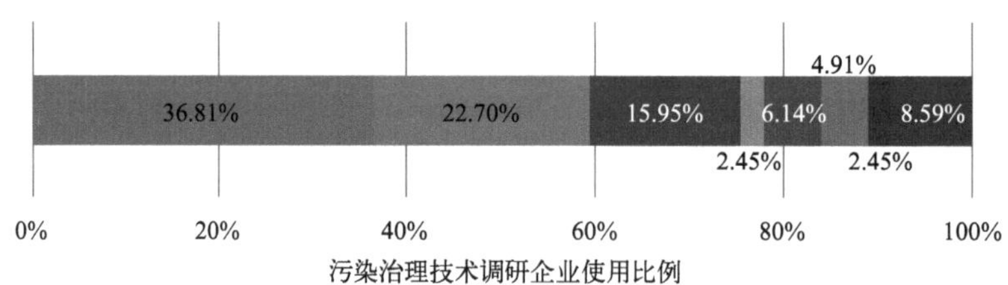

图5-12　制糖行业废水二级处理主流工艺及使用比例

总体来看，当制糖生产企业废水的COD_{Cr}产生浓度小于500mg/L时，采用好氧生物处理工艺即可满足废水处理要求，当浓度为500 ～ 1500mg/L时则采用“水解酸化+好氧生物处理技术”处理工艺，而当COD_{Cr}浓度大于1500mg/L时，则需采用“厌氧生物处理技术+好氧生物处理技术”的组合工艺。

具体而言，甘蔗制糖企业废水COD_{Cr}产生浓度集中在225 ～ 735mg/L，废水BOD_5/COD_{Cr}值一般为0.22 ～ 0.57。多数甘蔗制糖企业废水的可生化性较好，采用常规活性污泥法、SBR等好氧处理工艺即可达到良好的处理效果。当废水BOD_5/COD_{Cr}值＜0.3时，多采用生物接触氧化法（或生物转盘、生物滤池）和水解酸化+常规活性污泥法等治理技术（组合）。基准排水量也是影响制糖企业使用何种治理技术的重要影响因素。基准排水量大的企业，往往要求废水治理技术具有容纳较高污水处理量和较强的抗有机负荷冲击的能力。如使用水解酸化+常规活性污泥法和UASB+常规活性污泥法治理技术组合的甘蔗制糖企业的基准排水量均值分别为11.10m^3/t和8.21m^3/t，高于使用常规活性污泥法企业的基准排水量均值5.78m^3/t。

甜菜制糖企业生产废水BOD_5/COD_{Cr}值一般大于0.35，具有比较良好的可生化性，但COD_{Cr}浓度很高，可达到2000 ～ 9500mg/L，因此传统的好氧生物治理工艺无法满足相应的处理要求，需要和厌氧处理技术组合使用，如水解酸化和升流式厌氧污泥床。甜菜制糖企业基准排水量也较高，使用水解酸化+常规活性污泥法和UASB+常规活性污泥法治理技术组合企业的基准排水量均值分别为10.74m^3/t和12.59m^3/t。

5.1.3.2　污染治理技术处理水平

图5-13（a）～（h）为甘蔗制糖企业主要采用的废水治理技术的污染物排放浓度数据处理结果。剔除异常值后，各项废水治理技术（组合）的水污染物排放浓度基本达到了《制糖工业水污染物排放标准》（GB 21909—2008）中的相应要求，且多数企业水污染物排放浓度远低于排放标准限值。以COD_{Cr}、氨氮、总氮和总磷为例，常规活性污泥

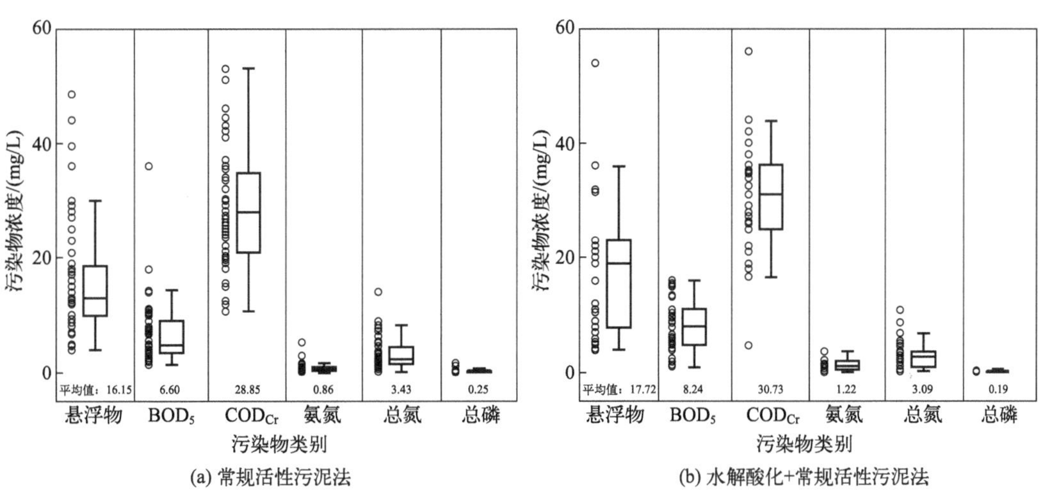

(a) 常规活性污泥法

(b) 水解酸化+常规活性污泥法

图5-13

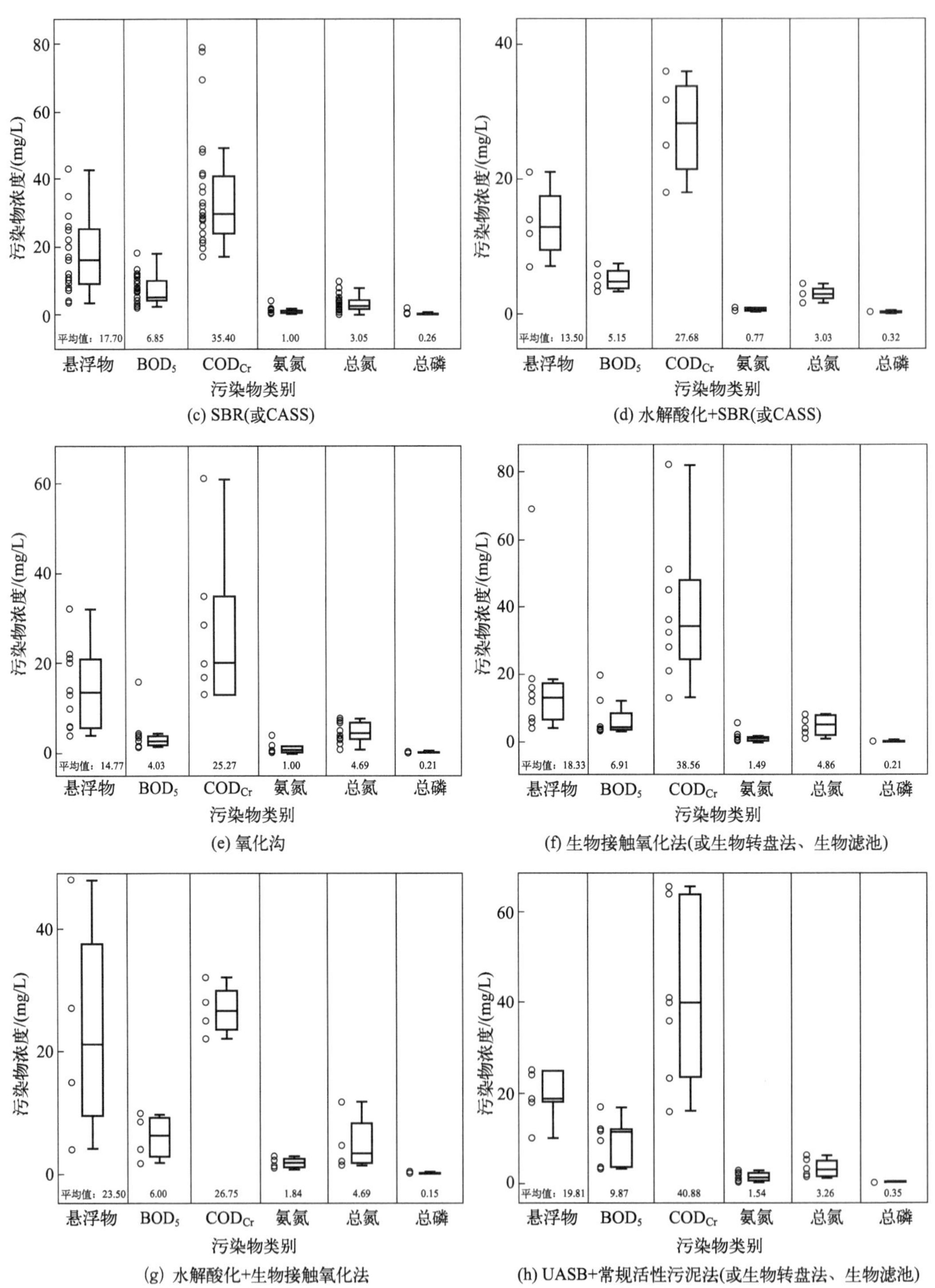

图5-13 甘蔗制糖企业主要废水治理技术污染物排放浓度

法、水解酸化+常规活性污泥法、SBR（或CASS）、水解酸化+ SBR（或CASS）、氧化沟、生物接触氧化法（或生物转盘法、生物滤池）、水解酸化+生物接触氧化法（或生物转盘法、生物滤池）以及UASB+常规活性污泥法的污染物排放浓度区间见表5-3。

表5-3　甘蔗制糖污染治理技术（组合）污染物排放浓度区间

污染治理技术（组合）	污染物排放浓度区间/(mg/L)			
	COD_{Cr}	氨氮	总氮	总磷
常规活性污泥法	10.70 ～ 53	0.09 ～ 1.83	0.11 ～ 8.30	0.01 ～ 0.62
水解酸化+常规活性污泥法	16.69 ～ 44	0.10 ～ 3.63	0.16 ～ 6.84	0.02 ～ 0.44
SBR（或CASS）	17.19 ～ 49	0.21 ～ 1.80	0.03 ～ 7.74	0.01 ～ 0.45
水解酸化+ SBR（或CASS）	18 ～ 36	0.51 ～ 0.99	1.63 ～ 4.47	0.25 ～ 0.39
氧化沟	13 ～ 61	0.12 ～ 1.66	0.86 ～ 7.80	0.01 ～ 0.42
生物接触氧化法（或生物转盘法、生物滤池）	13 ～ 82	0.28 ～ 5.58	0.92 ～ 8.30	0.07 ～ 0.48
水解酸化+生物接触氧化法（或生物转盘法、生物滤池）	22 ～ 32	1 ～ 2.80	1.40 ～ 11.80	0.02 ～ 0.44
UASB+常规活性污泥法	16 ～ 65	0.42 ～ 2.93	1.37 ～ 6.30	0.24 ～ 0.48

甜菜制糖企业废水污染治理技术主要采用水解酸化+常规活性污泥法和UASB+常规活性污泥法。图5-14（a）和图5-14（b）为这两项处理技术（组合）的水污染物排放浓度数据分析结果。在除去离群值、极端值等异常数值后，甜菜制糖企业水解酸化+常规活性污泥法、UASB+常规活性污泥法治理技术组合的COD_{Cr}、氨氮、总氮以及总磷的排放浓度区间见表5-4，两项主流的污染治理技术（组合）的污染物排放浓度也均未超过《制糖工业水污染物排放标准》（GB 21909—2008）中对应指标的排放浓度限值。

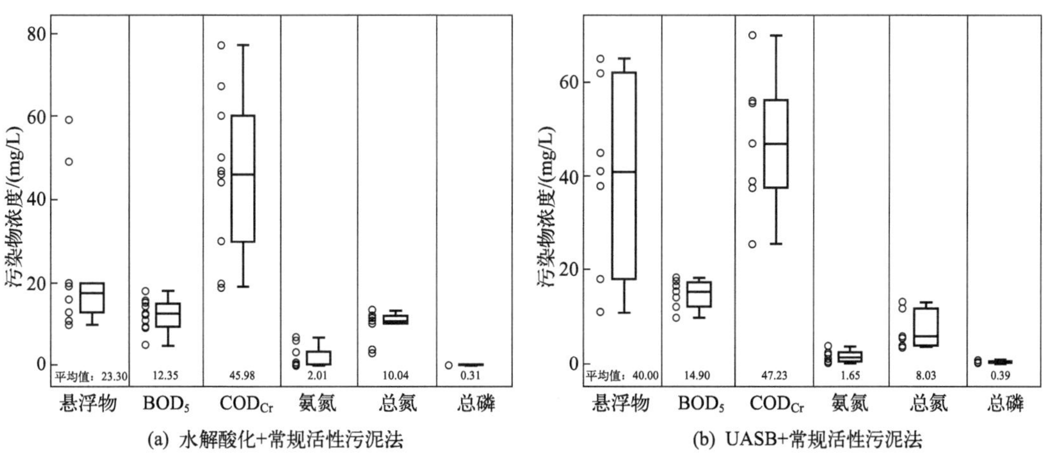

(a) 水解酸化+常规活性污泥法　(b) UASB+常规活性污泥法

图5-14　两种处理技术（组合）的水污染物排放浓度

表5-4 甘蔗制糖污染治理技术（组合）污染物排放浓度区间

污染治理技术（组合）	污染物排放浓度区间/（mg/L）			
	COD_{Cr}	氨氮	总氮	总磷
水解酸化+常规活性污泥法	19 ～ 77	0.17 ～ 7	10.30 ～ 13.60	0.14 ～ 0.46
UASB+常规活性污泥法	25.40 ～ 70	1 ～ 2.80	1.40 ～ 11.80	0.02 ～ 0.44

5.2 制糖工业节能减排潜力评估模型构建

本节围绕制糖工业能耗和污染物减排管理需求，以制糖工业生产全流程为结构，以“原料-工艺-规模-产品”为分类依据，以污染防治技术匹配串联为基础模拟了制糖工业能耗与水污染防治技术体系，并结合情景设置分析方法构建了基于污染防治技术自底向上建模的工业节能减排潜力评估模型。

5.2.1 节能减排潜力评估模型框架

目前，工业行业节能减排潜力分析评估模型一般由5个或者6个模块组成，分别是工业行业技术系统模拟、基础数据收集、能耗和污染物排放计算、多目标协同控制以及不确定分析等，用于综合评估工业行业能耗和污染物减排特点、技术选择优化以及节能减排技术政策等问题。基于工业行业节能减排潜力评估和分析的研究进展以及制糖工业的行业生产和能耗、水污染物产排及污染防治技术现状，确定与构建了适合制糖工业行业特点的“制糖工业节能与水污染物减排潜力（sugar industry energy and wastewater pollutant reduction potential，SIEWPRP）”评估分析模型。

构建的制糖工业节能与水污染物减排潜力（SIEWPRP）分析模型框架如图5-15所示。

该模型由5个模块构成。模块1：制糖工业技术系统模拟，依据自底向上建模方法，识别制糖行业生产过程中原料、工艺、规模、产品和污染防治技术之间的匹配关系，模拟制糖工业技术系统。模块2：基础参数收集输入，主要包括产品产量、污染防治技术普及率、污染预防技术削减率、污染治理技术去除率、污染治理技术运行效率、技术能源节约量等基础参数。模块3：情景设置，设置不同的技术、政策情景，从而设定不同情景下模型的基础参数数值，主要包括基准情景、清洁生产推广情景、末端治理加强情景和政策耦合情景。模块4：环境影响核算，以前三个模块为基础，计算能耗总量和废水以及主要水污染物在不同情景政策下的总量、能耗强度、水污染物的产生强度和排放浓度等，该模块的关键在于节能减排潜力计算方法的确立。模块5：结果分析，对节能减排潜力计算结果从行业发展、技术应用、环境管理等几个层面进行解析，以及关于模型核算的不确定分析。

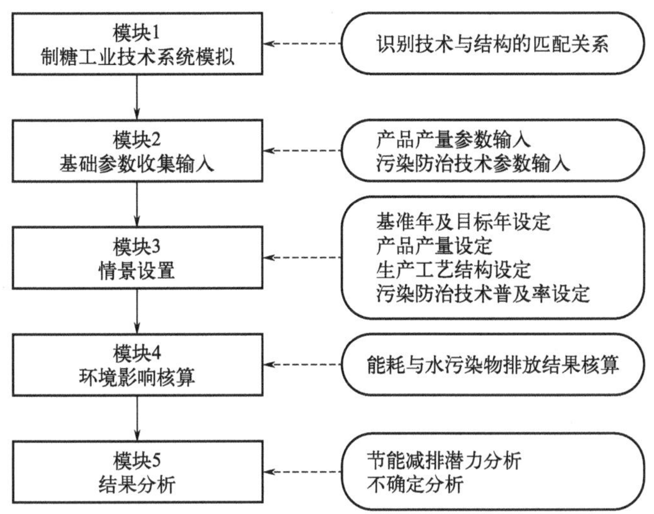

图5-15　制糖工业节能与水污染物减排潜力（SIEWPRP）评估模型框架

5.2.2　系统研究边界与模拟

和一般的工业行业节能减排潜力分析模型的构建过程一样，在确立与构建制糖工业节能与水污染物减排潜力（SIEWPRP）评估模型之前，必须明确模型系统的研究边界，系统研究边界的确定对于模型的构建和最后的结果输出具有重要意义。根据所收集的文献资料及调研数据，并基于制糖行业生产发展现状，确定了制糖工业节能减排潜力评估的模型系统边界。制糖工业节能减排潜力系统研究边界如图5-16所示。

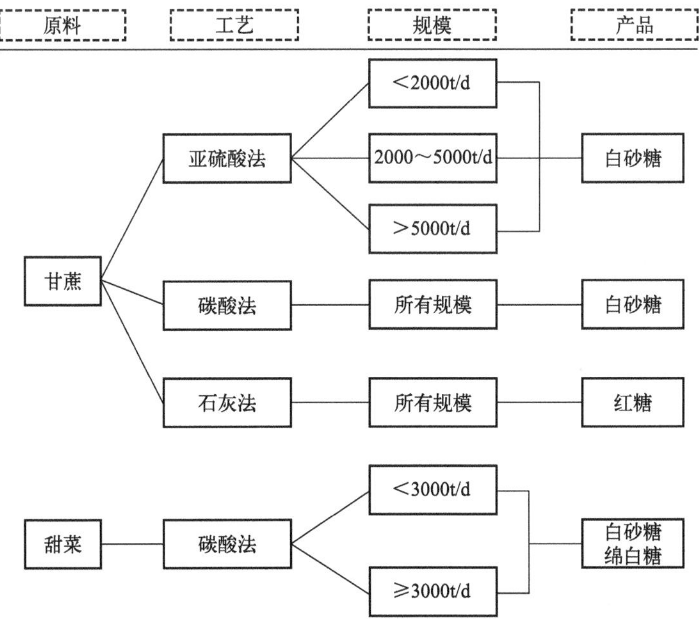

图5-16　制糖工业节能减排潜力系统研究边界

由于甘蔗制糖以亚硫酸法生产工艺为主，因此亚硫酸工艺制糖企业的生产规模也较多，可分为大、中、小三个生产规模级别，分别对应日榨甘蔗量2000t以下、日榨甘蔗量2000～5000t（包含2000t和5000t）和日榨甘蔗量5000t以上。2017～2018年制糖期，甘蔗制糖亚硫酸法生产企业中，三种生产规模分别占比27.82%、46.62%和25.56%。使用碳酸法和石灰法生产工艺的甘蔗制糖企业相对较少，2017～2018年制糖期，采用碳酸法生产工艺的甘蔗制糖企业约有12家，而采用石灰法生产红糖的甘蔗制糖企业仅有6家左右，故生产规模统一设为所有规模。甜菜制糖企业生产规模可分为日加工甜菜量3000t以下和日加工甜菜量3000t以上（包含3000t），分别占比23.08%和76.92%，且甜菜制糖企业一般同时生产白砂糖和绵白糖。需要说明的是，在制糖行业产品结构中，白砂糖产量占据了食糖产品总产量的90%左右，红糖和绵白糖的产量之和大约为9%，精制糖生产和原糖以及其他糖类生产等由于生产规模和产品产量相对很小，故没有纳入系统研究边界范围之内。

模块1制糖工业技术系统模拟是制糖工业节能与水污染物减排潜力（SIEWPRP）评估分析模型的基础模块。前文已经论述过，能源消耗、污染物减排总量控制目标的实现与制糖工业的工艺结构、技术结构存在密切的内在关联，系统描述行业原料、工艺、技术和产品之间的匹配关系，是研究行业节能减排潜力的有效方法。因此，基于工业技术系统模拟的内在逻辑和制糖行业生产、技术结构的发展现状，构建了模拟生产全过程的制糖工业技术系统。制糖工业技术系统模拟结构如图5-17所示。

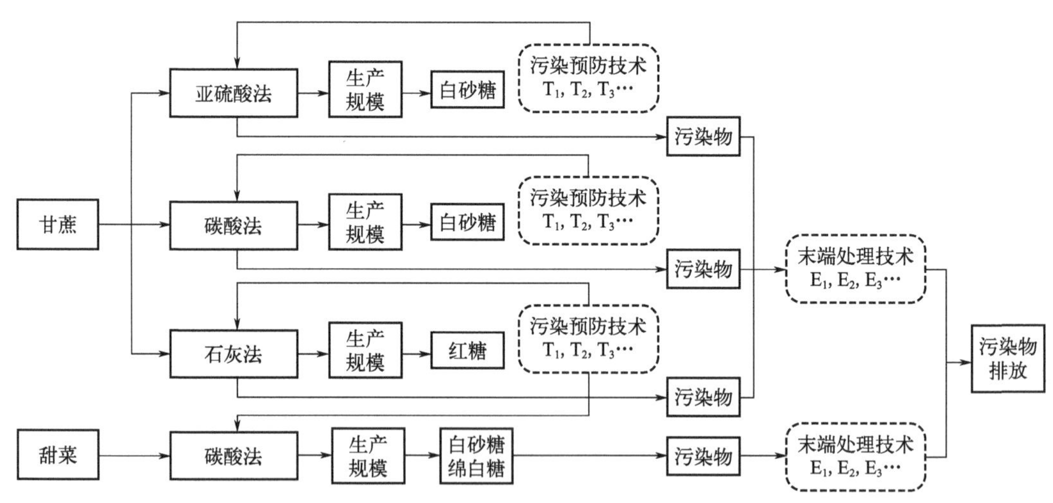

图5-17　基于生产全过程的制糖工业技术系统模拟结构图

建立制糖工业技术系统模拟结构时，在确立系统研究边界的基础之上，首先识别制糖生产所需要的原料，进而匹配生产过程的全流程，并在微观尺度下进一步划分为若干工序或子流程，每个子生产流程涵盖若干个具备相同功能且处于并行位置的生产工艺，并各自对应不同的生产规模。并由一个或若干个生产工艺组合生产出制糖行业某种特定的产品。其次，参照上述的对应组合关系，将适用于不同生产工序的污染预防技术（清洁生产技术）或污染治理技术（末端治理技术）同主体生产工艺进行匹配，识别至最终的污染物排放，进而形成完整的原料－工艺－规模－产品－技术－污染物系统结构。

污染预防技术（清洁生产技术）实现节能减排的方式主要有采用更加清洁、节能的设备或装置，提升能源利用效率和减少污染物排放，以及应用更为广泛地对生产过程中产生的二次能源、副产品等可利用资源进行内部循环和回收利用。

污染治理技术（末端治理技术）则处于生产流程的最末端的污染物排放节点上，对污染物采取物理、化学、生物处理等手段进行处理，从而实现污染物的减排。

5.2.3　环境影响核算方法

完成制糖行业技术系统模拟的基础步骤后，需要通过核算来评估制糖行业在生产过程中对环境产生的影响，如能耗和水污染物的排放，进而得出不同情境下制糖行业的节能减排潜力，从而为环境管理工作提供量化性的参考依据。故环境影响核算方法的建立是制糖工业节能与水污染物减排潜力（SIEWPRP）评估分析模型中的关键一环，它直接影响和决定了最后模型的输出结果。

对于制糖工业而言，相对更加突出的环境问题是水污染，故环境影响核算的对象主要包括制糖工业水污染物排放计算（总量及产排污强度）以及污染物减排所带来的能源消耗情况（即制糖工业的能耗变化是由水污染物减排所产生的协同节能效应）。环境污染物排放量计算流程如图5-18所示，采用了由清华大学张超开发的产排污系数的逐年递推机制。考虑到在对制糖工业进行环境影响核算评估的中长期内，污染防治技术处于一定的动态变化当中，故对核算思路进行了相应的修改和完善，从而能更好地保持产排污系数递推的情形合理性。具体为在计算方法中引入了新的变量：污染治理技术实际运行效率K值，可以由制糖企业污染治理技术运行时间除以企业正常生产时间所得，或者为末端治理设施年耗电量（kW•h/a）/ [末端治理设施的所有耗电设备额定功率（kW）× 末端治理设施年运行时间（h/a）]。K值的引入能最大程度地还原评估期内技术应用的实际情况。需要说明的是，由于污染预防技术是耦合在生产过程当中的，一般情况下，当企业正常生产时，污染预防技术也处于正常运行中，它对产排污系数核算的递推影响只与技术本身对污染物的去除属性和该项技术在企业当中的普及程度有关，无需考虑实际运行效率的动态变化。

修改后的产排污系数逐年递推的基本思路是，首先需要设定一个基准年，这个基准年也就是在情景设置中各设定情景所对应参照的年份，根据制糖工业当前运转的实际情况和发展现状得出该基准年的废水及其水污染物的产排污系数、生产工艺结构及污染防治技术普及率、污染物削减率和污染物去除率等数据；其次，对接下来每一年的工艺结构及技术进步水平进行模拟，从而间接计算得到该年的污染物排放结构和产排污系数，通过逐年递推污染预防技术（清洁生产技术）、末端治理技术（污染治理技术）的进步水平（各种污染防治技术对污染物的削减率、去除率以及产生的节能效应本身是一定的，故污染防治技术的进步水平设定以技术普及率的提高来体现）来对行业生产的水污染物排放水平进行计算。进而求得行业的节能减排潜力。

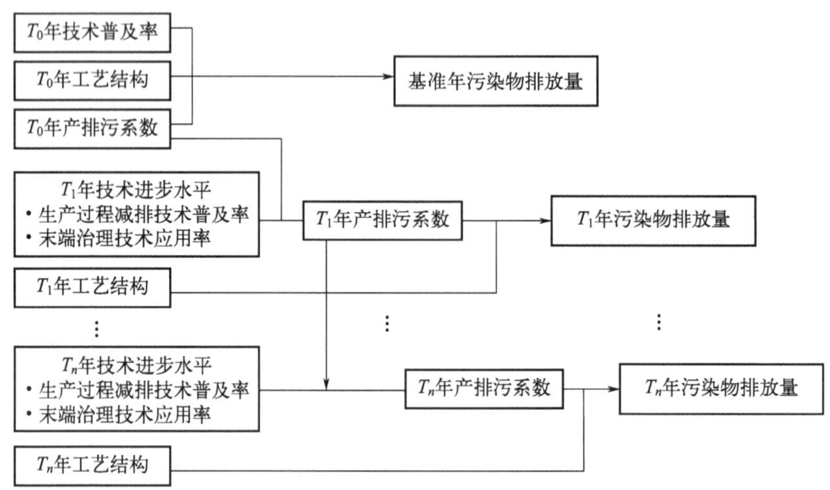

图5-18 环境污染物排放量计算流程图

5.2.3.1 制糖工业水污染物减排潜力计算方法

构建水污染物的产排污系数的逐年递推机制后，需要进一步确立节能减排潜力具体的计算方法。首先，污染预防技术普及率的提高会使得使用该项技术的生产工艺组合的产污系数逐年降低，并且某项生产工艺组合中往往会使用多项污染预防技术，故产污系数的变动是由多项清洁生产技术的推广应用共同决定的，这里假设多项技术的效果以单一技术效果乘积的形式表示，见式（5-1）：

$$G_{(\mathrm{r,i,s,c}),\mathrm{p}}^{t+\Delta t}=G_{(\mathrm{r,i,s,c}),\mathrm{p}}^{t}\times\prod_{\mathrm{ct}\in set_{(\mathrm{r,i,s,c})}^{\mathrm{ct}}}\left[\frac{1-\delta_{\mathrm{ct},(\mathrm{r,i,s,c}),\mathrm{p}}\times\omega_{\mathrm{ct},(\mathrm{r,i,s,c})}^{t+\Delta t}}{1-\delta_{\mathrm{ct},(\mathrm{r,i,s,c}),\mathrm{p}}\times\omega_{\mathrm{ct},(\mathrm{r,i,s,c})}^{t}}\right] \tag{5-1}$$

式中 $G_{(\mathrm{r,i,s,c}),\mathrm{p}}^{t}$——$t$时间生产工艺组合(r,i,s,c)生产单位产品c的污染物p的产生系数（产生强度），其中r表示生产原料，i表示生产工艺，s表示生产组合；

Δt——时间跨度，一般设定为1年；

$\delta_{\mathrm{ct},(\mathrm{r,i,s,c}),\mathrm{p}}$——应用于生产工艺组合（r,i,s,c）的污染预防技术ct对污染物p的削减率，并且$0\leqslant\delta_{\mathrm{ct},(\mathrm{r,i,s,c}),\mathrm{p}}\leqslant1$；

$\omega_{\mathrm{ct},(\mathrm{r,i,s,c})}^{t}$——$t$时间污染预防技术（清洁生产技术）ct在生产工艺组合(r,i,s,c)中的应用比例（即普及率），且$0\leqslant\omega_{\mathrm{ct},(\mathrm{r,i,s,c})}^{t}\leqslant1$；

$set_{(r,i,s,c)}^{ct}$——适用于生产工艺组合(r,i,s,c)的所有污染预防技术的集合。

获得生产工艺组合污染物p的产污系数之后，再根据污染治理技术（末端治理技术）对污染物p的处理以及该项技术自身的运行效率，计算该生产工艺组合污染物p的排污系数，计算方法见式（5-2）：

$$E_{(r,i,s,c),p}^{t}=G_{(r,i,s,c),p}^{t}\times\sum\nolimits_{et\in set_{(r,i,s,c)}^{et}}\varphi_{et,(r,i,s,c)}^{t}\times K_{et,(r,i,s,c)}\times[1-\eta_{et,(r,i,s,c),p}] \tag{5-2}$$

式中 $E_{(r,i,s,c),p}^{t}$——t时间生产工艺组合(r,i,s,c)生产单位产品c的污染物p的排放系数（排放强度）；

$\varphi_{et,(r,i,s,c)}^{t}$——$t$时间污染治理技术（末端治理技术）et在生产工艺组合(r,i,s,c)中的应用比例（即普及率），且满足$\sum\nolimits_{et\in set_{(r,i,s,c)}^{et}}\varphi_{et,(r,i,s,c)}^{t}=1$；

$K_{et,(r,i,s,c)}$——生产工艺组合(r,i,s,c)采用的污染治理技术设备的实际运行率，一般为污染治理设施运行时间与企业正常生产时间的比值，且$0\leqslant K_{et,(r,i,s,c)}\leqslant 1$（当企业没有进行生产但污染治理技术设备仍在运行，即$K>1$时取$K=1$）；

$\eta_{et,(r,i,s,c),p}$——应用于生产工艺组合(r,i,s,c)的污染治理技术et对污染物p的去除率，且$0\leqslant\eta_{et,(r,i,s,c),p}\leqslant 1$；

$set_{(r,i,s,c)}^{et}$——适用于生产工艺组合(r,i,s,c)的所有污染治理技术的集合。

将所有生产工艺组合的排污系数与对应产品的产量相乘并加总后，就得到了某项水污染物的制糖行业的排放总量，计算方法见式（5-3）：

$$TE_{s,p}^{t}=\sum\nolimits_{(r,i,s,c)\in set_{s}^{(r,i,s,c)}}E_{(r,i,s,c),p}^{t}\times Q_{(r,i,s,c)}^{t} \tag{5-3}$$

式中 $TE_{s,p}^{t}$——t时间制糖工业污染物p的排放总量，下标s表示制糖工业；

$Q_{(r,i,s,c)}^{t}$——t时间生产工艺组合(r,i,s,c)的产品产量；

$set_{s}^{(r,i,s,c)}$——制糖行业所有生产工艺组合的集合。

5.2.3.2 制糖工业节能潜力计算方法

制糖工业污染物预防技术在进行清洁生产从而削减污染物的同时也会影响能源消耗，这一影响通过技术的单位产品能源节约指标进行计算。需要说明的是，由于污染治理技术（末端治理技术）对行业生产过程能源消耗的影响不大，并且在制糖工业水污染物排放标准的约束下，生产企业都会采用污染治理技术从而使水污染物控制指标达标，故污染治理技术难以和污染预防技术一样，可以对能耗影响进行动态的比较。故本节只考虑污染预防技术在应用过程中产生的节能效应（同时考虑部分污染治理技术强化应用带来的能源消耗增加的情况）。基本思路是以现有的主体工艺生产的能源消耗水平减去技术改造后带来的节能水平变化所得。计算方法见式（5-4）：

$$\Delta EC_t = \sum_a EC_a \times \gamma_{a,t} \times D_t - \sum_b ES_b \times \gamma_{b,t} \times D_t \quad (5\text{-}4)$$

式中 EC——单位产品能源消耗指标；

ES——单位产品能耗节约指标；

a，b——制糖行业生产过程中污染预防技术（清洁生产技术）的集合；

D——产品产量；

γ——污染预防技术在t时间的普及率。

5.2.4 基础数据收集

在确定了行业技术系统和节能减排潜力的计算方法后，最重要的是针对模型运行需要进行数据的收集与处理。制糖工业节能与水污染物减排潜力（SIEWPRP）分析模型所需数据可分为四大模块，数据主要来源为企业调研、文献资料收集等（数据类型及来源说明见表5-5）。

表5-5 数据类型及来源说明

数据模块	数据类型	数据来源
行业数据	产品产量、生产规模、原料结构等	企业调研、文献调研
环境指标	生产能耗、水耗、COD和氨氮产排污系数等	企业调研、国家目录、文献调研
污染预防技术	技术普及率，污染物削减率、能耗效应	企业调研、国家目录、文献调研、专家咨询
污染治理技术	技术普及率，污染物去除率、治理设备运行效率等	企业调研、国家目录、文献调研、专家咨询

具体而言，基础数据分别是行业生产结构数据，数据类型主要包括制糖工业原料、生产工艺和规模、产品产量等，数据来源有企业调研、轻工业和食品工业统计年鉴、制糖行业产排污系数手册、制糖行业产业调整与升级行动计划等；环境指标数据，数据类型主要包括生产能耗、水污染物产排污系数等，数据来源为企业调研、环境统计年鉴、制糖行业产排污系数手册、文献调研等；污染预防技术（清洁生产技术）数据，类型主要包括技术普及率、能耗效应、污染物削减率，数据来源有企业调研、行业先进适用技术目录、制糖工业污染防治可行技术指南、清洁生产标准体系、文献调研、专家咨询等；污染治理技术（末端治理技术）数据，数据类型主要有技术普及率、技术运行效率和污染物去除率，数据来源有企业调研、制糖行业产排污系数手册、水污染物排放标准及编制说明、水处理工程技术规范、文献调研、专家咨询等。在数据收集过程中，尽可能全面地收集我国现有行业政策、规范、标准等技术资料，并通过中国糖业协会对现有技术的应用情况进行详细调研，必要时需要咨询相关专家，以确保参数的准确性。此次

主要的调研文献等见表5-6。

表5-6　主要调研资料清单目录

序号	资料名称
1	糖业转型升级行动计划（2018—2022年）
2	产业结构调整指导目录（2019年本）
3	制糖工业污染防治可行技术指南
4	制糖工业污染防治技术可行技术指南（编制说明）
5	制糖工业污染防治可行技术指南（HJ 2303—2018）
6	糖料蔗主产区生产发展规划（2015—2020年）
7	制糖行业清洁生产技术推行方案
8	制糖工业污染防治技术政策
9	制糖工业污染防治技术政策编制说明
10	制糖行业“十二五”发展规划
11	云南省蔗糖产业“十三五”发展规划
12	中国糖业年报2017/2018
13	第一次全国污染源普查工业污染源产排污系数手册——制糖行业
14	产业结构调整指导目录（2019年本）
15	轻工行业节能减排先进适用技术目录
16	轻工行业节能减排先进适用技术指南
17	制糖废水治理工程技术规范（HJ 2018—2012）
18	制糖工业污染物控制标准编制说明
19	污染源源强核算技术指南　农副食品加工工业—制糖工业（HJ 996.1—2018）
20	排污许可证申请与核发技术规范　农副食品加工工业—制糖工业（HJ 860.1—2017）

企业调研是数据收集过程中最重要的数据来源，能根据节能减排潜力模型计算需求获取到全面的第一手资料。为此，在全国范围内重点进行了制糖企业的数据调研与收集。通过国家排污许可证管理信息平台梳理了全国发放排污许可证的共213家制糖企业的信息，并向213家制糖企业发放调研问卷，收集生产原料、工艺和规模、污染防治技术以及能耗、污染物产排情况等相关数据。共收到有效回复问卷178份，其中甘蔗制糖企业157份（广西70份、云南54份、广东24份、海南9份），甜菜制糖企业21份（新疆13份、内蒙古5份、黑龙江2份、河北1份），基本涵盖了目前我国所有的主要甘蔗和甜菜制糖省份，得到了制糖工业生产工况和污染防治技术应用现状等较为全面的关键参数数值。

5.2.5 情景设置

对从行业内部的节能减排技术出发进行系统建模而言，与情景分析法结合通常是最为常用的模型应用方法。情景分析方法的应用步骤是在调研行业发展历史与现状、近期出台的行业政策，以及预测行业未来发展趋势的相关文献等资料的基础上，设定具有明确政策含义，并能够体现行业技术变化特点的若干技术政策情景；最后应用减排潜力分析模型提供的核算框架与方法，计算不同情景下行业的未来能耗、水污染排放量和污染排放结构及趋势。

制糖工业节能与水污染物减排潜力（SIEWPRP）分析模型共设置了四种制糖行业发展情景，分别是基准情景（baseline as usual scenario）、清洁生产推广情景（cleaner production promotion scenario）、末端治理加强情景（strengthen end-treatment）以及政策耦合情景（coupling measures scenario）（情景介绍见表5-7）。

表5-7　制糖行业情景设置概述

情景名称	情景描述
基准情景	延续现有的行业政策背景，技术按照较低惯性发展。制糖行业生产规划、环境管理等外部政策参照2018年基本情况低速发展；技术结构在2018年行业现状的基础上，在已经出台的相关政策的惯性推动下，污染防治技术有一定程度的发展，技术普及率增幅较小
清洁生产推广情景	源头控制、过程减排等清洁生产方式和技术得到大力推广，达到国家关于制糖工业环保技术目录推广等政策的预期水平。2023年甘蔗制糖各项污染预防技术普及率均值达到90%，2028年进一步提高至98%左右；甜菜制糖喷射雾化式真空冷凝技术、甜菜干法输送技术2023年普及率将分别达到65%和40%，至2028年将分别达到85%和60%
末端治理加强情景	制糖行业将执行较现在更加严格的水污染物排放标准，推动不达标企业加快升级改造末端治理技术和设备，2023年前淘汰氧化塘、沉淀分离等简易处理工艺。废水深度处理技术和回用技术的普及率得到大幅提高，2023年达到45%，2028年将达到60%
政策耦合情景	制糖行业外部的政策环境达到相对理想的状态。推行清洁生产推广和末端治理加强的组合方案，各类污染防治技术政策配套实施，清洁生产和末端治理均达到理想效果

需要说明的是，其他工业行业在进行节能减排潜力评估时的情景设置中，往往也会考虑设置行业生产结构调整等对节能减排潜力产生的影响，但考虑到制糖行业生产结构相对简单，且未来整个行业不会有大的生产结构的变化，不会对制糖行业节能减排潜力产生实质性的影响，故没有单独设置行业结构调整这一类型的情景模式，而是将制糖行业结构调整以参数设置的形式融入其他四个情景中，体现制糖行业在未来十年内的生产原料、产品及生产规模等行业结构的正常调整和发展。

在情景设置关键参数宏观产品产量时，首先分析了制糖行业食糖产品产量的历史增减趋势变化（制糖行业2010 ～ 2019年的食糖产品总产量见图5-19，制糖行业2009 ～ 2019年食糖总产量数据来源于中国糖业协会）。

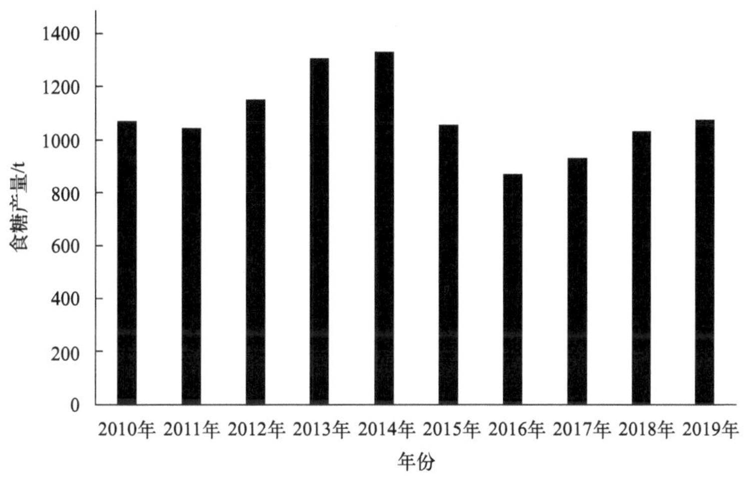

图5-19　制糖行业2010 ～ 2019年食糖产品总产量

同时还参考了《产业结构调整指导目录（2019年本）》《糖料蔗主产区生产发展规划（2015—2020年）》《糖业转型升级行动计划（2018—2022年）》等一系列规划、指导文件，设定宏观产品产量。由此，2018 ～ 2023年制糖行业食糖总产量年均增长率设定为4.36%，2023年全国食糖总产量达到1276.34万吨，其中白砂糖达到1148.71万吨、绵白糖为89.34万吨、红糖为38.29万吨；2023 ～ 2028年期间制糖行业食糖总产量年均增长率设定为3.25%，2028年全国预计共计生产食糖1497.67万吨，其中白砂糖1347.90万吨、绵白糖104.84万吨、红糖44.93万吨。

而在制糖行业污染物逐年递推的核算机制中，初始年的废水、水污染物的产污系数以及能源消耗强度的设定是十分重要的，作为计算基准数值，它直接影响着后续情景核算的准确性。故在对废水和主要水污染物化学需氧量和氨氮在不同生产组合结构下的产污系数以及吨糖综合消耗系数设定时，为保证相对的准确性，综合参考了《第一次全国污染源普查工业污染源产排污系数手册》和《第二次全国污染源普查产排污系数手册·工业源》（在本书编写之前，该系数手册尚未正式发布）中制糖行业产排污系数、其他相关资料中的相关数值以及企业问卷调研获得的各项参数的平均数值进行设定（优先以参数的调研数据平均值为准。当某项参数的数值获取情况不够理想时，综合参考第一次和第二次全国污染源普查制糖行业产排污系数手册及其他资料中的数值）。各项污染物产污系数及能源消耗强度见表5-8。其他如各项污染防治技术具体的普及率、能源消耗效应、对污染物的削减和去除情况等前文已有说明，由于篇幅限制，此处不再赘述。

表5-8　基准年各生产结构组合的污染物产污系数及能源消耗强度

产品名称	原料名称	工艺名称	规模等级	污染物指标		系数单位	产污系数	末端治理技术名称	末端治理技术效率/%	吨糖综合能耗/(kgce/t)
白砂糖	甘蔗	亚硫酸法	日榨甘蔗量2000t以下	废水	工业废水量	t/t 产品	13.26	—	0	476.90
					化学需氧量	g/t 产品	4330	沉淀分离+好氧生物处理法	85	
								沉淀分离+厌氧生物处理法+好氧生物处理法	90	
					氨氮	g/t 产品	88	沉淀分离+好氧生物处理法	80	
								沉淀分离+厌氧生物处理法+好氧生物处理法	85	
白砂糖	甘蔗	亚硫酸法	日榨甘蔗量2000～5000t	废水	工业废水量	t/t 产品	10	—	0	422.36
					化学需氧量	g/t 产品	3725	沉淀分离+好氧生物处理法	85	
								沉淀分离+厌氧生物处理法+好氧生物处理法	90	
					氨氮	g/t 产品	70	沉淀分离+好氧生物处理法	80	
								沉淀分离+厌氧生物处理法+好氧生物处理法	85	
白砂糖	甘蔗	亚硫酸法	日榨甘蔗量5000t以上	废水	工业废水量	t/t 产品	7.2	—	0	380.40
					化学需氧量	g/t 产品	3167	沉淀分离+好氧生物处理法	85	
								沉淀分离+厌氧生物处理法+好氧生物处理法	90	
					氨氮	g/t 产品	64	沉淀分离+好氧生物处理法	80	
								沉淀分离+厌氧生物处理法+好氧生物处理法	85	

续表

产品名称	原料名称	工艺名称	规模等级	污染物指标		系数单位	产污系数	末端治理技术名称	末端治理技术效率/%	吨糖综合能耗/(kgce/t)
白砂糖	甘蔗	碳酸法	所有规模	废水	工业废水量	t/t 产品	9	—	0	390.64
					化学需氧量	g/t 产品	3578	沉淀分离+好氧生物处理法	85	
								沉淀分离+厌氧生物处理法+好氧生物处理法	90	
					氨氮	g/t 产品	66	沉淀分离+好氧生物处理法	80	
								沉淀分离+厌氧生物处理法+好氧生物处理法	85	
红糖	甘蔗	石灰法	所有规模	废水	工业废水量	t/t 产品	7.8	—	0	418.72
					化学需氧量	g/t 产品	3020	沉淀分离+好氧生物处理法	85	
								沉淀分离+厌氧生物处理法+好氧生物处理法	90	
					氨氮	g/t 产品	60	沉淀分离+好氧生物处理法	80	
								沉淀分离+厌氧生物处理法+好氧生物处理法	85	
白砂糖、绵白糖	甜菜	碳酸法	日加工甜菜量3000t以下	废水	工业废水量	t/t 产品	17.35	—	0	689.26
					化学需氧量	g/t 产品	60144	沉淀分离+厌氧生物处理法+好氧生物处理法	90	
					氨氮	g/t 产品	437	沉淀分离+厌氧生物处理法+好氧生物处理法	85	
白砂糖、绵白糖	甜菜	碳酸法	日加工甜菜量3000t以上（含3000t）	废水	工业废水量	t/t 产品	14.81	—	—	583.54
					化学需氧量	g/t 产品	52989	沉淀分离+厌氧生物处理法+好氧生物处理法	90	
					氨氮	g/t 产品	405	沉淀分离+厌氧生物处理法+好氧生物处理法	85	

需要注意的是，四种节能减排潜力核算情景中设置的具体参数需要与已经模拟的制糖工业技术结构系统相对应。四种核算情景中应当均包括原料产品结构M，生产规模结构S，污染预防技术结构C以及污染治理技术结构T四大类情景参数。参数情况说明以及四种情景下的各项参数组合见表5-9和表5-10。

表5-9　参数情况说明

情景参数代码		参数说明
原料产品结构M	M_1	制糖行业按照低惯性发展
	M_2	选择国内外甜菜新品种和甘蔗新品种，因地制宜形成科学合理的区域性品种多样性布局。产糖率提高0.5～0.8个百分点
生产规模结构S	S_1	逐步淘汰日处理甜菜能力＜800t、日处理甘蔗能力＜1000t、生产开工率不足50%的制糖企业
	S_2	在S1的基础上对生产规模结构进行适当调整，限值原糖加工项目及日处理甘蔗5000t（云南地区则为日处理甘蔗3000t），日处理甜菜3000t以下的项目
污染预防技术C	C_1	清洁生产低惯性发展，常规的污染预防技术普及率略有上升，甜菜干法输送等技术普及率不高
	C_2	清洁生产高驱动发展，在C_1的基础上，甜菜干法输送等技术得到较快发展，各项污染预防技术普及率均达到最大
污染治理技术T	T_1	低技术情景
	T_2	在T_1的基础上，加快制糖行业各项污染治理技术的升级和改造，废水深度处理技术普及率以较大幅度递增

表5-10　情景各项参数组合

情景名称	参数组合
基准情景	$M_1S_1C_1T_1$
清洁生产推广情景	$M_1S_1C_2T_1$
末端治理加强情景	$M_1S_1C_1T_2$
政策耦合情景	$M_2S_2C_2T_2$

5.3　制糖工业节能减排潜力核算结果与分析

本章利用构建的制糖工业节能与水污染物减排潜力（SIEWPRP）评估分析模型，在对我国制糖工业生产工艺和技术结构进行技术系统模拟和情景设置分析方法的基础上，计算了制糖工业未来的中长期（2023年和2028年）的四种不同情景模式下能源消耗总量、废水和水污染物排放总量、能耗强度以及污染物产排污强度等，并分析制糖工业节能减排趋势及潜力。

5.3.1　制糖工业水污染减排潜力分析

5.3.1.1　废水与水污染物减排潜力

制糖工业未来在基准情景、清洁生产推广情景、末端治理加强情景以及政策耦合情景下的废水和主要水污染物的排放量计算结果如表5-11所列。废水和化学需氧量以及氨氮的排放总量在未来中长期的任意情景下都没有呈现持续增长的趋势，而是较基准设定年份2018年有所降低或者较大幅度降低。

表5-11　制糖工业废水及水污染物排放量计算结果

情景		废水/亿吨	化学需氧量/万吨	氨氮/万吨
基准年2018年		1.75	4.46	0.18
基准情景	2023年	1.58	3.15	0.14
	2028年	1.44	2.69	0.12
清洁生产推广情景	2023年	1.26	2.31	0.10
	2028年	1.13	1.96	0.097
末端治理加强情景	2023年	1.55	1.85	0.086
	2028年	1.18	1.57	0.078
政策耦合情景	2023年	1.19	1.29	0.069
	2028年	0.97	1.18	0.043

在基准情景（BAU）下，2023年和2028年，制糖行业废水排放量分别为1.58亿吨和1.44亿吨，较2018年降低了9.71% 和17.72%，化学需氧量和氨氮的排放总量分别降低至3.15万吨、2.69万吨和0.14万吨、0.12万吨，降幅达到了29.37%、39.69% 和22.22%、33.33%。在延续制糖行业现有外部政策环境和技术低速率发展的模式下，尽管2023年和2028年食糖总产量有一定幅度的增长，废水及其水污染物排放总量仍然呈现出持续降低的趋势。生态环境部在2018年对《制糖工业水污染物排放标准》（GB 21909—2008）中规定的基准排水量限值发布修改单，进一步降低基准排水量限值，并于同年发布了《制糖工业污染防治可行技术指南》（HJ 2303—2018），推广制糖工业可行的污染防治技术，在制糖工业已经较为完整的环境管理体系下，进一步加强了对其水污染防治问题的管控。此类新出台的环境政策标准或者管理办法等，在制糖工业未来中长期内生产工况、技术结构等没有较大变化的情况下，将成为废水及水污染物减排的主要推动力之一。

而在清洁生产推广（CPP）、末端治理加强（SET）和政策耦合（CM）这三种发展模式较为鲜明的设置情景下，废水及水污染物减排趋势较基准情景也更为明显（废水、化学需氧量和氨氮在四种情景下的未来减排趋势分别见图5-20、图5-21和图5-22）。对于清洁生产推广情景和末端治理加强情景而言，2023年相较于基准年分别削减0.49亿吨和0.20亿吨废水、2.15万吨和2.61万吨化学需氧量、800t和940t氨氮，削减比例与2018年相比分别达到了28%和11.43%、48.21%和58.52%、44.44%和52.22%；而到2028年，与基准年份2018年相比将分别减排0.62亿吨和0.57亿吨废水、2.50万吨和2.89万吨化学需氧量、830t和1020t氨氮，废水、化学需氧量和氨氮的减排比例分别达到了35.43%和32.57%、56.05%和64.80%、46.11%和56.67%。化学需氧量和氨氮在清洁生产推广情景和末端治理加强情景下的未来减排趋势基本保持着一致的步调，2023年较基准年能实现大幅度的减排。至2028年，随着食糖总产量的进一步增长，制糖工业污染防治技术普及也趋于饱和，并且在未来一段时间内难以出现更具颠覆性的新技术，水污染物的减排趋势较前五年开始放缓。而制糖工业主流的污染预防技术对于废水的削减效果要好于化学需氧量和氨氮等水污染物，故中长期内末端治理加强情景化学需氧量和氨氮的减排潜力均大于清洁生产推广情景的情况下，废水排放量的减排潜力却小于清洁生产推广情景。

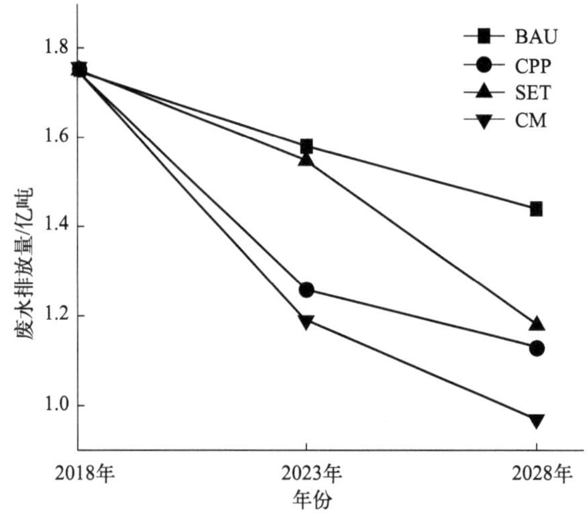

图5-20 废水排放量变化趋势

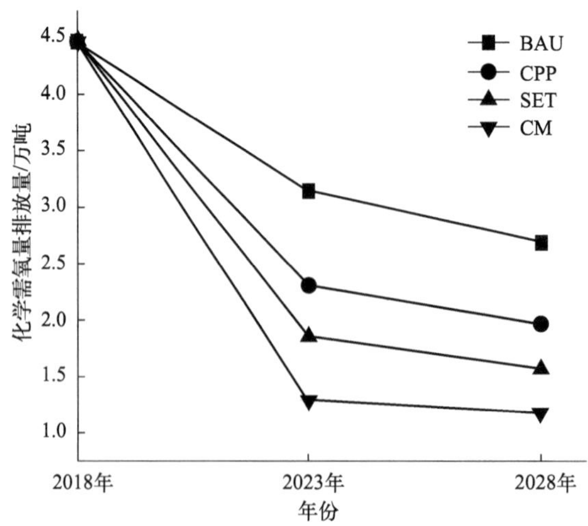

图5-21 化学需氧量排放量变化趋势

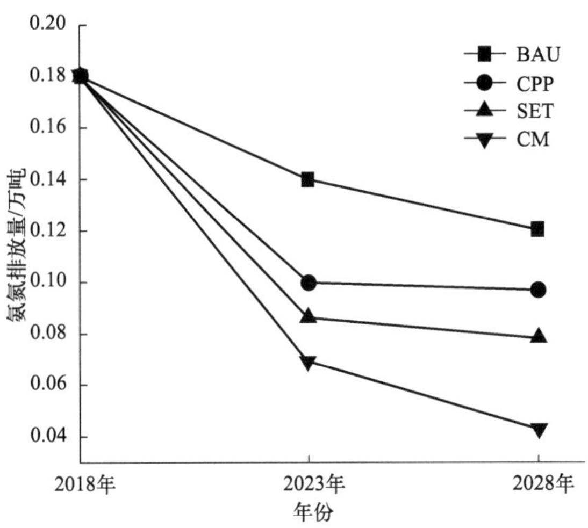

图5-22　氨氮排放量变化趋势

在政策耦合情景（CM）下，由于清洁生产推广和末端治理加强的联合作用，制糖工业废水以及水污染物排放量较其他情景模式均大幅下降。与2018年相比，2023年分别减排0.56亿吨废水、3.17万吨化学需氧量和1110t氨氮，削减率分别为32%、71.08%和61.67%；至2028年，在政策耦合情景下将分别减排0.78亿吨废水、3.28万吨化学需氧量以及1370t氨氮，废水、化学需氧量和氨氮的减排比例分别达到了44.57%、73.54%和76.11%，减排效果显著。

制糖工业在清洁生产推广和末端治理加强主导的减排推动作用下，并配合未来生产原料、产品以及规模的行业结构的惯性调整，2023年和2028年可将废水和化学需氧量以及氨氮较2018年排放总量的减排目标规划为：2023年废水、化学需氧量、氨氮分别减排0.56亿吨、3.17万吨和1110t；2028年废水、化学需氧量、氨氮的分别减排0.78亿吨、3.28万吨、1370t。

由于政策耦合情景（CM）下制糖工业的废水及水污染物排放总量的减排是清洁生产推广和末端治理加强共同作用的结果，代表制糖行业未来最理想化的减排模式，故需要对政策耦合情景（CM）下废水及水污染物的减排具体路径进行分析分解，废水、化学需氧量和氨氮的减排路径分解分别见图5-23、图5-24和图5-25，结果表明：政策耦合情景如果在除去清洁生产推广和末端治理加强的双重作用下，2023年和2028年废水、化学需氧量、氨氮的排放量分别为1.54亿吨和1.42亿吨、3.09万吨和2.64万吨、0.13万吨和0.112万吨（图5-23、图5-24、图5-25中2023年和2028年所示的排放量），较基准情景2023年和2028年分别减少了0.04亿吨和0.02亿吨废水、0.06万吨和0.05万吨化学需氧量、0.01万吨和0.008万吨氨氮。污染物的少量减排主要是由于政策耦合情景参数组合$M_2S_2C_2T_2$中M_2原料产品结构和S_2生产规模结构正常调整的推动作用，如淘汰和限制生产规模过小的制糖企业，提高产业聚集化程度等，并不属于主动性质的减排。

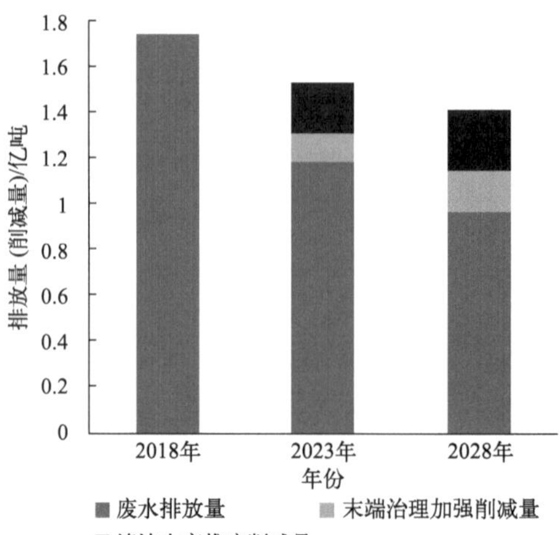

图5-23　废水减排途径分解

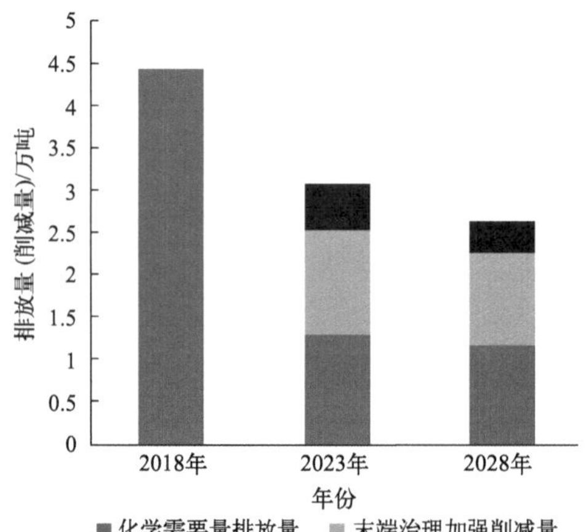

图5-24　化学需氧量减排途径分解

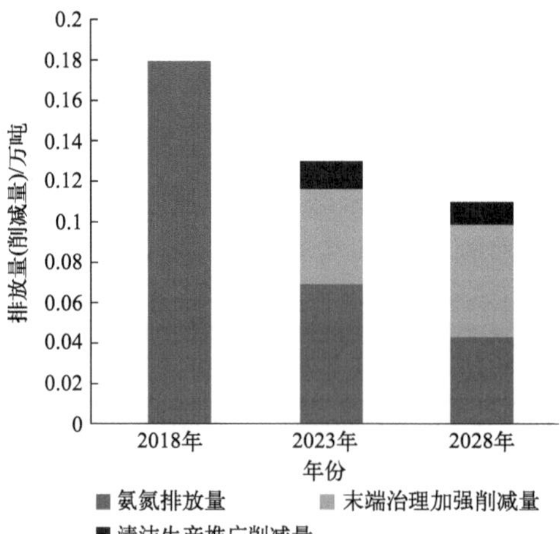

图5-25　氨氮减排途径分解

就政策耦合情景具体减排路径而言，制糖工业清洁生产推广节水效果较加强末端治理明显。2023年和2028年，政策耦合情景下，清洁生产推广对废水减排的贡献率分别为65%和60%左右，末端治理加强贡献率则为34%和39%左右，前文所提到的制糖工业原料、产品、规模等生产结构的调整对废水减排贡献率大概为1%。制糖工业清洁生产发展相对较早，污染预防技术相对比较成熟，随着时间的推进，清洁生产推广下废水减排的潜力也趋于缓和。

末端治理加强对于化学需氧量和氨氮等水污染物的减排而言是首要的减排途径。2023年和2028年，政策耦合情景中末端治理加强对化学需氧量和氨氮减排的贡献率分别达到了70%、75%和78%、83%。清洁生产推广对两种污染物的减排贡献率则分别约为28%、23%和21%、16%。末端治理环节对于化学需氧量和氨氮的去除率将在2028年达到95%以上，可见淘汰制糖工业传统的沉淀分离、生物氧化塘等较为简易的末端处理设施，进一步推广好氧和厌氧组合处理措施，加强深度处理，将对提升制糖工业整体的水污染物末端治理水平产生重要作用。

5.3.1.2　废水及污染物产生和排放水平

（1）废水及污染物产生强度

通过污染预防技术的推广和应用，制糖工业甘蔗制糖和甜菜制糖主要生产工艺在不同情景下，废水、化学需氧量、氨氮未来的产生强度分别如图5-26～图5-28所示（各

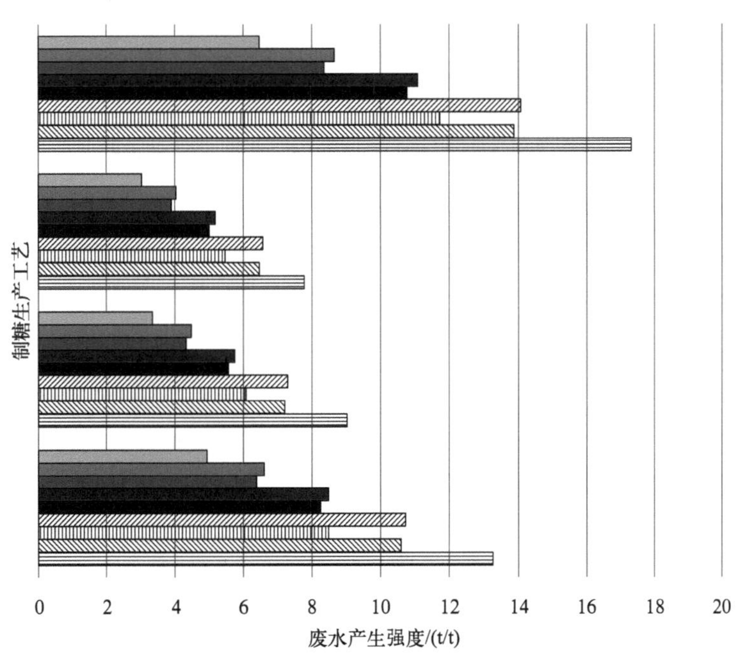

图5-26　废水产生强度

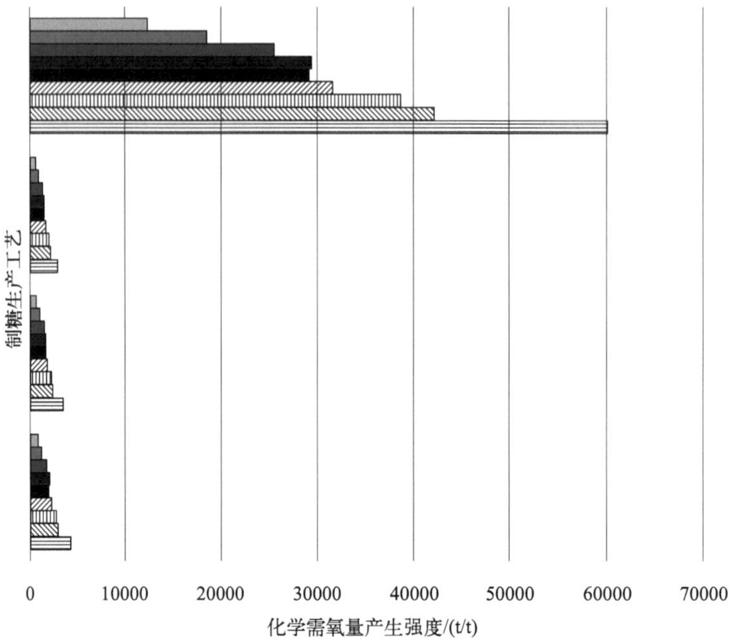

图5-27　化学需氧量产生强度

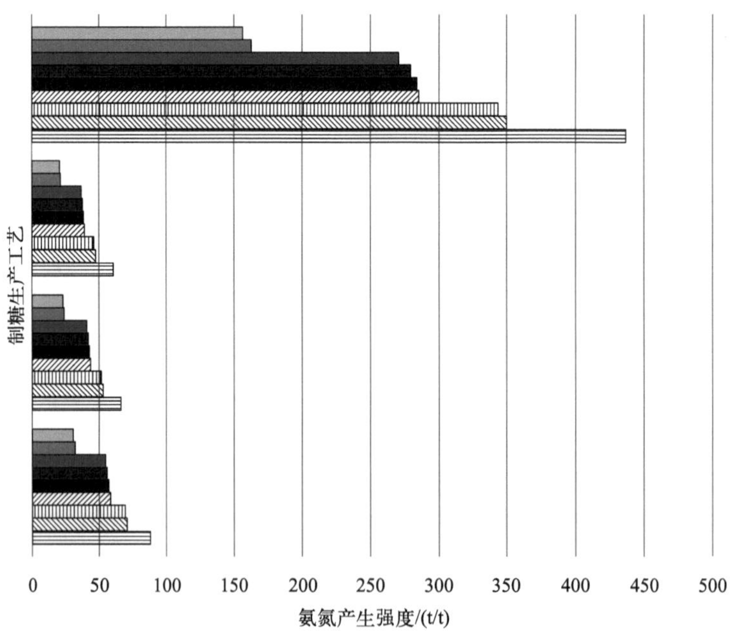

图5-28　氨氮产生强度

图中四组数据从上至下依次为甜菜制糖碳酸法、甘蔗制糖石灰法、甘蔗制糖碳酸法、甘蔗制糖亚硫酸法生产工艺下的污染物产生强度，书后另见彩图）。可以看到，甜菜制糖的污染物产生强度要明显高于甘蔗制糖，一方面是由甜菜制糖本身的高污染生产特性所致，另一方面是因为我国甜菜制糖节能减排水平发展相对滞后。由于对废水和污染物产生强度有实质减排作用的是污染预防技术等过程减排措施，行业生产结构的调整也会产生一定的影响，故计算结果显示，2018 ～ 2028年，清洁生产推广下各生产工艺的废水及水污染物产生强度均比末端治理加强情景下低。政策耦合情景下由于制糖行业原料、产品、规模等结构性调整产生的积极影响，各类污染物产生强度相对也是最低。就制糖工业总体而言，四类情景下污染物的产生强度较基准年均呈现降低的减排趋势，其中废水产生强度2018 ～ 2028年期间为3.03 ～ 13.88t/t，较2018年将削减20% ～ 60%。化学需氧量的减排潜力更为显著，2018 ～ 2028年产生强度为664.67 ～ 42100.80g/t，较2018年将分别降低30% ～ 80%。氨氮则为21.34 ～ 349.60g/t，减排比例为20% ～ 65%。

在《制糖行业“十二五”发展规划》《制糖行业节能减排先进适用技术指南》《制糖行业清洁生产技术推行方案》等指导措施的推动下，制糖工业清洁生产水平有了较大提升。并且，国家和地方相继制定和发布了《清洁生产标准 甘蔗制糖业》（HJ/T 186—2006）、《制糖行业清洁生产水平评价标准》（QB/T 4570—2013）、《甘蔗制糖行业清洁生产评价指标体系》（DB45/T 1188—2015）、《云南省甘蔗制糖行业清洁生产评价指标体系（征求意见稿）》等一系列标准文件，对甘蔗制糖和甜菜制糖的生产工艺与装备要求、资源能源利用指标、产品指标、污染物产生指标、废物回收利用指标以及环境管理要求等方面作出了具体的要求。其中，废水和COD的产生强度清洁水平分级如表5-12所列。

表5-12　国内制糖工业废水及COD清洁生产标准

清洁生产标准	评价指标		一级	二级	三级
《甘蔗制糖行业清洁生产评价指标体系》（DB45/T 1188—2015）	吨蔗废水产生量/（m^3/t）		≤0.6	≤0.8	≤1.0
	吨蔗COD产生量/（kg/t）		≤0.3	≤0.4	≤0.5
《清洁生产标准 甘蔗制糖业》（HJ/T 186—2006）	吨蔗废水产生量/（m^3/t）		≤1.6	≤2.6	≤4.0
	吨蔗COD产生量/（kg/t）		≤1.0	≤2.0	≤3.5
《制糖行业清洁生产水平评价标准》（QB/T 4570—2013）	吨糖废水产生量/（m^3/t）	甘蔗	≤8.0	≤20.0	≤28.0
		甜菜	≤22.0	≤24.0	≤32.0
	吨糖COD产生量/（kg/t）	甘蔗	≤5.0	≤12.5	≤17.5
		甜菜	≤13.7	≤15.0	≤20.0

通过将2023年和2028年各生产工艺下废水和化学需氧量和表5-12进行比对分析发现，2023年，甘蔗制糖废水和化学需氧量产生强度基本都可以满足二级或者三级标准。至2028年，通过制糖工业污染预防技术的进一步推动，甘蔗制糖废水和化学需氧量产生强度将基本维持在二级生产标准以上，不少制糖企业，尤其是广西壮族自治区的制糖企业的生产水平将达到国内或者国际先进水平。而甜菜制糖企业在废水产生强度能达到二

级甚至一级标准的情况下，吨糖化学需氧量产生量即使是在2028年，也难以达到三级标准水平。

（2）水污染物排放水平

制糖工业甘蔗制糖和甜菜制糖主要生产工艺下化学需氧量和氨氮的未来排放浓度如图5-29和图5-30所示（各图中左侧年份数据从上至下依次代表2028年和2023年政策耦合情景、末端治理加强情景、清洁生产推广情景、基准情景以及基准年份2018年；各模

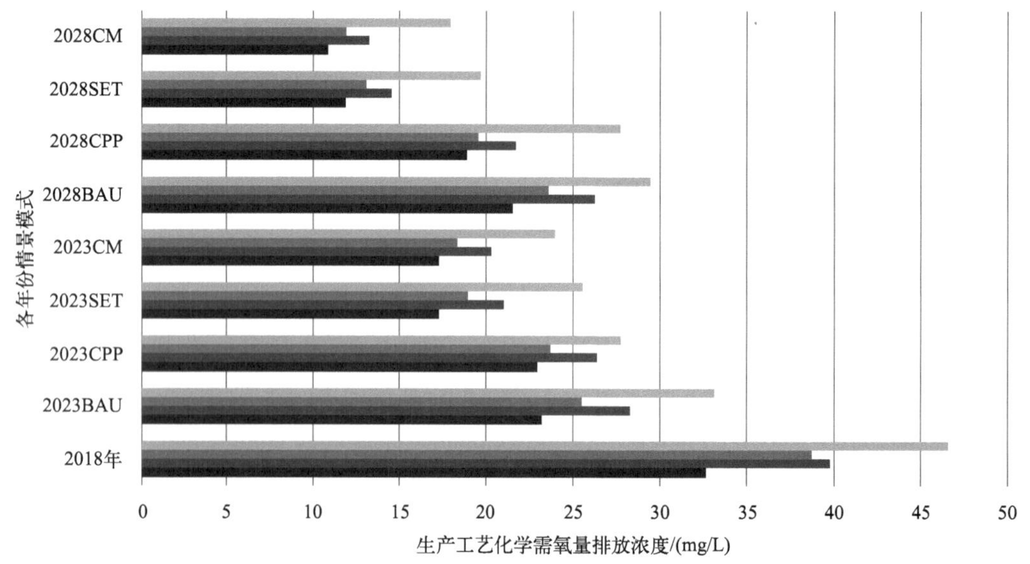

图5-29　化学需氧量排放浓度

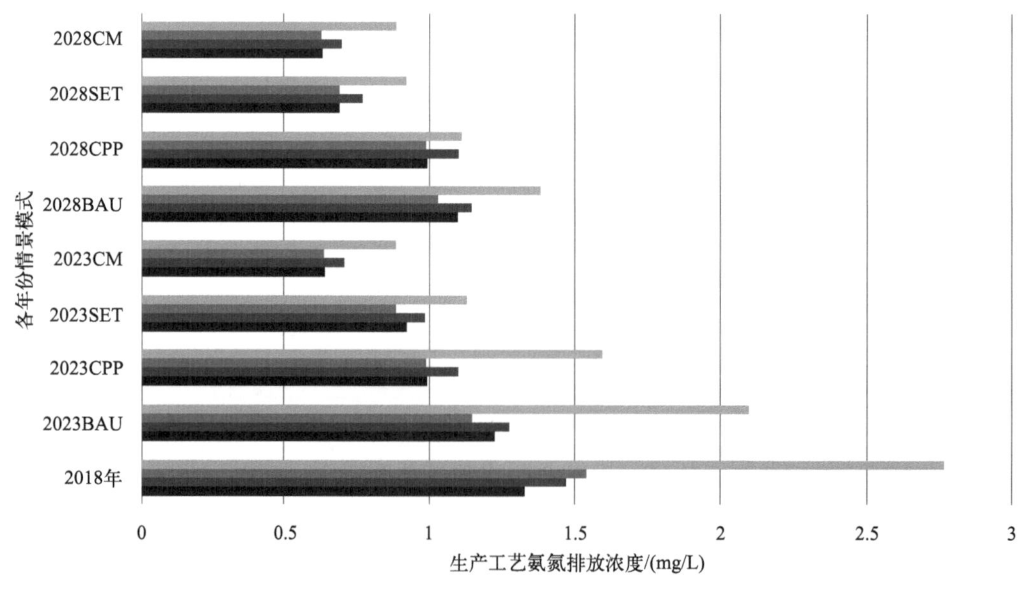

图5-30　氨氮排放浓度

式工艺从上至下分别为甜菜碳酸法、甘蔗石灰法、甘蔗碳酸法和甘蔗亚硫酸法）。由于废水的产生强度和排放强度在一般情况下被认为是一致的，故此部分只分析了水污染物化学需氧量和氨氮的未来排放浓度水平。

甜菜制糖化学需氧量和氨氮的排放浓度依然要高于甘蔗制糖，2018 ～ 2028年期间，甜菜制糖化学需氧量和氨氮的排放浓度区间分别为17.98 ～ 33.16mg/L和0.89 ～ 2.10mg/L。而甘蔗亚硫酸法、碳酸法以及石灰法生产工艺下化学需氧量和氨氮未来的排放浓度为10.88 ～ 23.27mg/L和0.63 ～ 1.23mg/L、13.27 ～ 28.34mg/L和0.70 ～ 1.28mg/L、11.94 ～ 25.50mg/L和0.63 ～ 1.15mg/L，均低于甜菜制糖。总体而言，制糖工业2023 ～ 2028年期间化学需氧量和氨氮的排放浓度均存在一定的减排空间。化学需氧量较基准年将削减35% ～ 62%，而氨氮的减排比例为25% ～ 68%。

制糖工业对于废水及水污染物的末端治理环节的管控相较于过程减排而言维度并不够饱满。国家和地方目前只发布了《制糖工业水污染物排放标准》（GB 21909—2008）和《甘蔗制糖工业水污染物排放标准》（DB45/ 893—2013），对制糖工业基准排水量、COD、氨氮、悬浮物、总磷等指标做了排放浓度的限值规定。其中，基准排水量、化学需氧量和氨氮的排放限值如表5-13所列。通过对比制糖工业未来水污染物的排放浓度和排放标准限值，甘蔗制糖和甜菜制糖无论是基准排水量还是化学需氧量和氨氮均能够实现达标排放，并且远低于国家标准《制糖工业水污染物排放标准》（GB 21909—2008）中的排放限值。即便是在基准年2018年，制糖工业化学需氧量和氨氮的平均排放浓度为39.44mg/L和1.78mg/L，也远低于GB 21909—2008中的排放限值。现行的《制糖工业水污染物排放标准》（GB 21909—2008）作为行业型国家标准，已经脱离了其需要契合行业实际发展情况来进行管控的运行轨迹，对于未来制糖工业水污染物的末端管控也缺乏持续有效的约束力。

表5-13　国内制糖工业水污染物排放标准

排放标准	污染物项目	排放限值	
《制糖工业水污染物排放标准》（GB 21909—2008）	化学需氧量/（mg/L）	甘蔗：100	甜菜：100
	氨氮/（mg/L）	甘蔗：10	甜菜：10
	基准排水量/（m^3/t）	甘蔗：51	甜菜：32
《甘蔗制糖工业水污染物排放标准》（DB45/ 893—2013）	化学需氧量/（mg/L）	60	
	氨氮/（mg/L）	6	
	基准排水量/（m^3/t）	10	

5.3.2　制糖工业节能潜力分析

5.3.2.1　能源消耗总量节约潜力

制糖工业污染预防技术在生产过程的应用中实现废水和水污染物减排的同时，部分技术还具有节约能源消耗的协同效应，进而产生减排与节能的“双赢”效果。制糖工业2023年和2028年在基准情景、清洁生产推广情景、末端治理加强情景以及政策耦合情景下的能源消耗总量计算结果如表5-14所列。

表5-14　制糖行业综合能源消耗量计算结果

情景名称	年份	综合能源消耗量/万吨标准煤
基准年	2018	573.31
基准情景	2023	527.46
	2028	470.11
清洁生产推广情景	2023	487.31
	2028	435.72
末端治理加强情景	2023	532.73
	2028	474.82
政策耦合情景	2023	504.51
	2028	458.65

清洁生产推广情景下的综合能耗总量最低，2023年降低至500万吨标准煤以下，而在2028年，该情景下的能源消耗总量继续降低至430万吨标准煤左右。而在基准情景下，由于制糖行业进一步限制淘汰生产规模较小的高耗能企业，能源消耗总量较基准年也可实现一定量的削减。2023年和2028年综合能耗总量约为527.46万吨和470.11万吨标准煤。末端治理加强情景能源消耗总量与基准情景相近，政策耦合情景综合能源消耗总量仅高于清洁生产推广情景。

2018～2028年期间，各情景下较基准年的综合能耗削减量如图5-31所示。对比可以看出，清洁生产推广情景（CPP）下的能源消耗节约量最大，在2023年和2028年可分

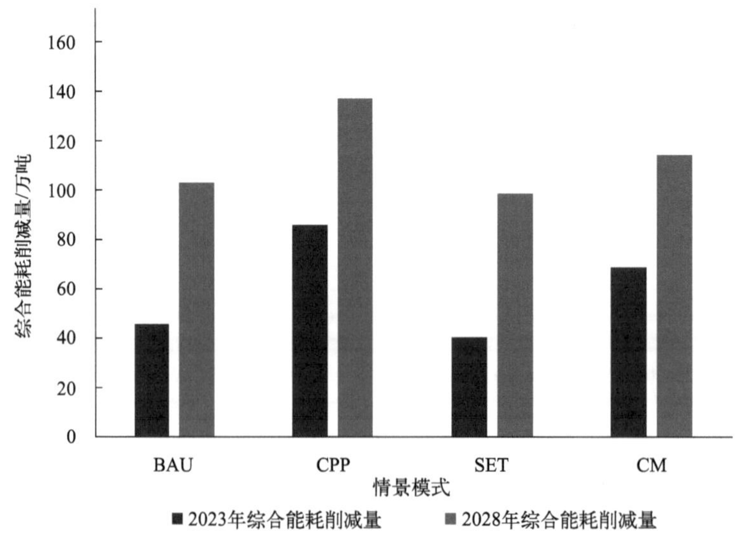

图5-31　各情景下较基准年产生的综合能耗削减量

别节约86.00万吨和137.59万吨标准煤，削减率可达15%和24%，多于政策耦合情景下的能源消耗削减量68.80万吨和114.66万吨标准煤。由于清洁生产推广情景下污染预防技术的普及程度最大，并且生产规模结构等保持和基准情景一样的发展模式，因为生产规模较大的企业一般能源消耗总量也较多，故该情景下的综合能耗削减量最大。末端治理加强情景下的综合能耗节约量相对最小，考虑了在末端治理加强情景下，部分污染治理技术的强化应用会产生一定的能源消耗增加的情况。

5.3.2.2　能源消耗强度

制糖工业甘蔗制糖和甜菜制糖主要生产工艺下的综合能耗消耗强度如图5-32所示（各图中左侧年份数据从上至下依次代表2028年和2023年政策耦合情景、末端治理加强情景、清洁生产推广情景、基准情景以及基准年份2018年）。任何情景下各生产工艺的吨糖综合能耗均小于基准年。甜菜制糖水污染物产排强度大于甘蔗制糖的同时，综合能耗强度也大于甘蔗制糖，2023年和2028年期间吨糖综合能耗为414.88 ～ 556.71kgce/t，甘蔗制糖为273.45 ～ 393.30kgce/t。除去生产工艺本身特点外，目前我国主要甜菜制糖省份，如新疆等地的制糖企业生产设备十分老旧，是导致高污染和高耗能的主要原因。

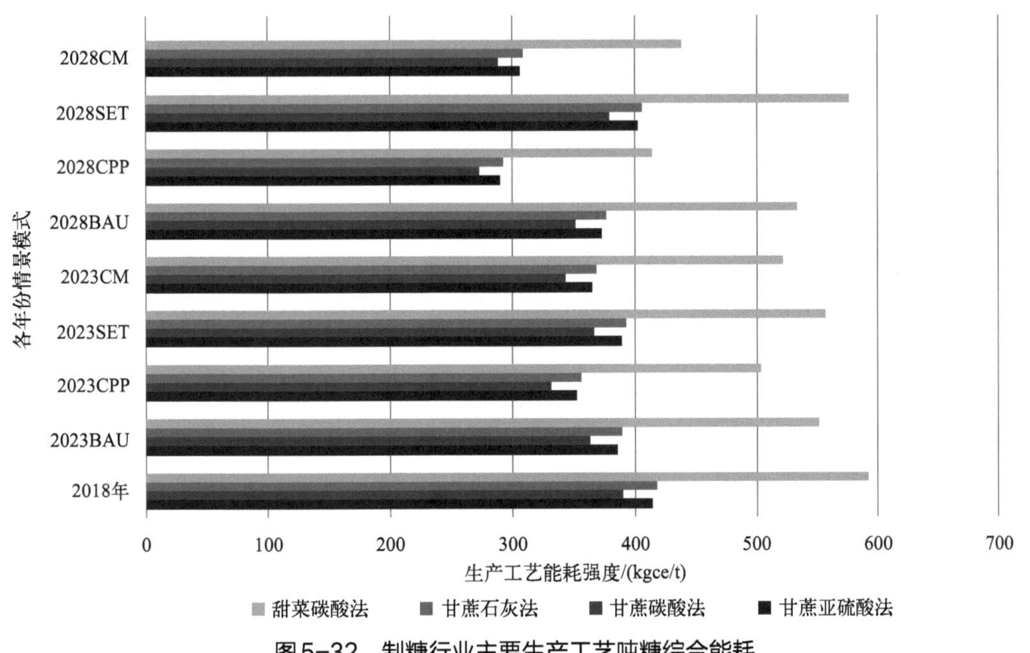

图5-32　制糖行业主要生产工艺吨糖综合能耗

2015年，我国首个有关制糖工业糖单位产品能耗限额和制糖企业综合能耗标准和计算方法的国家标准《糖单位产品能源消耗限额》（GB 32044—2015）得以发布，规定了糖单位产品能源消耗限额的统计范围和计算方法、技术要求以及节能管理与措施，结束了我国制糖工业企业生产能耗无国家标准可依的真空状态。甘蔗制糖和甜菜制糖单位产品能耗限定值如表5-15所列。对比2018 ～ 2028年期间的甘蔗制糖和甜菜制糖单位产品综合能耗，未来中长期内制糖工业糖单位产品能耗均能满足《糖单位产品能源消耗限额》（GB 32044—2015）中的限值要求，但不少制糖企业仍然达不到制糖生产企业单位产品能耗先进值。这与当前我国制糖工业整体生产设备相对老旧，生产效率有待提高有关。仅靠污染预防技术，结构调整等带来的节能协同效应难以完整和彻底释放制糖工业存在的节能潜力。

表5-15　糖单位产品能源消耗限额

项目	糖单位产品能耗/（kgce/t）	单位产品能耗先进值/（kgce/t）
甘蔗制糖	≤550	≤225
甜菜制糖	≤630	≤318

5.4　不确定性分析

工业行业节能减排的主要路径包括：加快淘汰落后产能，加强生产过程的行业结构调整，从源头控制污染和能耗；推广清洁生产技术，控制生产过程的污染排放和能耗；加强末端治理管控，完善污染物排放标准体系。行业产品产量和各种污染防治技术等参数在不同情景模式下的取值会存在一定的波动。因此，本章在上一章建议设立的废水和水污染物减排控制目标下，对制糖工业各情景下对废水和污染排放产生重要影响的产品结构参数、污染防治技术参数进行随机采样，根据最后的采样结果，分析制糖工业未来发展过程中，关键参数取值的不确定浮动对污染物总量核算结果和减排控制目标可实现性产生的影响。

针对四个情景下产品产量、污染防治技术的相关参数采取随机采样的方法，如表5-16所列。

表5-16　制糖工业不确定性分析采样方法说明

不确定因素	采样方法
行业产品产量	各种情景中的其他各类参数保持不变，对制糖工业未来产品总量设置上下浮动范围，进行随机采样
污染预防技术	清洁生产推广情景和政策耦合情景中的M、S、T参数设置保持不变，对C_2设置上下浮动范围，进行随机采样
污染治理技术	末端治理加强情景和政策耦合情景中的M、S、C参数设置保持不变，对T_2设置上下浮动范围，进行随机采样

5.4.1　减排管理目标的不确定性

制糖行业近十年来在节能减排的工作上也取得了一定成就，节能降耗、清洁生产水平进一步提高。“十一五”期末全行业处理百吨糖料耗标煤5.31t，比“十五”期末的5.99t下降11%；2010年全行业化学需氧量排放总量为18.01万吨，比2005年的35.96万吨下降50%，提前三年完成了国家“十一五”期间化学需氧量排放下降10%的目标。而2015年也是超额完成了“十二五”蔗糖标准煤消耗低于5t/百吨糖料、甜菜糖标准煤消耗低于6t/百吨糖料、化学需氧量排放总量相较2010年下降10%的节能减排目标。但随着制糖工业节能减排工作的深入，尤其是废水及其污染物减排的趋势逐渐放缓，节能减排潜力开始收缩，制糖工业进行节能减排的成本不断增加，这导致制糖工业在未来的节能减排中会出现更多挑战性和不确定性，也给针对制糖工业的环境管理、减排控制目标的制定带来更多问题。

尽管制糖工业在节能减排，尤其是废水和污染物减排上已经颇有成效，但从前文对制糖工业的环境影响分析中可以看到，制糖工业能耗和污染物排放仍和国际先进水平存在一定差距，污染控制目标的完成形势仍旧十分严峻。因此，如何制定利于制糖工业未来发展，如在“十四五”时期的环境管理目标，既可以在规避行业外部和内部的不确定性带来风险的同时，也能保证规划目标的合理性。

由于废水及水污染物的减排目标是在政策耦合情景（CM）下设定的，并且能耗节约是在废水及水污染物减排下产生的协同效应，故在管理目标的不确定分析中，只考虑政策耦合情景（CM）下废水、化学需氧量以及氨氮的排放总量减排目标。政策耦合情景（CM）下当制糖工业原料产品等结构参数以及污染防治技术参数在进行浮动时，废水、化学需氧量以及氨氮的排放总量的达标情况和排放总量变化范围如表5-17所列。

表5-17　制糖工业废水和水污染物排放总量控制目标采样结果

情景	污染物项目	2023年采样结果范围	2023年达标率/%	2028年采样结果范围	2028年达标率/%
排放总量控制目标	废水	1.19亿吨		0.97亿吨	
	COD	1.29万吨		1.18万吨	
	氨氮	0.069万吨		0.043万吨	
政策耦合情景参数采样	废水	1.08亿～1.41亿吨	94.68	0.91亿～1.04亿吨	80.32
	COD	1.16万～1.42万吨	86.73	1.06万～1.31万吨	69.88
	氨氮	0.061万～0.076万吨	58.44	0.039万～0.048万吨	43.11

从废水、化学需氧量和氨氮的排放总量取样结果对比分析来看，政策耦合情景（CM）下参数取值的上下浮动对废水未来排放总量的影响要比化学需氧量和氨氮小，2023年和2028年排放总量控制目标的达标实现率可以达到94.68%和80.32%。化学需氧量和氨氮的达标率则相对低一些，尤其是氨氮，2023年和2028年的排放总量达标率仅为58.44%和43.11%。这与制糖工业污染防治技术对氨氮的实际削减和处理效果不如废水和化学需氧量的实际属性有关。所以在制定制糖工业未来的污染物总量减排和控制目标时，对于氨氮的排放总量控制目标的制定可相对地适当放宽，从而增加减排目标的合理性和可达性。

5.4.2 制糖工业关键参数的不确定性

各种情景下废水、化学需氧量和氨氮的采样结果范围以及排放总量达标率如表5-18所列。将清洁生产推广情景、末端治理加强情景、政策耦合情景下产品产量的采样结果与这三种情景下的技术参数取样结果进行对比分析，发现对制糖工业中关键参数中的产品总量进行采样时，废水、化学需氧量和氨氮的排放总量的浮动范围一般大于各情景技术参数采样的废水及水污染物排放总量浮动范围。说明相比于制糖工业污染防治技术应用的不确定性，产品总量的浮动不确定性对废水及水污染物排放总量的影响更大。

表5-18 制糖工业废水和水污染物排放总量采样结果

情景	污染物项目	2023年采样结果范围	2023年达标率/%	2028年采样结果范围	2028年达标率/%
废水及污染物排放总量	废水	1.58亿吨		1.44亿吨	
	COD	3.15万吨		2.69万吨	
	氨氮	0.14万吨		0.12万吨	
清洁生产推广情景产品总量取样	废水	1.29亿～1.66亿吨	90.12	1.22亿～1.50亿吨	83.56
	COD	2.52万～3.31万吨	78.13	2.15万～2.82万吨	61.55
	氨氮	0.11万～0.18万吨	41.81	0.096万～0.146万吨	29.45
末端治理加强情景产品总量取样	废水	1.36亿～1.70亿吨	79.66	0.95亿～1.53亿吨	70.34
	COD	2.36万～3.24万吨	91.32	2.02万～2.77万吨	95.60
	氨氮	0.11万～0.15万吨	83.11	0.09万～0.125万吨	62.42
政策耦合情景产品总量取样	废水	1.154亿～1.378亿吨	100	1.14亿～1.328亿吨	100
	COD	2.205万～2.835万吨	100	1.883万～2.421万吨	100
	氨氮	0.098万～0.146万吨	91.40	0.084万～0.138万吨	85.72
情景生产推广情景技术参数采样	废水	1.12亿～1.51亿吨	100	1.09亿～1.37亿吨	100
	COD	2.59万～3.10万吨	100	2.14万～2.72万吨	98.63
	氨氮	0.10万～0.179万吨	46.59	0.096万～0.145万吨	11.21
末端治理加强情景技术参数采样	废水	1.39亿～1.595亿吨	95.32	1.35亿～1.579亿吨	90.55
	COD	2.33万～3.12万吨	100	1.99万～2.61万吨	100
	氨氮	0.10万～0.148万吨	88.62	0.08万～0.125万吨	79.55
政策耦合情景技术参数采样	废水	1.23亿～1.365亿吨	100	1.08亿～1.207亿吨	100
	COD	2.205万～2.74万吨	100	1.783万～2.389万吨	100
	氨氮	0.097万～0.126万吨	100	0.084万～0.098万吨	100

将表5-11中的废水和水污染物的计算结果与清洁生产推广、末端治理加强和政策耦合三种情景下参数采样结果对比分析发现（表5-18），清洁生产推广、末端治理加强和政策耦合情景下废水和化学需氧量的排放总量均能达到设定的废水和化学需氧量的减排总量控制目标，达标率均维持在90%以上，说明制糖工业污染防治技术应用与普及的不确定性和

合理浮动变化对废水和化学需氧量的未来排放总量的达标不会产生较大影响，也说明当前制糖工业污染防治技术的应用现状尚能满足对废水和化学需氧量削减和处理。

而对于氨氮而言，除了在政策耦合情景下的参数取样结果达标率可以达到100%，末端治理加强情景和清洁生产推广情景参数取值下的氨氮排放总量达标率为88.62%和79.55%、46.59%和11.21%。说明制糖工业污染防治技术的应用变化对氨氮产生的影响也相对更大一些。以上均为对各个不确定因素的纵向比对分析，从整体情况来看，制糖工业对各不确定因素以及参数的正常浮动的适应性比较正常。

综上所述，本章从对制糖工业生产工况、技术结构以及能耗和产排污现状与特点的全面调研出发，基于污染防治技术模拟的行业技术系统，采用自底向上建模的方法构建了制糖工业节能与水污染物减排潜力（SIEWPRP）评估分析模型，对制糖工业中远期的节能减排潜力、废水及其水污染物的产排水平和综合能耗强度以及污染物减排的不确定性等问题展开研究。获得的主要结论如下。

（1）制糖工业中远期节能减排潜力

在污染预防技术（清洁生产技术）和污染治理技术（末端治理技术）的应用和推广下，以及配合行业生产结构的惯性推动发展，制糖工业废水和主要水污染物的排放量将大幅下降：与基准年2018年相比，2023年分别减排0.56亿吨废水、3.17万吨化学需氧量和1110t氨氮，削减率分别为32%、71.08%和61.67%；至2028年，将分别减排0.78亿吨废水、3.28万吨化学需氧量以及1370t氨氮，废水、化学需氧量和氨氮的减排比例分别达到了44.57%、73.54%和76.11%。并且从具体的减排途径来看，制糖工业清洁生产推广节水效果最为明显，而加强末端治理对于化学需氧量和氨氮等水污染物的减排贡献率则最高。

在节能潜力方面，清洁生产推广在对制糖工业废水和水污染物实现减排的过程中产生的节能协同效应最大，与2018年相比，在2023年和2028年可分别节约86.00万吨和137.59万吨标准煤，综合能耗削减率可达15%和24%。

（2）制糖工业废水和水污染物产排水平及综合能耗强度

对废水和污染物产生强度有实质减排作用的是污染预防技术等过程减排措施，行业生产结构的调整也会产生一定的影响。废水产生强度2018 ～ 2028年期间为3.03 ～ 13.88t/t，较2018年将削减20% ～ 60%。化学需氧量的减排潜力更为显著，2018 ～ 2028年产生强度为664.67 ～ 42100.80g/t，较2018年将分别降低30% ～ 80%。氨氮则为21.34 ～ 349.60g/t，减排比例为20% ～ 65%。而对于水污染物排放水平，制糖工业2023 ～ 2028年期间化学需氧量和氨氮的排放浓度均存在一定的减排空间。化学需氧量较基准年将削减35% ～ 62%，而氨氮的减排比例为25% ～ 68%。

在综合能耗强度方面，2023 ～ 2028年期间甜菜制糖吨糖综合能耗为414.88 ～ 556.71kgce/t，甘蔗制糖为273.45 ～ 393.30kgce/t。未来中长期内制糖工业糖单位产品能耗均能满足《糖单位产品能源消耗限额》（GB 32044—2015）中的限值要求，但不少制糖企业仍然达不到糖生产企业单位产品能耗先进值。

（3）废水及水污染物减排的不确定性

政策耦合情景（CM）下参数取值的上下浮动对废水未来排放总量的影响要比化学需氧量和氨氮小，2023年和2028年排放总量控制目标的达标实现率可以达到94.68%和80.32%。并且制糖工业污染防治技术应用的不确定性相较于产品总量的浮动，对废水和化学需氧量的未来排放总量的达标影响较小，而在设定氨氮的未来总量控制目标时必要时需适当放宽。

第6章 水泥行业全生命周期减污降碳潜力

- 水泥行业污染物排放现状与污染防治技术
- 研究区域概况和数据来源
- 水泥行业减排潜力评估模型
- 行业 NO_x 产排污特征及关键控制环节
- 水泥行业减排途径及减排技术
- 水泥行业全过程协同减排潜力
- 不确定性分析
- 水泥行业 NO_x 减排建议

6.1 水泥行业污染物排放现状与污染防治技术

6.1.1 水泥行业污染物排放现状

6.1.1.1 水泥行业发展现状和生产流程

(1) 行业发展现状

水泥工业是国民经济发展水平和综合实力的重要标志，我国是水泥生产与消费大国，水泥产量占世界总产量的一半以上，截至2020年我国水泥产量已经连续36年居世界第一，水泥工业成为产能严重过剩行业之一。近十多年来，我国新型干法水泥生产技术取得了长足发展，水泥生产线工艺结构调整取得突破性进展，高产低耗、规模化、效益好的新型干法技术已基本实现普及。新型干法回转窑产量占比从2000年的不到10%发展到2020年底的接近100%（数据来自数字水泥网）。据不完全统计，国内现有水泥生产线2300多条，其中新型干法水泥生产线1700多条，粉磨站640多个。新型干法水泥生产线不同规模所占比例见表6-1。

表6-1 全国新型干法水泥生产线不同规模占比

规模/（t/d）	数量/条	占比/%
<1000	8	0.50
1000 ~ 2000	183	10.60
2000 ~ 3000	660	38.40
3000 ~ 4000	129	7.50
4000 ~ 5000	207	12
5000 ~ 10000	524	30.40
>10000	12	0.70

水泥增长速度与GDP增长速度之间存在正相关关系，自2008年以来我国水泥产量增长速度逐步降低，已经进入了长期低速增长的阶段。2018年水泥产量22.1亿吨，同比减少5.3%；2019年水泥产量23.5亿吨，同比增长4.9%；2020年水泥产量24.0亿吨，同比增加2.5%。根据《中华人民共和国国民经济和社会发展第十三个五年规划纲要》《中国制造2025》《国务院办公厅关于促进建材工业稳增长调结构增效益的指导意见》和《建材工业发展规划（2016—2020年）》，我国经济处于新常态发展需求下，未来一段时期我国水泥产量预计还将维持微负增长趋势。在“十三五”时期建材工业主要发展目标中明确提出：到2020年，水泥熟料产能相比较2015年将压减10%；前十家企业水泥熟料生产集中度由53%提高到60%以上；水泥窑协同处置生产线占比将由约7%提高到

15%等要求。

水泥行业企业兼并重组和市场整合不断加快，产业集中度进一步提高。全国水泥产能主要集中在华北、东北、华东、中南、西南、西北6大区域，2020年华北和东北地区水泥产量分别为2.16亿吨和0.96亿吨，同比增长分别为0.58%和1.47%；华东和中南地区水泥产量分别为7.92亿吨和6.48亿吨，同比增长分别为1.01%和1.38%；西北地区水泥产量为1.92亿吨，同比增长3.15%；西南地区水泥产量为4.56亿吨，同比下降0.58%。2020年全国各省份水泥产量如图6-1所示。

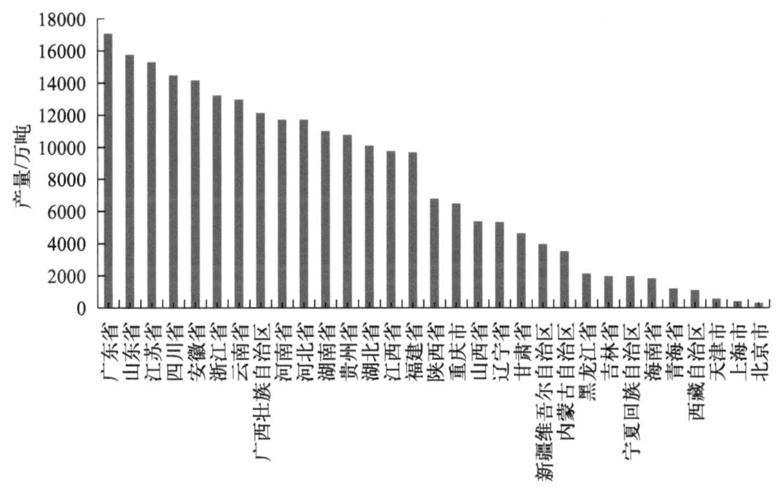

图6-1　2020年全国各省份水泥产量

2020年我国水泥产量达24.0亿吨，约占全球水泥产量的57.2%。我国水泥产量总的分布特点是：华东和中南地区最多；西北和东北地区最少。水泥产量位居前十位的省份分别为：广东省、山东省、江苏省、四川省、安徽省、浙江省、云南省、广西壮族自治区、河南省、河北省。各省份水泥产量均过亿，合计产量为13.86亿吨，占我国水泥产量的58.32%。

新型干法水泥生产技术实现了计算机控制原料矿山开采、原料预均化和生料均化，采用新型节能粉磨、高效预热器和分解炉、新型篦式冷却机等先进设备。计算机与网络化信息技术的应用，使水泥生产更为高效、优质、节能，并符合环保和可持续发展的要求。

新型干法水泥生产技术的主要经济指标如下：a.熟料烧成热耗降至2884kJ/kg，熟料单位容积产量160～270kg/（m^3·h），单位电耗90kW·h/t，运转率可达92%，年运转周期达到320～330d；b.人均劳动生产率达5000t/a，可利用窑尾和篦冷机320～420℃新型干法水泥技术生产废气进行余热发电。

不同规模的新型干法水泥生产线的经济指标如表6-2所列。由表6-2可知，不同规模的新型干法水泥生产线其在热耗、煤耗、电耗等技术指标方面相差甚远。生产线规模越大，“三耗（热、煤、电）”越低。生产单位产品，10000t/d的生产线的热耗、电耗和煤耗分别比4000t/d的生产线低6.7%、10%和13.5%。由此可见，水泥生产线的规模扩大化和小规模生产线的整改是大势所趋。

表6-2　新型干法水泥生产线主要技术经济指标

生产规模/（t/d）	1000	2000	4000	5000	8000	10000
年产熟料/万吨	31	62	124	155	248	310
年产水泥/万吨	33	66	134	164	259	322
设备重量/t	3100	6200	11050			17100
装机容量/kW	1100	1900	35000	37000	47700	46800
计算负荷/kW	7600	13300	26000	27500	30000	
熟料热耗/（kJ/kg）	8 ～ 12	16 ～ 18	20 ～ 24	18 ～ 20	24	21
标煤耗/（kg/kg）	113	106	114	104	98.6	98.6
熟料电耗/（kW·h/t）	113 ～ 119	100	56	59	60	56
水泥电耗/（kW·h/t）	110 ～ 120	102 ～ 106	100 ～ 105	95	95	95

（2）生产流程

水泥工业主要原料有石灰质原料、黏土质原料、铁质校正等，其中石灰质原料（石灰石）耗量最大，水泥回转窑燃料即烧成用煤。水泥生产线规模以1000 ～ 10000t/d为主。

新型干法水泥工艺过程如图6-2所示。具体的流程如表6-3所列。

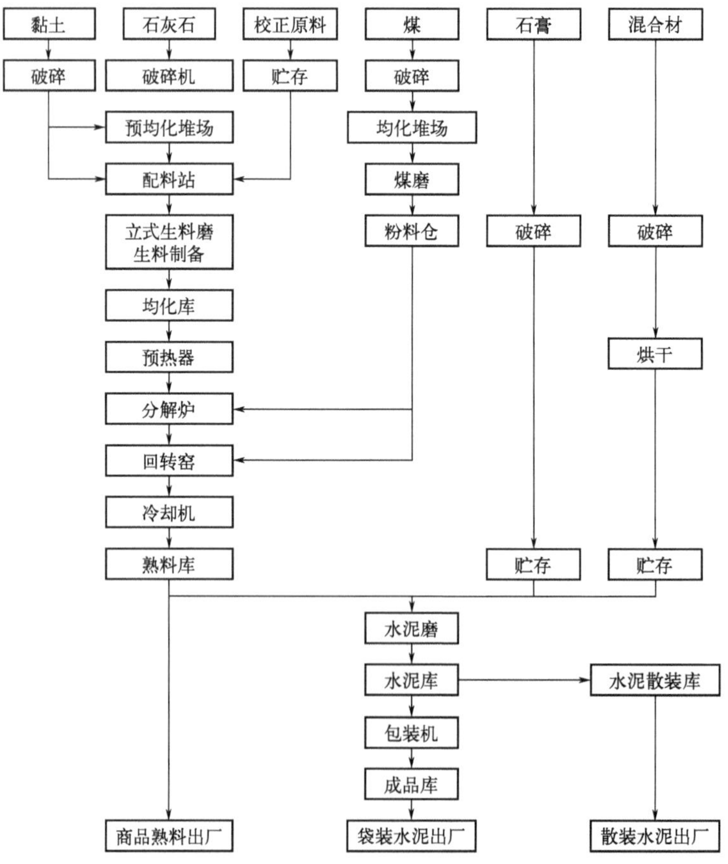

图6-2　新型干法水泥生产工艺流程

表6-3 水泥生产工艺流程

流程	内容
破碎及预均化	将原料破碎到符合入磨的尺寸，如石灰石、黏土、铁矿石及煤等
生料制备	原料的存、取过程中，运用科学的堆取料技术，实现原料的初步均化
生料均化	石灰质原料、硅质原料、铁质原料、铝质原料经破碎后，按比例配合、磨细
熟料烧制	稳定生料成分，减少质量波动，采用空气搅拌，在重力作用下使生料粉在向下卸落时，尽量切割多层料面，充分混合
	分解炉，使燃料燃烧的放热过程与生料的碳酸盐分解的吸热过程，在分解炉内在悬浮态或流化态下迅速进行
	回转窑，1800℃下迅速形成水泥主要成分硅酸三钙
快速冷却熟料	硅酸三钙高温下不稳定（1250℃时容易分解），影响水泥质量因此需要对熟料进行快速冷却
水泥粉磨	冷却后的熟料掺入矿渣、石膏等材料，经过粉磨，形成一定的颗粒级配，增大其水化面积

新型干法水泥生产线是目前我国主流的水泥生产线，工艺流程可概括为“两磨一烧”，即生料制备、熟料煅烧、水泥粉磨。此外还有很少一部分立窑。某水泥企业日产2500t新型干法熟料水泥生产线如图6-3所示（书后另见彩图）。

6.1.1.2 主要产排污分析

(1) 废气

一直以来水泥工业都是能源、资源消耗大户，水泥工业煤炭消耗量大，约占工业部门能源消耗总量的5%，年消耗煤炭2.0亿吨左右，对大气污染排放具有重大影响。据统计我国水泥行业粉尘、SO_2和NO_x的排放量分别占全国工业生产总排放量的15%～20%、3%～4%、8%～10%，是大气污染的重点排放源。为有效应对大气污染日益严重的现状，水泥工业在工艺技术创新优化、污染物排放控制技术提高等方面采取了大量卓有成效的措施，使得水泥工业能效、减排水平等获得大幅提升，污染排放水平显著降低。水泥工业大气污染物无组织排放主要是物料贮存、运输过程中产生的颗粒物，另外脱硝系统中的氨水贮存及输送系统可能的“跑、冒、滴、漏”会造成氨的无组织排放。当前《水泥工业大气污染物排放标准》（GB 4519—2013）给出的水泥生产过程中排放的大气污染物种类包括颗粒物、二氧化硫、氮氧化物、氟化物、汞及其化合物、氨，明确了排放和特别排放限值要求。水泥企业一般都配备有除尘、脱硝治理设施，此外由于不同区域大宗原料石灰石品质、燃煤硫含量偏高等原因，不时会出现水泥窑SO_2超标排放问题，需要引起关注。

《水泥窑协同处置固体废物污染控制标准》（GB 30485—2013），针对协同处置固体废物水泥窑大气污染物排放种类增加了氯化氢，氟化氢，铊、镉、铅、砷及其化合物，

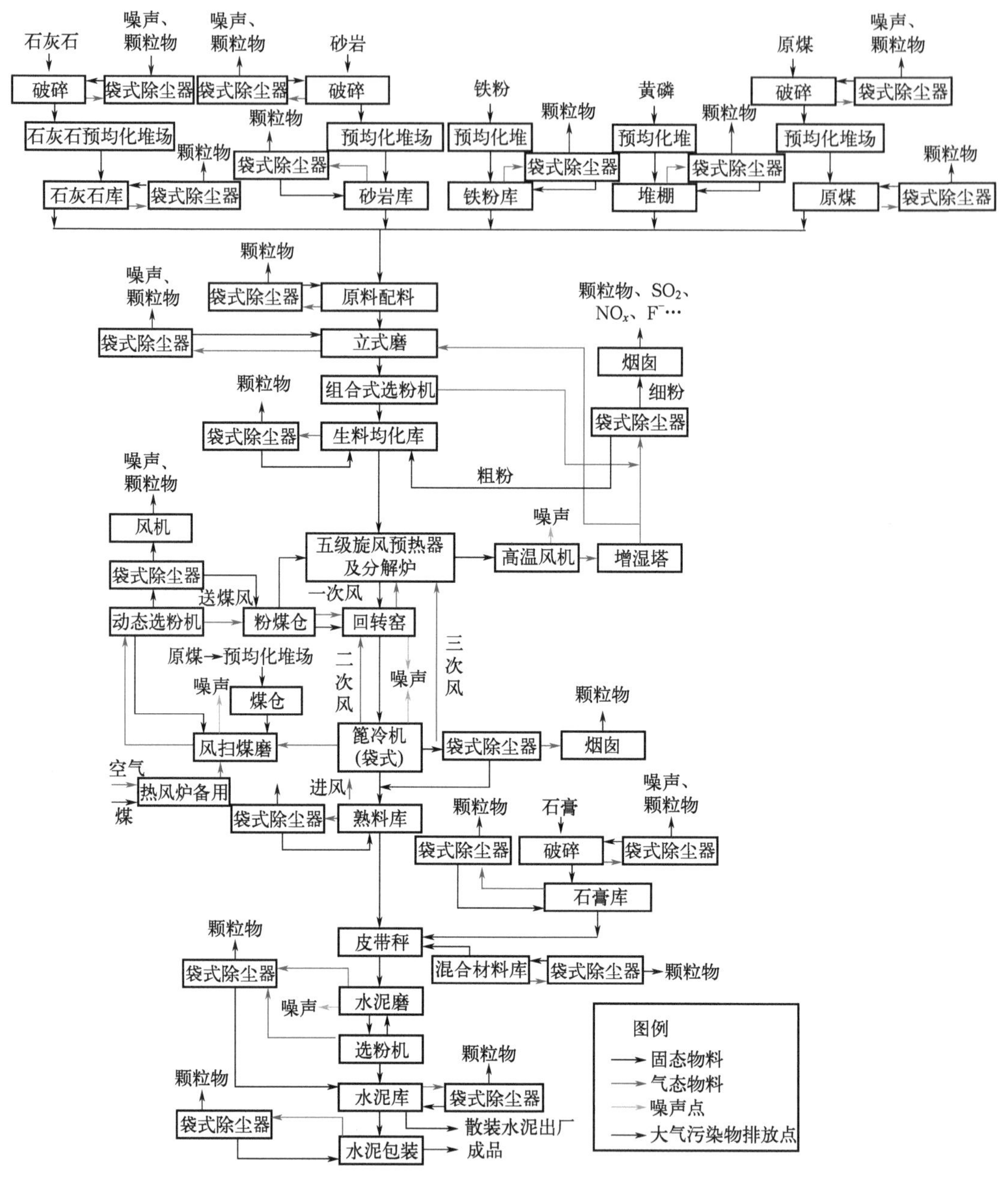

图6-3　某水泥企业日产2500t新型干法熟料水泥生产线

铍、铬、锡、锑、铜、钴、锰、镍、钒及其化合物和二噁英类污染物排放限值，基于当前非常规污染物主要依靠协同脱除机理，以及现有污染物控制技术、装备水平，总的来说协同处置固体废物水泥窑在重金属等非常规污染物排放方面存在一些问题，包括恶臭、异味、污染等。2016年12月6日发布的《水泥窑协同处置固体废物污染防治技术政策》进一步对相关问题提出了明确要求。《关于汞的水俣公约》于2017年8月16日对我国正式生效，重点管控点源有5类，水泥熟料生产位居其列。依据相关科研单位研究测试数据，随着火电超低排放全面实施，对汞的协同脱除效果明显，水泥工业大气汞排放总量已超过火电，影响日渐明显，特别是协同处置固体废物水泥窑重金属污染问题更加值得关注。

作为世界最大的工业化国家，我国现有石灰窑型繁多，有回转窑、混烧窑、套筒窑、梁式窑、双膛窑等，每一种窑型又有其特点，当前污染物管控对象还主要是颗粒物，一些企业也开始进行脱硫固硫、脱硝等污染治理技术示范；石膏煅烧加工以煤炭、天然气、生物秸秆等为热源，燃煤将产生SO_2、粉煤灰等污染物，主要工艺设备有蒸压釜、回转窑、沸腾炉等。目前大部分企业均建有脱硫设施，少数企业如康定龙源穗城公司已建成粉煤灰回收装置，但部分传统企业“三废”处置设备配备仍不齐全。当前阶段石灰和石膏制造业主要污染物是颗粒物，目前企业基本上都配套了以布袋除尘器为主的污染物治理设施。此外在物料贮存、运输过程中无组织排放问题突出，还需要大力加强控制和提升动态管理水平。随着其他工业行业污染治理不断推进，石灰企业氮氧化物问题也越来越受到关注。

（2）废水

水泥、石灰和石膏制造业企业废水包括生产和生活废水。一般废水排放量很小，大部分企业可做到废水“零排放”。地处偏僻的水泥、石灰和石膏制造业企业，生活污水难以纳入城市污水管网，生活污水处理流程一般是经厂区自建污水处理站进行处理后达标排放或者作为中水回用。第二次全国污染源普查（以下简称“二污普”）仅针对生产废水，水泥、石灰和石膏制造业企业生产废水，一般经隔油、过滤、沉淀等处理后循环利用不外排。

协同处置固体废物水泥窑处置过程中产生的生活垃圾渗滤液、车辆清洗废水以及产生的其他废水收集后可喷入水泥窑内焚烧处置，或密闭运输送到城市污水处理厂处理等，废水排放符合国家相关水污染物排放标准要求。

（3）固体废物

水泥企业不产生固体废物，石灰和石膏制造企业一般有一定数量的固体废物产生，但都进行了综合利用，主要销往水泥、砖瓦等建材行业企业。

6.1.1.3　水泥行业污染减排需求

近些年来，中国水泥行业一直保持着较高的增长速度，市场规模不断扩大。到2021年，中国水泥产量达到23.77亿吨，中国的水泥消费量已占全球的56%,每年二氧化碳（CO_2）排放量占全国的13%。环保部门相关统计数据显示，水泥工业的氮氧化物排放量占全国总量的10%～12%，是继火电厂、机动车之后的第三大排放源。因此本研究从水泥行业NO_x减排入手，分析行业的全生命周期减污降碳潜力。水泥行业生产工艺较为简单，NO_x产生和排放环节明确，然而，水泥需求量大，能耗高，污染物排放量大，同时低碳发展战略对水泥生产过程有低消耗、低排放的严格要求。能耗高、排放量大与当前对水泥生产过程低消耗、低排放的要求相矛盾，是当前水泥行业亟须解决的问题。

在水泥熟料的煅烧过程中，产生的氮氧化物主要是NO和NO_2，其中NO占90%以上，而NO_2只有5%～10%。按其来源划分主要取决于原燃料中氮的含量、燃烧温度的高低和燃料类型。

（1）原燃料NO_x

原燃料中的氮元素直接转化的NO_x称为原燃NO_x。原料中的氮主要来源于矿石沉积的含氮化合物，其含氮量一般在（20～100）$\times10^{-6}$。燃料中的氮主要为有机氮，属于胺族（N—H和N—C链）或氰化物族（C═N链）等，其含量一般在0.5%～2.5%。

（2）热力型NO_x

热力型NO_x由空气中的氮气和氧气在高温下发生化学反应而来，当燃烧温度低于1500℃时，几乎观测不到NO_x的生成，当温度高于1500℃时，温度每升高100℃，反应速率将增大6～7倍。因此，热力型NO_x主要在燃烧的高温区产生，燃烧温度对其产生量具有决定性的影响。此外，热力型NO_x的产生浓度还与N_2、O_2浓度及停留时间有关。

（3）快速型NO_x

在欠氧环境下，燃料中的烃类化合物燃烧分解生成CH、CH_2以及C_2等基团，它们与氮分子以及O、OH等原子基团反应而在很短时间内大量产生的NO_x称为快速型NO_x。快速型NO_x对温度的依赖性很弱，它的生成量一般占总NO_x生成量的5%以下。

水泥行业三种类型NO_x的排放情况分析如图6-4所示。

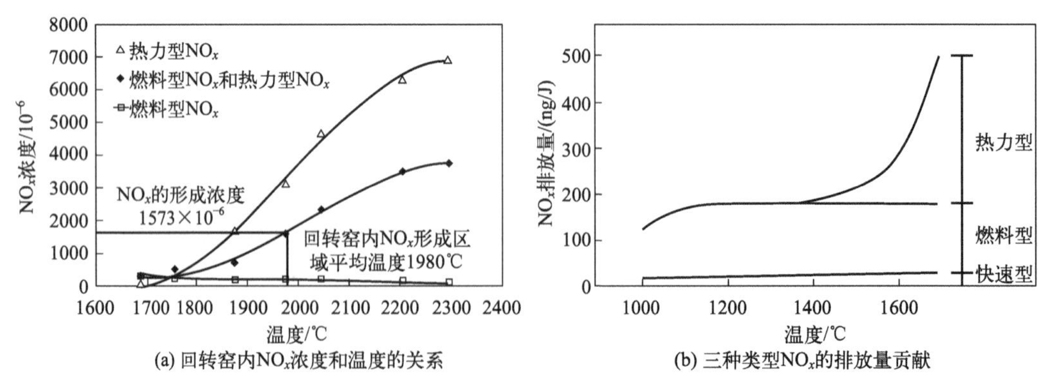

(a) 回转窑内NO_x浓度和温度的关系　(b) 三种类型NO_x的排放量贡献

图6-4　水泥行业三种类型NO_x的排放情况分析

水泥行业熟料生产流程及NO_x产生排放途径见图6-5。生料经悬浮预热器预热后，进入分解炉内发生分解反应，然后从窑尾进入回转窑中，在回转窑内完成烧成过程，最终形成熟料并从窑头卸入冷却机。煤粉在回转窑窑头及分解炉两处燃烧。新型干法水泥窑系统中NO_x主要的产生区域在回转窑和分解炉两处。分解炉内温度较低（小于1200℃），主要以燃料型NO_x为主；回转窑内除产生燃料型NO_x外，其内最高气体温度可达2200℃，会生成大量的热力型NO_x。

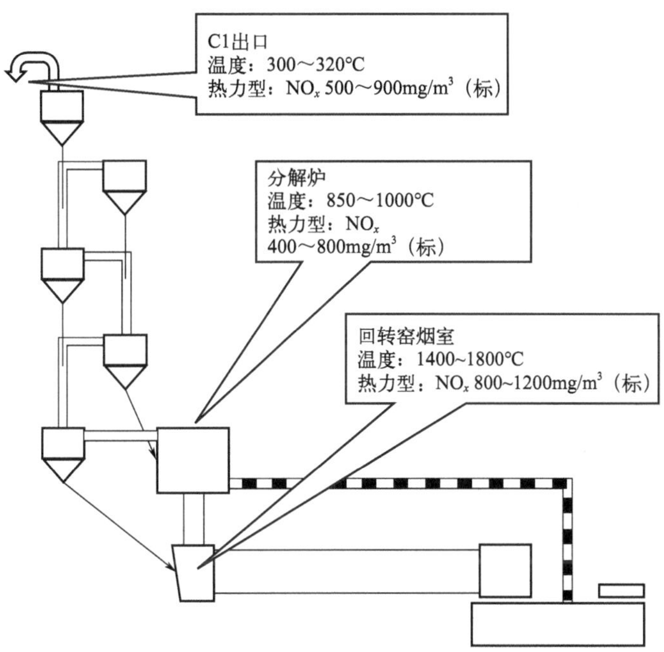

图6-5 水泥行业熟料生产工艺流程中产生NO_x的主要环节

需要指出的是，由于对水泥窑烧成系统的研究还处在较为粗放的状态，当前国内水泥行业对窑内工况和氮氧化物生成机理的研究仍然存在很多的不足。甚至关于热力型氮氧化物产生量与原、燃料氮氧化物产生量孰多孰少，也存在争论。但是总体来讲，氮氧化物的来源是多方面的，影响因素众多，氮氧化物来源比例除了烧成系统本身的结构以外，也与工况环境、原燃料差异甚至操作人员水平息息相关。也正因为如此，氮氧化物源头治理显得相当困难，目前业内脱硝也主要集中在末端治理。

根据“2017版”全国工业行业产排污系数手册，水泥行业当前生产技术水平下，不同的生产工艺的VOCs产污情况见表6-4。水泥行业的NO_x产生和排放与产品、生产工艺和规模具有较大的相关性。熟料生产过程中，产污系数与生产规模具有显著的相关性，≥4000t熟料/d时的产污系数较＜4000t 熟料/d的更低，更符合清洁生产的要求。水泥生产过程中，产污系数与生产工艺和规模具有显著的相关性，立窑生产时，规模越大产污系数越高；新型干法生产时，规模越大产污系数越低，越符合清洁生产的要求。而立窑生产时的产污系数显著低于新型干法的产污系数，但是新型干法工艺的产能更高，能耗更低，且余热利用效率更高。相较于其他生产过程，熟料粉磨制水泥的生产过程中的产污系数极低。因此，生产工艺改进是水泥行业从源头上减少NO_x产生和排放量的重要措施和路径。

表6-4 水泥行业NO_x产生情况

产品	原料	工艺	生产规模等级	产污系数/（kg/t 产品）
熟料	钙、硅铝铁质原料	新型干法(窑尾)	＜4000t 熟料/d	1.571
			≥4000t 熟料/d	1.237
水泥	钙、硅铝铁质原料	立窑	＜10万吨 水泥/a	0.202
			≥10万吨 水泥/a	0.219
		新型干法(窑尾)	＜2000t 熟料/d	1.257
			≥4000t 熟料/d	1.014
			2000～4000（不含）t 熟料/d	1.257
	熟料、混合材	粉磨站	＜60万吨 水泥/a	0.003
			≥60万吨 水泥/a	0.003

6.1.2 水泥行业主要污染防治技术分析

水泥工业标准、技术政策、排污许可、规范等比较齐全，主要包括：

①《水泥工业大气污染物排放标准》（GB 4915—2013）；

②《水泥窑协同处置固体废物污染控制标准》（GB 30485—2013）；

③ 工信部2015年1月16日发布《水泥行业规范条件（2015年本）》；

④《水泥窑协同处置固体废物污染防治技术政策》2016.12.6；

⑤《排污许可证申请与核发技术规范 水泥工业》（HJ 847—2017）；

⑥《污染源源强核算技术指南 水泥工业》（HJ 886—2018）；

⑦《纳入排污许可管理的火电等17个行业污染物排放量计算方法（含排污系数、物料衡算方法）（试行）》；

⑧《未纳入排污许可管理行业适用的排污系数、物料衡算方法（试行）》；

⑨《清洁生产评价指标体系 水泥工业》。

（1）颗粒物控制技术

一般新型干法水泥企业都有大大小小数十台除尘器，常温通风除尘以布袋除尘技术为主，处理水泥回转窑煅烧高温气体，布袋除尘和电除尘技术并存，但随着标准要求的不断提高，布袋除尘器已占绝大部分。对于高温燃烧气体，过去多用静电除尘器净化，但随着耐高温滤料、覆膜滤料和高新技术的发展，水泥窑尾、烘干机成功应用大布袋除尘器的实例不断涌现。由于窑头温度高且工况易变不如窑尾稳定，因此目前绝大部分窑头仍使用静电除尘器，已有少量新建水泥生产线开始使用布袋除尘器。北京水泥厂2号线窑头采用布袋除尘器，在除尘器前设有空气冷却器降温装置，以保证进入布袋除尘器的温度不超过滤料能够承受的温度。窑头使用布袋除尘器的还是少数企业。目前，窑头静电除尘器占75%以上，25%的为布袋除尘器；窑尾95%的为布袋除尘器，少数为静电除尘器或电袋除尘器。

（2）SO_2控制技术

水泥工业SO_2的排放主要来自燃煤，在南方部分地区水泥生产的大宗原料石灰石中的硫含量存在过高现象，造成水泥窑尾烟气SO_2时有超标现象。由于水泥煅烧石灰质原料过程有很强的吸硫率，水泥工业SO_2排放浓度不高，目前基本没有单独上烟气脱硫装置的企业，由于水泥行业是煤炭消耗大户，因此提高热效率降低煤炭消耗量、控制燃用高硫煤是水泥工业SO_2减排的重要手段。

（3）NO_x控制技术

由于水泥生产工艺的特殊性，水泥窑烟气温度高，产生的热力型NO_x浓度高，脱硝难度大；水泥窑窑内为碱性环境，预热器及分解炉的碱性物料在高温区域对窑尾燃煤排放出来的SO_2具有很高的捕捉力，在正常的水泥窑运行条件下，窑尾SO_2排放浓度很低，因此很多水泥窑烟气无需末端脱硫措施。水泥窑型对NO_x排放有重大影响，新型干法工艺能显著降低NO_x排放。NO_x的产生与燃烧状况密切相关，因此可采取工艺控制措施，如低NO_x燃烧器、分解炉分级燃烧。

1）清洁生产工艺

新型干法水泥生产用燃料分别从窑头和分解炉喷入，窑头煤粉燃烧最高温度可达1600℃以上，且烧成废气在高温区停留时间较长；煤粉在分解炉处于无焰燃烧状态，燃烧温度为900℃左右。由于60%的燃烧料在分解炉内燃烧，燃烧温度低，在此几乎没有热力型NO_x生成，只产生燃料型NO_x，因此与普通回转窑（2.4kg NO_x/t 熟料）相比，削减了1/3的NO_x排放，可使新型干法工艺NO_x排放量控制在1.6kg NO_x/t 熟料。

2）工艺控制措施

工艺控制措施主要是应用低NO_x燃烧器、分解炉分级燃烧以及保证水泥窑的均衡稳定运行。

低NO_x燃烧器具有多通道设计，一般为三、四通道，分为内风、煤风、外风，各有不同的风速和风向（轴向、径向），在出口汇合形成同轴旋转的复杂射流。操作时通过调整内、外风速和风量比例，可以灵活调节火焰形状和燃烧强度，使煤粉分级燃烧，减少在高温区的停留时间，相应减少了NO_x产生量。

分解炉分级燃烧包括空气分级和燃料分级两种，都是通过对燃烧过程的控制，在分解炉内产生局部还原性气氛，使生成的NO_x被部分还原，从而实现水泥窑系统NO_x减排。

工艺波动会造成水泥窑NO_x浓度的剧烈变化（NO_x浓度可以作为水泥窑工艺控制参数），需要保持水泥窑系统的均衡稳定运行。通过保持适宜的火焰形状和温度，减少过剩空气量，确保喂料量和喂煤量准确均匀稳定，可有效降低NO_x排放。

上述工艺控制措施综合使用，可降低30% ～ 70%的NO_x排放量，相应NO_x排放浓度可控制在300 ～ 600mg/m^3，相当于末端治理前初始浓度在300 ～ 600mg/m^3。

3）水泥窑炉常用的燃烧后控制技术

水泥窑炉常用的燃烧后控制技术，即烟气脱硝技术，包括低氮燃烧技术、选择性非催化还原技术（SNCR）、选择性催化还原技术（SCR）、生产控制以及热碳催化还原复合脱硝技术。目前应用较多、相对成熟的末端治理措施是选择性非催化还原技术，选择性催化还原技术还在进一步示范完善中。

SNCR是以分解炉膛为反应器，通过向高温烟气（850 ～ 1100℃）中喷入还原剂（常用液氨、氨水和尿素），将烟气中的NO_x还原成N_2和H_2O。该技术系统简单，NO_x去除效率为60% ～ 70%，排放浓度可控制在100 ～ 240mg/m^3。

工艺过程控制（低氮燃烧+分解炉分级燃烧）+末端治理SNCR，NO_x排放浓度可控制在100 ～ 240mg/m^3。

SCR是在水泥窑预热器出口处安装催化反应器，在反应器前喷入还原剂（如氨水或尿素），在适当的温度（300 ～ 400℃）和催化剂作用下，将烟气中的NO_x还原成N_2和H_2O。该技术NO_x去除效率可达85% ～ 90%，排放浓度可控制在100mg/m^{3}左右。

从目前SCR技术的发展情况来看，设备安装有两种选择：一种是将SCR设备安装在除尘器之前，这时烟气温度较高，可满足催化还原反应要求，但由于粉尘浓度过高，会造成催化剂磨损和堵塞；另一种选择是将SCR设备安装在除尘器之后，这时粉尘浓度非常低，没有了催化剂堵塞问题，但由于温度下降较多，催化还原反应温度不够。

目前大多数专家倾向于将SCR设备安装在除尘器之后，希望通过加温的方式将烟气温度提高，从而满足SCR的催化还原反应温度要求。SCR技术一次投资较大，运行成本主要取决于催化剂的寿命。由于水泥窑尾废气粉尘浓度高，且含有碱金属，易使催化剂磨损、堵塞和中毒，需要采用可靠的清灰技术和合适的催化剂。

要稳定达到拟定标准提出的排放限值，企业需进一步进行技术改造。

① 采用SCR脱硝工艺。SCR脱硝效率高，脱除率可达到90%以上，应用后可稳定达到标准限值。目前，清华大学SCR选择性催化还原脱硝技术已有研究成果，金隅冀东水泥、中建材等行业集团也在进行深入技改试验。

② 在“低氮燃烧+分解炉分级燃烧+SNCR”联合脱硝工艺基础上深度技改。包括对脱硝设施的各个分块系统深入技改、分级燃烧系统升级改造、在氨逃逸不超标的前提下增加氨使用量、提高NO_x脱除率等措施，也可将NO_x的排放量降低到排放限值以内，但SNCR最佳脱硝效率为70%，一般情况脱硝效率在60% ～ 70%之间，且脱硝效率受窑皮的掉落、来料波动、窑内烧成气氛等工艺状况影响较大，脱硝稳定性较差。

（4）水泥窑汞排放控制措施

水泥窑所排放的汞主要来自原料及燃料。另外，水泥窑协同处置固体废物也是一个重要来源。新型干法水泥技术是水泥行业主流发展方向，新型干法水泥技术是以悬浮预热和窑外预分解技术装备为核心，以先进的环保、热工、粉磨、均化、储运、在线检测、信息化等技术装备为基础，促进循环经济，实现可持续发展的现代水泥生产方法。

新型干法水泥窑是一种典型的热工窑炉，回转窑及预热器内烟气温度远高于汞的沸点温度356.5℃，几乎所有物料带入的汞都在预热器中挥发，并以汞蒸气的形式停留在废气中，极少进入窑内或随熟料带出系统。在烟气流经增湿塔或余热锅炉冷却过程中，部分汞与烟气中的O_2、HCl、Cl_2发生反应生成氧化汞和氯化汞。当生料磨开启时，由于会利用烟气通过生料磨烘干生料，这时烟气中的氧化态汞会被生料中石灰石以及CaO所吸附。生料中掺杂的工业废渣等颗粒物对氧化态汞也具有良好的吸附作用，生料磨的烟气排放温度低，利于汞的冷凝和被粉尘颗粒吸附，因此汞主要在除尘器中被粉尘吸附。但由于新型干法水泥窑的工艺特点，除尘器收下来的粉尘又作为原料返回窑系统。此时系统中汞的循环量很高，汞在水泥厂窑灰中的含量远高于电厂灰中的含量。停磨机工况与开磨运行工况的差别在于窑尾烟气最后不再送入生料磨系统而是直接经过除尘器从烟囱排出，所以停磨机工况下烟气中的汞与细粉颗粒接触的时间不够充分，除尘器收集的窑灰中汞含量降低，而烟气汞排放增加。

由于各个水泥厂燃烧煤种和原料配料不同，各水泥厂的汞排放因子差别也很大。另外，当水泥厂协同处置污泥及废弃物时，存在额外汞排放，必须对废弃物处置量进行一定的限制。水泥生产时，汞在窑灰中大量富集，如果窑灰部分或全部排放，则烟气中汞排放量可以控制在低于国家控制标准内，当前我国火电等行业汞的排放控制主要以污染治理设施的协同去除为主。

6.1.3　水泥行业主要治理技术应用现状

笔者比较了水泥行业不同的NO_x末端治理技术的普及率（Pr）及平均去除率（Ar）情况。从表6-5可以看出，水泥行业的无组织排放率较高，达到了51.28%。并且水泥企业更倾向于采用SNCR进行末端治理，该技术的平均去除效率约60%，而去除效率更高的SCR技术的普及率较低。此外，行业还存在约6.8%的企业采用其他-脱硝技术进行末端治理，而该治理技术的效率很低。

表6-5　水泥行业NO_x末端治理技术的应用情况

末端治理技术	Pr/%	Ar/%
直接排版	51.28	0
SCR	4.70	79.02
SNCR	37.61	59.03
其他-脱硝	6.84	14.09

进一步调查行业的末端治理技术设施运行情况，发现采取末端治理的企业的末端治理设施运行状况总体较好，仅有8%的企业的末端治理设施运行*K*值小于1［图6-6（a）］。采用SCR、SNCR和其他-脱硝技术的企业，有部分企业的治理技术运行效率不足1，特别是，有近20%的采用SCR的企业和近30%的采用其他-脱硝技术的企业的运行情况有提升的空间［］图6-6（b）］。因此，我国水泥行业需要继续加强高效治理技术的推广应用，加强设施运行操作参数指标管理。

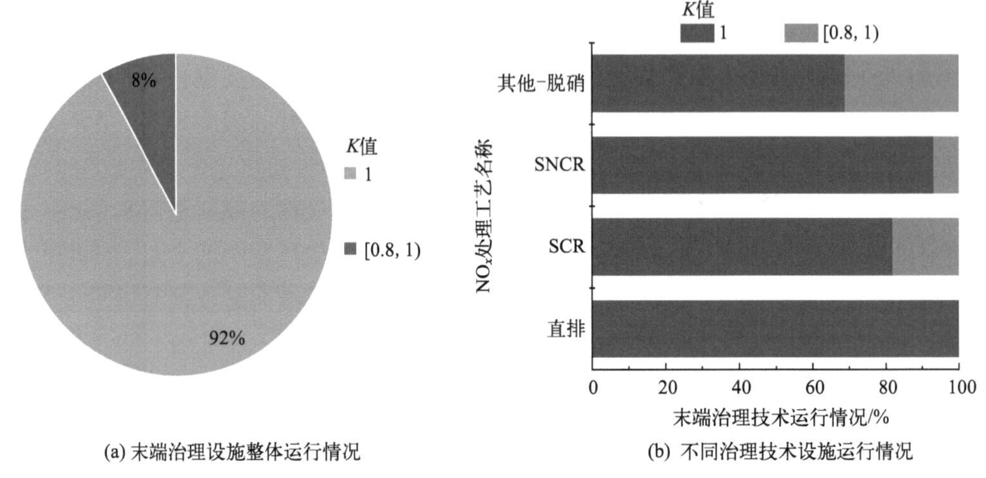

(a) 末端治理设施整体运行情况　　(b) 不同治理技术设施运行情况

图6-6　水泥行业末端治理技术设施运行情况

6.2　研究区域概况和数据来源

6.2.1　研究区域概况

水泥行业是一个重要的基础产业，为建筑、社会和经济发展提供了重要的材料和服务，并在一定程度上直接与当地国民经济发展的阶段和特点相关。根据数据的可得性，及水泥行业在各省份的分布情况、区域经济发展水平和地理位置，选取具有不同特征的三个区域，即南阳市、甘肃省和内蒙古自治区作为案例研究。

6.2.2　数据来源

本节使用的数据来源于南阳市、甘肃省和内蒙古自治区2018年的生态环境统计数据和水泥行业的部分调查数据。其中关于工业活动水平数据，包括工业总产值、产品、原材料、生产工艺、产品产量或原材料消耗以及企业EOP技术的信息来自生态环境统计数据。不同地区水泥行业的末端治理技术的应用情况数据来源于实地调研。本研究基于白璐等[91]开发的污染物生产和排放核算模型（PGDMA）计算部分生产环节的污染物产生排放量。

6.3 水泥行业减排潜力评估模型

全生命周期范围通常包括某一产品所涉及的从原辅材料开采、加工、制造、使用到废弃和再生等过程，如图6-7所示。在生命周期研究中，受研究目标和对象的影响，其所覆盖的范围往往不同，具体可划分为“从摇篮到坟墓”“从摇篮到门”“从门到门”或“从门到坟墓”等范围。

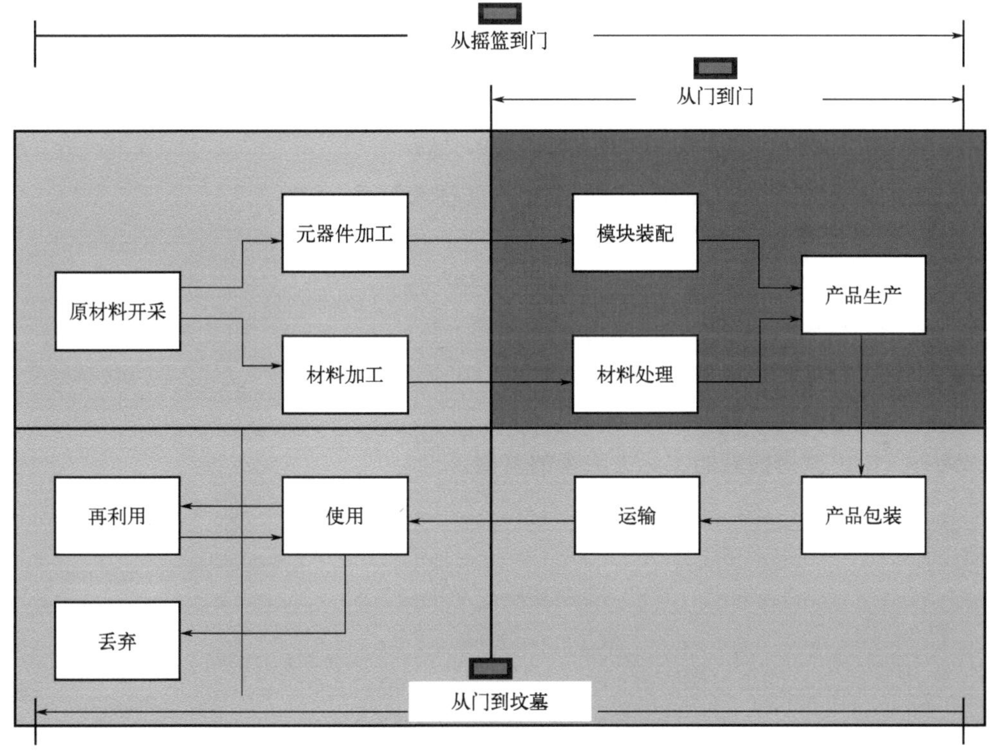

图6-7　生命周期主要过程

本研究是以水泥行业生产系统为主要对象，通过模拟行业复杂生产工艺及治理技术组合的技术路径下污染物与碳排放的关系，探寻减污降碳协同的技术路径。研究对象聚焦于生产过程的不同治理技术组合对污染物及碳排放的影响，为此本研究通过引入全生命周期理念，以“门到门”，即以行业的生产过程为主要对象开展深入分析，通过建模的方式实现对生产过程的污染物及碳排放协同关系的理解和探讨。

根据水泥行业的减排需求及行业生产全过程减排潜力评估模型的模块调用和选取

（图3-3），采用M1模块对收集到的数据进行前处理；M222模块识别和提取行业的重点减排单元；通过M3模块设定协同减排的目标及约束条件；并通过M42、M43和M44模块测算P&P行业的污染减排潜力、成本-效益和碳排放量；最后通过M5模块对模型的不确定性和评估结果的敏感性进行分析。

6.3.1 多目标方程

（1）减排潜力目标

$$\max \Delta P=\alpha\Delta P_S+\beta\Delta P_P+\gamma\Delta P_E \tag{6-1}$$

式中 ΔP_S，ΔP_P和ΔP_E——源头、过程和末端减排潜力；

α, β 和 γ——源头、过程和末端减排潜力系数。

$$\Delta P_S=\sum\left[GV\times\Delta IG_{jS}\times\left(1-\eta_0\right)\right] \tag{6-2}$$

$$\Delta P_P=\sum\left[GV\times\Delta IG_{jP}\times\left(1-\eta_0\right)\right] \tag{6-3}$$

$$\Delta P_E=-PG\times\Delta\eta \tag{6-4}$$

式中 j——行业第j种产品-原料-工艺-末端治理技术组合；

GV——当前生产过程的工业总产值，10^9元；

ΔIG_{jS}——源头减排前后的产生强度差值，t/10^9元；

η_0——当前末端治理技术的实际去除效率，%；

ΔIG_{jP}——过程减排前后的产生强度差值，t/10^9元；

PG——产生的污染物量，t；

$\Delta\eta$——EOP减排前后的实际去除率的差值。

（2）碳减排目标

$$\min \Delta Ce=\alpha\Delta C_S+\beta\Delta C_P+\gamma\Delta C_E \tag{6-5}$$

$$\Delta C_S=\sigma\times Q_S+W\times T\times\varepsilon \tag{6-6}$$

$$\Delta C_P=W\times T\times\varepsilon \tag{6-7}$$

$$\Delta C_E=\Delta P_E\times\delta \tag{6-8}$$

式中 ΔC_S, ΔC_P和 ΔC_E——源头、过程和EOP减排的碳减排量，t；

σ——单位材料替代产生的碳减排变化，t；

Q_S——材料替代量，t；

ε——单位用电量的碳减排系数，t；

T——运行时间，h；

W——设备功率，kW；

δ——EOP处理的碳减排系数。

6.3.2　多目标约束

（1）减排潜力目标约束

$$\Delta P \geqslant CR \times ER_{\mathrm{T}} \tag{6-9}$$

式中　CR——P&P行业对当地VOCs排放量的贡献量；

ER_{T}——当地VOCs的减排目标。

（2）成本-效益约束

$$Ba_t \geqslant 0 \tag{6-10}$$

$$Ca_t \geqslant 0 \tag{6-11}$$

$$GT = \Delta P / e \times Et \tag{6-12}$$

$$GT \geqslant 0 \tag{6-13}$$

$$Et \geqslant 0 \tag{6-14}$$

$$Fc = \sum Fc_t / L \tag{6-15}$$

$$Fc_t \geqslant 0 \tag{6-16}$$

$$Oc = \sum Oc_t \tag{6-17}$$

$$Oc_t \geqslant 0 \tag{6-18}$$

$$\Delta Q_{\mathrm{S}} \geqslant 0 \tag{6-19}$$

式中　GT——环境保护税；

Fc——固定成本；

Oc——运行成本。

（3）碳减排约束

$$T_{\mathrm{S}} \geqslant 0 \tag{6-20}$$

$$T_{\mathrm{P}} \geqslant 0 \tag{6-21}$$

$$\Delta P_{\mathrm{E}} \geqslant 0 \tag{6-22}$$

式中　T_{S}——源头减排设备运行时间；

T_{P}——过程减排设备运行时间；

ΔP_{E}——末端污染物减排量。

（4）原材料约束

$$S_{\mathrm{A}} \geqslant De_{\mathrm{S}} \tag{6-23}$$

$$S_{\mathrm{A}} = \Delta Q_s / Q_s \tag{6-24}$$

$$R_{\mathrm{S}} \geqslant R_{\mathrm{S0}} \tag{6-25}$$

$$C_{\mathrm{C}} \leqslant A_{\mathrm{C}} \tag{6-26}$$

式中 S_A——清洁原辅材料替代比例；

De_S——清洁原辅材料替代要求；

R_S——清洁原辅材料的产污系数；

R_{S0}——当前原辅材料的产污系数；

C_C——原辅材料的污染物含量；

A_C——原辅材料污染物含量限制。

（5）产品产量约束

$$T_P = \sum_{v=1}^{n} Py_v \tag{6-27}$$

$$Py_v \geqslant De_v \tag{6-28}$$

式中 T_P——产品生产总量；

Py_v——产品 v 的产量；

De_v——产品 v 的需求量。

（6）生产工艺约束

$$Pr_t \geqslant De_t \tag{6-29}$$

$$R_t \leqslant R_{t0} \tag{6-30}$$

式中 Pr_t——减排生产工艺 t 的普及率；

De_t——减排生产工艺 t 的普及率需求；

R_t——减排生产工艺 t 的产污系数；

R_{t0}——当前生产工艺 t 的产污系数。

（7）末端效率约束

$$PO_t = \sum_{e=1}^{m}\left(V_e \times n_e\right) \tag{6-31}$$

$$n_e \leqslant A_n \tag{6-32}$$

$$CR_e \geqslant A_{CR} \tag{6-33}$$

$$\eta_k = \eta_{k0} \times K \tag{6-34}$$

$$Pr_k \geqslant A_k \tag{6-35}$$

$$K \geqslant A_K \tag{6-36}$$

式中 V_e——企业 e 的排气量；

n_e——企业 e 的污染物排放浓度；

A_n——污染物排放浓度限值；

CR_e——企业 e 的集气率；

A_{CR}——污染物收集率限值；

η_{k0}——末端治理技术 k 的去除效率；

Pr_k——末端治理技术 k 的普及率；

A_k——末端治理技术 k 的普及率限值；

K——末端治理技术运行状况；

A_K——末端治理技术运行状况要求。

（8）产污强度约束

$$IG_j = PG_j / GV_j \tag{6-37}$$

$$IG_{jt} \leqslant IG_{j0} \tag{6-38}$$

式中　IG_j——生产工艺组合 j 的单位工业产值产污强度；

PG_j——生产工艺组合 j 的污染物产生量；

GV_j——生产工艺组合 j 的工业总产值；

IG_{jt}——减排后生产工艺组合 j 的单位工业产值产污强度；

IG_{j0}——生产工艺组合 j 当前的单位工业产值产污强度。

（9）逻辑约束

$$0 \leqslant \alpha \leqslant 1 \tag{6-39}$$

$$0 \leqslant \beta \leqslant 1 \tag{6-40}$$

$$0 \leqslant \gamma \leqslant 1 \tag{6-41}$$

源头和过程减排都属于清洁生产的范畴，因此有：

$$0 \leqslant \alpha + \beta \leqslant 1 \tag{6-42}$$

α, β 和 γ 三者的和具有如下关系：

$$\alpha + \beta + \gamma = 1 + \left(1 - \frac{\Delta P_{\mathrm{S}}}{PO_0}\right)\alpha + \left(1 - \frac{\Delta P_{\mathrm{P}}}{PO_0}\right)\beta \tag{6-43}$$

$$0 \leqslant \alpha + \beta + \gamma < 2 \tag{6-44}$$

式中　PO_0——减排前的污染物排放量，t；

其他符号意义同前。

6.4　行业NO_x产排污特征及关键控制环节

6.4.1　重点减排环节

采用M222模块分析了各区域水泥行业NO_x产生排放特征，并识别提取了重点减排单元。新型干法（窑尾）生产熟料或水泥的过程是各区域NO_x产生的主要来源（表6-6）。南

表6-6 不同区域水泥行业主要产污环节

区域	产品	原料	工艺	生产规模	产生量占比/%	产污强度/（t/10^{9}元）	去除率/%
南阳市	熟料	钙、硅铝铁质原料	新型干法（窑尾）	＜4000t 熟料/d	35.73	3957.31	63.19
				≥4000t 熟料/d	45.79	2097.79	67.31
	水泥	钙、硅铝铁质原料	新型干法（窑尾）	≥4000t 熟料/d	12.71	1373.01	60
				2000～4000（不含）t 熟料/d	5.71	5389.80	60.00
		熟料、混合材	粉磨站	＜60万吨 水泥/a	0.01	12.88	5.65
				≥60万吨 水泥/a	0.04	10.11	3.11
甘肃省	熟料	钙、硅铝铁质原料	新型干法（窑尾）	＜4000t 熟料/d	40.20	3418.13	63.48
				≥4000t 熟料/d	23.27	2311.58	56.08
	水泥	钙、硅铝铁质原料	新型干法（窑尾）	＜2000t 熟料/d	0.82	3556.89	59.82
				≥4000t 熟料/d	23.69	2474.15	45.01
				2000～4000（不含）t 熟料/d	11.94	1559.46	61.64
		熟料、混合材	粉磨站		0.08	10.19	10.73
内蒙古自治区	电能+热能	蒸汽/热水/其他			0.00	2.17	0
		煤炭	循环流化床锅炉	9～19MW	0.68	425.62	0
	凝标胶、全乳胶、浓缩乳胶、毛茶、蚕茧（烤茧）	一般烟煤	热风炉	所有规模	0.01	60.62	0
	熟料	钙、硅铝铁质原料	新型干法（窑尾）	＜4000t 熟料/d	56.78	4962.91	51.88
				≥4000t 熟料/d	36.18	3136.40	60.00
	水泥	钙、硅铝铁质原料	立窑	＜10万吨 水泥/a	0.01	85.90	0
				≥10万吨 水泥/a	0.19	168.81	7.25
			新型干法（窑尾）	＜2000t 熟料/d	1.11	4589.31	80
				≥4000t 熟料/d	3.98	3895.20	25.26
				2000～4000（不含）t 熟料/d	0.77	4446.45	60.00
		熟料、混合材	粉磨站	＜60万吨 水泥/a	0.04	11.46	1.82
				≥60万吨 水泥/a	0.05	15.04	3.37
		蒸汽/热水/其他			31.67	0.19	0

阳市水泥行业通过新型干法（窑尾）生产熟料和水泥过程产生的NO_x占行业排放总量的99.95%，且新型干法（窑尾）在2000～4000（不含）t熟料/d生产规模下的产污强度显著高于≥4000t熟料/d时，且高于熟料生产过程的产污强度。甘肃省新型干法（窑尾）生产熟料和水泥过程产生的NO_x占行业排放总量的99.10%，新型干法（窑尾）生产熟料过程的产污量和产污强度显著高于生产水泥的过程。内蒙古自治区通过新型干法（窑尾）生产熟料产生的NO_x占行业排放总量的92.96%，且＜4000t熟料/d的产污强度显著高于≥4000t熟料/d时的产污强度。

6.4.2　末端治理情况

比较不同区域水泥行业的末端治理技术的普及率（Pr）及平均去除率（Ar）情况（表6-7），发现末端治理技术，如SCR和SNCR的处理效率最高，分别达到80%和60%，但其普及率却有待提高。南阳市采用较高治理效率的SCR技术的企业仅占13.64%，仍然有27.27%的企业采用直排，有9.09%的企业采用治理效率较低的其他-脱硝技术，具有较大的提升空间。甘肃省采用较高治理效率的SCR技术的企业仅占0.83%，采用SNCR技术的企业占38.33%，仍然有58.33%的企业采用直排，有4.17%的企业采用治理效率较低的其他-脱硝技术，具有较大的提升空间。内蒙古自治区采用较高治理效率的SCR技术的企业仅占7.61%，采用SNCR技术的企业占33.70%，仍然有48.91%的企业采用直排，有9.78%的企业采用治理效率较低的其他-脱硝技术，具有较大的提升空间。此外，甘肃省和内蒙古自治区的其他-脱硝技术的实际去除率较南阳市低。整体上，南阳市水泥行业的NO_x末端治理情况优于甘肃省和内蒙古自治区，南阳市的直排率最低，SCR和SNCR的普及率也更高。

表6-7　不同地区水泥行业NO_x EOP技术的应用情况

区域	处理工艺名称	Pr/%	Ar/%
南阳市	直排	27.27	0
	SCR	13.64	80.00
	SNCR	50.00	60.00
	其他-脱硝	9.09	30.00
甘肃省	直排	58.33	0
	SCR	0.83	80.00
	SNCR	38.33	58.40
	其他-脱硝	4.17	16.26
内蒙古自治区	直排	48.91	0
	SCR	7.61	78.33
	SNCR	33.70	59.45
	其他-脱硝	9.78	14.07

进一步调查不同区域水泥行业的NO_x末端治理技术设施运行情况，发现南阳市和甘肃省企业的末端治理设施运行状况较好，内蒙古自治区也仅有不足20%的企业的末端治理设施运行K值在0.8～1范围内（图6-8）。因此，相较于其他两个区域，内蒙古自治区的末端治理技术的运行情况依然有提升的空间。

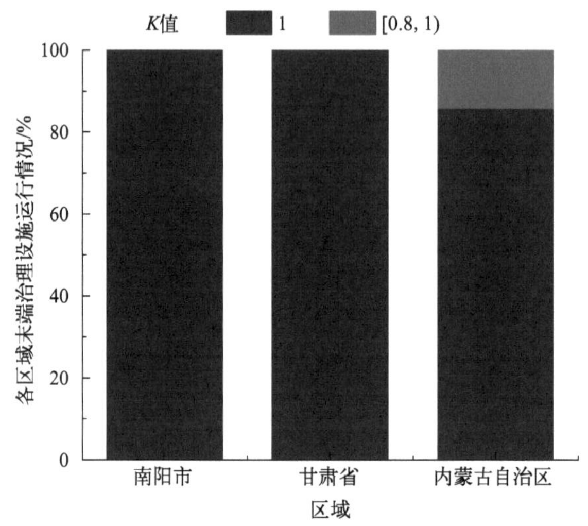

图6-8　不同区域水泥行业NO_x末端治理技术设施运行情况

6.5　水泥行业减排途径及减排技术

针对各地区水泥行业的NO_x产生排放特征，根据水泥工业污染防治技术政策对主要NO_x减排控制环节从源头减排、过程减排和末端减排三个方面针对性地提出减排途径和减排技术（图6-9）。

其中，水泥行业源头减排是指通过淘汰低效率、高能耗、高污染的立窑工艺，采用更符合清洁生产的新型干法工艺，或通过生产规模优化进行污染减排。源头减排潜力通过对比立窑和新型干法的产污差值进行测算。过程减排主要通过低氮燃烧技术、窑外预分解技术、节能粉磨技术、原燃料预均化技术、自动化与智能化控制等的使用进行减排。过程减排潜力通过不断比对产排污绩效先进地区的产污强度水平进行评估。末端减排是通过采用印刷行业推荐末端减排技术，即SCR技术、SNCR技术、SNCR-SCR复合技术、余热回用技术和协同处置技术等方式进行减排。末端减排潜力通过比对推荐技术的去除率与当前实际末端去除率水平差值进行减排潜力测算。

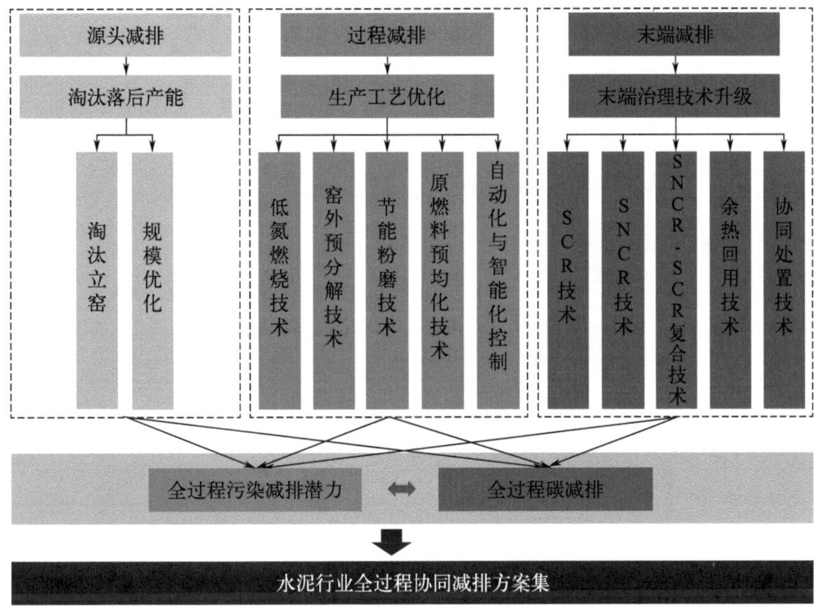

图6-9　水泥行业NO_x全过程协同减排路径

6.6　水泥行业全过程协同减排潜力

6.6.1　源头－过程－末端全过程协同减排

根据表6-6，通过新型干法（窑尾）工艺生产熟料和水泥的过程是水泥行业NO_x产生和排放的主要来源。通过比较不同地区和不同生产工艺的源头、工艺和EOP的减排潜力，可以发现熟料生产过程中新型干法（窑尾）的规模优化对各区域水泥行业NO_x减排具有显著影响，且对SNCR进行升级改造对各区域减排具有显著的影响（图6-10，书后另见彩图）。此外，其他-脱硝工艺的改进升级，采用去除效率更高的末端治理技术，也是甘肃省水泥行业NO_x减排的有效措施。总体上，南阳市和甘肃省的末端减排潜力巨大，而内蒙古主要依赖于水泥和熟料生产过程中新型干法（窑尾）的规模优化。

进一步地，通过全过程协同控制，仅考虑水泥行业NO_x的减排时，在较优的减排方案解集下，各地区的减排潜力达到最大值时，根据不同区域的减排潜力系数分布范围，发现末端减排潜力系数分布较为集中，且在60%～90%的范围内分布（图6-11）。相比于内蒙古自治区，南阳市和甘肃省的末端减排潜力系数更大，更集中。相对于过程减排，南阳市源头减排潜力系数更大；而甘肃省和内蒙古自治区的源头减排和过程减排的系数相当。因此，更加说明了末端减排依然是各区域水泥行业NO_x减排的主要途径，同时，源头减排和过程减排对各区域的NO_x减排也具有显著的影响。

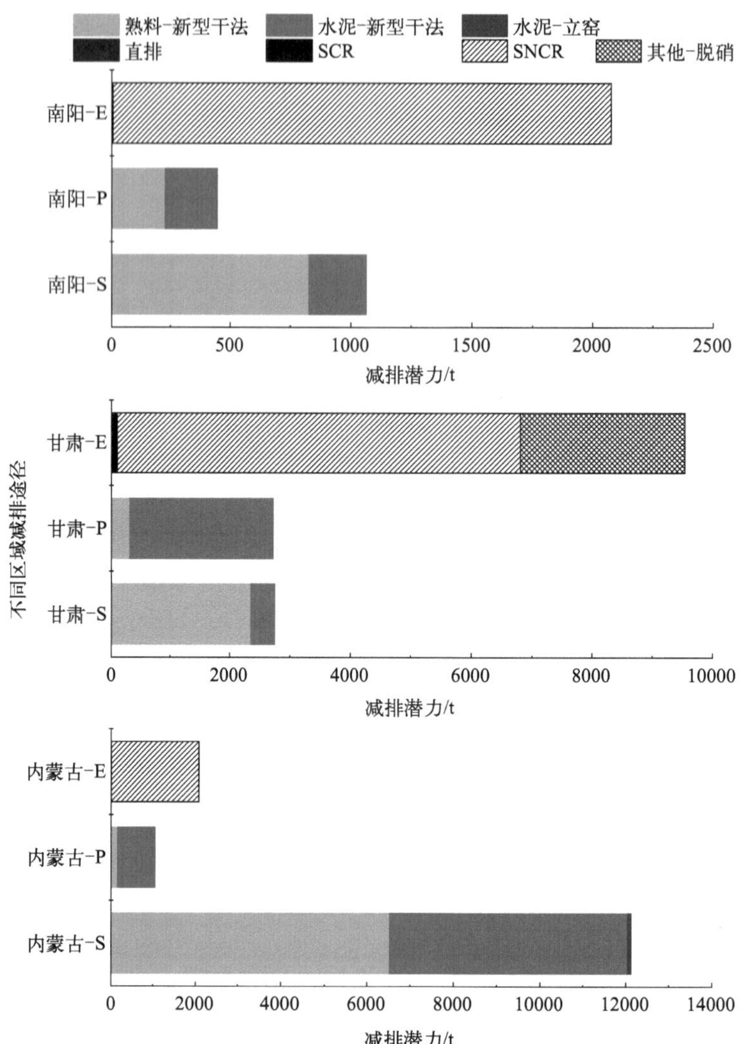

图6-10　不同区域水泥行业生产过程的减排潜力

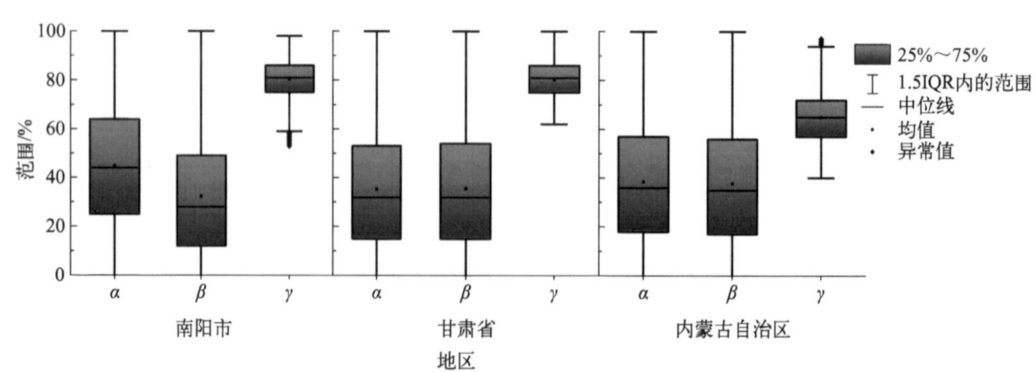

图6-11　以NO_x减排潜力为目标时不同区域水泥行业的减排潜力系数分布

仅考虑水泥行业NO_x的减排时，在较优的减排方案解集下，随着末端减排潜力的减小，源头和过程减排潜力的增大，各区域的减排潜力逐渐增大（图6-12）。南阳市的最大减排潜力为2100～2600t，是南阳市水泥行业当前NO_x排放总量的45%～56%。而甘肃省和内蒙古自治区的最大减排潜力分别为8700～10800t和11000～13700t，分别占区域水泥行业当前NO_x排放总量的48%～60%和51%～71%。

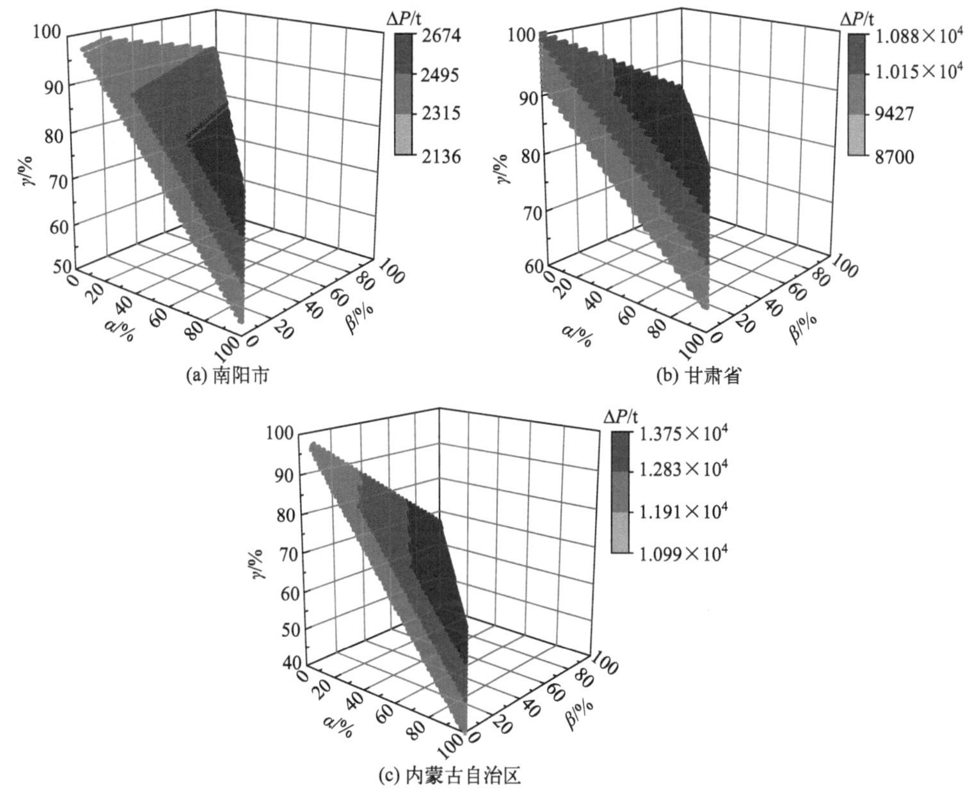

图6-12　以NO_x减排潜力为目标时不同区域水泥行业的减排潜力

6.6.2　全过程多污染物协同减排

为了获得较大的污染物减排潜力，同时减少污染减排过程的碳排放量，进一步优化了减排潜力和碳排放协同控制的方案。研究显示，立窑烟道气中VOCs排放浓度比回转窑高20多倍，且立窑和回转窑的VOCs排放因子分别为0.32g/kg熟料和0.01g/kg熟料。同时，不同生产工艺规模对颗粒物（PM）的产生和排放具有显著的影响，例如，新型干法（窑尾）生产熟料的过程中，生产规模＜4000t 熟料/d的PM产污系数较生产规模≥4000t 熟料/d的PM产污系数高14.78kg/t 产品；而新型干法（窑尾）生产水泥的过程中，生产规模＜2000t 熟料/d的PM产污系数和2000～4000(不含)t 熟料/d的PM产污系数分别较生产规模≥4000t 熟料/d的PM产污系数高91.53kg/t 产品和11.82kg/t产品。通过将

NO_x、颗粒物和VOCs协同考虑，通过生产规模优化，不同区域水泥行业在NO_x减排的同时，将从源头上显著降低PM的排放量（图6-13）。通过生产规模优化，不同区域熟料生产过程的PM减排量显著高于水泥生产过程的PM减排量。这与各区域熟料生产过程较高的PM排放量有关。此外，内蒙古自治区还存在少量的高耗能、高排放的立窑生产工艺，通过落后产能淘汰，在减少NO_x排放的同时，也将在一定程度上减少VOCs的产生和排放量。

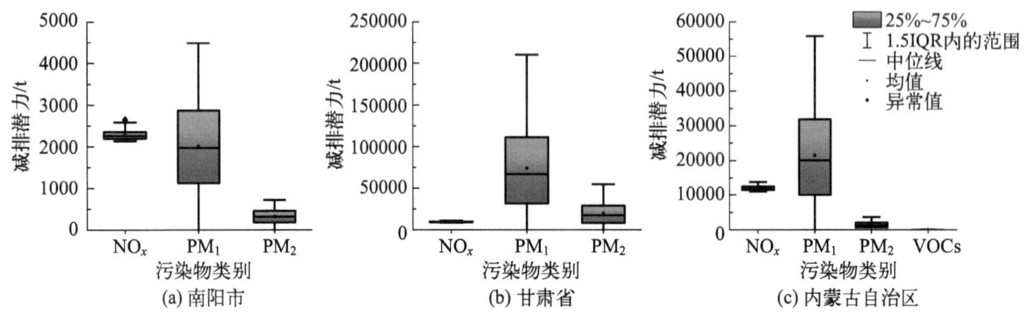

图6-13 水泥行业多污染物协同减排效益

污染物的协同控制能显著地从源头上减少污染物的产生并降低排放量，减轻末端治理的压力并降低成本，降低行业污染减排的资源和能源投入，进而间接减少CO_2的排放。

以5000t/d（$6\times10^5m^3/kg$烟气量）水泥窑为例，在安装SCR装置后，系统运行阻力增加了1300Pa，以年生产8000h计，脱硝产生的CO_2排放量为2328.99t/a。而SCR系统因热损耗产生的碳排量为25263.98t/a。因此，一条5000t/d水泥窑线在安装SCR装置后增加的CO_2排放量为27592.97t/a。通过折算，生产1t水泥，SCR治理过程的CO_2排放量为0.166t/t产品，根据水泥行业的NO_x产排污系数，水泥生产过程中，治理1t产生的NO_x，CO_2排放量为0.131t。因此，通过SCR进行末端治理时，南阳市、甘肃省和内蒙古自治区的CO_2排放量分别降低了35～91t、72～216t和237～867t［图6-14（a）］。

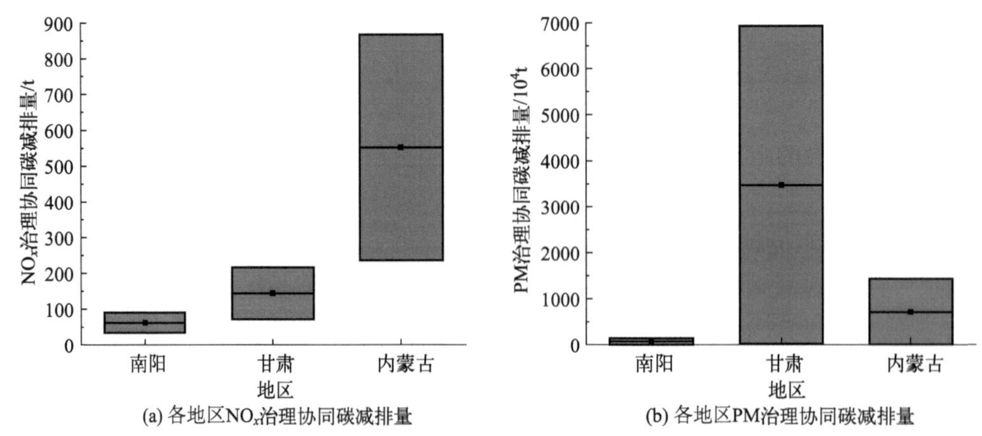

图6-14 水泥行业源头上协同碳减排效益

然而常用除尘设备的能耗见图6-15。通过源头减排后，PM的产生和排放量显著降低（图6-13），进而，将显著减少除尘过程的CO_2排放量。水泥生产过程中，PM产生浓度＜$80g/m^3$，根据除尘设备能耗，按年生产8000h计，根据折算，通过源头减排，南阳市、甘肃省和内蒙古自治区除尘过程的CO_2排放量分别降低了4.8×10^3 ～ 1.47×10^6t、2×10^5 ～ 6.9×10^7t和3×10^4 ～ 1.4×10^7t［图6-14（b）］。

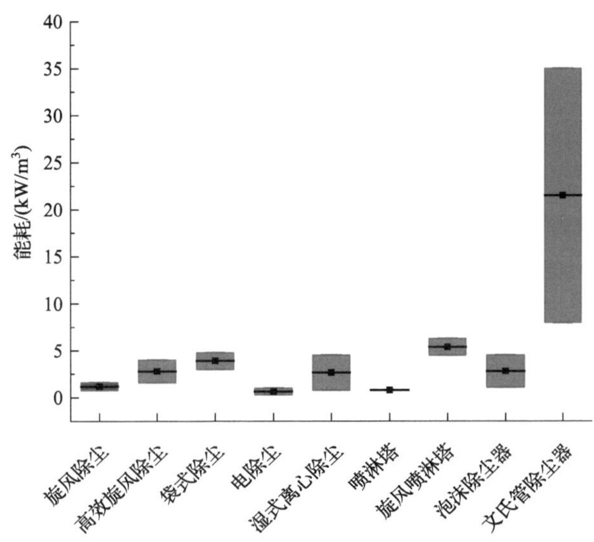

图6-15　水泥行业除尘技术能耗情况

6.7　不确定性分析

水泥行业减排降碳潜力计算的不确定性一方面来源于数据的不确定性，本节所用的污染物的产生排放数据主要来源于生态环境统计数据和调研数据，受调研数据样本量的影响，数据存在一定的误差，会给核算结果带来一定的不确定性，同时模型本身也存在一定的不确定性。主要的不确定因素如下：

① 获取的数据与实际生产情况存在一定的误差；

② 源头减排目前仅考虑了生产规模优化和高耗能、高排放的立窑的淘汰，未考虑到能源结构调整、产品结构调整等减排方式；

③ 本研究中使用的污染物产生和排放的核算方法与产品产量有很强的相关性。本研究仅考虑了生产过程的污染物减排潜力，未考虑到市场需求等因素对水泥行业污染减排目标和减排方案的影响；

④ 未考虑到行业上下游供应链对行业污染物减排潜力和效益的影响。

6.8 水泥行业NO_x减排建议

水泥行业是NO_x减排重点管控行业之一，其减排需根据区域污染产生排放及环境容量特征，选择合适的减排方式。行业整体的NO_x减排建议如下：

① 水泥的NO_x的产生和排放受生产规模影响较大，规模升级改造可显著降低行业的NO_x的产生和排放量，同时带来显著的PM减排和CO_2减排效益。此外，淘汰行业存在的高耗能、高污染的生产方式将产生显著的协同减排效益。

② 行业依然存在较高的直接排放率，依然存在一定量的企业采用低效的末端治理技术。对末端治理技术进行升级改造将显著降低NO_x的排放量。

③ 需要坚持全过程减排的方式，源头和过程减排后末端治理的压力和成本将显著降低，同时也将产生显著的协同减排效益，即PM和CO_2的协同减排。

④ 政府鼓励政策的推动行业污染物减排。在达标排放的情况下，对主动减排的企业进行补贴或政策倾斜，鼓励企业的自主减排行为。

综上所述，本章以水泥行业作为行业减污、降碳、增效全过程协同控制的实例，对本研究提出的方法进行了应用研究。

① 分析研究了水泥行业的NO_x排放现状、主要污染防治技术及末端治理现状。分别选取不同空间尺度的、经济和工业发展水平各异的南阳市、甘肃省和内蒙古自治区为水泥行业全过程协同控制的案例区域。并建立了水泥行业污染物减排和碳减排协同控制模型。

② 通过M2模块探究了水泥行业NO_x产生的主要来源和末端治理情况，确定水泥和熟料通过新型干法（窑尾）进行生产的过程是水泥行业NO_x排放的主要来源，是水泥行业NO_x减排的主要控制环节。南阳市、甘肃省和内蒙古自治区水泥行业直接排放率较高，分别达到27%、56%和49%，并且依然存在采用低效的其他-脱硝技术进行末端治理的企业。因此，水泥行业依然存在较大的末端治理升级的空间。

③ 通过本研究提出的水泥行业NO_x减排路径和技术，经过本研究的模型计算，发现南阳市、甘肃省和内蒙古自治区的NO_x减排的源头潜力系数分布范围分别在25%～65%、20%～60%和15%～25%，证明行业的规模升级是各区域NO_x减排的重要措施。然而，末端治理依然是各区域NO_x减排的主要措施，至少贡献了各区域39%、53%和31%的NO_x减排潜力。

④ 在NO_x减排的同时，产生了显著的协同减排效益。通过源头减排，南阳市、甘肃省和内蒙古自治区将从根源上分别减少NO_x治理过程中35～91t、72～216t和237～867t的CO_2排放量。同时分别减少超过5000t、2.6×10^5t和5.9×10^4t PM的产生和排放量，进而减少除尘过程的CO_2排放量4.8×10^3～1.47×10^6t、2×10^5～6.9×10^7t和3×10^4～1.4×10^7t。

第7章 流域污染减排潜力研究

□ 流域清洁生产潜力评估模型（SDM-BCPP 模型）

□ 辽河流域清洁生产潜力分析

7.1 流域清洁生产潜力评估模型（SDM-BCPP模型）

流域清洁生产潜力是指通过流域行业清洁生产优化配置，从污染物产生环节到末端治理环节综合减排中解析清洁生产的贡献情况，考虑到流域清洁生产作为一个经济和环境耦合的复杂系统，采用系统动力学的方法对流域清洁生产潜力定量分析方法进行探讨。

系统动力学（system dynamics）是一种研究复杂系统行为的方法，适于研究随时间变化的复杂系统问题，最初由美国麻省理工学院Jayw Foster教授于1956年创立。它基于系统论，并吸收控制论、信息论的精髓，融结构与功能、物质与信息、科学与经验于一体，沟通了自然科学与社会科学的横向联系，是一门交叉性、综合性很强的学科。系统动力学从系统的微观结构入手，构造系统的基本结构，并建立模型，进而借助计算机模拟技术分析系统的动态行为，预测系统的发展趋势，并可作为实际系统，特别是社会、经济、生态、资源复杂大系统的“实验室”。模型的主要功能在于向人们提供一个进行学习与政策分析的工具。目前，系统动力学已广泛应用于社会、经济、生态、科研、医学等各个领域。

系统动力学虽然应用于水环境领域的研究较多，但这些研究都仅限于流域水资源承载力方面的研究，而对流域清洁生产潜力分析的研究基本没有。因此，本研究选用系统动力学，结合情景分析，同时兼顾流域的环境、社会、经济、政策体系的配套管理，构建了流域清洁生产潜力分析的系统动力学模型（system dynamics model of basin cleaner production pential, SDM-BCPP）。该模型包括一个主体模块和两个辅助模块，主体模块为流域清洁生产潜力分析的基础模块，具有行业普适性；两个辅助模块分别为流域清洁生产诊断识别模块和流域清洁生产趋势分析模块，前者用于识别诊断流域清洁生产的重点行业，后者用于模型中参数变量的确定。三个模块的关系如图7-1所示。

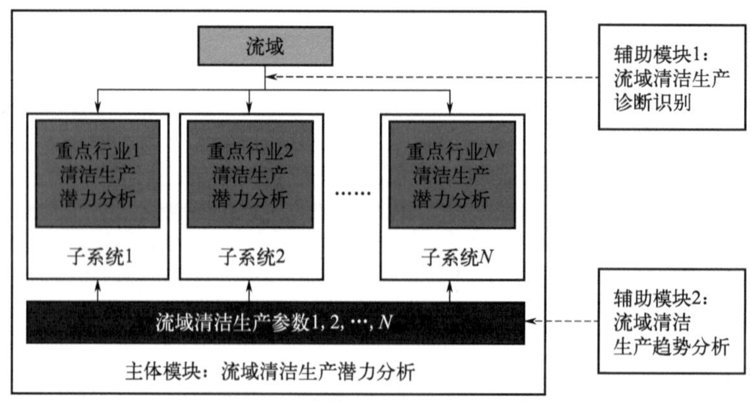

图7-1　流域清洁生产潜力分析主体模块与辅助模块关系

7.1.1　主体模块：流域清洁生产潜力分析

主体模块由多个独立的子系统组成，每个子系统对应一个行业或子行业的清洁生产潜力分析。每个子系统都由行业产值变化率、万元产值新水耗量、污染物1产污强度、污染物1进水浓度、污染物1削减率、污染物2产污强度、污染物2进水浓度、污染物2削减率、…、污染物*N*产污强度、污染物*N*进水浓度、污染物*N*削减率污染设施进水量、废水回用率等变量构成（考虑到水体污染的国控指标为COD和氨氮，因此一般选择这两个指标为流域清洁生产参数，不同流域应根据实际情况，增加或删减相应的特征污染物）。其中经济变量（行业产值变化率）1个，其变化趋势一般根据国家产业规划及流域经济发展规划界定；剩余全为环境变量，与流域清洁生产有关的是万元产值新水耗量、产污强度、废水回用率这几个变量，剩余的变量与末端治理方式有关，子系统结构如图7-2所示。

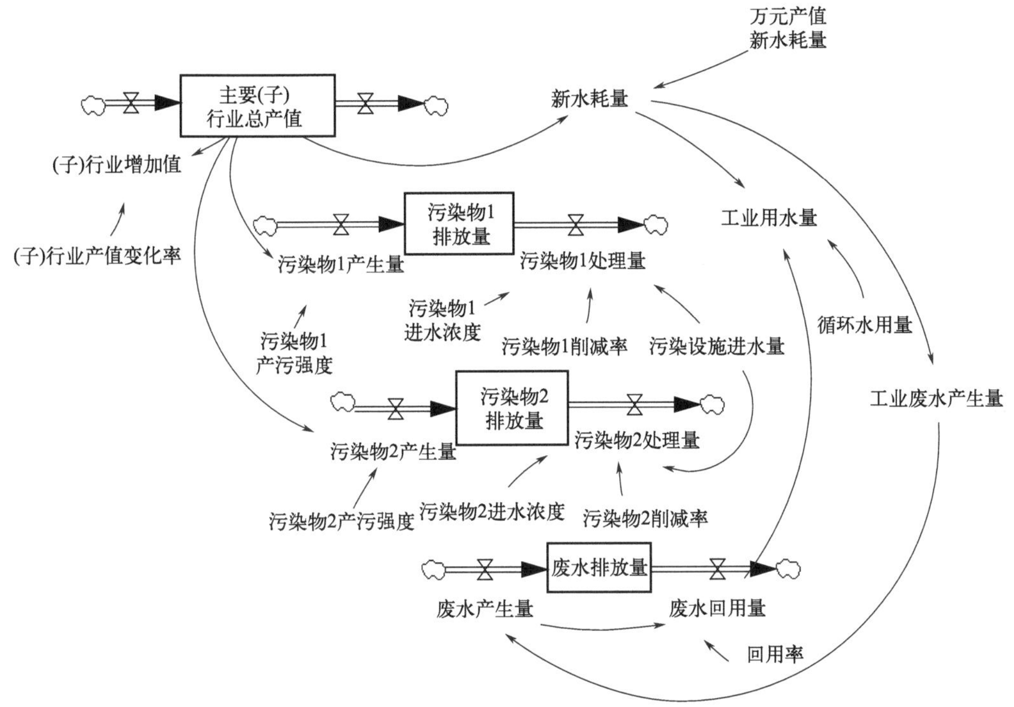

图7-2　子系统清洁生产潜力分析系统动力学模型

主体模块应层层分解至具有一定数据可比性且技术集中度较高的子行业层次，以便进行清洁生产趋势分析。一个独立的子系统包含25个变量参数、9个状态方程、4个速率方程以及大量的辅助方程，其中主要的几个状态方程如下：

$$L（子）行业产值_K=（子）行业产值_J+(DT)\times（子）行业产值变化率$$

$$L万元产值新水耗量_K=万元产值新水耗量_J+(DT)\times万元产值新水耗量变化率$$

$$L\text{产污强度}_K = \text{产污强度}_J + (\mathrm{DT}) \times \text{产污强度变化率}$$
$$L\text{进水浓度}_K = \text{进水浓度}_J + (\mathrm{DT}) \times \text{进水浓度变化率}$$
$$L\text{削减率}_K = \text{削减率}_J + (\mathrm{DT}) \times \text{削减率变化率}$$

式中 L——某（子）行业；

K——目标年（2015年）；

J——基准年（2007年）；

DT——时间变量。

7.1.2 辅助模块1：流域清洁生产诊断识别

清洁生产主要通过降低产污强度来实现污染物的源头削减和过程控制，因此产污强度越大的企业越应作为清洁生产的重点；此外，考虑到流域污染介质在上下游的累积性，越靠近源头区域、水质功能级别越高的行业越应优先实施清洁生产。因此，流域清洁生产主要行业的诊断识别应同时考虑产污强度和所在控制区的水质目标，其重要性与产污强度成正比、与水质标准限值成反比，三者关系如下式所示：

$$\text{流域内某行业清洁生产重要性} = \frac{\text{行业在流域的污染物产生量}}{\text{行业在流域的产值} \times \text{所在控制区的地表水标准限值}}$$

本研究从流域污染物产生特征分析入手，结合流域水质改善目标，提出基于产污强度和水质目标的流域清洁生产诊断方法。该模型可用式（7-1）表示：

$$I_i = \frac{GS_{ij} + GM_{ij} + GL_{ij}}{ES_i \times KS_j + EM_i \times KM_j + EL_i \times KL_j} \tag{7-1}$$

式中 i——行业类别（$1, 2, \cdots, n$）；

j——污染物种类（$1, 2, \cdots, m$）；

I_i——i行业清洁生产重要度；

GS_{ij}——流域上游行业i的污染物j产生量；

GM_{ij}——流域中游行业i的污染物j产生量；

GL_{ij}——流域下游行业i的污染物j产生量；

ES_i——流域上游行业i的行业总产值；

EM_i——流域中游行业i的行业总产值；

EL_i——流域下游行业i的行业总产值；

KS_j——流域上游所达到的地表水环境质量标准中（一般选择Ⅱ类或Ⅲ类）污染物j的标准限值；

KM_j——流域中游所达到的地表水环境质量标准中（一般选择Ⅳ类）污染物j的标准限值；

KL_j——流域下游所达到的地表水环境质量标准中（一般选择Ⅴ类）污染物j的标准限值。

流域清洁生产诊断识别的具体程序如下：

（1）识别关键污染物指标

依据流域相关的污染控制规划和行业的污染状况，选择具体的污染物指标，其中应包括污染物减排约束性指标和行业特征污染物指标。

（2）计算污染物产生量

分析行业污染物j产生环节、清洁生产水平等，核算行业i在流域上游、中游、下游的污染物j产生量GS_{ij}、GM_{ij}、GL_{ij}。

（3）计算经济数据

分析行业i经济结构，计算行业i在流域上游、中游、下游的产值ES_i、EM_i、EL_i。

（4）选择标准限值

根据《地表水环境质量标准》，选择污染物j对应的上游、中游、下游的标准限值KS_j、KM_j、KL_j。

（5）计算行业清洁生产重要度

根据式（7-1）计算行业i清洁生产重要度I_i。

（6）流域清洁生产诊断识别

根据计算结果，重要度高的行业$\max\{I_i\}$为流域清洁生产的主要行业。

7.1.3　辅助模块2：流域清洁生产趋势分析

关于流域清洁生产趋势分析，传统做法是将行业清洁生产指标（产污强度）与清洁生产标准进行比对，计算出产污强度的降低程度，从而分析清洁生产的发展趋势。但此方法忽视了区域特征对清洁生产技术实施的影响，同时由于清洁生产标准更新速度较慢，多数清洁生产标准已满足不了目前流域清洁生产技术发展趋势的分析要求，特别是达到1级标准的行业。因此，本研究经过大量的调研，从基础数据出发，结合流域“分区、分类、分级”的管理理念，提出了基于目标距离法的流域清洁生产趋势分析，目前该方法在清洁生产方面的应用尚属首次。

目标距离法（target distance method）是一种通过界定预期目标再进行趋势分析的方法，起源于1990年的加权过程中，常见用于生命周期评价（LCA）的加权过程，后被发展成为定量评价方法。目标距离法用于生命周期评价过程，通过某种环境效应的当前水平与目标水平（标准或容量）之间的距离来表征某种环境效应的严重性，距离越大，影响越大。对目标既可采用科学目标，如环境干扰的极限浓度或数量，也可采用政策目标（如政府削减目标）和管理目标（各种排放标准、质量标准或行业标准等）。

本研究将目标距离法应用到流域清洁生产产污强度的趋势分析中，结合统计学原理，对相同行业、相同子行业、相同规模、相同企业类别、相同产品的产污强度进行系统分析，通过计算各企业清洁生产产污现状与目标之间的距离，表征其产污强度的降低程度，再通过企业加权、规模加权、子行业加权的方式，得出流域内该行业清洁生产产污强度的降低程度，分析流域内行业清洁生产的趋势，模型可用式（7-2）表示：

$$R_C=\sum_{X=1}^{k}\frac{E_X}{E}\left[\sum_{Y=1}^{3}\left(\frac{E_{XYG}}{E_{XY}}\sum_{i=1}^{n}W_{XYGi}\times R_{XYGi}+\frac{E_{XYB}}{E_{XY}}\sum_{j=1}^{m}W_{XYBj}\times R_{XYBj}\right)\right] \tag{7-2}$$

式中 X——子行业类别（1，2,⋯,k）；

Y——规模类型（1，2，3分别代表大型、中型、小型）；

i——A类企业（1，2,⋯,n）；

j——B类企业（1，2,⋯,m）；

R_C——行业某污染物产污强度降低度；

E——行业产值；

E_X——该行业子行业X的产值；

E_{XY}——该行业子行业X规模Y的产值；

E_{XYG}——该行业子行业X规模Y下A类企业产值之和；

E_{XYB}——该行业子行业X规模Y下B类企业产值之和；

W_{XYGi}——该行业子行业X规模Y下A类企业i在所有A类企业中的产值占比；

W_{XYBj}——该行业子行业X规模Y下B类企业j在所有B类企业中的产值占比；

R_{XYBj}——该行业子行业X规模Y下B类企业j的产污强度降低率；

R_{XYGi}——该行业子行业X规模Y下A类企业i的产污强度降低率。

R_{XYGi}可用式（7-3）计算：

$$R_{XYGi}=\frac{C_{XYGi}-\min\{C_{XYGi}\}}{C_{XYGi}} \tag{7-3}$$

式中 C_{XYGi}——该行业子行业X规模Y下A类企业i的产污强度。

R_{XYBj}可用式（7-4）计算：

$$R_{XYBj}=\frac{C_{XYBj}-\dfrac{\sum_{i,j=1}^{n,m}G_{XYGi}+G_{XYBj}}{E_{XY}}}{C_{XYBj}} \tag{7-4}$$

式中　C_{XYBj}——该行业子行业X规模Y下B类企业j的产污强度；

G_{XYGi}——该行业子行业X规模Y下A类企业i的产污量；

G_{XYBj}——该行业子行业X规模Y下B类企业j的产污量。

具体来说，该方法分为四步，即“分类—设定目标值—计算降低率—复合加权”。

（1）分类

按照行业下分子行业、子行业下分规模、规模下分企业类别的形式，将行业分为不同企业类别，以实现产污强度在相同企业类别间的可比性，如图7-3所示。

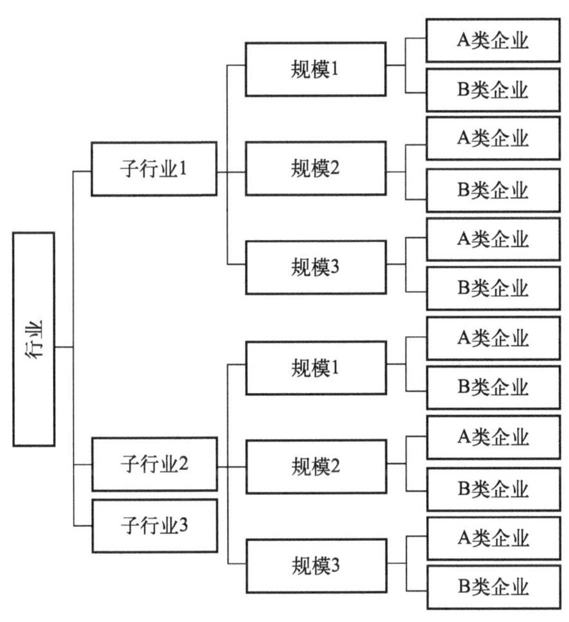

图7-3　分类示意

① 行业分类后，将子行业X按规模1、规模2、规模3将子行业企业分为大规模企业、中规模企业、小规模企业三类；

② 计算每类规模的平均产污强度C_{XY}=每类规模企业的污染物产生总量/该类规模企业的工业总值，即X子行业Y规模的平均产污强度；

③ 对于Y规模，计算各企业的产污强度C_{XYGi}=企业i的污染物产生量/企业i的工业总值，如果$C_{XYGi}<C_{XY}$，即企业i的产污强度小于Y规模的平均产污强度（企业清洁生产水平优于Y规模的平均水平），我们称之为A类企业；如果$C_{XYGi}>C_{XY}$，即企业i的产污强度大于Y规模的平均产污强度（企业清洁生产水平低于Y规模的平均水平），称之为B类企业（为了有所区别，将B类企业j的产污强度设为C_{XYBj}）。

（2）设定目标值

针对不同企业类别，其清洁生产发展的目标是不同的，针对清洁生产水平较高的A

类企业（高于Y规模平均水平），其各企业的清洁生产目标设定为该类企业的最佳清洁生产水平；针对清洁生产水平较低的B类企业（低于Y规模平均水平），其各企业的清洁生产目标设定为Y规模的平均水平，如图7-4所示。

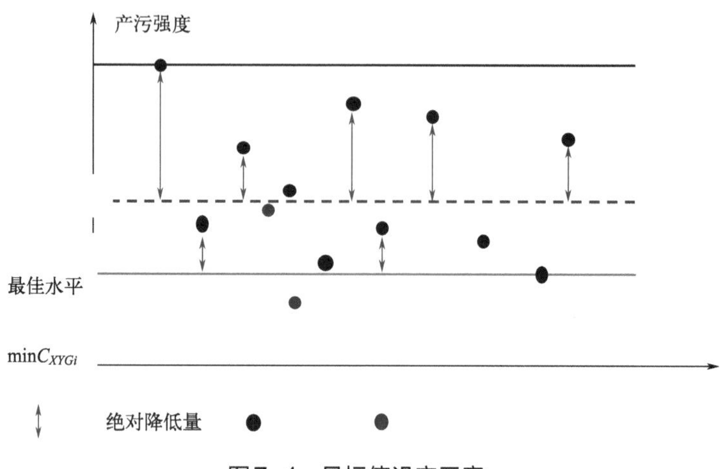

图7-4　目标值设定示意

① 对于A类企业：选择C_{XYGi}正态分布的80%置信区域，即分别剔除10%C_{XYGi}最低和最高的企业，在剔除这些企业后，选择C_{XYGi}最低的企业为A类企业基准目标值$\min\{C_{XYGi}\}$；

② 对于B类企业：无需剔除企业，选择子行业Y规模水平下的平均产污强度C_{XY}作为B类企业基准目标值。

（3）计算降低率

以A类、B类企业对应的目标为基准，计算对应企业产污强度现状与目标间的降低率，即为该企业清洁生产发展趋势。

① 对于A类企业：用企业i的产污强度C_{XYGi}减去A类基准值，再除以该企业的产污强度C_{XYGi}，即为各企业达到子行业Y规模的清洁生产最高水平的产污强度降低率$R_{XYGi}=(C_{XYGi}-\min\{C_{XYGi}\})/C_{XYGi}$；

② 对于B类企业：用企业j的产污强度C_{XYBj}减去B类基准值即（$C_{XYBj}-C_{XY}$），再除以该企业的产污强度C_{XYBj}，即为企业达到子行业Y规模的清洁生产平均水平的产污强度降低率$R_{XYBj}=(C_{XYBj}-C_{XY})/C_{XYBj}$。

（4）复合加权

对单个企业的产污强度降低率进行层层加权，得到规模产污强度降低率、子行业产污强度降低率，最后得到行业的产污强度降低率，即为该行业清洁生产发展趋势。

① 计算A类企业i在该类企业所占权重W_{XYGi}，用经济值表征，即A类企业i的工

业总值E_{XYGi}除以该类规模所有A类企业的工业总产值$\sum_{i=1}^{n} E_{XYGi}$，即$W_{XYGi}=E_{XYGi}/\sum_{i=1}^{n} E_{XYGi}$，$W_{XYG1}+W_{XYG2}+\cdots+W_{XYGn}=1$，该计算过程针对所有A类企业，包括剔除企业；

② 用企业i的产污强度降低率乘以在企业i所占权重，即为Y规模A类企业整体的产污强度降低率$R_{XYA}=\sum_{i=1}^{n} R_{XYGi} \times W_{XYGi}$；同理计算$Y$规模B类企业的产污强度降低率$R_{XYB}=\sum_{j=1}^{m} R_{XYBj} \times W_{XYBj}$；

③ 计算A类企业、B类企业比重，同样用经济值表征，即A类企业比重为所有A类企业的工业总值除以Y规模的工业总值E_{XY}，即$W_{XYA}=\sum_{i=1}^{n} E_{XYAi}/E_{XY}$；B类企业比重为所有B类企业的工业总值除以$Y$规模的工业总值$E_{XY}$，即$W_{XYB}=\sum_{j=1}^{m} E_{XYBj}/E_{XY}$；$W_{XYA}+W_{XYB}=1$；

④ 计算子行业X规模Y的产污强度降低率为$R_{XY}=R_{XYA}\times W_{XYA}+ R_{XYB}\times W_{XYB}$；

⑤ 计算子行业X规模Y的权重$W_{XY} = E_{XY}/E_X$，子行业X产污强度降低率$R_X=R_{XY}\times W_{XY}$；

⑥ 计算子行业X的权重$W_X = E_X/E$，则行业X产污强度降低率$R_C=R_X\times W_X$。

7.1.4　流域清洁生产潜力分析路径设计

流域清洁生产潜力分析的路径如图7-5所示。

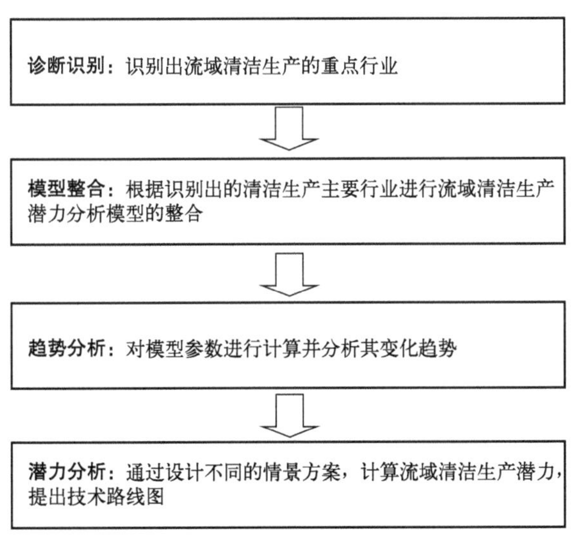

图7-5　流域清洁生产潜力分析路径

流域清洁生产潜力分析的方案可以是产业优化方案设计、结构调整方案设计和布局优化方案设计。

（1）产业优化方案设计

产业优化主要是指通过提高工艺水平，推广清洁生产技术，以实现产业资源能源产出率，减少污染物的产生和排放。具体的情景方案设计如下。

现状方案：保持现有状况不变，即现有清洁生产和末端治理水平不变。模型如式（7-5）所示：

$$P_O = \sum E_{Oi}\left(1+a_i\right)^k C_{Oi}\left(1-R_{Oi}\right) \tag{7-5}$$

式中 P_O——目标年现状方案下流域（行业）的污染物排放量；

E_{Oi}——基准年（子）行业 i 产值；

a_i——（子）行业 i 经济年均增长率；

C_{Oi}——（子）行业 i 基准年产污强度；

R_{Oi}——（子）行业 i 基准年末端治理设施的削减率。

优化方案（清洁生产方案）：指在现有方案的基础上，通过实施清洁生产技术，结合清洁生产趋势分析，逐年降低万元产值新水耗量、COD产污强度和氨氮产污强度，同时综合考虑现有污染处置设施的技术参数，预测分析实施清洁生产对污染物排放量削减程度。模型如式（7-6）所示：

$$P_C = \sum E_{Oi}\left(1+a_i\right)^k C_{Ti}\left(1-R_{Oi}\right) \tag{7-6}$$

式中 P_C——目标年优化方案下流域（行业）的污染物排放量；

C_{Ti}——目标年（子）行业 i 的产污强度，$C_{Ti} = C_{Oi}\,(1-R_{Ci})$；

R_{Ci}——（子）行业之目标年实施清洁生产技术的削减率。

综合方案（清洁生产+末端治理方案）：指在现有方案的基础上，通过实施清洁生产技术，降低万元产值新水耗量、COD产污强度和氨氮产污强度，同时对实施清洁生产后的污染处理设施进行趋势分析，提高末端处理设施的COD削减率、氨氮削减率等指标，进一步预测实施清洁生产和提高末端治理对整个流域减排的潜力。模型如式（7-7）所示：

$$P_{C+T} = \sum E_{Oi}\left(1+a_i\right)^k C_{Ti}\left(1-R_{Ti}\right) \tag{7-7}$$

式中 P_{C+T}——目标年综合方案流域（行业）的污染物排放量；

R_{Ti}——目标年（子）行业 i 末端治理设施的污染物削减率。

（2）结构调整方案设计

通过结构调整，关停和限值产污强度较高的行业，相对于产业优化方案的设计，其不同点在于需要重新核算行业调整后的流域清洁生产主要行业，结构调整后的主要行业与现状方案有所不同。

现状方案：保持现有状况不变，即现有清洁生产和末端治理水平不变。模型如同式（7-5）所示。

优化方案（清洁生产方案）：指在现有方案的基础上，通过关停和限值产污强度较大的行业，实现污染物总量的削减。模型中需重新核算流域各行业清洁生产重要度，重新识别诊断流域清洁生产主要行业。模型如式（7-8）所示：

$$P_C = \sum E_{Oj}\left(1+a_j\right)^k C_{Oj}\left(1-R_{Oj}\right) \tag{7-8}$$

式中　P_C——目标年优化方案下流域（行业）的污染物排放量；

E_{Oj}——结构调整后基准年（子）行业j产值；

a_j——结构调整后（子）行业j经济年均增长率；

C_{Oj}——结构调整后（子）行业j基准年产污强度；

R_{Oj}——（子）行业j基准年末端治理设施的削减率。

（3）布局优化方案设计

布局优化是在对流域水质功能分区的基础上，对流域内行业产业系统进行重新布局，包括流域行业集聚区的跨经济带、跨上下游、跨控制区的战略转移。其模型设计与结构调整类似，需要在布局优化后重新识别流域清洁生产主要行业，但其布局后不仅需要考虑流域清洁生产重点度，还需考虑重新布局后污染源与流域间的扩散距离，因此所需数据量更大，受篇幅所限在此不再复述。

7.2　辽河流域清洁生产潜力分析

7.2.1　清洁生产诊断识别

辽河流域水体污染物主要为COD和氨氮，因此以此来识别诊断该流域清洁生产主要行业。目前，辽河流域上游（内蒙古控制区）、中游（吉林控制区）不存在工业体系，因此仅需在下游（辽宁控制区）识别诊断流域清洁生产主要行业，在同一控制区进行识别诊断时无须考虑水质目标，故可根据产污强度进行识别诊断。结果表明辽河流域清洁生产主要行业为造纸及纸制品业，啤酒酿造业，黑色金属冶炼及压延加工业，医药制造业，印染加工业，石油加工、炼焦及核燃料加工业六大行业。2008年辽河流域主要行业污染物产生量及产生强度对比如图7-6所示。

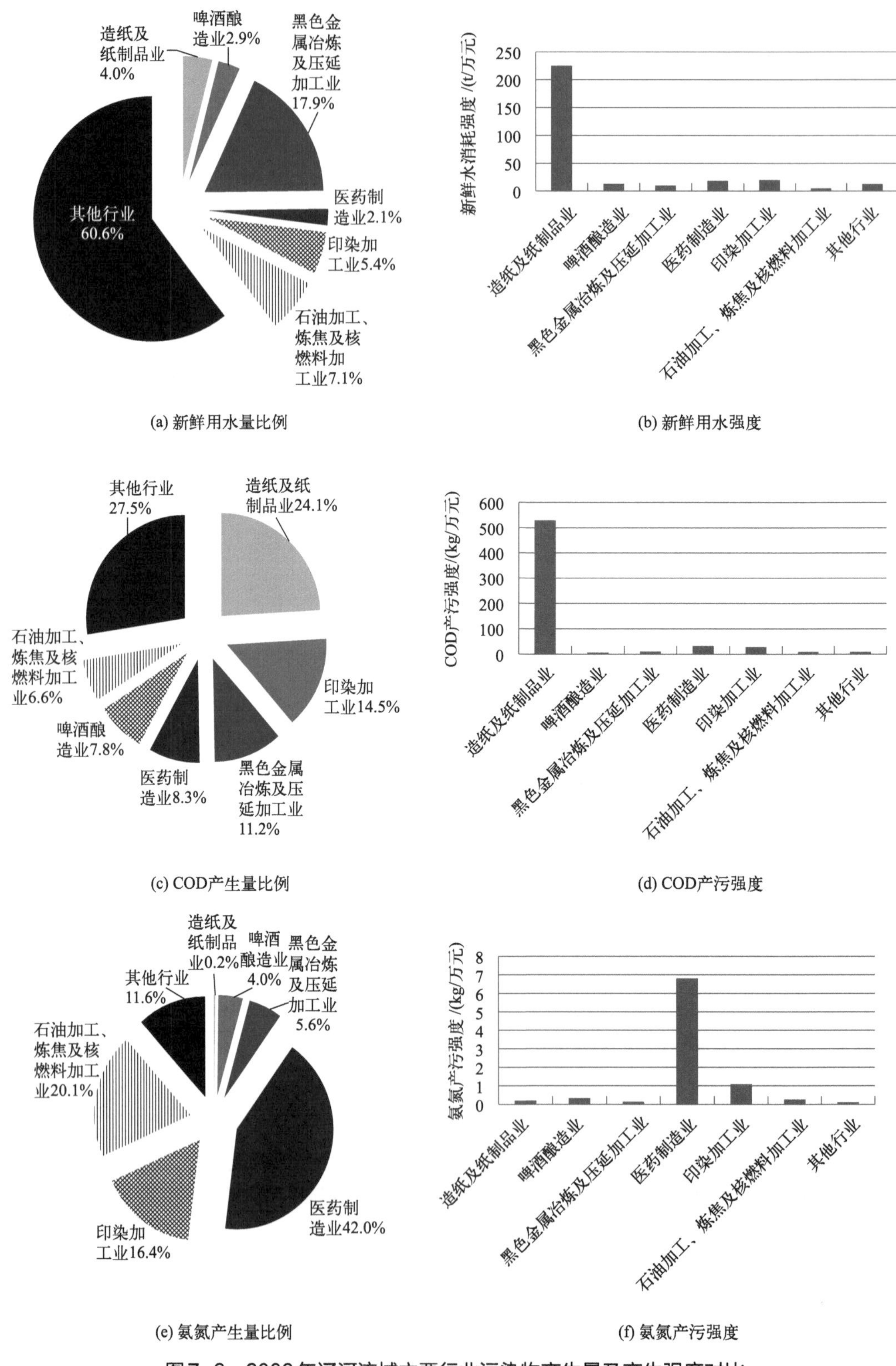

图7-6　2008年辽河流域主要行业污染物产生量及产生强度对比

7.2.2　清洁生产潜力分析模型

辽河流域清洁生产潜力分析模型主体模块与辅助模块结构如图7-7所示。其中主体模块中的每一个子行业都有一个如图下半部分由氨氮排放量、COD排放量和废水排放量三个状态变量组成的子系统，受篇幅所限，模型结构图只画出了制药行业生物制药子行业的子系统。

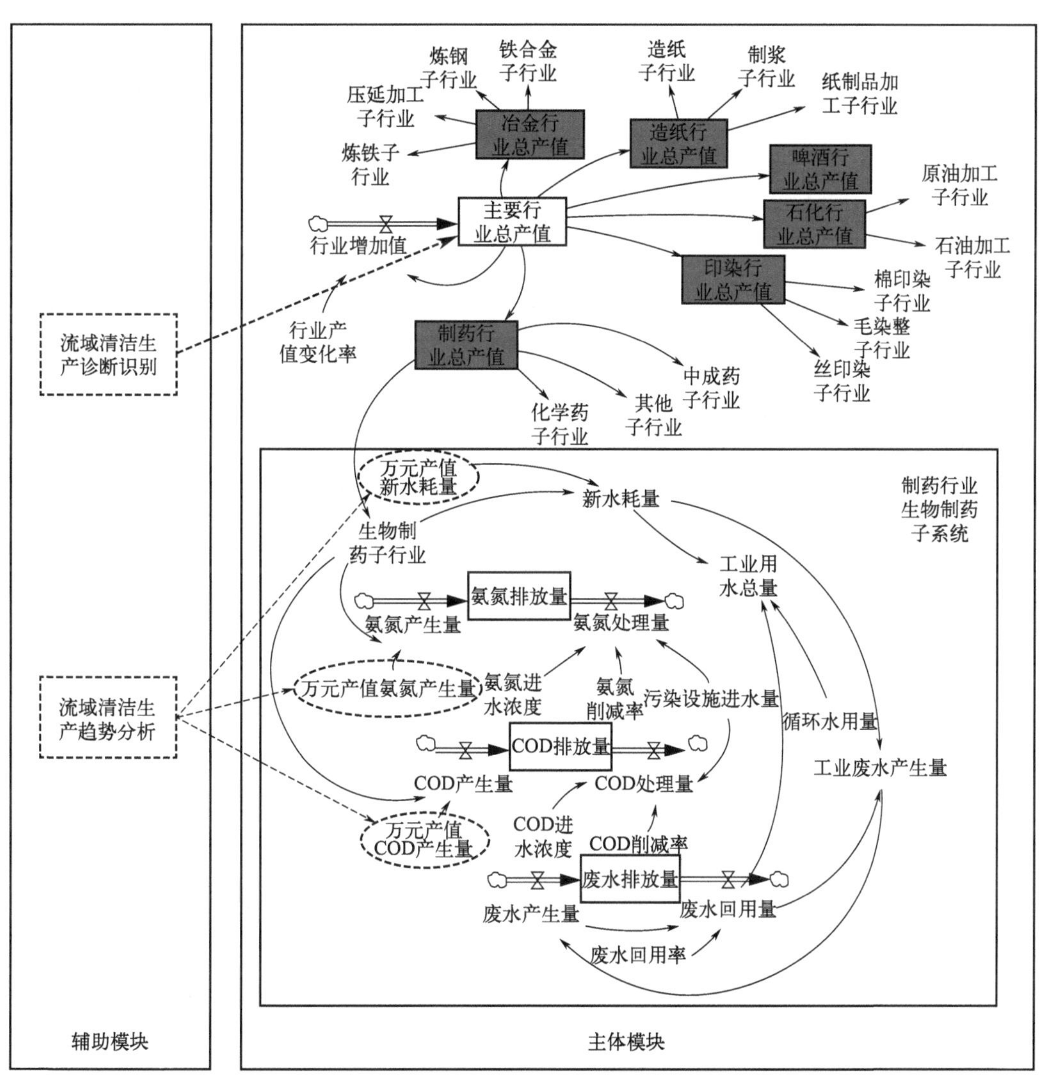

图7-7　辽河流域清洁生产潜力分析系统动力学模型

选择COD排放量、氨氮排放量，以2007年作为基准年，模拟预测辽河流域辽宁段2010年与实际值进行对比，进行模型的检验。从表7-1可以看出，所选变量的模拟值与实际值的相对误差（|模拟值-实际值|/实际值）＜10%，因此模型可用于辽河流域清洁生产潜力分析及预测。

表7-1 模拟值与实际数据的对比

年份	COD排放量			氨氮排放量		
	实际值	预测值	误差	实际值	预测值	误差
2010	51094.31t	51869.8t	1.52%	4339.41t	4029.6t	6.69%

7.2.3 清洁生产趋势分析

(1)冶金行业清洁生产趋势分析

2007年，辽河流域共有冶金企业580家，占整个辽河流域企业数量的4.9%，工业总产值1845.9亿元，占整个辽河流域工业总产值的21.7%，冶金行业在整个辽河流域经济发展中占有十分重要的地位。2007年，辽河流域冶金行业子行业耗水强度和产污强度见表7-2。

表7-2 2007年辽河流域冶金行业子行业耗水强度和产污强度

子行业	工业总产值/万元	耗水强度/(t/万元)	废水产生强度/(t/万元)	COD产污强度/(kg/万元)	氨氮产污强度/(kg/万元)
炼钢	391.3	10.67	43	3.82	0.056
炼铁	221.4	17.56	89.43	8.29	0.267
铁合金冶炼	29.1	2.68	5.48	6.23	
压延加工	1204.1	17.44	313.16	2.07	0.04
总计	1845.9	15.79	224.16	3.16	0.0425

以2007年为基准年，2015年为目标年份，根据到2015年能达到的清洁生产目标，进行流域冶金行业清洁生产技术和指标的评价预测。

1)新水消耗强度

按照目标距离法进行分析，与2007年相比，2015年辽河流域冶金行业新水消耗强度降低率平均达到23.27%，炼钢、炼铁、压延加工和铁合金冶炼四个子行业的降低率分别到达17.04%、22.70%、25.65%和23.17%。各子行业新水消耗强度降低率分布比较平均，但是由于压延加工行业耗水量大，并且在辽河流域所占比重大，对新鲜水需求量高，因此在四个子行业中所占权重最大，为63.86%，其节水潜力也最大。辽河流域冶金行业新鲜水耗强度整体降低率为23.27%。

2)COD产生强度

与2007年相比，2015年辽河流域冶金行业COD产生强度降低率平均达到26.81%，炼钢、炼铁、压延加工和铁合金冶炼四个子行业的降低率分别到达20.03%、19.20%、30.74%和21.70%。可见，压延加工的COD产生强度降低率最大，炼铁的COD产生强度降低率最小。

3)氨氮产生强度

与2007年相比，2015年辽河流域冶金行业氨氮产生强度降低率平均达到25.80%，炼钢、炼铁、压延加工和铁合金冶炼四个子行业的降低率分别到达20.76%、19.19%、28.88%和22.80%。可见，压延加工的氨氮产生强度降低率最大，炼铁的氨氮产生强度降低率最小。

（2）造纸行业清洁生产趋势分析

根据污染源普查数据，2007年辽河流域共有造纸企业311家，工业总产值45.27亿元，占全流域各行业工业总产值的0.53%。2007年，辽河流域造纸行业三个子行业的新水消耗强度、主要污染物的产污强度见表7-3。

表7-3　2007年辽河流域造纸行业耗水强度和产污强度

子行业	耗水强度/（t/万元）	COD产污强度/（kg/万元）	氨氮产污强度/（kg/万元）
纸浆制造业	158.62	249.37	2.306
造纸行业	335.91	499.47	0.952
纸制品制造业	16.97	10.30	0.014
清洁生产水平较高企业	175.2	35.04	—

通过对比可以看出，辽河流域纸浆制造业和造纸行业的耗水强度和产污强度与国内先进水平还存在较大差距，纸制品制造业情况较好。

以2007年为基准年，2015年为目标年份，根据到2015年能达到的清洁生产目标，进行流域造纸行业清洁生产技术和指标的评价预测。按照目标距离法进行分析，与2007年相比，2015年辽河流域造纸行业新水消耗强度的降低率为15.39%，废水产污强度降低率为18.27%，COD产污强度降低率为17.25%，氨氮产污强度降低率为23.48%。

（3）石化行业清洁生产趋势分析

根据污染源普查的数据统计，2007年辽河流域石化企业有225个，占全省辽河流域企业分布的1.9%。石化行业工业总产值为1092.46亿元，占整个辽宁省辽河流域工业总产值8512.75亿元的12.8%，2007年，辽河流域石化行业两个子行业的耗水强度、主要污染物的产污强度见表7-4。

表7-4　2007年辽河流域石化行业子行业耗水强度和产污强度

子行业	耗水强度/（t/万元）	废水产污强度/（t/万元）	COD产污强度/（kg/万元）	氨氮产污强度/（kg/万元）
原油加工及石油制品制造业	6.39	8.06	2.23	0.14
石油加工、炼焦及核燃料加工业	9.19	15.48	17.8	1.16
总计	6.86	9.32	4.87	0.31

以2007年为基准年，2015年为目标年份，根据到2015年能达到的清洁生产目标，进行流域石化行业清洁生产技术和指标的评价预测。

1）新水消耗强度

按照情景分析的方法，以2007年的数据作为基础，通过对石化行业新水消耗、产污强度趋势进行测算和预测。当时预计到2015年，石油行业子行业原油加工行业新水消耗强度降低率为11.48%，炼焦行业新水消耗强度降低率8.73%。行业总的新水消耗强度降低率为11.23%。

2）COD产污强度

与2007年相比，2015年辽河流域石油行业子行业原油加工行业COD产污强度降低率为31.57%，炼焦行业COD产污强度降低率为8.86%。行业总的COD产污强度降低率为29.51%。

3）氨氮产生强度

与2007年相比，2015年辽河流域石油行业子行业原油加工行业氨氮产污强度降低率为38.58%，炼焦行业氨氮产污强度降低率为8.94%。行业总的氨氮产污强度降低率为35.89%。

（4）啤酒行业清洁生产趋势分析

根据污染源普查数据，2007年，辽河流域共有啤酒企业14家，共生产啤酒1386815kL，工业产值25.72亿元。2007年辽河流域啤酒行业典型企业新鲜水耗、产污强度情况见表7-5。

表7-5　2007年辽河流域啤酒行业重点企业水耗和产污强度情况

名称	新水消耗/万吨	新水消耗强度/(t/t)	废水产生量/万吨	废水产污强度/(t/t)	COD产生量/t	COD产污强度/(kg/t)	氨氮产生量/t	氨氮产污强度/(kg/t)
华润雪花啤酒（盘锦）有限公司	98.50	8.25	85.92	7.20	6832.43	57.27	520	4.36
华润雪花啤酒（辽宁）有限公司	321.86	5.55	312.93	5.39	4469.73	7.71	290	0.50
本溪中日龙山泉啤酒有限公司	120.32	16.04	112.32	14.98	1839.90	24.53	16.4	0.22
华润雪花啤酒（鞍山）有限公司	55.12	3.07	68.77	3.84	1656.68	9.25	107	0.60
北方绿色食品股份有限公司清河墨尼啤酒分公司	76.50	10.93	70.00	10	1400	20	63	0.90

以2007年为基准年，2015年为目标年份，根据到2015年能达到的清洁生产目标，进行流域啤酒行业清洁生产技术和指标的评价预测。到2015年，辽河流域啤酒行业在产量增长率保持年均9%的前提下，新鲜水耗强度降低率为12%，COD产污强度降低率为

14%，氨氮产污强度降低率为27%。

1）新水消耗强度

到2015年辽河流域啤酒行业新水消耗强度降低率为12%，其规模较大企业已经达到了清洁生产最佳水平，中小规模企业新水消耗强度降低率有较大空间，但是由于其权重较小，所以啤酒行业总体下降潜力较小。

2）COD产污强度

辽河流域啤酒行业COD产污强度降低率为14%，其中大规模企业已经达到了行业最佳水平，降低率为0，中小规模企业削减潜力较大，分别为38%和15%，但是由于其权重较低，所以对整体降低率影响不大。

3）氨氮产污强度

辽河流域氨氮产污强度降低率为27%，其中大规模企业已达到了清洁生产的最佳水平，万元产值氨氮产生强度达到1.99kg，中小规模企业下降潜力较大，分别为76%和11%。

（5）制药行业清洁生产趋势分析

以2007年污染源普查数据为基准年数据，参照近年来的环境统计等数据，2007年辽河流域共有制药企业113家，工业产值96.5亿元，占全流域主要行业的1.13%。辽河流域制药行业四类子行业中，从耗水强度、COD产污强度和氨氮产污强度来看，化学药品制造在产污强度上远远超过其他子行业。因此化学药品制造业在清洁生产潜力上远远高于其他子行业，见表7-6。

表7-6　2007年辽河流域制药行业子行业耗水强度和产污强度

子行业	耗水强度/（t/万元）	COD产污强度/（kg/万元）	氨氮产污强度/（g/万元）
化学药品制造业	31.44	48.98	486.7989
中成药制造业	7.22	11.47	37.6
生物制药行业	1.38	0.0979	28.1771
其他	55.03	86.38	457.86
行业平均	28.11	43.73	396.89

以2007年为基准年，2015年为目标年份，根据到2015年能达到的清洁生产目标，进行流域制药行业清洁生产技术和指标的评价预测。

1）新水消耗强度

制药行业各子行业新水消耗强度降低率为32.77%、64.36%、17.34%、31.08%，行业总体新水消耗强度降低率为35.34%。其中小规模企业新水消耗强度降低率普遍较高，而大型企业清洁生产水平较高，新水消耗强度降低率较低。

2）COD产污强度

制药行业各子行业COD产污强度降低率为44.73%、70.56%、4.32%、29.6%，总降低率为43.79%。辽河流域制药行业COD产污强度参差不齐，除了生物制药行业属于新兴高科技行业，其清洁生产能力水平较高外，其他无论是大规模、小规模的制药企业，其清洁生产能力的提高还有很大潜力。

3）氨氮产污强度

制药行业各子行业氨氮产污强度降低率为43.15%、5.4%、5.46%、61.88%，总降低率为37.53%。其中，化学药品制造和其他制药子行业都有较大的清洁生产强度降低潜力，中药制造和生物制药行业本身清洁生产水平较高，所占权重较小，所以对结果造成影响不大。制药行业清洁生产改造的重点为化学药品制造行业。

（6）印染行业清洁生产趋势分析

2007年，辽河流域企业总计11871家，其中印染企业合计68家，占流域内企业数的0.57%，除2家毛染整精加工企业和3家丝印染精加工企业外，全部为棉、化纤印染精加工企业，2007年印染行业工业总产值合计15.37亿元。2007年辽河流域印染子行业耗水强度和产污强度情况见表7-7。

表7-7　辽河流域印染行业子行业耗水强度和产污强度

行业名称	生产总值/亿元	耗水强度/（t/万元）	废水产污强度/（t/万元）	COD产污强度/（kg/万元）	氨氮产污强度/（kg/万元）
棉、化纤印染精加工业	14.17	131.93	106.77	167.07	0.115
毛染整精加工业	0.86	27.67	24.41	5.78	0.113
丝印染精加工业	0.3413	37.21	33.72	7.46	0.703
印染全行业	15.37	124	100.57	154.52	0.128

以2007年为基准年，2015年为目标年份，根据到2015年能达到的清洁生产目标，进行流域印染行业清洁生产技术和指标的评价预测。

1）新水消耗强度

辽河流域印染行业没有大规模企业，中小规模企业新水消耗强度降低率主要集中在棉、化纤印染精加工子行业，其总降低率为25%，这是因为其比重在印染行业中最大，所以权重值达到了0.92。

2）COD产污强度

辽河流域印染行业COD产污强度降低率为0.28%，其中棉、化纤印染精加工子行业的降低率在30%，由于其权重值为0.92，所以棉、化纤印染精加工应该作为辽河流域印染行业清洁生产的重点行业。

7.2.4　清洁生产潜力分析

根据清洁生产相关变量的确定原则，结合辽河流域经济发展规划，选择行业产值变化率、万元产值新水耗量、COD产污强度、COD削减率、氨氮产污强度、氨氮削减率、污染设施进水量、废水回用率等几项指标作为调控变量。以2007年为基准年，2015年为目标年，进行仿真模拟。具体的相关方案如下。

方案1（现状方案）：保持现有状况不变，即现有清洁生产和末端治理水平不变。

方案2（清洁生产方案）：指在现有方案的基础上，通过实施清洁生产技术，结合清洁生产趋势分析，逐年降低万元产值新水耗量、COD产污强度和氨氮产污强度，同时综合考虑现有污染处置设施的技术参数，预测分析实施清洁生产对污染物排放量削减程度。

方案3（清洁生产+末端治理方案）：指在现有方案的基础上，通过实施清洁生产技术，降低万元产值新水耗量、COD产污强度和氨氮产污强度，同时对实施清洁生产后的污染处理设施进行趋势分析，提高末端处理设施的COD削减率、氨氮削减率等指标，进一步预测实施清洁生产和提高末端治理对整个流域减排的潜力。

（1）冶金行业清洁生产潜力分析

根据辽河流域行业清洁生产潜力分析的系统动力学模型（SDM-BCPP模型），预测2015年的辽河流域冶金行业COD和氨氮排放量结果。冶金行业各子行业COD排放量较2010年变化情况如图7-8所示。

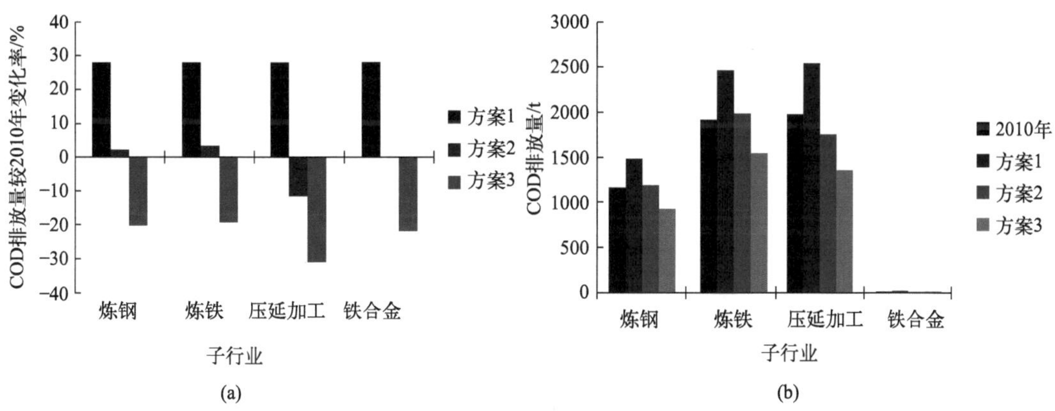

图7-8　冶金行业各子行业COD排放量较2010年变化情况

由图7-8可以看出，冶金行业压延加工子行业的COD排放量削减最多，且在方案2中已实现较2010年减排11.35%，这主要由于该子行业所占经济比重较大，COD产污强度降低率也比较高，因此，该子行业在整个冶金行业的清洁生产COD减排潜力最大。同时，方案3可实现炼钢、炼铁、压延加工和铁合金冶炼四个子行业COD分别减排20.21%、19.39%、30.90%、21.88%，远高于同期流域COD减排规划目标。冶金行业各子行业氨氮排放量较2010年变化情况如图7-9所示。

由图7-9可以看出，冶金行业氨氮排放量变化情况与COD变化情况类似，压延加工子行业在四个子行业中削减幅度最大，且在冶金行业中所占比重最大，因此是冶金行业中清洁生产氨氮减排潜力最大的子行业。同时，方案3可实现炼钢、炼铁、压延加工和铁合金冶炼四个子行业氨氮分别减排16.28%、14.62%、24.86%、18.43%，高于同期流域氨氮减排规划目标。

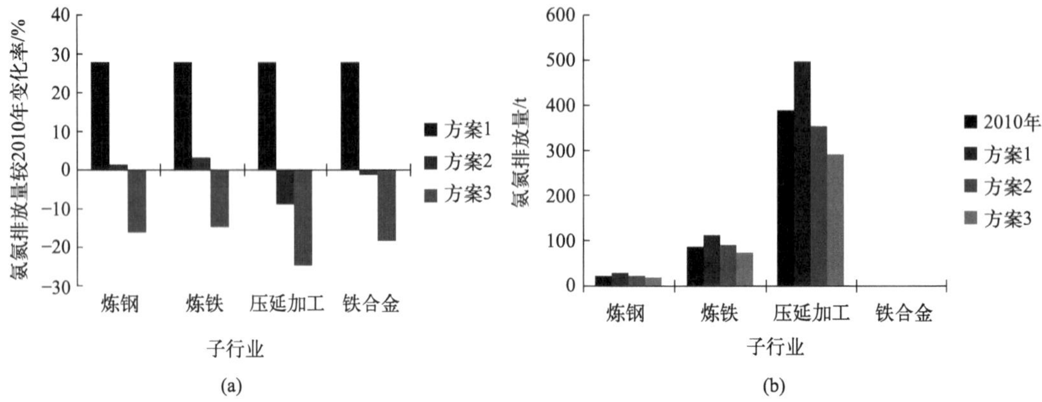

图7-9　冶金行业各子行业氨氮排放量较2010年变化情况

（2）造纸行业清洁生产潜力分析

由于2008年辽宁省对省内造纸企业进行了专项整治行动，关停了一些小型造纸企业，减少了COD和氨氮的排放，对于流域水质提高起到明显的效果。因此，基于2008年后的污染源普查数据，通过2009年、2010年的数据对模型进行了调整，2015年辽河流域造纸行业COD和氨氮排放量预测结果如图7-10和图7-11所示。

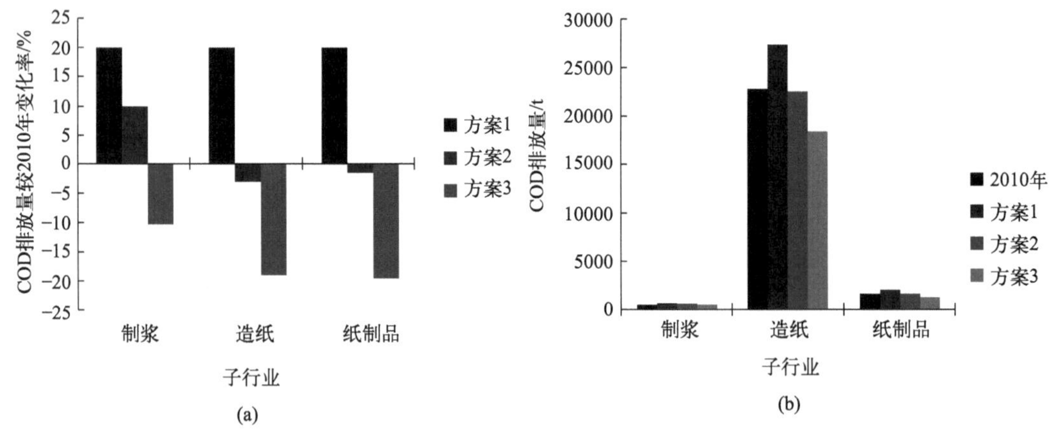

图7-10　造纸行业各子行业COD排放量较2010年变化情况图

由图7-10可以看出，造纸行业中造纸和纸制品加工子行业的COD排放量削减最多，且在方案2中已实现了负增长。这主要由于造纸行业在“十二五”期间受到产业政策的影响，发展放缓，再加上造纸和纸制品加工这两个子行业COD产污强度降低率也比较高，COD排放量削减程度最大，但由于纸制品加工子行业所占比重较小，因此造纸子行业在整个造纸行业中的清洁生产COD减排潜力最大。同时，在方案3中，制浆、造纸和纸制品加工这三个子行业可分别减排COD10.22%、19.03%、19.62%，后两个子行业高于同期流域COD减排规划目标。

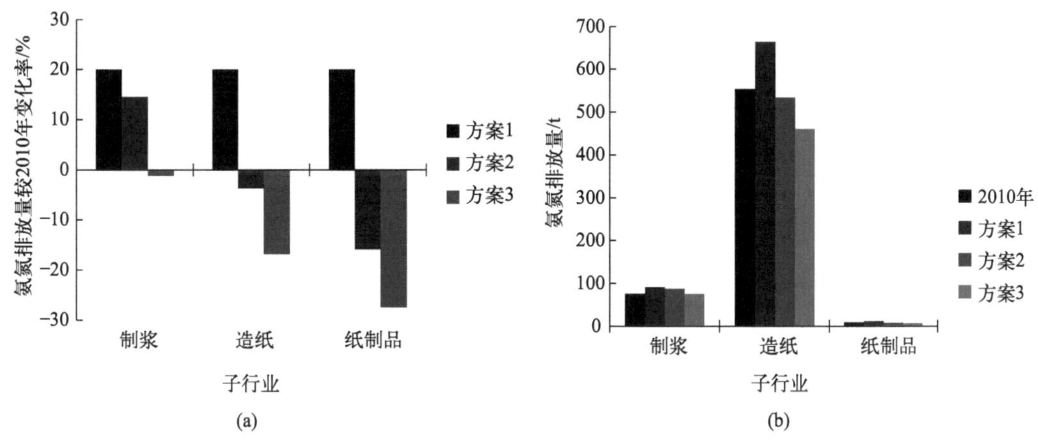

图7-11 造纸行业各子行业氨氮排放量较2010年变化情况

由图7-11可以看出，造纸行业氨氮排放量变化情况与COD变化情况类似，也是造纸子行业清洁生产氨氮减排潜力最大。同时，方案3可分别实现制浆、造纸和纸制品加工三个子行业氨氮减排1.16%、16.84%和27.43%，后两个子行业高于同期流域氨氮减排规划目标。但制浆子行业的氨氮产污强度降低率较低，因此该子行业应作为造纸行业清洁生产氨氮减排的重点子行业，加大清洁生产技术的研发和推广力度，加强清洁生产审核，进一步降低清洁生产的各项产污指标，同时，该子行业废水的氨氮去除率仍较低，仅为35%左右，所以在加大清洁生产的同时，应提高废水的氨氮去除率，以提高该子行业的氨氮减排效果。

（3）石化行业清洁生产潜力分析

辽河流域石化行业在2007～2009年增长较为稳定，由于抚顺石化“千万吨炼油、百万吨乙烯”各项装置的陆续投产，2010年辽河流域石化行业的各种清洁生产指标发生了巨大变化，其中COD产生量和氨氮产生量分别较2009年增长了1倍和4.5倍，全行业污染物排放量都在2010年出现了突增情况。因此，基于2007年的基础数据，对2008年和2009年的预测结果进行了数据检验，在模型拟合度较高的情况，结合2010年的实际情况，对模型参数进行了调整，模拟预测了2015年辽河流域石化行业COD和氨氮排放量。石化行业各子行业COD和氨氮排放量较2010年变化情况如图7-12和图7-13所示。

由图7-12可以看出，原油加工及石油制品行业由于经济发展速度较快，污染物排放量增加较多，但由于该子行业COD产污强度降低率较高，因此在方案2中基本实现了COD排放量与2010年持平。在方案3中，石化行业原油加工及石油制品和石油加工、炼焦及核燃料这两个子行业的COD排放量较2010年分别减排12.98%和22.61%，均高于同期流域COD减排规划目标。

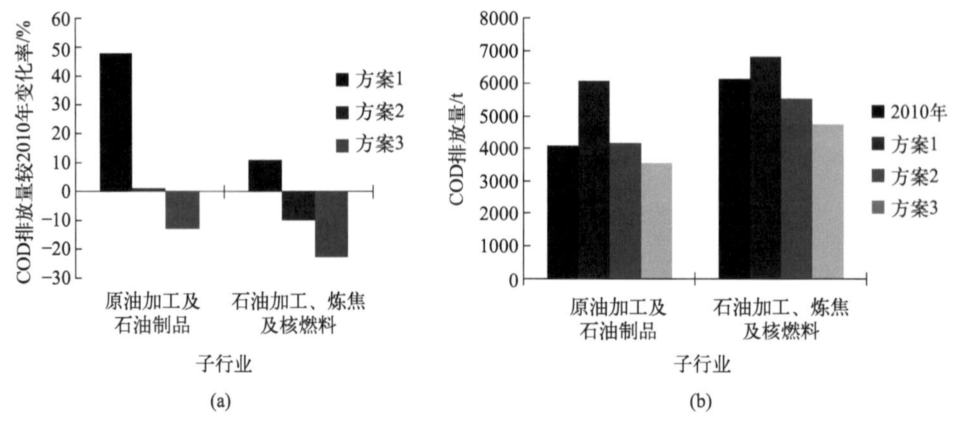

图7-12　石化行业各子行业COD排放量较2010年变化情况

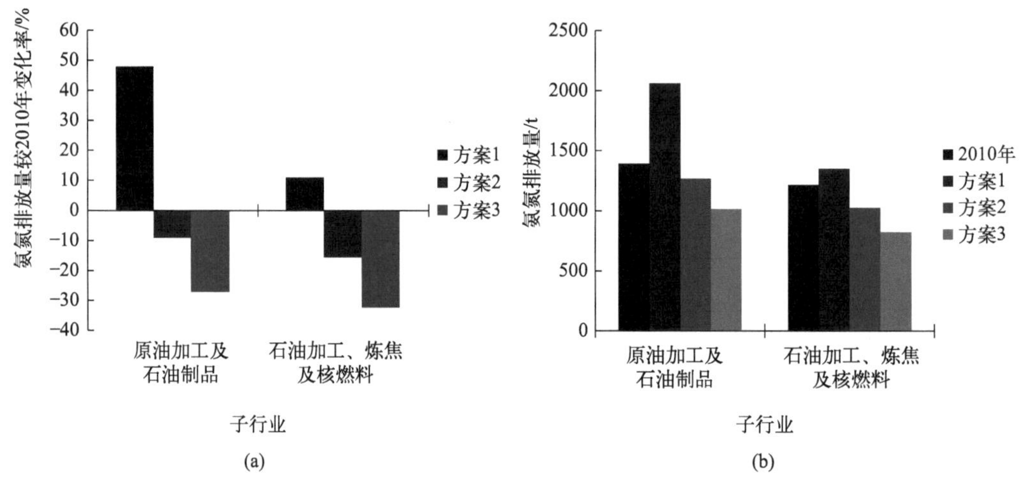

图7-13　石化行业各子行业氨氮排放量较2010年变化情况

由图7-13可以看出，石化行业氨氮排放量变化情况与COD变化情况类似，由于两个子行业氨氮产污强度趋势分析中具有较高的氨氮产污强度降低率，因此在方案2中已实现了负增长，方案3中原油加工及石油制品和石油加工、炼焦及核燃料这两个子行业的氨氮排放量较2010年分别减排了27.16%和32.35%，远高于同期流域COD减排规划目标，是流域清洁生产氨氮减排潜力较大的两个子行业。

（4）啤酒行业清洁生产潜力分析

由于啤酒行业没有子行业，根据SDM-BCPP模型，预测2015年的辽河流域啤酒行业COD和氨氮排放量结果如图7-14所示。

由于啤酒行业技术工艺的相似度较高，先进性差异不大，各企业的产污强度指标较为集中，差距不大；又由于目前辽河流域啤酒行业的所有企业均已达到了清洁生产一级水平，这两点原因导致该行业产污强度降低空间不大。同时，目前该行业的COD和氨氮的削减率已经达到95.28%和82.33%，污染物削减率提升空间不大。这两点原因直接导致了该行业COD和氨氮排放量在2015年没有实现较2010年的减排，方案3中氨氮排放量虽较2010年实现了减排5.42%，但仍低于同期流域氨氮减排规划目标。由此可见，在没有更为减污增效的清洁生产技术推广应用之前，该行业不宜作为清洁生产减排的重点行业，应通过产业结构政策调整的经济手段来控制行业的污染物排放。

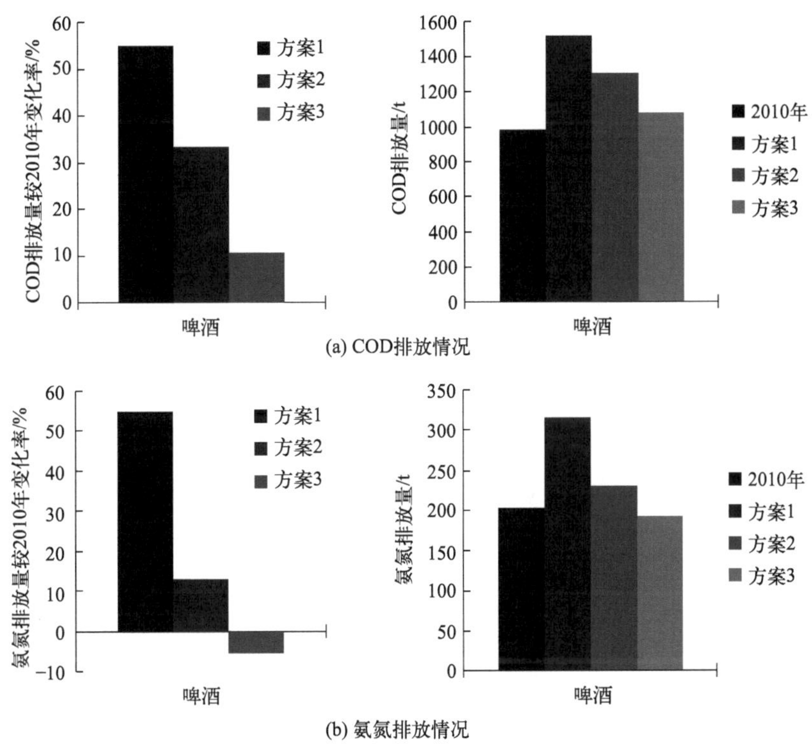

图7-14　啤酒行业COD和氨氮排放量较2010年变化情况

(5) 制药行业清洁生产潜力分析

根据SDM-BCPP模型，预测2015年的辽河流域制药行业COD和氨氮排放量结果。制药行业各子行业COD排放量较2010年变化情况如图7-15所示。

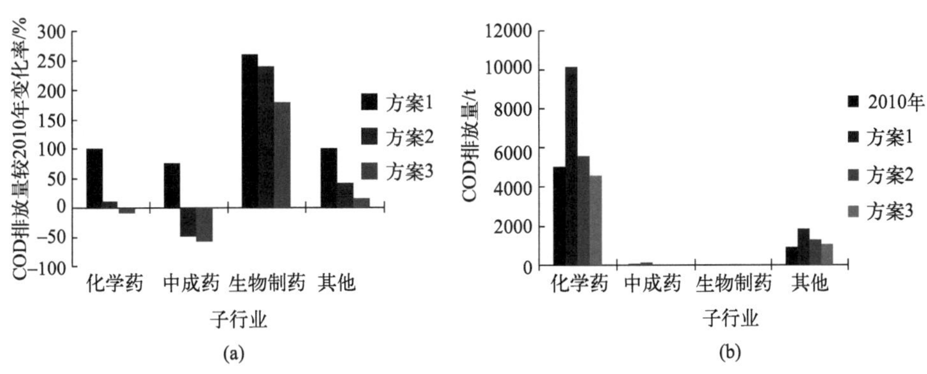

图7-15　制药行业各子行业COD排放量较2010年变化情况

由图7-15可以看出，中成药子行业的COD排放量削减最多，且在方案2中已实现较2010年减排48.19%，这主要由于该子行业COD产污强度降低率较高，达到64.36%，因此该子行业在整个制药行业COD排放削减幅度最大，但由于该子行业在制药行业所占比重较小，因此其对制药行业清洁生产COD减排的潜力不高。同时，方案3可实现化学药和中成药两个子行业8.79%和57.46%的减排率。制药行业各子行业氨氮排放量较2010年变化情况如图7-16所示。

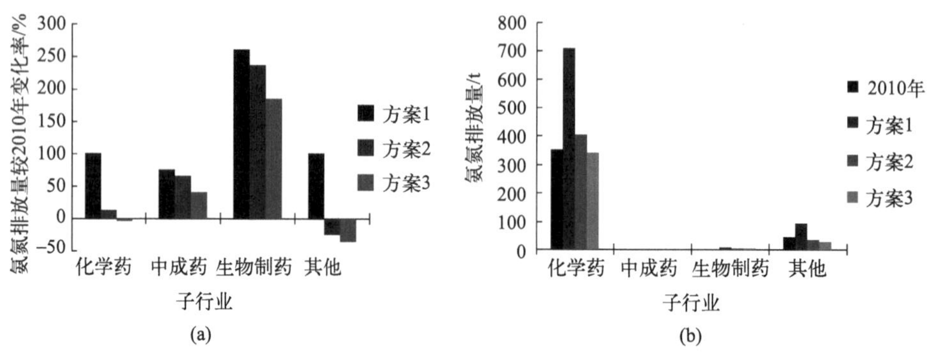

图7-16 制药行业各子行业氨氮排放量较2010年变化情况

由图7-16可以看出，制药行业氨氮排放量变化情况与COD变化情况类似，生物制药和中成药都未能实现减排，但由于比重较低，不作为制药行业的清洁生产重点子行业。同时，由于化学药在方案3中仅减排3.31%，且所占比重较大，因此也应作为该行业的清洁生产重点子行业。在方案3中，其他子行业氨氮排放量较2010年减排35.16%，但由于比重较低，因此对于整个制药行业而言，其清洁生产氨氮减排的潜力不大。

（6）印染行业清洁生产潜力分析

2007年，辽河流域的毛染整和丝印染企业仅有2家和3家，而后几年毛染整和丝印染企业逐年减少，截至2010年，仅存鞍山博亿印染有限责任公司一家毛染整精加工企业，且企业产值、产量逐年下降。因此选择棉印染作为印染行业的唯一子行业进行辽河流域印染行业清洁生产潜力分析，当时预测2015年的辽河流域印染行业COD和氨氮排放量结果如图7-17所示。

印染行业在“十二五”期间飞速发展，生产总值年均增长12%，因此，其污染物排放量在方案1中较2010年大幅增长72%。同时，由清洁生产趋势分析得出，该行业COD和氨氮的产污强度降低率较高，因此在方案2中，COD和氨氮排放量大幅减少，较方案1分别减少了75%和83%，但仍高于2010年的排放量。方案3中COD排放量高于2010年水平，氨氮排放量实现减排2.18%。考虑到该行业末端处理设施的COD削减率较高（87%），氨氮削减率较低（52%），因此该行业应作为清洁生产COD减排的重点行业，同时加大对末端治理过程中氨氮处置技术的研发和应用。

（7）流域清洁生产潜力分析

根据前面对六个重点行业清洁生产潜力结果进行分析，综合考虑流域污染防治规划中设定的各项规划目标，对辽河流域的清洁生产潜力分析模型中的相关参数进行了设定并代入SDM-BCPP模型，模拟预测各行业的污染物排放情况，结果如图7-18所示。

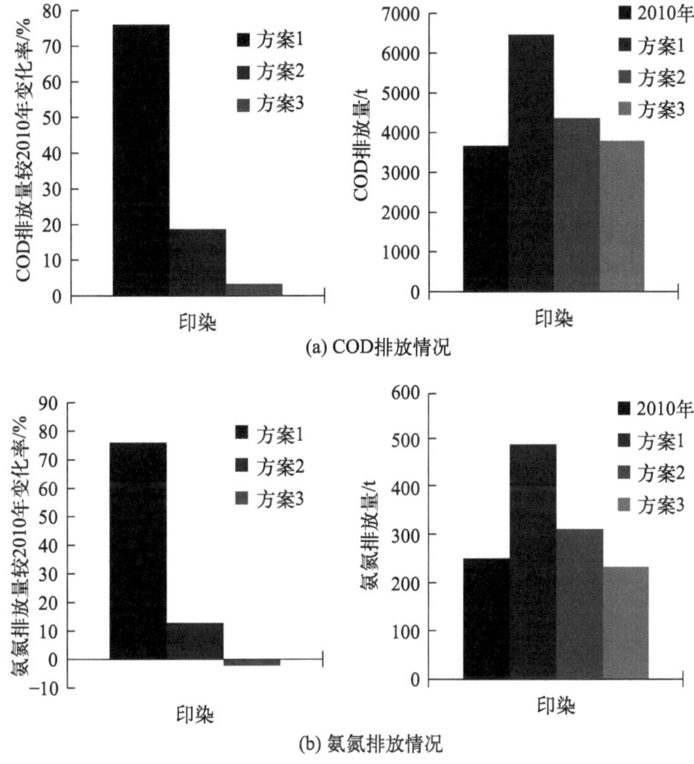

图7-17 印染行业COD和氨氮排放量较2010年变化情况

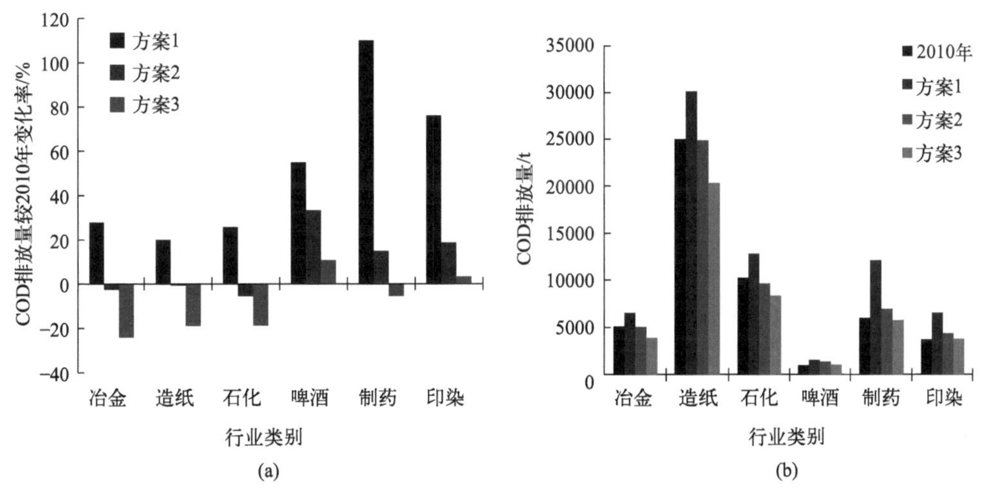

图7-18 辽河流域六大行业COD排放量较2010年变化情况

从图7-18中可以看出，方案2即可实现冶金、造纸和石化行业的COD减排；而方案3中冶金、造纸、石化、制药行业更是分别实现COD减排24.08%、18.88%、18.75%和5.52%。考虑到造纸、冶金、石化行业占比较大，因此这三个行业也是辽河流域清洁生产COD减排潜力较大的行业。

其中制药行业因受益于国家政策影响，在“十二五”期间飞速发展的同时带来大量的COD排放。但由于医药行业整体的COD产污强度降低空间较大，因此在方案3中还是实现了COD减排。

啤酒行业虽然未能实现COD减排，由于前文叙述的原因，其行业所占比重较小，整体清洁生产水平较高，污染处置设施污染物削减率提升空间不大，因此不作为清洁生产COD减排的重点行业，应通过经济手段限制行业发展速度的同时以达到污染物减排目标。

印染行业也未能实现COD减排，考虑到其末端处置设施的COD削减率较高，因此应积极从生产工艺下手，加强过程控制，加大清洁生产技术的投入。因此，印染行业应作为流域清洁生产COD减排的重点行业。

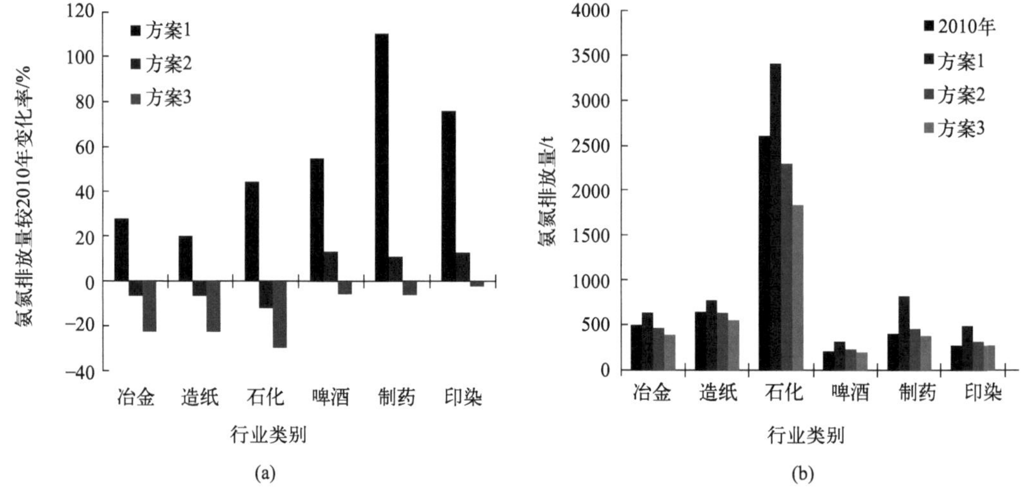

图7-19 辽河流域六大行业氨氮排放量较2010年变化情况

从图7-19中可以看出，方案2实现了冶金、造纸、石化三个行业的氨氮减排，而方案3可实现冶金、造纸、石化、啤酒、制药和印染全部六个行业较2010年分别减排22.68%、15.13%、29.58%、5.42%、6.00%和2.18%。其中冶金、造纸、石化行业超过流域规划的整体氨氮减排目标。因此，这三个行业是辽河流域清洁生产氨氮减排潜力最大的行业。

啤酒由于前文所述原因，不作为清洁生产重点行业，印染和制药则应作为流域清洁生产氨氮减排的重点行业。

7.2.5 清洁生产对污染减排的贡献

辽河流域六大重点行业的COD和氨氮减排贡献率对比如表7-8所列，推进清洁生产对于COD和氨氮的减排贡献率分别在50%和60%之上，明显高于提升末端处置效率的贡献，其中以制药行业最为明显，该行业推进清洁生产对COD和氨氮减排的贡献率分别为80%和84%。

表7-8　辽河流域重点行业清洁生产减排贡献率

行业	COD减排贡献/%		氨氮减排贡献/%	
	清洁生产	末端治理	清洁生产	末端治理
冶金	60	40	67	33
造纸	54	46	63	37
石化	69	31	68	32
啤酒	50	50	70	30
制药	80	20	84	16
印染	57	16	78	22

对辽河流域的六大行业污染物排放进行整体方案分析，结果如图7-20（书后另见彩图）和图7-21所示（书后另见彩图）。

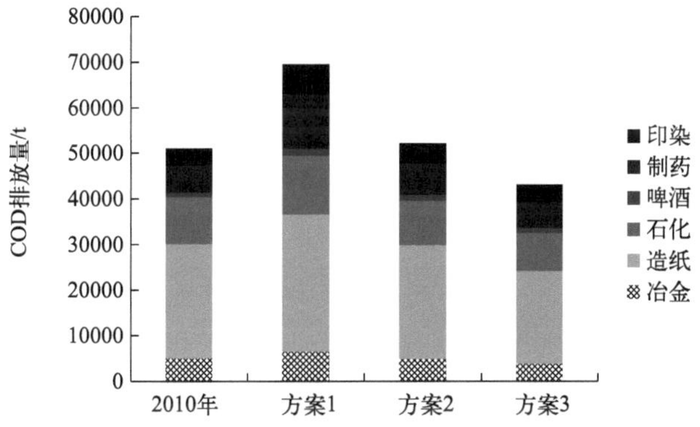

图7-20　辽河流域不同方案下六大行业COD排放量

按方案1发展，到“十二五”末期，COD排放量将达到69594t，较2010年增加36%。采用清洁生产措施（方案2）后，COD排放量降低至52173t，较2010年增加2%，可有效降低方案1的COD排放量的25%；采用清洁生产和末端治理措施（方案3）后，COD排放量降低至43109t，较2010年减少16%，可有效降低方案1的COD排放量的38%。因此，实施清洁生产和提高末端治理分别对应的COD减排绝对贡献率分别为25%和13%，两者在COD减排方面的相对贡献率为66%:34%。

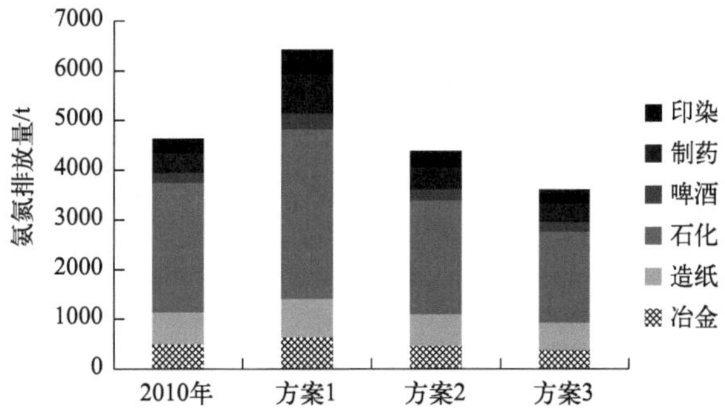

图7-21　辽河流域不同方案下六大行业氨氮排放量

按方案1发展，到“十二五”末期，氨氮排放量将达到6430t，较2010年增加39%。采用清洁生产措施（方案2）后，氨氮排放量降低至4378t，较2010年减少5.4%，可有效降低方案1的COD排放量的32%；采用清洁生产和末端治理措施（方案3）后，氨氮排放量降低至3606t，较2010年减少22%，可有效降低方案1的氨氮排放量的44%。因此，实施清洁生产和提高末端治理分别对应的氨氮减排绝对贡献率分别为32%和12%，两者在氨氮减排方面的相对贡献率为73%:27%。

7.2.6 流域重点水污染行业源头减量和过程控制技术路线

基于辽河流域重点污染行业的清洁生产现状和潜力分析，按照分类指导原则，提出各行业推进清洁生产的技术路线。

（1）紧抓冶金（压延加工）、造纸（造纸）、石化等清洁生产减排潜力行业，继续实施清洁生产

根据模拟结果中清洁生产减排潜力较大的冶金、造纸、石化等行业，全面实施清洁生产，特别是冶金行业的压延加工子行业、造纸行业的造纸子行业、石化行业的所有子行业，应从产品工艺技术、设备、管理等方面全面降低污染物产生指标，实现趋势分析中设定的各项清洁生产指标削减目标。

（2）针对制药（化学药）、印染、造纸（制浆）等清洁生产重点行业，加快实施清洁生产

针对预测模拟中没有实现减排目标的制药、印染、造纸等重点行业，应在行业内积极推进清洁生产，特别是制药行业中的化学药制品子行业、造纸行业中的制浆子行业和印染行业，应加大清洁生产技术的研发和推广力度，加强清洁生产审核，在实现趋势分析中设定的各项清洁生产指标的基础上，进一步降低清洁生产的各项指标，最终实现各项减排目标。

（3）经济调控规划环境目标，实现啤酒行业可持续发展

经济调控实现环境目标，通过控制行业经济发展速度，对现有啤酒产业进行全面转型升级，大力提升科技含量，提高附加值，延长产业链，形成产业集群，实现产业集约化发展；在实现经济增长的同时，集中开展行业清洁生产审核，必要时可提高清洁生产标准中的一级指标要求和行业污染物排放标准要求，减少污染物排放，双管齐下，实现啤酒行业可持续发展。

（4）加强制药、造纸、印染行业氨氮处置设施建设，提升氨氮减排能力

目前制药、造纸、印染行业氨氮削减率较低，氨氮减排效果较差。因此，应突出技

术减排，以技术经济可行为依据，对制药、造纸、印染行业的排放标准、清洁生产标准以及落后产能标准进行流域性更新升级，促使行业提升技术水平，优化发展方式，切实抑制氨氮新增排放量；同时还要狠抓工程减排，形成有效的减排能力，特别是针对列入规划或立项的项目，应在审批上严格要求其增设脱氮除磷设施，对已建项目的污染处置设施进行升级改造，进一步提高氨氮处理能力。

综上所述，本章通过建立SDM-BCPP模型，对辽河流域的清洁生产潜力进行了分析。识别了辽河流域的重点污染物、污染的主要原因和需要重点控制的行业。根据不同行业的清洁生产水平分级，估算了不同行业的清洁生产减排潜力及需要重点管控的方向。明确了重点水污染行业源头减量和过程控制技术路线：

① 清洁生产减排潜力较大的冶金、造纸、石化等行业，应从产品工艺技术、设备、管理等方面全面降低污染物产生指标；

② 没有实现减排目标的制药、印染、造纸等重点行业，应加大清洁生产技术的研发和推广力度，加强清洁生产审核；

③ 对啤酒产业进行全面转型升级，大力提升科技含量，形成产业集群；集中开展行业清洁生产审核，可提高清洁生产标准要求，减少污染物排放；

④ 加强制药、造纸、印染行业氨氮处置设施建设，提升氨氮减排能力。

第8章 区域污染减排潜力研究

- 甘肃省污染物减排潜力分析
- 南阳市污染物减排潜力分析
- 佛山市顺德区挥发性有机物减排潜力分析

8.1 甘肃省污染物减排潜力分析

8.1.1 兰-白经济区污染物减排潜力分析

8.1.1.1 SO_2减排潜力分析

(1) 兰-白地区SO_2排放状况

分析兰-白地区的“二污普”数据，根据各大类行业的二氧化硫排放情况，确定兰-白地区SO_2减排大类行业。非金属矿物制品业（30）、有色金属冶炼和压延加工业（32）以及电力、热力生产和供应业（44）的SO_2排放总量占兰-白地区排放总量的80%以上，为兰-白地区SO_2排放主要贡献行业，具体占比如图8-1所示。

分析兰-白地区的“二污普”数据，确定兰-白地区二氧化硫减排行业。水泥制造（3011）、粘土砖瓦及建筑砌块制造（3031）、铝冶炼（3216）、铅锌冶炼（3212）、火力发电（4411）、热电联产（4412）、热力生产和供应（4430）的二氧化硫排放总量超过兰-白地区工业源二氧化硫排放总量的75%，因此将上述其他几种行业作为兰-白SO_2减排行业（Ⅰ），其具体占比如图8-2所示。

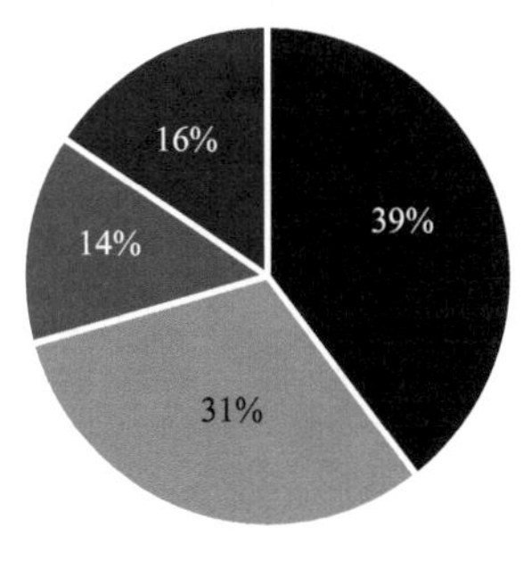

图8-1　兰-白地区SO_2减排大类行业及占比

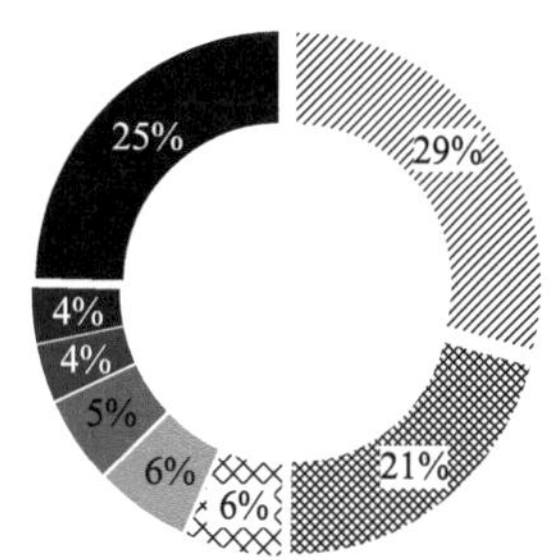

图8-2　兰-白地区SO_2减排行业（Ⅰ）及占比

对兰-白SO_2减排行业（Ⅰ）以外的行业进行产排污强度分析，筛选出排污强度大的行业作为兰-白地区SO_2减排行业（Ⅱ）。兰-白地区SO_2减排行业（Ⅱ）主要为材料制造、发电和豆制品制造等行业，涉及燃料燃烧，是未来时期兰-白地区SO_2减排需从源头管控的一类行业。兰-白地区SO_2减排行业（Ⅱ）的产污强度、排放强度及去除率如表8-1所列。

表8-1 兰-白地区SO_2减排行业（Ⅱ）

行业代码	行业名称	产污强度/（t/亿元）	排放强度/（t/亿元）	去除率/%
1392	豆制品制造	25712.28	25712.28	0.00
2659	其他合成材料制造	9180.00	9180.00	0.00
3089	耐火陶瓷制品及其他耐火材料制造	2099.50	2099.50	0.00
3034	隔热和隔音材料制造	4622.37	2023.81	56.22
3081	石棉制品制造	1165.20	1165.20	0.00
3099	其他非金属矿物制品制造	622.65	622.65	0.00
4417	生物质能发电	3069.52	613.90	80.00
2832	生物基、淀粉基新材料制造	613.33	613.33	0.00
4412	热电联产	4661.31	604.38	87.03
2190	其他家具制造	533.33	533.33	0.00

分析兰-白地区SO_2减排行业K值填报情况（表8-2），K值在0.8以上的企业数量占比低于80%，整体未填报率较低；K值不足0.6的企业数量占比较高，整体末端治理设施运行状况有待改善。

表8-2 兰-白地区SO_2减排行业K值填报情况

范围		K值					
		空白	0	（0,0.5）	[0.5,0.8）	[0.8,1)	1
减排行业（Ⅰ）	企业数量/家	9	88	3	93	224	165
	占比/%	1.55	15.12	0.52	15.98	38.49	28.35
减排行业（Ⅱ）	企业数量/家	0	4	4	2	27	8
	占比/%	0	8.89	8.89	4.44	60.00	17.78

（2）兰-白地区SO_2减排潜力差值测算方法

将兰-白地区SO_2减排行业的产排情况与甘肃省平均SO_2产排情况进行对比，测算兰-白地区与甘肃全省的SO_2产排强度和去除率差值，根据差值情况测算兰-白地区的减排潜力及减排方案。

方案一计算方法：用兰-白该行业的总产值，乘以甘肃平均的产污强度，得出产生量，再乘以（1−兰-白实际末端处理效率），最后减去兰-白实际排放量，差值即为减排潜力。

方案二计算方法：用兰-白实际产生量乘以（1−甘肃平均去除率），然后减去兰-白实际排放量，即假定不采取清洁生产改造，仅提升末端治理水平时能有多大减排空间。

方案三计算方法：兰-白在全省平均状态模式下的减排潜力，即用兰-白该行业工业总产值乘以全省平均排放强度，得出排放量再减去实际排放量，差值即为可以削减的量。

方案四计算方法：同时采用末端治理和清洁生产，协同或者同步减排，即在考虑采用清洁生产的技术下，结合先进的末端治理技术的总减排量。具体计算方法如下：用兰-白的工业总产值乘以全省平均的单位GDP的SO_2产生量，再乘以（1−全省平均去除率），所得数值为实施清洁生产后的再通过末端减排的SO_2排放量，再减去兰-白实际SO_2排放量即为兰-白采用清洁生产减排后通过末端减排技术改造获得的末端减排潜力，最后，加上实施清洁生产的SO_2减排量，即为清洁生产与末端治理技术协同减排的总量。计算过程中若出现兰-白地区优于全省平均产排情况的，该行业的生产或末端治理水平按照维持现状处理。

兰-白地区SO_2减排行业（Ⅰ）的减排潜力如表8-3所列。

按照方案一的计算方法，在仅考虑清洁生产减排的情况下，使得兰-白SO_2减排行业（Ⅰ）的清洁生产水平达到甘肃全省清洁生产平均水平，通过当前兰-白地区的末端处理技术，兰-白SO_2减排行业（Ⅰ）的SO_2减排量达到3543.37t，减排量达到兰-白地区当前实际SO_2排放量10.73%；其中，行业3011、3031、3216和4430的清洁生产减排潜力为正值，说明兰-白地区这几个行业的清洁生产水平高于甘肃省平均水平，这几个行业在清洁生产技术改造方面维持现状。

按照方案二的计算方法，在不考虑清洁生产的前提下仅通过提高末端减排的处理能力进行SO_2的减排。甘肃全省对应行业的末端处理技术的去除率与兰-白地区相差不大，SO_2的末端减排潜力为5484.77t，减排量达到兰-白当前实际SO_2排放量的16.61%。其中行业3031、3212、4411和4430的末端治理技术的处理效率略高于甘肃省的平均去除效率，因此这四个行业维持现状。

按照方案三的计算方法，使兰-白的SO_2减排行业完全按照全省平均的发展水平，不考虑兰-白是否存在某些行业的清洁生产水平或末端治理技术的处理能力优于全省平均水平的情况。在此发展模式下，兰-白地区的SO_2减排潜力为3944.53t，减排量达到兰-白当前实际SO_2排放量的11.95%。

按照方案四的计算方法，充分考虑了兰-白地区SO_2减排行业的清洁生产和末端处理技术与全省平均的差异，在清洁生产升级后，再通过末端治理改造升级来提高SO_2的减排潜力，计算得出的清洁生产与末端治理协同减排的SO_2减排潜力达到8524.01t，减排量达到兰-白地区当前实际SO_2排放量的25.82%。为四种方案中减排潜力最高的一种计算方案和减排组合。

兰-白地区SO_2减排行业（Ⅱ）的减排潜力如表8-4所列。

根据兰-白地区SO_2减排行业（Ⅱ）的减排潜力计算结果，行业3089和3099的清洁生产水平和末端治理技术水平明显高于全省平均产排情况，因此行业3089和3099建议保持现状。行业1392、2659、3034、4417和2832的清洁生产水平低于全省平均，具有减排潜力，其中，行业2659和2832的清洁生产减排潜力较小。行业1392、3081、2832和2190的末端治理技术的去除率低于全省平均，具有末端减排潜力，其中，行业3081、

表8-3　兰-白地区 SO_2 减排行业（Ⅰ）的减排潜力

行业		兰-白地区				甘肃平均			潜力差值（兰-白-甘肃平均）			减排潜力测算/t			
		工业总产值/10^9元	单位产值 SO_2 产生量/(t/亿元)	单位产值 SO_2 排放量/(t/亿元)	去除率/%	单位产值 SO_2 产生量/(t/亿元)	单位产值 SO_2 排放量/(t/亿元)	去除率/%	SO_2 产生强度差值/(t/亿元)	SO_2 排放强度差值/(t/亿元)	去除率差值/%	方案一：清洁生产减排潜力	方案二：末端治理减排潜力	方案三：标杆模式	方案四：协同减排
3011	水泥制造	75.30	239.88	239.88	0.00	302.44	291.84	3.51	−62.56	−51.96	−3.51	471.10	−63.34	391.24	−63.34
3031	粘土砖瓦及建筑砌块制造	6.93	6273.67	1726.33	72.48	9911.24	4074.64	58.89	−3637.57	−2348.32	13.59	693.90	591.24	1627.96	0.00
3212	铅锌冶炼	138.61	1056.88	144.58	86.32	826.10	137.01	83.42	230.78	7.58	2.90	−437.59	425.48	−105.02	−437.59
3216	铝冶炼	1949.49	118.03	49.32	58.21	212.69	59.67	71.95	−94.66	−10.35	−13.73	7711.70	−3160.30	2016.82	−3160.30
4411	火力发电	103.49	29084.21	204.69	99.30	7785.48	153.67	98.03	21298.73	51.02	1.27	−1551.25	3822.59	−527.99	−1551.25
4412	热电联产	115.36	4661.31	604.38	87.03	3622.03	317.33	91.24	1039.27	287.05	−4.20	−1554.53	−2261.13	−3311.52	−3311.52
4430	热力生产和供应	108.71	539.85	106.44	80.28	2572.02	560.22	78.22	−2032.17	−453.77	2.06	4355.68	121.13	4932.77	0.00
合计削减量												−3543.37	−5484.77	−3944.53	−8524.01

表8-4　兰－白地区 SO_2 减排行业（Ⅱ）的减排潜力

行业	兰－白地区				甘肃平均			潜力差值（兰－白－甘肃平均）			减排潜力测算/t			
	工业总产值/10^9元	单位产值 SO_2 产生量/（t/亿元）	单位产值 SO_2 排放量/（t/亿元）	去除率/%	单位产值 SO_2 产生量/（t/亿元）	单位产值 SO_2 排放量/（t/亿元）	去除率/%	SO_2 产生强度差值/（t/亿元）	SO_2 排放强度差值/（t/亿元）	去除率差值/%	方案一：清洁生产减排潜力	方案二：末端治理减排潜力	方案三：标杆模式	方案四：协同减排
1392	0.03	25712.28	25712.28	0.00	1285.65	1149.17	10.62	24426.63	24563.11	−10.62	−81.09	−9.06	−81.54	−81.54
2659	0.005	9180.00	9180.00	0.00	533.33	533.33	0.00	8646.67	8646.67	0.00	−4.32	0.00	−4.32	−4.32
3089	0.002	2099.50	2099.50	0.00	9180.00	9180.00	0.00	−7080.50	−7080.50	0.00	1.42	0.00	1.42	1.42
3034	0.36	4622.37	2023.81	56.22	2712.43	2396.06	11.66	1909.94	−372.25	44.55	−29.99	73.85	13.35	−29.99
3081	0.006	1165.20	1165.20	0.00	1804.10	352.18	80.48	−638.90	813.02	−80.48	0.38	−0.56	−0.49	−0.56
3099	0.83	622.65	622.65	0.00	1165.20	1165.20	0.00	−542.55	−542.55	0.00	45.03	0.00	45.03	45.03
4417	0.32	3069.52	613.90	80.00	708.67	708.67	0.00	2360.85	−94.77	80.00	−15.27	79.41	3.06	−15.27
2832	0.006	613.33	613.33	0.00	435.45	369.02	15.25	177.88	244.31	−15.25	−0.11	−0.06	−0.15	−0.15
2190	0.03	533.33	533.33	0.00	1498.86	1220.15	18.60	−965.53	−686.82	−18.60	2.90	−0.30	2.06	−0.30
合计削减量											−130.78	−9.98	−86.50	−132.13

2832和2190的末端减排潜力较小。

兰-白地区SO_2减排行业（Ⅰ）和（Ⅱ）的清洁生产和末端治理水平较低，且甘肃全省对应行业的清洁生产和末端治理情况也不容乐观。根据兰-白地区SO_2减排行业的生产工艺情况，通过自下而上的测算方式进行减排。由于兰-白地区SO_2减排行业（Ⅱ）的排放量相对减排行业（Ⅰ）较低，减排潜力也远低于减排行业（Ⅰ）的减排潜力，下面部分仅通过自下而上的方法测算减排行业（Ⅰ）的减排潜力。

（3）识别兰-白地区SO_2减排行业（Ⅰ）产污工艺

兰-白地区SO_2减排行业（Ⅰ）主要产排核算工段一般不超过3个（表8-5），通过控制污染物主要产排核算工段，能够实现对行业90%以上的污染物排放量的控制。其中，行业3011、3031和4430的主要产排核算工段为行业本身，行业4411和4412的主要产排核算工段分别为火力发电和热电联产。行业3212的主要产排核算工段包括密闭鼓风炉、常规湿法炼锌和涉及2611的工艺组合，排放量占比分别为53.09%、29.27%和6.33%。行业3216的主要产排核算工段包括电解铝生产和火力发电，排放量占比分别为89.83%和7.54%。

表8-5　兰-白地区SO_2减排行业（Ⅰ）的主要排放工段

行业	核算环节名称	工业总产值/10^9元	污染物产生量/t	污染物排放量/t	排放量占比/%
3011	3011	75.30	1806.32	1806.32	100.00
3031	3031	6.79	4328.57	1180.92	98.68
3212	2611	25.58	774.25	126.90	6.33
	常规湿法炼锌(含烟化炉窑)-3212	38.19	5866.50	586.65	29.27
	密闭鼓风炉(ISP)-3212	32.42	7092.46	1063.87	53.09
3216	电解铝生产-3216	866.27	8637.75	8637.75	89.83
	火力发电-4411	487.57	13980.74	725.49	7.54
4411	火力发电-4411	61.10	300985.94	2117.47	99.96
4412	热电联产-4412	78.37	53771.60	6970.92	99.98
4430	/-4430	108.71	5868.48	1157.10	100.00

兰-白地区SO_2减排行业（Ⅰ）中，主要产污工艺涉及窑炉，SO_2的排放主要涉及燃料的燃烧。行业SO_2产生强度均较大，尤其是4411火力发电行业，将煤炭通过粉煤锅炉获得电能的产污强度达到50479.84t/亿元，清洁生产水平很低，具有较大的清洁生产潜力。3011行业主要的产污产品+工艺+原料分别为熟料+新型干法（窑尾）+钙、硅铝铁质原料和水泥+新型干法（窑尾）+钙、硅铝铁质原料，SO_2产生量占比分别为26.17%和71.64%。3031行业主要的产污产品+工艺+原料分别为煤矸石砖+砖瓦工业焙烧窑炉（硬塑成型等）+煤矸石等和烧结类砖瓦及建筑砌块+砖瓦工业焙烧窑炉（单条）（燃

煤等）+黏土、页岩、粉煤灰类，SO_2产生量占比分别为50.96%和48.56%。3212行业主要的产污产品+工艺+原料分别为电锌+常规湿法炼锌工艺（含烟化窑炉）+锌精矿等和电解铅、精锌+密闭鼓风炉（ISP）-电解工艺+铅锌混合精矿，SO_2产生量占比分别为40.05%和48.42%。3216行业主要的产污产品+工艺+原料分别为原铝+电解法+氧化铝和原铝+煤粉锅炉+煤炭，SO_2产生量占比分别为37.54%和60.76%。4411行业主要的产污产品+工艺+原料为电能+煤粉锅炉+煤炭，SO_2产生量占比为100%。4412行业主要的产污产品+工艺+原料为电能、热能+煤粉锅炉+煤炭，SO_2产生量占比为84.83%。4430行业通过一般烟煤制造蒸汽/热水/其他的工艺包括链条炉、煤粉炉、抛煤机炉和循环流化床锅炉，SO_2产生量占比分别为41.51%、21.50%、7.86%和14.18%。兰-白地区SO_2减排行业（Ⅰ）产污工艺如表8-6所列。

表8-6　兰-白地区SO_2减排行业（Ⅰ）产污工艺

行业	产品名称	工艺名称	原料名称	产生量占比/%	产污强度/(t/亿元)
3011	熟料	新型干法(窑尾)	钙、硅铝铁质原料	26.17	261.15
	水泥	新型干法(窑尾)	钙、硅铝铁质原料	71.64	256.57
3031	煤矸石砖	砖瓦工业焙烧窑炉(硬塑成型等)	煤矸石等	50.96	30208.79
	烧结类砖瓦及建筑砌块	砖瓦工业焙烧窑炉(单条)(燃煤等)	黏土、页岩、粉煤灰类	48.56	3485.03
3212	电锌	常规湿法炼锌工艺(含烟化窑炉)	锌精矿	40.05	1536.30
	电解铅、精锌	密闭鼓风炉(ISP)-电解工艺	铅锌混合精矿	48.42	2187.76
3216	原铝	电解法	氧化铝	37.54	99.71
		煤粉锅炉	煤炭	60.76	573.49
4411	电能	煤粉锅炉	煤炭	100.00	50479.84
4412	电能+热能	煤粉锅炉	煤炭	84.83	6689.40
4430	蒸汽/热水/其他	链条炉	一般烟煤	41.51	5671.19
		煤粉炉	一般烟煤	21.50	5510.14
		抛煤机炉	一般烟煤	7.86	7516.53
		循环流化床锅炉	一般烟煤	14.18	4964.05

（4）识别兰-白地区SO_2减排行业（Ⅰ）末端治理情况

对兰-白地区SO_2减排行业（Ⅰ）末端治理技术的使用及处理情况进行分析，重点分析了各行业所采用的末端处理工艺及其占比，同时对该处理工艺处理SO_2的产生量及处理完成后的排放量情况，并对N家采用该末端处理技术的实际去除率进行考量。兰-白地区SO_2减排行业（Ⅰ）末端治理情况如表8-7所列。

3011行业未经过任何末端处理措施进行处理，全部采取直排的方式。3216行业的直排率高达92.38%，行业末端治理情况差，末端减排潜力较大。行业3031、3212、4411、4412的直排率较低，末端治理良好，4430行业的直排率为18.31%，具有一定的末端减排潜力。

表8-7　兰-白地区SO_2减排行业（Ⅰ）末端治理情况

行业	污染物处理工艺名称	排放量占比/%	去除率/%	企业数量占比/%
3011	—	100.00	0.00	100.00
3031	（炉内脱硫）+S12其他（钠碱法）	0.04	75.20	0.45
	（炉内脱硫）+双碱法	0.31	47.00	0.45
	—	1.34	0.00	1.81
	其他（干法、半干法、氨法、氢氧化钠法等）	19.23	55.54	14.93
	石灰石/石灰-石膏湿法	0.95	67.51	2.26
	双碱法	78.13	75.21	79.64
3212	—	5.50	0.00	14.29
	离子液法	6.33	83.61	9.52
	炉内脱硫（炉内喷钙）	1.45	70.00	4.76
	其他（钠碱法）	53.62	84.97	33.33
	其他（双氧水脱硫法）	29.27	90.00	9.52
	石灰/石灰石-石膏法	3.26	87.59	14.29
	石灰石/石膏法	0.55	91.16	14.29
3216	—	92.38	0.00	73.08
	石灰/石膏法	7.54	94.81	23.08
	石灰石/石膏法	0.08	95.00	3.85
4411	—	0.04	0.00	67.86
	高效石灰石/石膏法	9.69	99.18	7.14
	石灰/石膏法	15.00	97.49	10.71
	石灰石/石膏法	70.84	99.43	7.14
	双碱法	4.42	95.09	7.14
4412	—	0.00	0.00	4.17
	高效石灰石/石膏法	2.83	97.58	16.67
	石灰石/石膏法	97.17	85.15	79.17
4430	（炉内脱硫）+双碱法	36.77	75.78	6.69
	—	18.31	0.00	67.36
	石灰石/石膏法	10.46	87.18	2.51
	双碱法	34.46	86.51	23.43

（5）兰-白地区SO_2减排行业（Ⅰ）自下而上减排潜力

根据识别的减排行业（Ⅰ）的主要产污工艺及末端治理情况，测算兰-白地区自下而上的减排潜力。3011行业生产熟料和水泥的两条工艺的产污强度均小于全省平均，无清洁生产减排潜力。行业SO_2产生量未经任何末端处理设施进行处理，甘肃省该行业通过双碱法处理的去除率达到92.50%。将直排的SO_2通过双碱法进行处理，将减少1634.31tSO_2排放量。

行业3031生产煤矸石砖和烧结类砖瓦及建筑砌块的生产工艺清洁生产水平优于甘肃省平均水平，相对全省平均无清洁生产潜力。末端处理技术其他方法（干法、半干法、氨法、氢氧化钠法等）的使用率高达19.23%，但去除率较低，仅为55.54%，将用其他方法（干法、半干法、氨法、氢氧化钠法等）处理的SO_2用双碱法进行处理，将减少101.29tSO_2排放量。

3212行业生产电锌和电解铅、精锌的生产工艺清洁生产水平优于甘肃省平均水平，相对全省平均无清洁生产潜力。行业直排率为5.50%，将直排的SO_2通过石灰石/石膏法进行处理，将减少100.47tSO_2排放量。

3216行业采用氧化铝通过电解法生产原铝的产生强度略高于全省平均，具有清洁生产潜力，但采用煤炭通过煤粉锅炉生产原铝的清洁生产水平优于全省平均，相对全省情况无清洁生产潜力。行业的直排率高达92.38%，将直排的SO_2通过石灰石/石膏法进行处理，全过程协同将减少13702.35tSO_2排放量。

4411行业的清洁生产水平低于全省平均，具有清洁生产潜力，但末端处理技术的平均去除率优于全省平均，相对全省无末端减排潜力。通过清洁生产改造，将减少1688.51tSO_2排放量。

4412行业的清洁生产水平低于全省平均，具有清洁生产潜力，但末端处理技术的平均去除率优于全省平均，相对全省无末端减排潜力。通过清洁生产改造，将减少625.64tSO_2排放量。

行业4430用一般烟煤生产蒸汽/热水/其他时，采用煤粉炉、抛煤机炉和循环流化床锅炉的清洁生产水平优于全省平均，相对全省情况无清洁生产潜力。但采用链条炉时的产污强度略高于全省平均，具有清洁生产潜力。行业直排率为18.31%，将直排的SO_2通过石灰石/石膏法进行处理，全过程协同将减少101.88tSO_2排放量。

8.1.1.2 VOCs减排潜力分析

（1）兰-白地区VOCs排放状况

分析兰-白地区的“二污普”数据，根据各大类行业的二氧化硫排放情况，确定兰-白地区VOCs减排大类行业。印刷和记录媒介复制业（23）、化学原料和化学制品制造业（26）、橡胶和塑料制品业（29）及电力、热力生产和供应业（44）的VOCs排放总量占兰-白地区排放总量的80%以上（图8-3所示，书后另见彩图），为兰-白地区VOCs排放主要贡献行业。

分析兰-白地区的“二污普”数据，确定兰-白地区VOCs减排行业。包装装潢及其他印刷（2319）、初级形态塑料及合成树脂制造（2651）、塑料包装箱及容器制造（2926）、火力发电（4411）的VOCs排放总量超过兰-白地区工业源VOCs排放总量的75%，因此将上述其他几种行业作为兰-白SO_2减排行业（Ⅰ），兰-白地区VOCs减排行业（Ⅰ）占比如图8-4所示（书后另见彩图）。

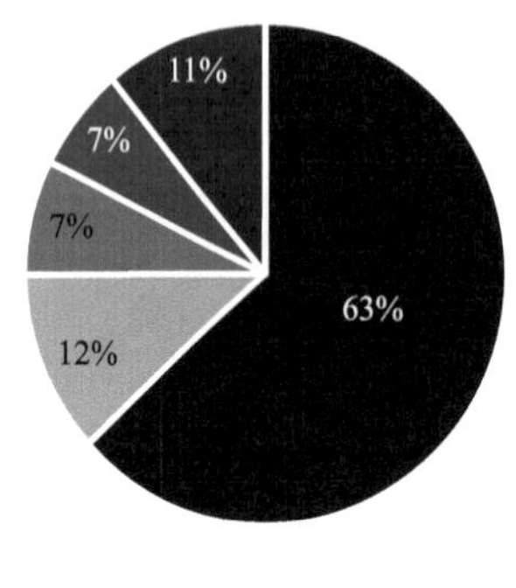

图8-3 兰-白地区VOCs减排大类行业及占比

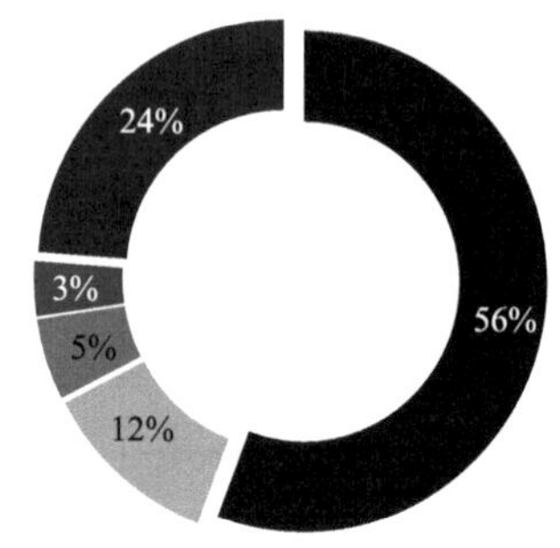

图8-4 兰-白地区VOCs减排行业（Ⅰ）及占比

对兰-白地区VOCs减排行业（Ⅰ）以外的行业进行产排污强度分析，筛选出排污强度大的行业作为兰-白地区VOCs减排行业（Ⅱ）。兰-白地区VOCs减排行业（Ⅱ）主要涉及化学品制造、印刷、涂料等行业（表8-8），涉及燃料燃烧，是未来时期兰-白地区VOCs减排需从源头管控的一类行业。

表8-8 兰-白地区VOCs减排行业（Ⅱ）

行业	行业名称	产生强度/（t/亿元）	排放强度/（t/亿元）	去除率/%
1313	玉米加工	2564.64	2564.64	0.00
2130	金属家具制造	2349.43	2349.43	0.00
2914	再生橡胶制造	863.44	863.44	0.00
2669	其他专用化学产品制造	746.99	746.99	0.00
2039	软木制品及其他木制品制造	674.43	674.43	0.00
2029	其他人造板制造	484.62	484.62	0.00
3329	其他金属工具制造	400.00	400.00	0.00
2912	橡胶板、管、带制造	384.84	384.84	0.00
2312	本册印制	372.90	372.90	0.00
2239	其他纸制品制造	275.62	275.62	0.00
2923	塑料丝、绳及编织品制造	265.25	265.25	0.00
1332	非食用植物油加工	226.05	226.05	0.00

续表

行业	行业名称	产生强度/(t/亿元)	排放强度/(t/亿元)	去除率/%
2311	书、报刊印刷	223.92	223.92	0.00
2927	日用塑料制品制造	179.20	179.20	0.00
2681	肥皂及洗涤剂制造	169.06	169.06	0.00
2929	塑料零件及其他塑料制品制造	168.15	168.15	0.00
3829	其他输配电及控制设备制造	164.87	164.87	0.00
3352	建筑装饰及水暖管道零件制造	164.15	164.15	0.00
3532	农副食品加工专用设备制造	250.00	160.00	36.00
3042	特种玻璃制造	150.30	150.30	0.00
2921	塑料薄膜制造	140.54	140.54	0.00
2032	木门窗制造	116.80	116.80	0.00
3670	汽车零部件及配件制造	113.80	113.80	0.00
2710	化学药品原料药制造	121.30	102.86	15.21
2320	装订及印刷相关服务	95.56	95.56	0.00
3899	其他未列明电气机械及材料制造	92.40	92.40	0.00
2221	机械纸及纸板制造	92.23	92.23	0.00
2922	塑料板、管、型材制造	89.77	89.46	0.35
3359	其他建筑、安全用金属制品制造	87.79	87.79	0.00
3411	锅炉及辅助设备制造	100.71	87.12	13.50
2140	塑料家具制造	80.16	80.16	0.00
2925	塑料人造革、合成革制造	75.85	75.85	0.00
2924	泡沫塑料制造	73.64	73.64	0.00
1781	非织造布制造	73.07	73.07	0.00
2641	涂料制造	72.60	72.60	0.00
3579	其他农、林、牧、渔业机械制造	70.00	70.00	0.00
2913	橡胶零件制造	69.29	69.29	0.00
2110	木质家具制造	65.66	65.66	0.00
4220	非金属废料和碎屑加工处理	108.59	63.02	41.97
2231	纸和纸板容器制造	62.89	62.89	0.00
3869	其他非电力家用器具制造	61.35	61.35	0.00
3660	汽车车身、挂车制造	128.66	60.73	52.80
3029	其他水泥类似制品制造	55.54	55.54	0.00

分析兰-白地区VOCs减排行业*K*值填报情况，*K*值在0.8以上的企业数量占比低于80%，整体未填报率较低，*K*值不足0.6的企业数量占比较高，整体末端治理设施运行状况有待改善。兰-白地区VOCs减排行业*K*值填报情况如表8-9所列。

表8-9　兰-白地区VOCs减排行业*K*值填报情况

范围		*K*值					
		空白	0	（0，0.5）	[0.5,0.8）	[0.8,1)	1
减排行业（Ⅰ）	企业数量/家	9	88	3	93	224	165
	占比/%	1.55	15.12	0.52	15.98	38.49	28.35
减排行业（Ⅱ）	企业数量/家	0	4	4	2	27	8
	占比/%	0	8.89	8.89	4.44	60.00	17.78

（2）兰-白地区VOCs减排潜力差值测算

将兰-白地区VOCs减排行业的产排情况与甘肃省平均VOCs产排情况进行对比，测算兰-白地区与甘肃全省的VOCs产排强度和去除率差值，根据差值情况测算兰-白地区的减排潜力及制定减排方案。其具体减排潜力测算方法如下所述。

① 方案一计算方法：用兰-白地区该行业的总产值乘以甘肃平均的产生强度，得出产生量，再乘以（1−兰-白实际末端处理效率），最后减去兰-白地区实际排放量，差值即为减排潜力。

② 方案二计算方法：用兰-白地区实际产生量乘以（1−甘肃平均去除率），然后减去兰-白地区实际排放量，即假定不采取清洁生产改造，仅提升末端治理水平时能有多大减排空间。

③ 方案三计算方法：兰-白地区在全省平均状态模式下的减排潜力，即用兰-白地区该行业工业总产值乘以全省平均排放强度，得出排放量再减去实际排放量，差值即为可以削减的量。

④ 方案四计算方法：同时采用末端治理和清洁生产，协同或者同步减排，即在考虑采用清洁生产的技术下，结合先进的末端治理技术的总减排量。具体计算方法如下：用兰-白地区的工业总产值乘以全省平均的单位GDP的VOCs产生量，再乘以（1−全省平均去除率），所得数值为实施清洁生产后的再通过末端减排的VOCs排放量，再减去兰-白地区实际VOCs排放量即为兰-白地区采用清洁生产减排后通过末端减排技术改造获得的末端减排潜力，最后加上实施清洁生产的VOCs减排量，即为清洁生产与末端治理技术协同减排的总量。计算过程中若出现兰-白地区优于全省平均产排情况的，该行业的生产或末端治理水平按照维持现状处理。

按照上述4种方案计算方法计算出的兰-白地区VOCs减排行业（Ⅰ）的减排潜力结果如表8-10所列。

表8-10　兰-白地区VOCs减排行业（Ⅰ）的减排潜力（结果保留两位小数）

行业		兰-白地区				甘肃平均			潜力差值（兰-白-甘肃平均）			减排潜力测算/t			
		工业总产值/10^9元	单位产值VOCs产生量/（t/亿元）	单位产值VOCs排放量/（t/亿元）	去除率/%	单位产值VOCs产生量/（t/亿元）	单位产值VOCs排放量/（t/亿元）	去除率/%	VOCs产生强度差值/（t/亿元）	VOCs排放强度差值/（t/亿元）	去除率差值/%	方案一：清洁生产减排潜力	方案二：末端治理减排潜力	方案三：标杆模式	方案四：协同减排
2319	包装装潢及其他印刷	6.04	771.02	770.75	0.04	446.91	446.47	0.10	324.11	324.28	−0.06	−19.58	−0.03	−19.60	−19.60
2651	初级形态塑料及合成树脂制造	98.58	558.49	503.89	9.78	563.82	509.25	9.68	−5.32	−5.36	0.10	4.74	0.54	5.28	5.28
2926	塑料包装箱及容器制造	2.42	1316.50	1302.30	1.08	1045.89	1035.62	0.98	270.61	266.69	0.10	−6.47	0.031	−6.45	−6.47
4411	火力发电	103.18	146.18	101.36	30.66	49.57	34.37	30.66	96.61	66.99	0.00	−69.12	0.00	−69.12	−69.12
合计削减量												−95.18	−0.03	−95.17	−95.20

按照方案一的计算方法，在仅考虑清洁生产减排的情况下，使得兰-白地区VOCs减排行业（Ⅰ）的清洁生产水平达到甘肃全省清洁生产平均水平，通过当前兰-白地区的末端处理技术，兰-白地区VOCs减排行业（Ⅰ）的VOCs减排量达到95.18t，减排量达到兰-白地区当前实际VOCs排放量10.67%；其中，行业2651的清洁生产减排潜力为正值，说明兰-白地区该行业的清洁生产水平高于甘肃省平均水平，该行业在清洁生产技术改造方面维持现状。

按照方案二的计算方法，在不考虑清洁生产的前提下，仅通过提高末端减排的处理能力进行VOCs的减排。甘肃全省对应行业的末端处理技术的去除率与兰-白地区相差不大，VOCs的末端减排潜力为0.03t，减排量达到兰-白当前实际VOCs排放量的0.003%。行业的末端治理技术的处理效率低于甘肃省的平均去除效率，末端减排潜力很大。

按照方案三的计算方法，使兰-白地区的VOCs减排行业完全按照全省平均的发展水平，不考虑兰-白地区是否存在某些行业的清洁生产水平或末端治理技术的处理能力优于全省平均水平的情况。在此发展模式下，兰-白地区的VOCs减排潜力为95.17t，减排量达到兰-白当前实际VOCs排放量的10.67%。

按照方案四的计算方法，充分考虑了兰-白地区VOCs减排行业的清洁生产和末端处理技术与全省平均的差异，在清洁生产升级后，再通过末端治理改造升级来提高VOCs的减排潜力，计算得出的清洁生产与末端治理协同减排的VOCs减排潜力达到95.20t，减排量达到兰-白地区当前实际VOCs排放量的10.67%，为四种方案中减排潜力最高的一种计算方案和减排组合。

根据兰-白地区SO_2减排行业（Ⅱ）的减排潜力计算结果（表8-11），行业2029、2311、3829、2320、2922和2110同时具有清洁生产潜力和末端减排潜力；行业2669、2039、3329、2912、2312、2239、3042、2032、3899、2221、3411、1781、2231和3029的末端治理水平高于全省平均或与全省平均相当，相对于全省平均仅具有清洁生产潜力；行业2923、2927、2929、2921和2924的清洁生产水平高于或与全省平均相当，仅具有末端减排潜力；行业1313、2130、2914、1332、2681、3352、3532、3670、2710、3359、2140、2925、2641、3579、2913、4220、3869和3660的清洁生产水平和末端处理水平均高于全省平均，相对于全省生产水平没有VOCs减排潜力。

兰-白地区SO_2减排行业（Ⅱ）的协同减排潜力仅为兰-白地区当前VOCs排放总量的1.04%，减排潜力较小。在后面的内容分析中，主要以减排行业（Ⅰ）为主，从行业生产产品、原料、工艺及末端治理情况分析行业的减排潜力。

（3）识别兰–白地区VOCs减排行业（Ⅰ）产污工艺

兰-白地区VOCs减排行业（Ⅰ）的VOCs排放主要核算环节不超过2个。行业2319和2916的主要核算工段都为1个，行业2651和4411的主要VOCs排放核算工段

表8-11　兰-白地区VOCs减排行业（Ⅱ）的减排潜力

行业		兰-白地区				甘肃平均			潜力差值（兰-白-甘肃平均）			减排潜力测算/10^4t			
		工业总产值/10^9元	单位产值VOCs产生量/（t/亿元）	单位产值VOCs排放量/（t/亿元）	去除率/%	单位产值VOCs产生量/（t/亿元）	单位产值VOCs排放量/（t/亿元）	去除率/%	VOCs产生强度差值/（t/亿元）	VOCs排放强度差值/（t/亿元）	去除率差值/%	方案一：清洁生产减排潜力	方案二：末端治理减排潜力	方案三：标杆模式	方案四：协同减排
1313	玉米加工	0.0015	2564.64	2564.64	0.00	2564.64	2564.64	0.00	0.00	0.00	0.00	0.00	0.00	0.00	0.00
2130	金属家具制造	0.41	2349.43	2349.43	0.00	4356.82	4356.82	0.00	−2007.40	−2007.40	0.00	8.29	0.00	8.29	8.29
2914	再生橡胶制造	0.08	863.44	863.44	0.00	863.44	863.44	0.00	0.00	0.00	0.00	0.00	0.00	0.00	0.00
2669	其他专用化学产品制造	0.0011	746.99	746.99	0.00	120.10	120.10	0.00	626.89	626.89	0.00	−0.007	0.00	−0.007	−0.007
2039	软木制品及其他木制品制造	0.01	674.43	674.43	0.00	60.91	60.91	0.00	613.53	613.53	0.00	−0.06	0.00	−0.06	−0.06
2029	其他人造板制造	0.009	484.62	484.62	0.00	3.92	3.87	1.28	480.70	480.75	−1.28	−0.044	-5×10^{-4}	−0.044	−0.044
3329	其他金属工具制造	0.004	400.00	400.00	0.00	56.56	56.56	0.00	343.44	343.44	0.00	−0.014	0.00	−0.014	−0.014
2912	橡胶板、管、带制造	0.014	384.84	384.84	0.00	24.37	24.37	0.00	360.47	360.47	0.00	−0.05	0.00	−0.05	−0.05
2312	本册印制	0.33	372.90	372.90	0.00	240.20	240.20	0.00	132.70	132.70	0.00	−0.44	0.00	−0.44	−0.44
2239	其他纸制品制造	0.066	275.62	275.62	0.00	0.12	0.12	0.00	275.50	275.50	0.00	−0.18	0.00	−0.18	−0.18
2923	塑料丝、绳及编织品制造	1.04	265.25	265.25	0.00	316.72	298.35	5.80	−51.47	−33.10	−5.80	0.53	−0.16	0.34	−0.16
1332	非食用植物油加工	0.006	226.05	226.05	0.00	226.05	226.05	0.00	0.00	0.00	0.00	0.00	0.00	0.00	0.00
2311	书、报刊印刷	3.47	223.92	223.92	0.00	117.49	117.46	0.03	106.43	106.46	−0.03	−3.68	−0.002	−3.69	−3.69
2927	日用塑料制品制造	0.34	179.20	179.20	0.00	194.48	187.56	3.56	−15.28	−8.36	−3.56	0.052	−0.022	0.028	−0.022
2681	肥皂及洗涤剂制造	0.15	169.06	169.06	0.00	169.06	169.06	0.00	0.00	0.00	0.00	0.00	0.00	0.00	0.00
2929	塑料零件及其他塑料制品制造	0.25	168.15	168.15	0.00	314.38	309.57	1.53	−146.23	−141.43	−1.53	0.36	−0.006	0.35	−0.006
3829	其他输配电及控制设备制造	0.005	164.87	164.87	0.00	3.70	3.19	13.87	161.17	161.68	−13.87	−0.008	−0.001	−0.008	−0.008

续表

行业		兰-白地区				甘肃平均			潜力差值（兰-白-甘肃平均）			减排潜力测算/10^4t			
		工业总产值/10^9元	单位产值VOCs产生量/（t/亿元）	单位产值VOCs排放量/（t/亿元）	去除率/%	单位产值VOCs产生量/（t/亿元）	单位产值VOCs排放量/（t/亿元）	去除率/%	VOCs产生强度差值/（t/亿元）	VOCs排放强度差值/（t/亿元）	去除率差值/%	方案一：清洁生产减排潜力	方案二：末端治理减排潜力	方案三：标杆模式	方案四：协同减排
3352	建筑装饰及水暖管道零件制造	2×10^{-4}	164.15	164.15	0.00	164.15	164.15	0.00	0.00	0.00	0.00	0.00	0.00	0.00	0.00
3532	农副食品加工专用设备制造	0.16	250.00	160.00	36.00	250.00	160.00	36.00	0.00	0.00	0.00	0.00	0.00	0.00	0.00
3042	特种玻璃制造	0.39	150.30	150.30	0.00	60.06	60.06	0.00	90.24	90.24	0.00	−0.35	0.00	−0.35	−0.35
2921	塑料薄膜制造	7.85	140.54	140.54	0.00	193.56	193.45	0.06	−53.01	−52.90	−0.06	4.16	−0.006	4.16	−0.006
2032	木门窗制造	0.91	116.80	116.80	0.00	84.98	84.98	0.00	31.81	31.81	0.00	−0.29	0.00	−0.29	−0.29
3670	汽车零部件及配件制造	0.55	113.80	113.80	0.00	128.02	128.02	0.00	−14.21	−14.21	0.00	0.078	0.00	0.078	0.078
2710	化学药品原料药制造	7.7×10^{-5}	121.30	102.86	15.21	562.01	552.34	1.72	−440.71	−449.48	13.48	28.86	1.26	34.71	34.71
2320	装订及印刷相关服务	4.50	95.56	95.56	0.00	85.18	84.28	1.06	10.37	11.28	−1.06	−0.47	−0.046	−0.5	−0.51
3899	其他未列明电气机械及材料制造	0.02	92.40	92.40	0.00	32.99	32.93	0.20	59.40	59.47	−0.20	−0.001	−0.40	−0.01	−0.01
2221	机械纸及纸板制造	7.05	92.23	92.23	0.00	84.89	84.89	0.00	7.34	7.34	0.00	−0.52	0.00	−0.52	−0.52
2922	塑料板、管、型材制造	10.3	89.77	89.46	0.35	77.32	75.44	2.43	12.45	14.02	−2.08	−1.28	−0.19	−1.44	−1.44
3359	其他建筑、安全用金属制品制造	0.068	87.79	87.79	0.00	87.79	87.79	0.00	0.00	0.00	0.00	0.00	0.00	0.00	0.00
3411	锅炉及辅助设备制造	0.14	100.71	87.12	13.50	21.98	19.06	13.28	78.74	68.06	0.23	−0.097	3×10^{-4}	−0.1	−0.1
2140	塑料家具制造	0.032	80.16	80.16	0.00	80.16	80.16	0.00	0.00	0.00	0.00	0.00	0.00	0.00	0.00
2925	塑料人造革、合成革制造	1.41	75.85	75.85	0.00	75.85	75.85	0.00	0.00	0.00	0.00	0.00	0.00	0.00	0.00
2924	泡沫塑料制造	11.35	73.64	73.64	0.00	304.32	303.62	0.23	−230.68	−229.98	−0.23	26.17	−0.02	26.09	−0.02
1781	非织造布制造	0.13	73.07	73.07	0.00	36.97	36.97	0.00	36.11	36.11	0.00	−0.05	0.00	−0.05	−0.05

续表

行业		兰-白地区				甘肃平均			潜力差值（兰-白-甘肃平均）			减排潜力测算/10^4t			
		工业总产值/10^9元	单位产值VOCs产生量/（t/亿元）	单位产值VOCs排放量/（t/亿元）	去除率/%	单位产值VOCs产生量/（t/亿元）	单位产值VOCs排放量/（t/亿元）	去除率/%	VOCs产生强度差值/（t/亿元）	VOCs排放强度差值/（t/亿元）	去除率差值/%	方案一：清洁生产减排潜力	方案二：末端治理减排潜力	方案三：标杆模式	方案四：协同减排
2641	涂料制造	26.34	72.60	72.60	0.00	74.60	74.60	0.00	−2.00	−2.00	0.00	0.53	0.01	0.53	0.53
3579	其他农、林、牧、渔业机械制造	0.02	70.00	70.00	0.00	70.00	70.00	0.00	0.00	0.00	0.00	0.00	0.00	0.00	0.00
2913	橡胶零件制造	0.009	69.29	69.29	0.00	69.29	69.29	0.00	0.00	0.00	0.00	0.00	0.00	0.00	0.00
2110	木质家具制造	3.39	65.66	65.66	0.00	50.58	49.26	2.60	15.09	16.40	−2.60	−0.51	−0.058	−0.56	−0.56
4220	非金属废料和碎屑加工处理	0.65	108.59	63.02	41.97	131.99	116.47	11.76	−23.40	−53.45	30.21	0.088	0.21	0.35	0.35
2231	纸和纸板容器制造	2.17	62.89	62.89	0.00	31.05	31.04	0.01	31.84	31.84	−0.01	−0.69	-1×10^{-4}	−0.69	−0.69
3869	其他非电力家用器具制造	9×10^{-4}	61.35	61.35	0.00	61.35	61.35	0.00	0.00	0.00	0.00	0.00	0.00	0.00	0.00
3660	汽车车身、挂车制造	4.23	128.66	60.73	52.80	128.66	60.73	52.80	0.00	0.00	0.00	0.00	0.00	0.00	0.00
3029	其他水泥类似制品制造	0.18	55.54	55.54	0.00	8.89	8.89	0.00	46.65	46.65	0.00	−0.083	0.00	−0.08	−0.08
合计削减量												−8.84	−0.51	−9.09	−9.31

有两个，如表8-12所列。控制主要排放核算环节，能够实现行业90%以上的VOCs排放量。

表8-12 兰-白地区VOCs减排行业（Ⅰ）产污工段

行业	核算环节	工业总产值/千元	排放量占比/%
2319	印刷-2319	429202.9	99.83
2651	2651	5876411	81.37
	2653	1989170	18.62
2916	2926	214885.7	99.35
4411	2614	4657889.6	13.84
	2645	1164472.4	86.16

兰-白地区VOCs减排行业（Ⅰ）中，主要产污工艺涉及化学品加工和印刷（表8-13），是典型的产生VOCs较高的工艺组合。2319行业的排放主要来自用溶剂型平版油墨进行印刷品制造；行业2651、2926和4411的VOCs排放主要来自化学品的制造。

表8-13 兰-白地区VOCs减排行业（Ⅰ）产污工艺

行业	产品名称	工艺名称	原料名称	产生量占比/%
2319	印刷品（承印物为纸）	平版印刷	溶剂型平版油墨	96.11
2651	聚乙烯	低压法	乙烯、丙烯、丁烯、己烯、醋酸乙烯酯	49.49
		高压法	乙烯、丙烯、丁烯、己烯、醋酸乙烯酯	31.76
	丙烯腈	丙烯氨氧化法	丙烯、氨、空气	16.80
2926	塑料包装箱及容器	配料-混合-挤出/注塑	树脂、助剂	99.36
4411	丙烯酸	丙烯两段氧化	丙烯、醋酸异丁酯、对苯二酚	36.05
	其他中间体	有机化工合成	有机化工原料	59.75

（4）识别兰-白地区VOCs减排行业（Ⅰ）末端治理情况

对兰-白地区VOCs减排行业（Ⅰ）末端治理技术的使用及处理情况进行分析，重点分析了各行业所采用的末端处理工艺及其占比，同时对该处理工艺处理VOCs的产生量及处理完成后的排放量情况，并对*N*家采用该末端处理技术的实际去除率进行考量。

兰-白地区VOCs减排行业（Ⅰ）的直排率很高，末端减排潜力很大，如表8-14所列。行业2319、2651和2926的VOCs直排率均超过90%，行业4411的VOCs直排率也超过85%。兰-白地区行业末端治理情况差，末端减排潜力较大。与甘肃全省情况相比，兰-白地区行业2319使用的末端处理技术较少，且去除率较低，具有较大末端减排潜力。

表8-14　兰-白VOCs减排行业（Ⅰ）末端治理技术情况

行业	污染物处理工艺名称	排放量占比/%	去除率/%	企业数占比/%
2319	—	99.50	0.00	96.00
	全部密闭-吸附/催化燃烧法	0.00	65.61	1.33
	外部集气罩-光催化	0.50	5.60	2.67
2651	—	96.58	0.00	90.91
	蓄热式热力燃烧法	3.42	76.00	9.09
2926	—	93.11	0.00	95.35
	低温等离子体	6.80	13.60	2.33
	其他（活性炭吸附）	0.08	18.90	2.33
4411	—	86.16	0.00	91.67
	催化燃烧法	12.57	75.82	4.17
	热力燃烧法	1.27	79.04	4.17

（5）兰-白地区VOCs减排行业（Ⅰ）自下而上减排潜力

根据识别的减排行业（Ⅰ）的主要产污工艺及末端治理情况，测算兰-白地区自下而上的减排潜力。2319行业用溶剂型平版油墨通过平版印刷生产印刷品（承印物为纸）时的产污强度略高于全省平均，具有清洁生产潜力。行业90%以上的VOCs产生量未经任何末端处理设施进行处理，甘肃省该行业通过全部密闭-吸附/催化燃烧法处理的去除率达到65.61%。将直排的VOCs通过全部密闭-吸附/催化燃烧法进行处理，将减少294490.92kgVOCs排放量。

行业2651生产聚乙烯和丙烯腈的工艺的产污强度低于或等于全省平均，相对全省情况不具有清洁生产潜力。行业90%以上的VOCs产生量未经任何末端处理设施进行处理，行业通过蓄热式热力燃烧法的去除率达到76%。将直排的VOCs通过蓄热式热力燃烧法进行处理，将减少3574897.95kgVOCs排放量。

行业2926生产塑料包装箱及容器的工艺的产污强度高于全省平均，具有清洁生产潜力。行业90%以上的VOCs产生量未经任何末端处理设施进行处理，甘肃省该行业通过其他工艺（活性炭吸附）处理的去除率达到18.90%。将直排的VOCs通过其他工艺（活性炭吸附）进行处理，将减少100079.85kgVOCs排放量。

行业4411生产丙烯酸和其他中间体的工艺的产污强度等于全省平均，相对全省情况不具有清洁生产潜力。行业90%以上的VOCs产生量未经任何末端处理设施进行处理，行业通过热力燃烧法的去除率达到79.04%。将直排的VOCs通过热力燃烧法进行处理，将减少712987.85kgVOCs排放量。

兰-白地区生产工艺的产污强度较高，清洁原料的使用量较低，具有明显的源头减排潜力和过程减排潜力。例如2319行业，兰-白地区印刷品（承印物为纸）+平版印刷+

溶剂型平版油墨的VOCs产生强度为3242.06t/亿元，而全省采用该生产工艺的产污强度为3199.57t/亿元，技术升级程度为100%时，减排潜力高达0.07%。兰-白地区采用溶剂型平版油墨进行生产的产污强度是采用水性平版油墨的1747倍，当原料替代程度达到100%时，源头减排潜力达到0.99%，当原料替代程度达到100%时，减排潜力高达4.92%。

本研究中，将直排VOCs通过行业去除率最高的末端治理技术进行末端削减，因此，末端减排潜力取决于行业直排率和行业最高末端处理技术去除率。例如行业2319的VOCs直排率为99.50%，行业去除率最高的末端处理技术为全部密闭-吸附/催化燃烧法，去除率为65.61%，末端减排程度达到100%时，末端减排潜力为3.28%。行业2651的VOCs直排率为96.58%，行业去除率最高的末端处理技术为蓄热式热力燃烧法，去除率为76%，末端减排程度达到100%时，末端减排潜力达到40.08%，如图8-5所示。

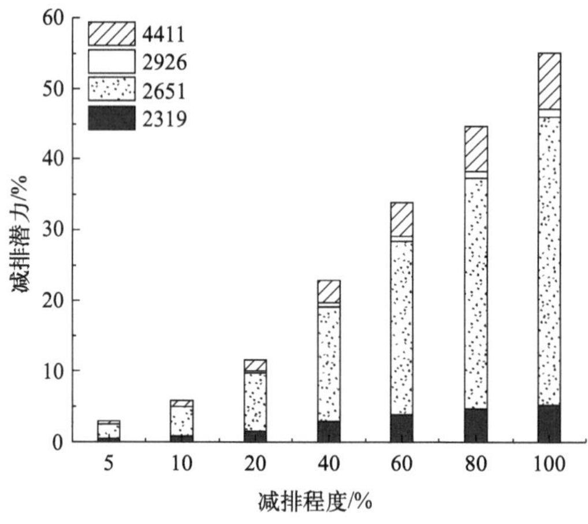

图8-5 兰-白地区VOCs减排潜力

当原料、技术和末端的减排系数均为5%或10%时，兰-白地区VOCs减排的潜力分别达到当前排放总量的2.92%和5.82%。当原料、技术和末端的减排系数均为20%时，兰-白地区VOCs减排的潜力能够达到当前排放总量的11.57%，具有较为可观的减排潜力。当原料、技术和末端的减排系数均达到100%时，兰-白地区VOCs减排的潜力最大达到当前排放总量的55.13%。

当源头和技术的减排系数均为0、末端减排系数为100%时，行业2319、2651、2926和4411的减排潜力分别为3.41%、40.88%、0.62%和7.99%，兰-白地区VOCs减排潜力总量达到52.89%。

当技术升级减排系数为100%、原料替代和末端的减排系数均为0时，行业2319、2651、2926和4411的减排潜力分别为0.07%、0%、0.61%和0%，兰-白地区VOCs减排潜力总量达到0.68%。

当原料替代减排系数为100%、技术和末端的减排系数均为0时，行业2319、2651、2926和4411的减排潜力分别为4.95%、0%、0%和0%，兰-白地区VOCs减排潜力总量达到4.95%。

自主设定兰-白地区的减排目标为9%～10%，通过Python穷举法求解原料、技术和末端的减排系数，获得源头-过程-末端全过程减排的协同减排系数的非劣解集。图8-6所示的协同减排系数的取值范围仅为减排目标为9%～10%时减排系数的最低边界，当协同减排系数的取值大于最低边界时，将产生更大的减排潜力。源头-过程-末端全过程协同减排潜力的减排原则以技术升级为优先，在技术升级的基础上进行原料替代和末端减排，测算协同减排的源头、过程和末端减排潜力。

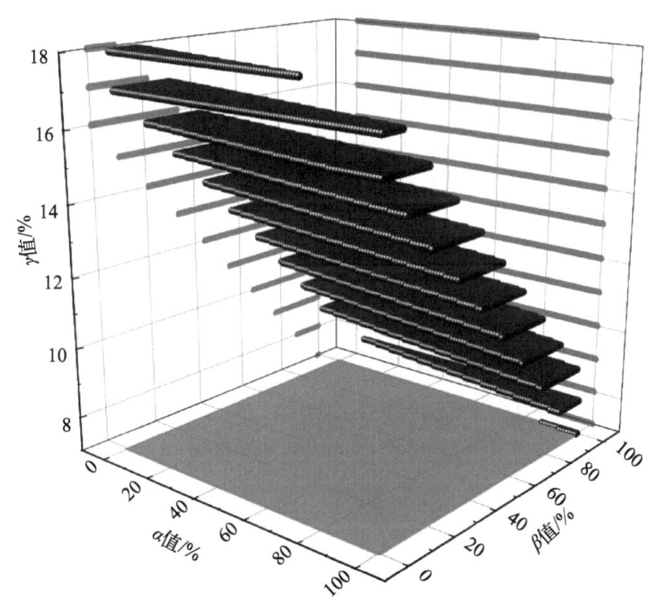

图8-6　兰-白地区减排系数非劣解集

本研究充分考虑了地方减排目标和污染物产排工艺的源头-过程-末端全过程协同减排潜力，利用当地普查数据中工业行业产排情况，通过识别产污量占比高的生产工艺及末端治理技术的使用情况和去除率，将工业行业污染物减排聚焦于某一个或两个生产工艺，与末端减排协同，测算污染物的减排潜力。

① 以甘肃省平均水平作为兰-白地区的VOCs减排标杆地区，源头减排潜力巨大。特别是对于该地区VOCs主要产生来源的包装装潢及其他印刷行业的印刷品（承印物为纸）生产，采用溶剂型平版油墨进行平版印刷的产污强度比全省平均大50多吨/亿元，VOCs减排的主要方向为采用更清洁化的加工工艺。

② 推广有机溶剂的原辅料替代升级。水性平板油墨VOCs产排污强度远小于溶剂型平板油墨。以包装装潢及其他印刷行业为例，兰-白地区生产印刷品（承印物为纸）时，溶剂型涂料的VOCs产污强度是水性涂料的1000多倍，但该地区该环节溶剂型原辅材料使用占主导，原辅材料替代的减排潜力较大。

③ 末端减排潜力仍然较大，兰-白地区VOCs末端治理技术应用情况较差，直排率

较高。将直排的VOCs通过去除率较高的末端处理技术进行处理，具有较大的末端减排潜力。以行业4411为例，兰-白地区直排率高达86.16%，将直排的部分通过去除率较高的热力燃烧法进行处理，将减少700多吨VOCs排放量。

8.1.2 酒-嘉经济区污染物减排潜力分析

8.1.2.1 SO_2减排潜力分析

(1) 酒-嘉地区SO_2排放状况

分析酒-嘉地区的“二污普”数据，根据各大类行业的二氧化硫排放情况，确定酒-嘉地区SO_2减排大类行业。非金属矿物制品业（30）、黑色金属冶炼和压延加工业（31）、有色金属冶炼和压延加工业（32）和电力、热力生产和供应业（44）的SO_2排放总量占酒-嘉地区排放总量的80%以上（图8-7，书后另见彩图），为酒-嘉地区SO_2排放主要贡献行业。

分析酒-嘉地区的“二污普”数据，确定酒-嘉地区SO_2减排行业。石墨及碳素制品制造（3091）、炼铁（3110）、铝冶炼（3216）、火力发电（4411）和热力生产和供应（4430）的SO_2排放总量超过酒-嘉地区工业源SO_2排放总量的75%（图8-8，书后见彩图），因此将上述其他几种行业作为酒-嘉SO_2减排行业（Ⅰ）。

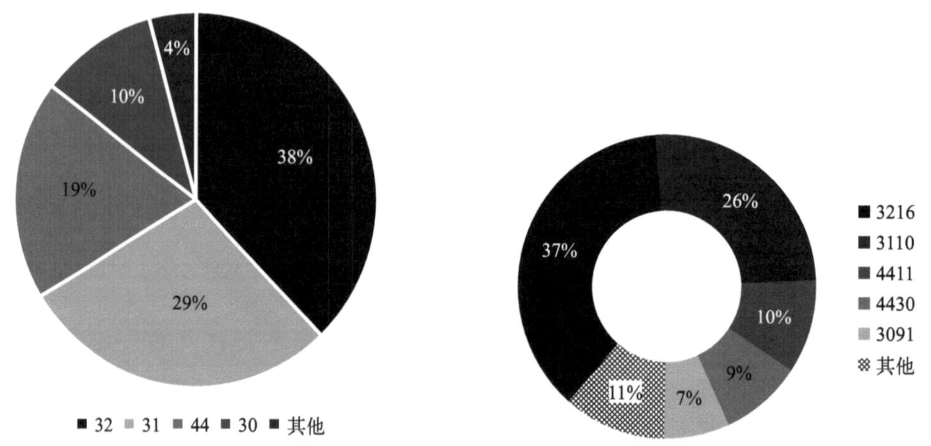

图8-7 酒-嘉地区SO_2减排大类行业及占比　　图8-8 酒-嘉地区SO_2减排行业（Ⅰ）及占比

对酒-嘉地区SO_2减排行业（Ⅰ）以外的行业进行产排污强度分析，筛选出排污强度大的行业作为酒-嘉地区SO_2减排行业（Ⅱ）。酒-嘉地区SO_2减排行业（Ⅱ）主要为金属和非金属冶炼、建筑材料制造和染料制造等行业，是未来时期酒-嘉地区SO_2减排需从源头管控的一类行业。酒-嘉地区SO_2减排行业（Ⅱ）的产生强度、排放强度以及去除率如表8-15所列。

表8-15　酒-嘉地区 SO_2 减排行业（Ⅱ）

行业		产生强度 /（t/亿元）	排放强度 /（t/亿元）	去除率 /%
2645	染料制造	162000.00	36792.00	77.29
3212	铅锌冶炼	117635.86	11763.59	90.00
3039	其他建筑材料制造	11250.00	11250.00	0.00
2811	化学浆粕制造	10971.43	10971.43	0.00
3391	黑色金属制造	7221.23	7221.23	0.00
3221	金冶炼	6808.15	6808.15	0.00
3031	粘土砖瓦及建筑砌块制造	2983.34	2983.34	0.00
2643	工业染料制造	2000.00	2000.00	0.00
1099	其他未列明非金属矿采选	1600.00	1600.00	0.00
2912	橡胶板、管、带制造	1090.67	1090.67	0.00
4610	自来水生产和供应	12288.00	921.60	92.50
3089	耐火陶瓷制品及其他耐火材料制造	775.64	775.64	0.00
931	钨钼矿采选	750.00	750.00	0.00

分析酒-嘉地区 SO_2 减排行业 K 值填报情况（表8-16），K 值在0.8以上的企业数量超过80%，整体未填报率较低，整体末端治理设施运行状况良好。

表8-16　酒-嘉地区 SO_2 减排行业 K 值填报情况

范围		K 值			
	范围	空白	[0.5,0.8)	[0.8,1)	1
减排行业（Ⅰ）	数量/家	2	4	19	96
	占比/%	1.65	3.31	15.70	79.34
减排行业（Ⅱ）	数量/家	0	0	5	27
	占比/%	0	0	15.62	84.38

（2）酒-嘉地区 SO_2 减排潜力测算方法

将酒-嘉地区 SO_2 减排行业的产排情况与甘肃省平均 SO_2 产排情况进行对比，测算酒-嘉地区与甘肃全省的 SO_2 产排强度和去除率差值，根据差值情况测算酒-嘉地区的减排潜力及制定减排方案。其具体减排潜力测算方法如下所述。

① 方案一计算方法：用酒-嘉地区该行业的总产值乘以甘肃平均的产生强度，得出产生量，再乘以（1–酒-嘉实际末端处理效率），最后减去酒-嘉地区实际排放量，差值即为减排潜力。

② 方案二计算方法：用酒-嘉地区实际产生量乘以（1−甘肃平均去除率），然后减去酒-嘉地区实际排放量，即假定不采取清洁生产改造，仅提升末端治理水平时能有多大减排空间。

③ 方案三计算方法：酒-嘉地区在全省平均状态模式下的减排潜力，即用酒-嘉地区该行业工业总产值乘以全省平均排放强度，得出排放量再减去实际排放量，差值即为可以削减的量。

④ 方案四计算方法：同时采用末端治理和清洁生产，协同或者同步减排，即在考虑采用清洁生产技术的条件下，结合先进的末端治理技术的总减排量。具体计算方法如下：用酒-嘉地区的工业总产值乘以全省平均的单位GDP的SO_2产生量，再乘以（1−全省平均去除率），所得数值为实施清洁生产后的再通过末端减排的SO_2排放量，再减去酒-嘉地区实际SO_2排放量即为酒-嘉地区采用清洁生产减排后通过末端减排技术改造获得的末端减排潜力，最后，加上实施清洁生产的SO_2减排量，即为清洁生产与末端治理技术协同减排的总量。计算过程中若出现酒-嘉地区优于全省平均产排情况的，该行业的生产或末端治理水平按照维持现状处理。

按照上述4种方案计算方法计算出的酒-嘉地区SO_2减排行业（Ⅰ）的减排潜力结果如表8-17所列。

按照方案一的计算方法，在仅考虑清洁生产减排的情况下，使得酒-嘉地区SO_2减排行业（Ⅰ）的清洁生产水平达到甘肃全省清洁生产平均水平，通过当前兰-白地区的末端处理技术，酒-嘉地区SO_2减排行业（Ⅰ）的SO_2减排量达到17431.97t，减排量达到酒-嘉地区当前实际SO_2排放量的45.20%；其中，行业4411的清洁生产减排潜力为正值，说明酒-嘉地区该行业的清洁生产水平高于甘肃省平均水平，在清洁生产技术改造方面维持现状。

按照方案二的计算方法，在不考虑清洁生产的前提下，仅通过提高末端减排的处理能力进行SO_2的减排。甘肃全省对应行业的末端处理技术的去除率与酒-嘉地区相差不大，SO_2的末端减排潜力为3632.88t，减排量达到酒-嘉地区当前实际SO_2排放量的9.42%。其中行业3216和3110的末端治理技术的处理效率略高于甘肃省的平均去除效率，因此这两个行业维持现状。

按照方案三的计算方法，使兰-白地区的SO_2减排行业完全按照全省平均的发展水平，不考虑酒-嘉地区是否存在某些行业的清洁生产水平或末端治理技术的处理能力优于全省平均水平的情况。在此发展模式下，酒-嘉地区的SO_2减排潜力为11781.62t，减排量达到兰-白地区当前实际SO_2排放量的30.55%。

按照方案四的计算方法，充分考虑了酒-嘉地区SO_2减排行业的清洁生产和末端处理技术与全省平均的差异，在清洁生产升级后，再通过末端治理改造升级来提高SO_2的减排潜力，计算得出的清洁生产与末端治理协同减排的SO_2减排潜力达到20094.73t，减排量达到酒-嘉地区当前实际SO_2排放量的52.11%。为四种方案中减排潜力最高的一种计算方案和减排组合。

根据酒-嘉地区SO_2减排行业（Ⅱ）的减排潜力计算结果（表8-18），行业2645、

表8-17　酒－嘉地区SO_2减排行业（Ⅰ）的减排潜力（结果保留两位小数）

行业		酒－嘉地区				甘肃平均			潜力差值（酒－嘉－甘肃平均）			减排潜力测算/10^4t			
		工业总产值/10^9元	单位产值SO_2产生量/(t/亿元)	单位产值SO_2排放量/(t/亿元)	去除率/%	单位产值SO_2产生量/(t/亿元)	单位产值SO_2排放量/(t/亿元)	去除率/%	SO_2产生强度差值/（t/亿元）	SO_2排放强度差值/（t/亿元）	去除率差值/%	方案一：清洁生产减排潜力	方案二：末端治理减排潜力	方案三：标杆模式	方案四：协同减排
3216	铝冶炼	2393.48	300.77	60.31	79.95	212.69	59.67	71.95	88.08	0.64	8.00	−0.42	0.58	−0.015	−0.42
3110	炼铁	97.01	3778.78	1013.45	73.18	302.44	291.84	3.51	3476.34	721.61	69.67	−0.90	2.55	−0.70	−0.90
4411	火力发电	390.06	2159.38	98.91	95.42	7785.48	153.67	98.03	−5626.10	−54.76	−2.61	1.01	−0.22	0.21	−0.22
4430	电力生产和供应	11.97	7903.72	2857.43	63.85	2572.02	560.22	78.22	5331.70	2297.21	−14.37	−0.23	−0.14	−0.27	−0.27
3091	石墨及碳素制品制造	254.09	260.34	107.24	58.81	83.25	33.31	59.99	177.09	73.93	−1.18	−0.19	−0.008	−0.19	−0.19
合计削减量												−1.74	−0.36	−1.18	−2.01

表8-18 酒-嘉地区 SO_2 减排行业（Ⅱ）的减排潜力

行业		酒-嘉地区				甘肃平均			潜力差值（酒-嘉-甘肃平均）			减排潜力测算/t			
		工业总产值/10^9元	单位产值 SO_2 产生量/（t/亿元）	单位产值 SO_2 排放量/（t/亿元）	去除率/%	单位产值 SO_2 产生量/（t/亿元）	单位产值 SO_2 排放量/（t/亿元）	去除率/%	SO_2 产生强度差值/（t/亿元）	SO_2 排放强度差值/（t/亿元）	去除率差值/%	方案一：清洁生产减排潜力	方案二：末端治理减排潜力	方案三：标杆模式	方案四：协同减排
2645	染料制造	0.002	162000.00	36792.00	77.29	162000.00	36792.00	77.29	0.00	0.00	0.00	0.00	0.00	0.00	0.00
3212	铅锌冶炼	0.007	117635.86	11763.59	90.00	826.10	137.01	83.42	116809.75	11626.58	6.58	−7.97	5.29	−7.94	−7.97
3039	其他建筑材料制造	0.003	11250.00	11250.00	0.00	89.22	46.31	48.10	11160.78	11203.69	−48.10	−3.57	−1.73	−3.59	−3.59
2811	化学浆粕制造	0.035	10971.43	10971.43	0.00	10971.43	10971.43	0.00	0.00	0.00	0.00	0.00	0.00	0.00	0.00
3391	黑色金属制造	0.27	7221.23	7221.23	0.00	4.19	4.18	0.10	7217.05	7217.05	−0.10	−192.94	−0.19	−192.94	−192.94
3221	金冶炼	0.13	6808.15	6808.15	0.00	280.16	77.80	72.23	6527.99	6730.35	−72.23	−82.25	−61.96	−84.80	−84.80
3031	粘土砖瓦及建筑砌块制造	1.15	2983.34	2983.34	0.00	9911.24	4074.64	58.89	−6927.90	−1091.30	−58.89	797.53	−202.25	125.63	−202.25
2643	工业染料制造	0.6	2000.00	2000.00	0.00	438.02	51.67	88.20	1561.98	1948.33	−88.20	−93.72	−105.84	−116.90	−116.90
1099	其他未列明非金属矿采选	0.003	1600.00	1600.00	0.00	148.01	127.09	14.14	1451.99	1472.91	−14.14	−0.44	−0.07	−0.44	−0.44
2912	橡胶板、管、带制造	0.3	1090.67	1090.67	0.00	1090.67	1090.67	0.00	0.00	0.00	0.00	0.00	0.00	0.00	0.00
4610	自来水生产和供应	0.005	12288.00	921.60	92.50	206.01	64.31	68.78	12081.99	857.29	23.72	−0.45	1.46	−0.43	−0.45
3089	耐火陶瓷制品及其他耐火材料制造	2.80	775.64	775.64	0.00	708.67	708.67	0.00	66.97	66.97	0.00	−18.77	0.00	−18.77	−18.77
931	钨钼矿采选	0.024	750.00	750.00	0.00	321.63	274.91	14.53	428.37	475.09	−14.53	−1.03	−0.26	−1.14	−1.14
合计削减量												−401.14	−372.30	−426.94	−629.25

2811和2912的清洁生产水平和末端治理技术水平与全省平均产排情况相当，因此行业2645、2811和2912建议保持现状。行业3031的清洁生产水平优于全省平均，不具有减排潜力。行业931、4610、1099、3212和3039的清洁生产减排潜力较小。相较全省平均产排情况，行业3391、3221、2643和3089具有清洁生产潜力。

行业3212、4610和3089的末端治理技术的去除情况优于或与全省平均相当，不具有末端减排潜力。行业3039、3391、1099和931的末端处理技术的去除率略低于全省平均，末端减排潜力较小。行业3221、3031和2643具有末端减排潜力。

酒-嘉地区SO_2减排行业（Ⅰ）和（Ⅱ）的清洁生产和末端治理水平较低，且甘肃全省对应行业的清洁生产和末端治理情况也不容乐观。根据酒-嘉地区SO_2减排行业的生产工艺情况，通过自下而上的测算方式进行减排。由于酒-嘉地区SO_2减排行业（Ⅱ）的排放量相对减排行业（Ⅰ）较低，减排潜力也远低于减排行业（Ⅰ）的减排潜力，下面部分仅通过自下而上的方法测算减排行业（Ⅰ）的减排潜力。

（3）识别酒-嘉地区SO_2减排行业（Ⅰ）产污工艺

酒-嘉地区SO_2减排行业（Ⅰ）主要产排核算工段一般不超过2个，通过控制污染物主要产排核算工段，能够实现对行业90%以上的污染物排放量的控制，该地区SO_2减排行业（Ⅰ）的主要排放工段如表8-19所列。其中，行业3091、4411和4430的主要产排核算工段为行业本身。行业3110的主要产排核算工段包括球团矿工段和烧结矿工段，排放量占比分别为63.56%和33.48%。行业3216的主要产排核算工段包括电解铝生产和火力发电，排放量占比分别为85.29%和14.71%。

表8-19 酒-嘉地区SO_2减排行业（Ⅰ）的主要排放工段

行业	核算环节名称	排放量占比/%
3091	煅烧-3091	92.91
3110	球团矿工段-3110	63.56
	烧结矿工段-3110	33.48
3216	电解铝生产-3216	85.29
	火力发电-4411	14.71
4411	火力发电-4411	100.00
4430	4430	100.00

酒-嘉地区SO_2减排行业（Ⅰ）中，主要产污工艺涉及窑炉，SO_2的排放主要涉及燃料的燃烧。行业SO_2产生强度均较大，尤其是3110球团烧结工段，将铁矿、石灰、焦粉、煤粉等通过带式烧结机(机头)获得烧结矿的产污强度达到10139.79t/亿元，清洁生产水平很低，具有较大的清洁生产潜力，如表8-20所列。3110行业产品+工艺+原料分别为球团矿+竖炉+铁精矿、膨润土和烧结矿+带式烧结机(机头)+铁矿、石灰、焦粉、煤粉等，SO_2产生量占比分别为17.86%和81.34%。

行业3091主要的产污产品+工艺+原料为铝用阳极炭块+煅烧(天然气)+石油焦、煤沥青等，SO_2产生量占比为97.08%。行业3216主要的产污产品+工艺+原料分别为原铝+电解法+氧化铝和电能+煤粉锅炉+煤炭，SO_2产生量占比分别为17.10%和82.90%。行业4411主要的产污产品+工艺+原料为电能+煤粉锅炉+煤炭，SO_2产生量占比为99.94%。行业4430主要的产污产品+工艺+原料为蒸汽/热水/其他+链条炉+一般烟煤，SO_2产生量占比为96.70%。酒-嘉地区SO_2减排行业（Ⅰ）的主要产污工艺的产生强度均较高，具有较大的清洁生产减排空间。

表8-20　酒-嘉地区SO_2减排行业（Ⅰ）产污工艺

行业	核算环节名称	产品名称	工艺名称	原料名称	产生量占比/%	产生强度/（t/亿元）
3091	煅烧-3091	铝用阳极炭块	煅烧(天然气)	石油焦、煤沥青等	97.08	340.36
3110	球团矿工段-3110	球团矿	竖炉	铁精矿、膨润土	17.86	4057.40
	烧结矿工段-3110	烧结矿	带式烧结机(机头)	铁矿、石灰、焦粉、煤粉等	81.34	10139.79
3216	电解铝生产-3216	原铝	电解法	氧化铝	17.10	70.14
	火力发电-4411	电能	煤粉锅炉	煤炭	82.90	934.99
4411	火力发电-4411	电能	煤粉锅炉	煤炭	99.94	2615.33
4430	/-4430	蒸汽/热水/其他	链条炉	一般烟煤	96.70	8004.14

（4）识别酒-嘉地区SO_2减排行业（Ⅰ）末端治理情况

对酒-嘉地区SO_2减排行业（Ⅰ）末端治理技术的使用及处理情况进行分析（表8-21），重点分析了各行业所采用的末端处理工艺及其占比，同时对该处理工艺处理SO_2的产生量及处理完成后的排放量情况，并对*N*家采用该末端处理技术的实际去除率进行考量。

表8-21　酒-嘉地区SO_2减排行业（Ⅰ）末端治理情况

行业	核算环节名称	污染物处理工艺名称	排放量占比/%	去除率/%
3091	煅烧-3091	—	85.40	0.00
		石灰石/石膏法	7.51	95.00
3110	球团矿工段-3110	—	63.18	0.00
		石灰石/石灰-石膏法	0.38	88.96
	烧结矿工段-3110	石灰石/石灰-石膏法	33.48	88.96
3216	电解铝生产-3216	—	85.29	0.00
	火力发电-4411	石灰石/石膏法	14.71	96.44
4411	火力发电-4411	—	1.39	0.00
		石灰石/石膏法	98.61	95.48

续表

行业	核算环节名称	污染物处理工艺名称	排放量占比/%	去除率/%
4430	4430	（炉内脱硫）+石灰石/石膏法	0.04	94.00
		—	10.86	0.00
		石灰石/石膏法	5.47	91.77
		双碱法	78.50	49.76
		氧化镁法	5.14	87.88

行业3091直排率高达85.40%，石灰石/石膏法的去除效率达到95.00%，将直排的SO_2用石灰石/石膏法进行处理，将释放较多的末端减排潜力。行业3110和3216直排率高达63.18%和85.29%，将直排的SO_2用石灰石/石膏法进行处理，将释放较多的末端减排潜力。行业4430的直排率为10.86%，具有一定末端减排潜力。行业4411直排率为1.39%，末端减排潜力较低。

（5）酒－嘉地区SO_2减排行业（Ⅰ）自下而上减排潜力

根据识别的减排行业（Ⅰ）的主要产污工艺及末端治理情况，测算兰-白地区自下而上的减排潜力。行业3091生产铝用阳极炭块的生产工艺的产污强度均小于全省平均，无清洁生产减排潜力。行业SO_2直排率较高，将直排的产生量通过石灰石/石膏法处理的去除率达到95%，将减少2324.04tSO_2排放量。

行业3110生产球团矿和烧结矿的生产工艺清洁生产水平弱于甘肃省平均水平，相对全省平均具有清洁生产潜力。生产球团矿的工艺直排率较高，将直排的部分SO_2采用石灰石/石灰-石膏法进行处理，结合清洁生产减排，行业将减少6659.12tSO_2排放量。

行业3216生产原铝的生产工艺清洁生产水平优于甘肃省平均水平，相对全省平均无清洁生产潜力。生产电能的生产工艺清洁生产水平弱于甘肃省平均水平，相对全省平均具有一定清洁生产潜力。行业直排率较高，将直排的SO_2通过石灰石/石膏法进行处理，结合清洁生产减排，行业将减少2256.81tSO_2排放量。

行业4411的清洁生产水平和末端处理技术水平优于全省平均，相对全省平均产排情况不具有清洁生产潜力，以维持现状处理。

行业4430用一般烟煤生产蒸汽/热水/其他时，采用链条炉的清洁生产水平低于全省平均，相对全省情况具有一定清洁生产潜力。行业直排率为10.86%，将直排的SO_2通过石灰石/石膏法进行处理，全过程协同将减少1116.70tSO_2排放量。

8.1.2.2　酒－嘉地区颗粒物减排潜力分析

（1）酒－嘉地区颗粒物排放状况

分析酒-嘉地区的“二污普”数据，根据各大类行业的颗粒物排放情况，确定酒-

嘉地区颗粒物减排大类行业。非金属矿物制品业（30）和黑色金属冶炼和压延加工业（31）的SO_2排放总量占酒-嘉地区排放总量的80%以上，为酒-嘉地区颗粒物排放主要贡献行业，如图8-9所示。

分析酒-嘉地区的“二污普”数据，确定酒-嘉地区颗粒物减排行业。炼钢（3120）、水泥制造（3011）和炼铁（3110）的二氧化硫排放总量超过酒-嘉地区工业源颗粒物排放总量的80%（图8-10），因此将上述其他几种行业作为酒-嘉颗粒物减排行业（Ⅰ）。

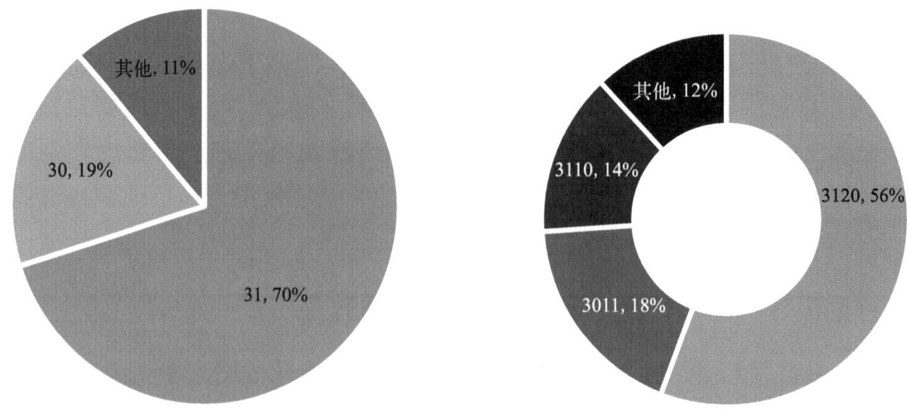

图8-9　酒-嘉地区颗粒物减排大类行业及占比　图8-10　酒-嘉地区颗粒物减排行业（Ⅰ）及占比

对酒-嘉地区颗粒物减排行业（Ⅰ）以外的行业进行产排污强度分析，筛选出排污强度大的行业作为酒-嘉地区颗粒物减排行业（Ⅱ）。酒-嘉地区颗粒物减排行业（Ⅱ）主要为矿产采选、冶炼、化学制剂制造和染料制造等行业，如表8-22所列，是未来时期酒-嘉地区颗粒物减排需从源头管控的一类行业。

表8-22　酒-嘉地区颗粒物减排行业（Ⅱ）

行业		产生强度/(t/亿元)	排放强度/(t/亿元)	去除率/%
2645	染料制造	166125.00	43455.00	73.84
3221	金冶炼	11675.38	11675.38	0.00
4610	自来水生产和供应	12000.00	3600.00	70.00
2643	工业颜料制造	3666.67	3565.83	2.75
912	铅锌矿采选	5017.72	3335.03	33.54
2661	化学试剂和助剂制造	2618.57	2618.57	0.00
2811	化学浆粕制造	12857.14	2342.57	81.78
4520	生物质燃气生产和供应业	1200.00	1200.00	0.00
810	铁矿采选	10737.58	1158.91	89.21
3032	建筑用石加工	1462.68	1111.84	23.99
3212	铅锌冶炼	97307.75	973.08	99.00
1019	黏土及其他土砂石开采	888.31	888.31	0.00

分析酒-嘉地区颗粒物减排行业K值填报情况（表8-23），K值在0.9以上的企业数量超过90%，整体末端治理设施运行状况良好。

表8-23　酒-嘉地区颗粒物减排行业K值填报情况

范围		K值				
		空白	（0，0.5）	[0.5,0.9）	[0.9,1)	1.00
减排行业（Ⅰ）	数量/家	0.00	0.00	0.00	13.00	253.00
	占比/%	0.00	0.00	0.00	4.89	95.11
减排行业（Ⅱ）	数量/家	0.00	1	5	6	74
	占比/%	0.00	1.16	5.81	6.98	86.05

（2）酒-嘉地区颗粒物减排潜力差值测算方法

将酒-嘉地区颗粒物减排行业的产排情况与甘肃省平均颗粒物产排情况进行对比，测算酒-嘉地区与甘肃全省的颗粒物产排强度和去除率差值，根据差值情况测算酒-嘉地区的减排潜力及制定减排方案。其具体减排潜力测算方法如下所述。

① 方案一计算方法：用酒-嘉地区该行业的总产值乘以甘肃平均的产生强度，得出产生量，再乘以（1−酒-嘉地区实际末端处理效率），最后减去酒-嘉地区实际排放量，差值即为减排潜力。

② 方案二计算方法：用酒-嘉地区实际产生量乘以（1−甘肃平均去除率），然后减去酒-嘉地区实际排放量，即假定不采取清洁生产改造，仅提升末端治理水平时能有多大减排空间。

③ 方案三计算方法：酒-嘉地区在全省平均状态模式下的减排潜力，即用酒-嘉地区该行业工业总产值乘以全省平均排放强度，得出排放量再减去实际排放量，差值即为可以削减的量。

④ 方案四计算方法：同时采用末端治理和清洁生产，协同或者同步减排，即在考虑采用清洁生产的技术下，结合先进的末端治理技术的总减排量。具体计算方法如下：用酒-嘉地区的工业总产值乘以全省平均的单位GDP的颗粒物产生量，再乘以（1−全省平均去除率），所得数值为实施清洁生产后的再通过末端减排的颗粒物排放量，再减去酒-嘉地区实际颗粒物排放量即为酒-嘉地区采用清洁生产减排后通过末端减排技术改造获得的末端减排潜力，最后，加上实施清洁生产的颗粒物减排量，即为清洁生产与末端治理技术协同减排的总量。计算过程中若出现酒-嘉地区优于全省平均产排情况的，该行业的生产或末端治理水平按照维持现状处理。

按照上述4种方案计算方法计算出的酒-嘉地区颗粒物减排行业（Ⅰ）的减排潜力结果如表8-24所列。

酒-嘉地区颗粒物减排行业（Ⅰ）的清洁生产和末端减排的潜力巨大。按照方案一的计算方法，在仅考虑清洁生产减排的情况下，使得酒-嘉地区颗粒物减排行业（Ⅰ）

表8-24　酒-嘉地区颗粒物减排行业（Ⅰ）的减排潜力（结果保留两位小数）

行业		酒-嘉地区				甘肃平均			潜力差值（酒-嘉-甘肃平均）			减排潜力测算/10^4t			
		工业总产值/10^9元	单位产值PM产生量/(t/亿元)	单位产值PM排放量/(t/亿元)	去除率/%	单位产值PM产生量/(t/亿元)	单位产值PM排放量/(t/亿元)	去除率/%	PM产生强度差值/(t/亿元)	PM排放强度差值/(t/亿元)	去除率差值/%	方案一：清洁生产减排潜力	方案二：末端治理减排潜力	方案三：标杆模式	方案四：协同减排
3120	炼钢	8043.32	372.50	154.44	58.54	380.82	154.41	59.45	−8.32	0.03	−0.91	0.28	−0.27	−0.003	−0.27
3011	水泥制造	61.82	106347.00	6543.18	93.85	88324.76	2708.90	96.93	18022.24	3834.28	−3.09	−0.69	−2.03	−2.37	−2.37
3110	炼铁	789.02	3007.52	398.51	86.75	2261.26	278.60	87.68	746.26	119.92	−0.93	−0.78	−0.22	−0.95	−0.95
合计削减量												−1.47	−2.52	−3.32	−3.59

的清洁生产水平达到甘肃全省清洁生产平均水平，通过当前兰-白地区的末端处理技术，酒-嘉地区颗粒物减排行业（Ⅰ）的颗粒物减排量达到14656.50t，减排量达到酒-嘉地区当前实际颗粒物排放量6.58%；其中，3120行业的清洁生产减排潜力为正值，说明酒-嘉地区该行业的清洁生产水平高于甘肃省平均水平，在清洁生产技术改造方面维持现状。

按照方案二的计算方法，在不考虑清洁生产的前提下，仅通过提高末端减排的处理能力进行颗粒物的减排。甘肃全省对应行业的末端处理技术的去除率与酒-嘉地区相差不大，颗粒物的末端减排潜力为25231.90t，减排量达到酒-嘉地区当前实际颗粒物排放量的11.33%。

按照方案三的计算方法，使酒-嘉地区的颗粒物减排行业完全按照全省平均的发展水平，不考虑酒-嘉地区是否存在某些行业的清洁生产水平或末端治理技术的处理能力优于全省平均水平的情况。在此发展模式下，酒-嘉地区的颗粒物减排潜力为33191.14t，减排量达到酒-嘉当前实际颗粒物排放量的14.90%。

按照方案四的计算方法，充分考虑了酒-嘉地区颗粒物减排行业的清洁生产和末端处理技术与全省平均的差异，在清洁生产升级后，再通过末端治理改造升级来提高颗粒物的减排潜力，计算得出的清洁生产与末端治理协同减排的颗粒物减排潜力达到35903.09t，减排量达到酒-嘉地区当前实际颗粒物排放量的16.12%。为四种方案中减排潜力最高的一种计算方案和减排组合。

根据酒-嘉地区颗粒物减排行业（Ⅱ）的减排潜力计算结果（表8-25），行业2645、2811和4520的清洁生产水平和末端治理技术水平与全省平均产排情况相当，因此行业2645、2811和4620建议保持现状。行业912和1019的清洁生产水平优于全省平均，不具有减排潜力。行业4610、2661和3212的清洁生产减排潜力较小。相较全省平均产排情况，行业3221、2643、810和3032具有清洁生产潜力。

行业4610、810、3032和3212的末端治理技术的去除情况优于或与全省平均相当，不具有末端减排潜力。行业2661和1019的末端处理技术的去除率略低于全省平均，末端减排潜力较小。行业3221、2643和912具有末端减排潜力。

酒-嘉地区颗粒物减排行业（Ⅰ）的清洁生产和末端减排的潜力较大，减排行业（Ⅱ）的清洁生产和末端治理水平较低。根据酒-嘉地区颗粒物减排行业的生产工艺情况，通过自下而上的测算方式进行减排。由于酒-嘉地区颗粒物减排行业（Ⅱ）的排放量相对减排行业（Ⅰ）较低，减排潜力也远低于减排行业（Ⅰ）的减排潜力，下面部分仅通过自下而上的方法测算减排行业（Ⅰ）的减排潜力。

（3）识别酒-嘉地区颗粒物减排行业（Ⅰ）产污工艺

酒-嘉地区颗粒物减排行业（Ⅰ）主要产排核算工段一般不超过2个，通过控制污染物主要产排核算工段，能够实现对行业90%以上的污染物排放量的控制，该地区颗粒物减排行业（Ⅰ）的主要排放工段如表8-26所列。其中，行业3011和3120的主要产排核算工段为行业本身。行业3110的主要产排核算工段包括球团矿工段和烧结矿工段，排放

表8-25　酒-嘉地区颗粒物减排行业（Ⅱ）的减排潜力

行业		酒-嘉地区				甘肃平均			潜力差值（酒-嘉-甘肃平均）			减排潜力测算/t			
		工业总产值/10^9元	单位产值PM产生量/（t/亿元）	单位产值PM排放量/（t/亿元）	去除率/%	单位产值PM产生量/（t/亿元）	单位产值PM排放量/（t/亿元）	去除率/%	PM产生强度差值/（t/亿元）	PM排放强度差值/（t/亿元）	去除率差值/%	方案一：清洁生产减排潜力	方案二：末端治理减排潜力	方案三：标杆模式	方案四：协同减排
2645	染料制造	0.002	166125.00	43455.00	73.84	166125.00	43455.00	73.84	0.00	0.00	0.00	0.00	0.00	0.00	0.00
3221	金冶炼	0.13	11675.38	11675.38	0.00	782.00	89.66	88.54	10893.38	11585.73	−88.54	−137.26	−130.24	−145.98	−145.98
4610	自来水生产和供应	0.005	12000.00	3600.00	70.00	470.39	365.67	22.26	11529.61	3234.33	47.74	−1.73	2.86	−1.62	−1.73
2643	工业颜料制造	0.6	3666.67	3565.83	2.75	802.77	382.86	52.31	2863.90	3182.98	−49.56	−167.11	−109.03	−190.98	−190.98
912	铅锌矿采选	1.36	5017.72	3335.03	33.54	7385.86	3562.95	51.76	−2368.13	−227.92	−18.22	214.46	−124.60	31.06	−124.60
2661	化学试剂和助剂制造	0.014	2618.57	2618.57	0.00	200.71	96.26	52.04	2417.86	2522.31	−52.04	−3.39	−1.91	−3.53	−3.53
2811	化学浆粕制造	0.035	12857.14	2342.57	81.78	12857.14	2342.57	81.78	0.00	0.00	0.00	0.00	0.00	0.00	0.00
4520	生物质燃气生产和供应业	0.06	1200.00	1200.00	0.00	1959.36	1959.36	0.00	−759.36	−759.36	0.00	4.56	0.00	4.56	4.56
810	铁矿采选	1.44	10737.58	1158.91	89.21	1955.16	875.31	55.23	8782.41	283.60	33.98	−136.08	523.75	−40.71	−136.08
3032	建筑用石加工	2.64	1462.68	1111.84	23.99	1369.46	1215.28	11.26	93.22	−103.45	12.73	−18.68	49.08	27.27	−18.68
3212	铅锌冶炼	0.007	97307.75	973.08	99.00	1399.44	114.32	91.83	95908.31	858.76	7.17	−0.65	4.76	−0.59	−0.65
1019	粘土及其他土砂石开采	0.24	888.31	888.31	0.00	3724.95	3295.08	11.54	−2836.64	−2406.77	−11.54	67.71	−2.45	57.45	−2.45
合计削减量												−464.90	−368.23	−356.14	−624.68

量占比分别为19.94%和75.63%。

表8-26 酒-嘉地区颗粒物减排行业（Ⅰ）的主要排放工段

<table>
<tr><th>行业代码</th><th>核算环节名称</th><th>排放量占比/%</th></tr>
<tr><td>3011</td><td>3011</td><td>100.00</td></tr>
<tr><td rowspan="2">3110</td><td>球团矿工段-3110</td><td>19.94</td></tr>
<tr><td>烧结矿工段-3110</td><td>75.63</td></tr>
<tr><td>3120</td><td>/-3120</td><td>99.84</td></tr>
</table>

酒-嘉地区颗粒物减排行业（Ⅰ）中，主要产污工艺涉及窑炉，SO_2的排放主要涉及燃料的燃烧，如表8-27所列。行业颗粒物产生强度均较大，尤其是3011熟料生产，将钙、硅铝铁质原料通过新型干法(窑尾)生产的产污强度达到440203.40t/亿元。同时，该行业水泥+粉磨站+熟料、混合材和水泥+新型干法(窑尾)+钙、硅铝铁质原料的产污强度分别达到25222.69t/亿元和411033.42t/亿元，行业整体清洁生产水平很低，具有较大的清洁生产潜力。

表8-27 酒-嘉地区颗粒物减排行业（Ⅰ）产污工艺

<table>
<tr><th>行业</th><th>环节</th><th>产品</th><th>工艺</th><th>原料</th><th>产生量占比/%</th><th>产生强度/(t/亿元)</th></tr>
<tr><td rowspan="3">3011</td><td rowspan="3">3011</td><td>熟料</td><td>新型干法(窑尾)</td><td>钙、硅铝铁质原料</td><td>40.42</td><td>440203.40</td></tr>
<tr><td rowspan="2">水泥</td><td>粉磨站</td><td>熟料、混合材</td><td>12.40</td><td>25222.69</td></tr>
<tr><td>新型干法(窑尾)</td><td>钙、硅铝铁质原料</td><td>28.54</td><td>411033.42</td></tr>
<tr><td rowspan="4">3110</td><td>球团矿工段-3110</td><td>球团矿</td><td>竖炉</td><td>铁精矿、膨润土</td><td>6.46</td><td>3294.30</td></tr>
<tr><td rowspan="3">烧结矿工段-3110</td><td rowspan="3">烧结矿</td><td>带式烧结机(机头)</td><td>铁矿、石灰、焦粉、煤粉等</td><td>14.32</td><td>11552.99</td></tr>
<tr><td>带式烧结机(机尾)</td><td>铁矿、石灰、焦粉、煤粉等</td><td>9.42</td><td>10130.71</td></tr>
<tr><td>带式烧结机(一般排放口)</td><td>铁矿、石灰、焦粉、煤粉等</td><td>41.78</td><td>6421.74</td></tr>
<tr><td rowspan="3">3120</td><td rowspan="3">/-3120</td><td>不锈钢</td><td>转炉法(一般排放口)</td><td>废钢、生铁水(块)、铁铬合金、造渣剂</td><td>52.64</td><td>1760.10</td></tr>
<tr><td rowspan="2">碳钢</td><td>转炉法(一般排放口)</td><td>废钢、生铁水(块)、铁合金、造渣剂</td><td>21.26</td><td>563.72</td></tr>
<tr><td>转炉法(主要排放口)</td><td>废钢、生铁水(块)、铁合金、造渣剂</td><td>13.71</td><td>538.70</td></tr>
</table>

行业3110球团矿生产的颗粒物产生量占比为6.46%，球团矿+竖炉+铁精矿、膨润土的颗粒物产生强度为3294.30t/亿元。铁矿、石灰、焦粉、煤粉等分别通过带式烧结机(机头)、带式烧结机(机尾)和带式烧结机(一般排放口)生产烧结矿的产生量占比分别为

14.32%、9.42%和41.78%，产污强度分别为11552.99t/亿元、10130.71t/亿元和6421.74t/亿元。通过带式烧结机(机头)和带式烧结机(机尾)进行生产的产污强度很高，具有较大的清洁生产潜力。

行业3120用废钢、生铁水(块)、铁铬合金、造渣剂通过转炉法(一般排放口)生产不锈钢的颗粒物产生量占比为52.64%，产污强度为1760.10t/亿元。碳钢+转炉法(一般排放口)+废钢、生铁水(块)、铁铬合金、造渣剂和碳钢+转炉法(主要排放口)+废钢、生铁水(块)、铁铬合金、造渣剂和碳钢的颗粒物产生量占比分别为21.26%和13.71%，产生强度分别为563.72t/亿元和538.70t/亿元。酒-嘉地区颗粒物减排行业（Ⅰ）的主要产污工艺的产生强度均较高，具有较大的清洁生产减排空间。

（4）识别酒-嘉地区颗粒物减排行业（Ⅰ）末端治理情况

对酒-嘉地区颗粒物减排行业（Ⅰ）末端治理技术的使用及处理情况进行分析，重点分析了各行业所采用的末端处理工艺及其占比，同时对该处理工艺处理颗粒物的产生量及处理完成后的排放量情况，并对*N*家采用该末端处理技术的实际去除率进行考量。

酒-嘉地区颗粒物减排行业（Ⅰ）总体直排率较高，采用治理技术的去除率较高，末端减排方向为直排率的降低。行业3110直排率超过90%，布袋除尘的去除效率超过99.00%，将直排的颗粒物用布袋除尘进行处理，将释放较多的末端减排潜力。行业3120直排率高达99.28%，行业产生颗粒物几乎未经处理直接排放，布袋除尘的去除效率超过99.00%，将直排的颗粒物用布袋除尘进行处理，将释放较多的末端减排潜力，如表8-28所列。

表8-28 酒-嘉地区颗粒物减排行业（Ⅰ）末端治理情况

行业	环节	处理工艺	排放量占比/%	去除率/%
3011	3011	—	34.63	0.00
		袋式除尘	65.36	95.89
3110	球团矿工段-3110	—	19.69	0.00
		布袋除尘	0.07	99.20
		静电除尘	0.18	99.07
	烧结矿工段-3110	—	72.98	0.00
		P15其他	1.04	99.00
		布袋除尘	0.52	99.57
		电袋复合式除尘	0.55	99.60
		静电除尘	0.55	99.07
3120	/-3120	—	99.28	0.00
		布袋除尘	0.57	99.60

（5）酒 - 嘉地区颗粒物减排行业（Ⅰ）自下而上减排潜力

根据识别的减排行业（Ⅰ）的主要产污工艺及末端治理情况，测算酒 - 嘉地区自下而上的减排潜力。行业 3011 用钙、硅铝铁质原料通过新型干法(窑尾)生产熟料的生产工艺的产污强度均高于全省平均，具有清洁生产减排潜力；用钙、硅铝铁质原料通过新型干法(窑尾)生产水泥的生产工艺的产生强度高于全省平均，具有清洁生产潜力。同时，将行业直排的颗粒物通过袋式除尘进行处理，将减少 14010.90t 颗粒物的排放量。

行业 3110 生产球团矿和烧结矿的生产工艺清洁生产水平弱于甘肃省平均水平，相对全省平均具有清洁生产潜力。生产球团矿的工艺直排率较高，将直排的部分通过布袋除尘进行处理，结合清洁生产减排，行业将减少 28788.59t 颗粒物的排放量。

行业 3120 生产不锈钢和碳钢的生产工艺的清洁生产水平与甘肃省平均水平相当，相对全省平均无清洁生产潜力。行业直排率较高，将直排的颗粒物通过布袋除尘进行处理，行业将减少 99436.31t 颗粒物的排放量。

8.1.3　兰州市工业源 VOCs 减排潜力研究

兰州工业生产结构以石油化工等重污染行业为主，是中国最早发现光化学烟雾的地区。工业源的 VOCs 排放量占兰州市 VOCs 排放总量的 34.56%，占甘肃省工业源 VOCs 排放总量的 59.27%。VOCs 和 NO_x 是 O_3 和二次气溶胶的重要前体物。在较高 VOCs/NO_x 比率下，O_3 的产生受到 NO_x 的限制，而在较低比率下，其产生受到 VOCs 的限制。兰州的 O_3 产生正逐渐从氮氧化物敏感度转向 VOCs 敏感度。因此，VOCs 排放控制是兰州市光化学 O_3 减排的关键。

根据《兰州市空气质量限期达标规划要求（2021—2035 年）》报告中的意见，为实现 2035 年中国建设目标，兰州市需通过精确的政策和有针对性的处理来减少 VOCs 的排放。由于工业生产过程中原辅材料种类繁多，加工复杂程度高，产生和排放环节众多，因此，工业生产过程中精确控制污染的难度很高。确定主要排放行业关键产生和排放环节的整体工艺减排潜力，是实现工业源深度减排的前提。基于兰州市各行业的 VOCs 排放状况，本研究旨在衡量重点排放行业的生产工艺过程的减排潜力，并提出各行业的减排策略。

8.1.3.1　数据来源

本研究使用的数据来自甘肃省兰州市 2018 年的生态环境统计和调查数据。调研了兰州市 107 个行业 1183 家 VOCs 排放企业的面板数据，分析了不同工艺的 VOCs 的排放特征。工业总产值、产品、原材料、生产工艺、产品产量或原材料消耗以及企业 EOP 技术等信息都包含在从生态环境统计中得出的工业活动水平数据中。EOP 技术的减排目标和去除效率信息来自实地调研。通过对工业总产值、不同行业的 VOCs 产生和排放、末端处理技术的应用进行评估，得到不同行业的关键污染产生和排放过程，及相应的产排污强度。污染物排放数据一般可通过监测法或系数法获得。本研究根据白等建立的污染物产生和排放核算模型，估算出各行业关键污染物产生和排放过程的减排潜力。

8.1.3.2 标杆地区选取

根据标杆地区的确定原则，选择具有先进的经济发展水平和生产技术，且是中国清洁生产水平最高的地区之一的深圳作为兰州市降低VOCs的标杆地区。对兰州市挥发性有机物相关行业进行了分析和分类（图8-11）。各行业的缩写见表8-29。行业（Ⅰ）包括高VOCs排放量但低排放强度的行业；行业（Ⅱ）为低VOCs排放量和低排放强度的行业；行业（Ⅲ）是具有高排放量和高排放强度的行业。通过行业分类，选择高排放量或高排放强度的行业作为重点减排行业。不同情景下各行业自上而下的减排潜力差异如图8-12所示。

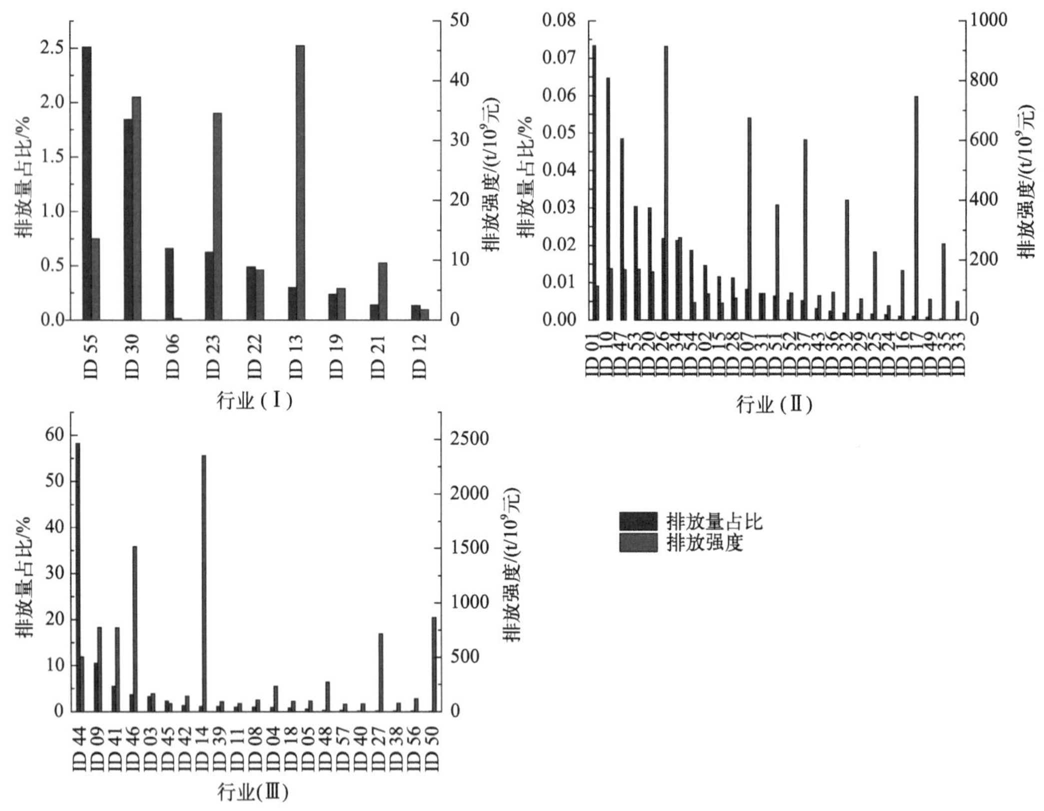

图8-11 兰州市VOCs减排行业的分类

表8-29 行业缩写

缩写	行业名称
ID 01	汽车零部件及配件制造
ID 02	锅炉及辅助设备制造
ID 03	建筑装饰及水暖管道零件制造

续表

缩写	行业名称
ID 04	书、报刊印刷
ID 05	装订及印刷相关服务
ID 06	原油加工及石油制品制造
ID 07	软木制品及其他木制品制造
ID 08	化学药品原料药制造
ID 09	染料制造
ID 10	日用塑料制品制造
ID 11	泡沫塑料制造
ID 12	炼铁
ID 13	低速汽车制造
ID 14	金属家具制造
ID 15	其他水泥类似制品制造
ID 16	其他输配电及控制设备制造
ID 17	其他专用化学产品制造
ID 18	机械纸及纸板制造
ID 19	金属压力容器制造
ID 20	农副食品加工专用设备制造
ID 21	石油钻采专用设备制造
ID 22	炼油、化工生产专用设备制造
ID 23	金属结构制造
ID 24	金属表面处理及热处理加工
ID 25	非食用植物油加工
ID 26	非金属废料和碎屑加工处理
ID 27	本册印刷
ID 28	非织造布制造
ID 29	其他农、林、牧、渔业机械制造
ID 30	有机化学原料制造
ID 31	其他建筑、安全用金属制品制造
ID 32	其他金属工具制造
ID 33	其他非电力家用器具制造
ID 34	其他纸制品制造
ID 35	其他专用设备制造
ID 36	其他未列明电器机械及器材制造
ID 37	其他人造板制造
ID 38	塑料人造革、合成革制造
ID 39	塑料板、管、型材制造
ID 40	纸和纸板容器制造
ID 41	包装装潢及其他印刷
ID 42	塑料薄膜制造
ID 43	塑料家具制造
ID 44	初级形态塑料及合成树脂制造

续表

缩写	行业名称
ID 45	涂料制造
ID 46	塑料包装箱及容器制造
ID 47	塑料零件及其他塑料制品制造
ID 48	塑料丝、绳及编织品制造
ID 49	橡胶零件制造
ID 50	再生橡胶制造
ID 51	橡胶板、管、带制造
ID 52	专项化学用品制造
ID 53	肥皂及洗涤剂制造
ID 54	特种玻璃制造
ID 55	合成橡胶制造
ID 56	木门窗制造
ID 57	木质家具制造

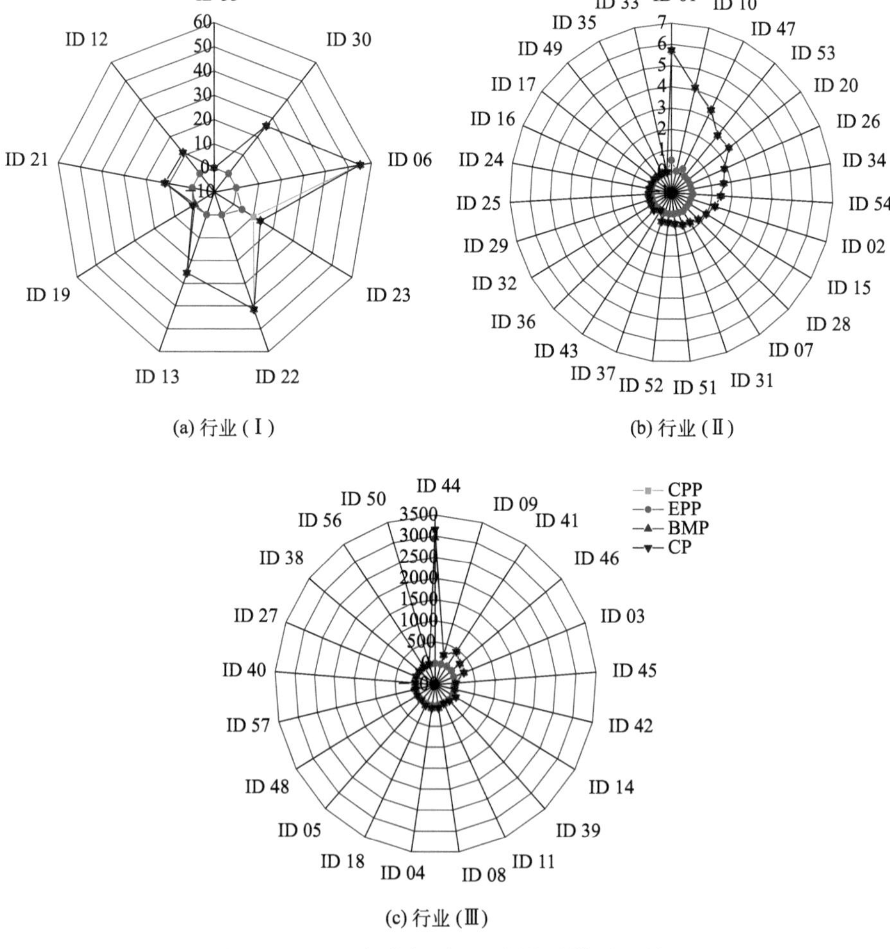

图8-12　不同行业相对于深圳的减排潜力差值

在多种减排情景中，通过协同减排可达到的潜力差值最大。行业（Ⅰ）和行业（Ⅲ）的最大减排潜力分别达到186.02t和4757.12t，均远高于行业（Ⅱ）。因此，本节将只对行业（Ⅰ）和（Ⅲ）进行深入分析。

我们对区域内的各个行业进行了分类，以行业整体水平为基础，调查了兰州市和标杆地区的产生和排放水平之间的差距，明确了具有显著减排潜力的行业和相应的减排方向。通过这些比较，可以确定一个行业是否应提高其清洁生产水平，或改善EOP治理状况，或者同时加强清洁生产和EOP水平。与传统的以环境质量改善目标设定减排情景的潜在评估方法不同，本研究以清洁生产水平高的地区为基准，设定减排情景和路径，从而获得更现实的行业减排潜力。

8.1.3.3　主要减排单元及减排路径

采用M221模块对兰州市工业行业VOCs的排放行业进行筛选和分析，由于目前燃烧源锅炉燃烧部分产生的VOCs减排难度大，因此本章节不考虑锅炉燃烧部分产生的VOCs，仅对容易进行VOCs减排的各行业进行分析和减排潜力测算。

兰州市工业（Ⅰ）和工业（Ⅲ）的关键VOCs产生和排放过程相对集中，EOP治理设施运行情况较差（图8-13，书后另见彩图）。因此，通过对关键产排污环节的识别，可以实现更具针对性的减排方案。我们测算了工业（Ⅰ）和工业（Ⅲ）的源头、过程和EOP减排潜力，包括原油加工和石油产品制造、化学原料和产品制造、有机化学品、印刷、油漆，以及其他典型的重污染行业（图8-14）。以行业41、03、40和46为例，所有这些行业都表现出相对较高的污染产生强度（表8-30）、较低的EOP技术去除率和较高的直接排放率（表8-31）。

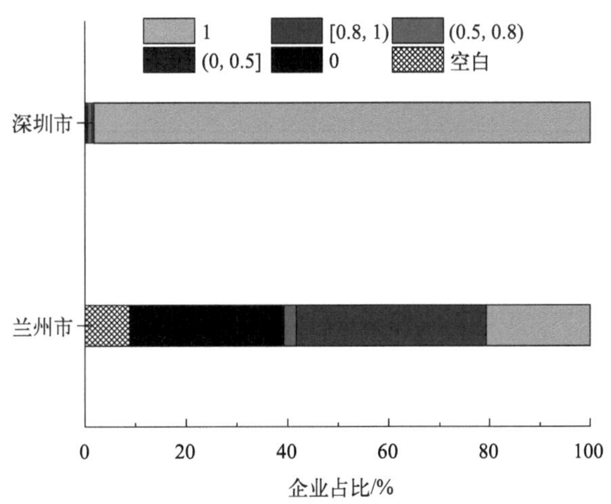

图8-13　EOP治理设施运行情况

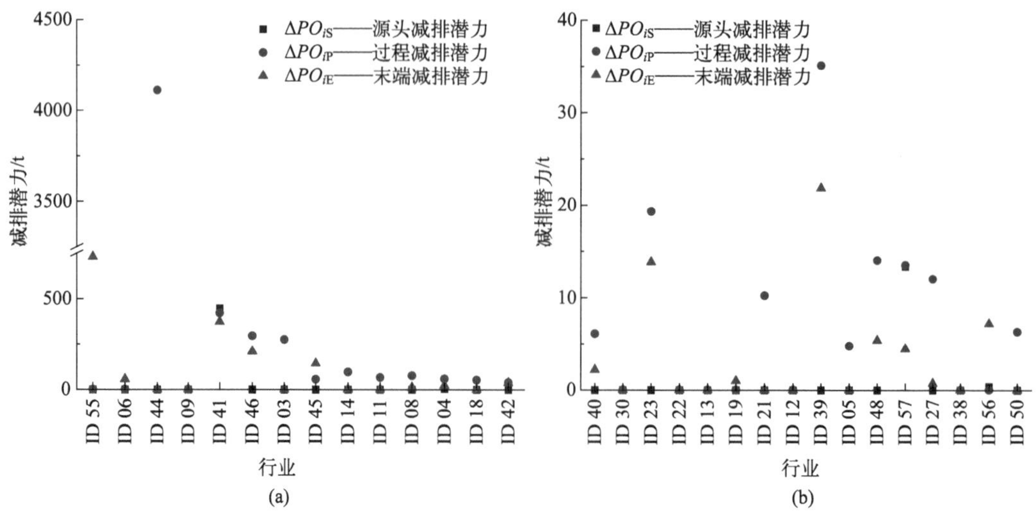

图8-14　相对于深圳的自下而上减排潜力

表8-30　关键产污环节

行业	产品	原料	工艺	VOCs产生量占比/%	产污强度/（t/10^{9}元）
ID 41	印刷品（纸）	溶剂型平版印刷油墨	平版印刷	96.11	3242.07
ID 44	聚乙烯	乙烯、丙烯、丁烯、己烯、乙酸乙烯酯	低压法	54.86	1369.74
			高压法	24.37	1382.44
	丙烯腈	丙烯、氨气、空气	丙烯氨氧化	18.62	464.99
ID 46	塑料箱和容器	树脂、添加剂	成分-混合-挤压/注射	100.00	1565.61
ID 03	注塑件、吹塑件、泥塑件、纤维材料	树脂材料或塑料[丙烯腈-丁二烯-苯乙烯（ABS）材料]、树脂材料或塑料[聚乙烯（PE）材料]、树脂材料或塑料[聚氯乙烯（PVC）材料]、树脂材料或塑料[聚丙烯（PP）材料]、其他非金属材料、黏合剂	注射成型、吹塑成型、搪塑成型	99.48	823.79

表8-31　EOP治理情况

行业	末端治理技术	普及率/%	去除效率/%
ID 41	直接排放	95.95	0.00
	全密闭吸附/催化燃烧法	1.35	65.61
	外部集气罩、光催化	2.70	5.60
ID 44	直接排放	90.91	0.00
	蓄热式热力燃烧方法	9.09	76.00
ID 46	直接排放	97.30	0.00
	低温等离子体	2.70	13.60
ID 03	直接排放	92.31	0.00
	其他（油雾净化器）	7.69	0.00

行业44表现出较高的过程和EOP减排潜力。聚乙烯和丙烯腈的生产过程排放的VOCs占整个行业总排放量的97.85%。兰州市的聚乙烯年产量超过60万吨，远远超过深圳的52吨，而且聚乙烯的生产工艺已经相当成熟，进一步清洁生产的潜力不大。因此，以深圳市为标杆来减少聚乙烯生产过程的VOCs排放是不合适的。在中国，只存在一个丙烯腈生产工艺路线，清洁生产的减排潜力较小。进一步关注各个企业，我们发现兰州市的行业44主要有两家大型企业，排放绩效普遍很好，而小企业的加工减排潜力与EOP减排潜力相比微不足道。因此，我们只测算了行业44的$\Delta PG_{i\mathrm{E}}$。

行业的减排潜力占兰州市总减排潜力的比例不到5%。各种工业生产过程的减排途径各不相同。通过将原材料、过程和EOP技术与标杆地区进行比较，确定了兰州市具有显著减排潜力的行业的关键生产工艺和减排途径，如表8-32所列。在具有显著减排潜力的生产过程中进行有针对性的减排，可以有效提高环境管理效率。此外，由于先进的生产和处理技术已在标杆地区得到广泛和持久的应用，通过匹配标杆产生和排放强度来实现生产过程中的减排在技术上是可行的。

表8-32　不同工业生产过程的减排途径

行业	产品	原料	工艺	减排路径
ID 41	印刷品（纸）	溶剂型平版印刷油墨	平版印刷	S+P+E
ID 44	聚乙烯	乙烯、丙烯、丁烯、己烯、乙酸乙烯酯	低压法	E
			高压法	E
	丙烯腈	丙烯、氨气、空气	丙烯氨氧化	E
ID 46	塑料箱和容器	树脂、添加剂	成分-混合-挤压/注射	P+E
ID 03	注塑件、吹塑件、泥塑件、纤维材料	树脂材料或塑料[丙烯腈-丁二烯-苯乙烯（ABS）材料]、树脂材料或塑料[聚乙烯（PE）材料]、树脂材料或塑料[聚氯乙烯（PVC）材料]、树脂材料或塑料[聚丙烯（PP）材料]、其他非金属材料、黏合剂	注射成型、吹塑成型、搪塑成型	P

注：S表示源头减排；P表示过程减排；E表示末端减排。

8.1.3.4　协同减排潜力及减排潜力系数

我们根据《兰州市大气环境质量限期达标规划（2021—2035）》中规定的工业源VOCs排放控制要求，通过SPECM模块3和模块4，对行业的减排潜力进行了自下而上的分析。$\Delta PG_{i\mathrm{S}}$、$\Delta PG_{i\mathrm{P}}$和$\Delta PG_{i\mathrm{E}}$的相对大小显著影响协同减排潜力系数的分布。根据α、β和γ的分布特征，对减排行业进行了分类。

（1）正常的α、β和γ值

印刷相关行业（04和41）具有了S-P-E协同减排的潜力（图8-15）。根据兰州市的

减排要求，到2025年、2030年和2035年，行业04的减排潜力将分别达到7.75t、18.79t和31.19t，行业41的减排潜力将分别达到51.63t、125.18t和207.77t。图8-15显示了当行业达到100%至110%的减排要求时的减排方案分布。兰州市行业04和行业41的原材料主要是溶剂型油墨，印刷过程中表现出相对较高的污染强度。通过水基原辅材料替代和生产工艺优化，可以实现显著的VOCs减排潜力。其中，为实现2025年的减排目标，行业04应注重源头减排。随着减排目标的不断提高，也需要加强工艺优化和EOP升级。而行业41更多的是依靠S-P-E的协同减排，随着减排目标的不断提高，需同时加强原材料替代、生产工艺优化和EOP升级的强度。

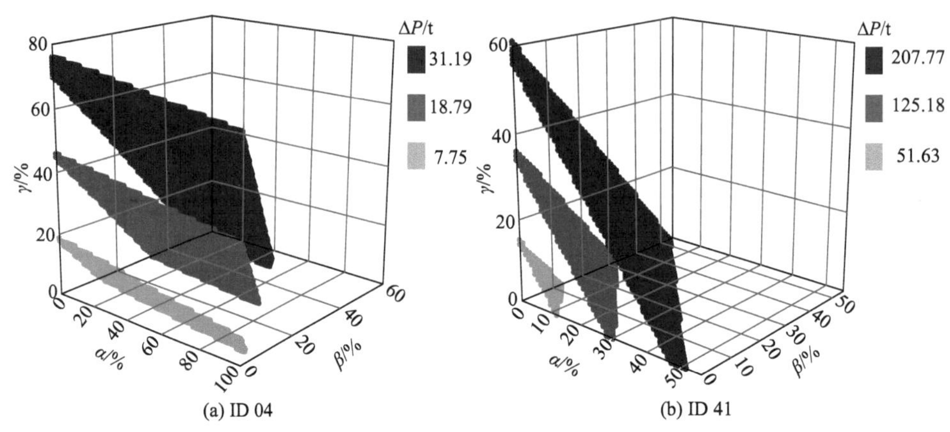

图8-15 不同减排目标下的S-P-E协同减排潜力及方案

（2）考虑α值为零

与石化行业相关的行业06、45和46均具有过程和EOP协同减排潜力（图8-16）。α值为零。以目前的生产技术水平，许多行业只包含一种产品-原料-工艺链。例如，行业42仅包含一种生产塑料薄膜的生产工艺，即塑料薄膜+树脂和添加剂+成分、混合和挤出。这些行业的原材料和生产工艺相对固定，原辅材料替代难度较大。这些行业的污染减排主要取决于工艺优化和EOP的变化。然而，随着生产技术的不断改进和清洁原辅材料的出现，未来可能会获得显著的源头削减潜力。

如图8-17所示，随着减排目标的增加，可用的减排方案的数量明显增加。不同减排量的可选方案数量与目标减排潜力以及ΔPG_{iS}、ΔPG_{iP}和ΔPG_{iE}的相对大小有关（表8-33）。为了获得更高潜力下更有针对性的策略，还需进一步的成本效益分析。

根据兰州市的减排要求，到2025年、2030年和2035年，行业06、45和46分别表现出至少减少VOCs排放99t、240t和398t的潜力。虽然这些行业的源头减排目前还没有贡献出显著的减排潜力，但随着技术的不断发展，相信未来源头减排也将在兰州市的VOCs控制中发挥重要作用。

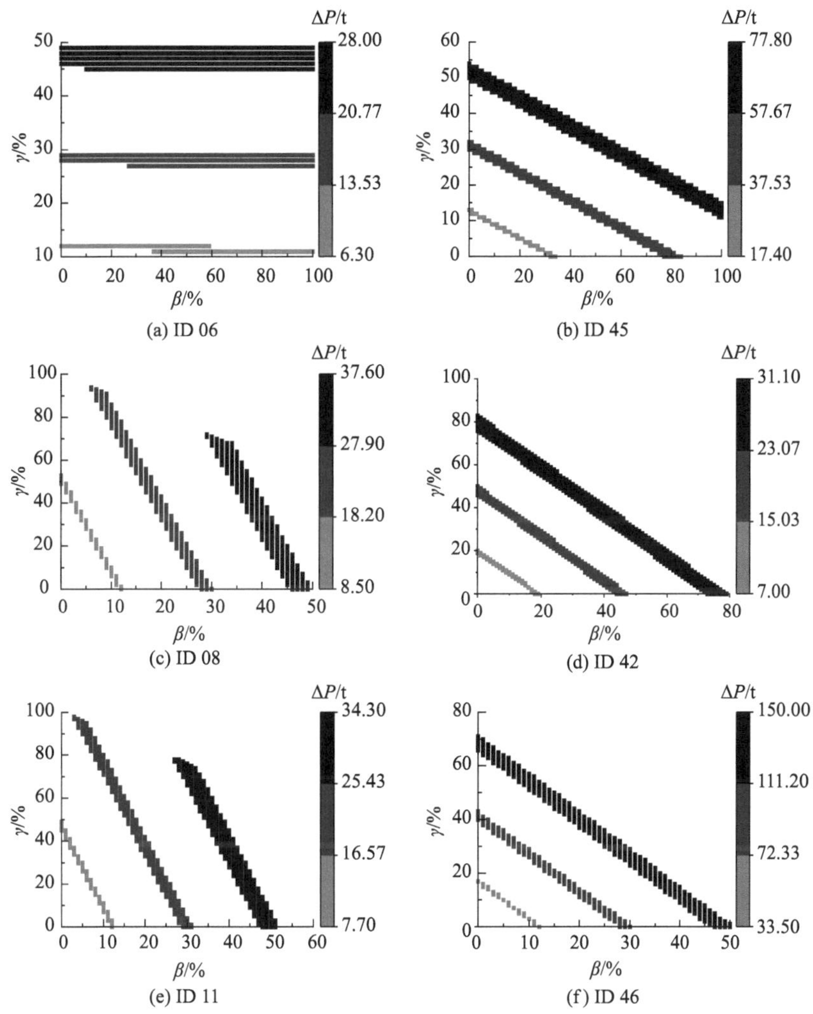

图 8-16　不同减排目标下的过程-末端协同减排潜力及可选减排方案

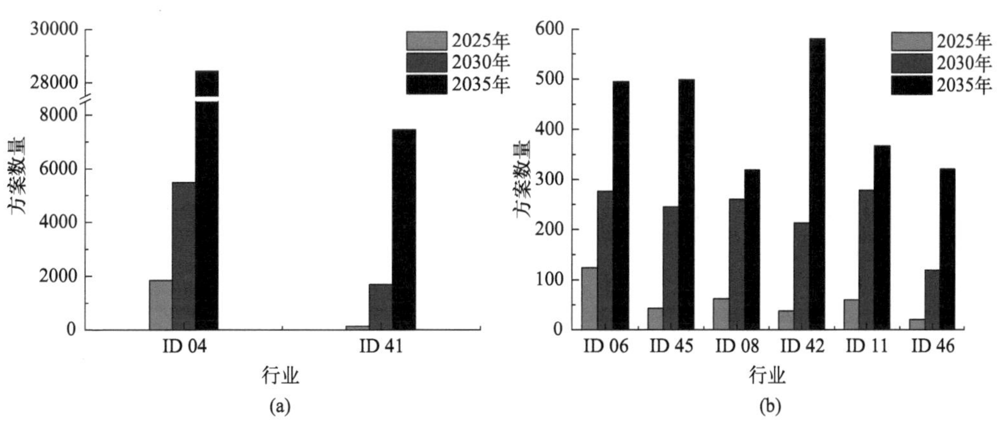

图 8-17　不同行业在不同减排目标下可选方案的数量

表8-33 不同行业的源头、过程和末端减排潜力

行业	ΔPG_{iS} /t	ΔPG_{iP}/t	ΔPG_{iE}/t
ID 04	76.10	58.41	44.67
ID 41	447.76	421.18	372.68
ID 06	0.00	0.30	56.40
ID 45	0.00	55.48	143.34
ID 08	0.00	75.40	17.40
ID 42	0.00	39.12	37.33
ID 11	0.00	65.94	17.33
ID 46	0.00	295.71	209.39

（3）α、β和γ中的任意两个为零

1）α和γ为0

行业14、18和03具有过程减排潜力，对兰州市VOCs总减排潜力的贡献率为6.51%。2025年、2030年和2035年，这些行业的VOCs排放量将分别减少48t、116t和193t。尽管这三个行业的末端治理水平高于标杆地区，但未来仍需要进一步提高废气收集率，探索更高效的治理技术。并且，随着生产技术的发展，源头减排也将发挥越来越显著的减排作用。

2）α和β为0

与标杆地区相比，与化工制造业相关的行业09、44和55表现出较高的EOP减排潜力，对兰州市VOCs总减排潜力的贡献率为70.49%。2025年、2030年和2035年，这些行业产生的VOCs排放量将分别减少515t、1248t和2071t。由于当前的末端治理情况相当糟糕，这些行业VOCs减排的关键是提高废气收集率、提高末端治理技术的去除率和高效EOP处理技术的普及率，同时需要加强清洁生产的探索，以从源头上减少污染物的产生和排放。

总体而言，研究结果表明，这种新的协同控制方法可以为各行业的协同控制策略和目标的制定提供参考和新思路。

8.1.3.5 兰州市工业行业VOCs减排建议

化工制造相关行业，如行业03、06、08、09、11、42、44、45、46和55具有显著的VOCs减排潜力，2025年、2030年和2035年的减排量分别达到644t、1562t和2593t，约占兰州市总减排量的89%。金属家具制造业和造纸业应加强生产工艺优化，减少高污染强度原辅材料的使用。印刷相关行业应考虑整个生产制造全过程的VOCs减排，尤其是减少溶剂型油墨的使用。

为了指导兰州市工业源的VOCs减排，本节根据各行业对总减排潜力的贡献率（表

8-34）和对主要减排路径的依赖性（表8-35）对各减排行业进行了分类。表8-36提供了对兰州市工业行业的VOCs减排建议。在等级栏中，A、B、C、D等级分别表示对兰州市VOCs减排总量的贡献率超过20%、在10%～20%之间、在1%～10%之间以及小于1%。表8-36中，单星号（*）表示减排仅依靠加工优化；双星号（**）表示减排仅依靠EOP改变；+++、++、+分别表示对某一减排方法的依赖程度极高、高、低。

表8-34　兰州市减排行业的最优减排潜力及其系数

减排策略	行业	α	β	γ	减排潜力/%	等级
过程减排	ID 14	0	1	0	1.47	C
	ID 18	0	1	0	0.80	D
	ID 03	0	1	0	4.24	C
过程减排潜力总计		6.51				
末端减排	ID 09	0	0	1	3.19	C
	ID 55	0	0	1	11.22	B
	ID 44	0	0	1	56.08	A
末端减排潜力总计		70.49				
过程-末端协同减排	ID 06	0	1	0.99	0.87	D
	ID 45	0	1	0.71	2.42	C
	ID 08	0	1	0.04	1.17	C
	ID 42	0	1	0.64	0.97	D
	ID 11	0	1	0.20	1.07	C
	ID 46	0	1	0.04	4.69	C
过程-末端协同减排潜力总计		11.19				
源头-过程-末端协同减排	ID 04	1	0	0.02	1.18	C
	ID 41	1	0	0.04	7.11	C
源头-过程-末端协同减排潜力总计		8.29				
兰州总减排潜力		96.48				

由于VOCs产生和排放活动的水平不同，不同行业的源头、过程和EOP减排对协同减排潜力的贡献率也有很大差别。源头、过程和EOP对协同减排潜力的贡献率分别用e、f、g来表示。通过了解e、f、g的相对大小，有助于为各行业提出有针对性的减排方案和减排政策。

$$e_i = \alpha_i \Delta PO_{iS} / \Delta P_i \times 100\% \tag{8-1}$$

$$f_i = \beta_i \Delta PO_{iP} / \Delta P_i \times 100\% \tag{8-2}$$

$$g_i = \gamma_i \Delta PO_{iE} / \Delta P_i \times 100\% \tag{8-3}$$

式中　ΔP_i——行业i的协同减排潜力。

表8-35 兰州市各减排行业的减排潜力对减排路径的依赖性

行业	e/%	f/%	g/%	依赖强度
ID 14	0	100	0	*
ID 18	0	100	0	*
ID 03	0	100	0	*
ID 09	0	0	100	**
ID 55	0	0	100	**
ID 44	0	0	100	**
ID 06	0	0.54	99.46	+++
ID 45	0	35.29	64.71	+
ID 08	0	98.98	1.02	+++
ID 42	0	61.94	38.06	+
ID 11	0	94.98	5.02	++
ID 46	0	96.94	3.06	++
ID 04	98.97	0	1.03	+++
ID 41	96.86	0	3.14	++

表8-36 兰州市工业行业VOCs减排的建议

优势路径		行业	贡献率/%	等级
清洁生产主导	源头	ID 41	7.11	C++
		ID 04	1.18	C+++
	过程	ID 46	4.69	C++
		ID 42	0.97	D+
		ID 11	1.07	C++
		ID 08	1.17	C+
		ID 14	1.47	C*
		ID 03	4.24	C*
		ID 18	0.80	D*
末端治理主导		ID 45	2.42	C+
		ID 06	0.87	D+++
		ID 44	56.08	A**
		ID 09	3.19	C**
		ID 55	11.22	B**

8.1.4 不确定性分析

本研究的方法具有以下几个方面的不确定性。

① 数据的不确定性。调查数据很难涵盖各个行业在所有生产途径组合下排放的污染物的活动水平。在第二次全国污染源普查之前，中国工业源的VOCs核算方法体系还远远不够完善，行业很难科学量化其生产排放量。也很难获得关于所有生产技术方法组合及其活动水平的数据。

② 计算方法的局限性。近年来，工业总产值的计算取得了显著进展，但工业生产过程的工业总产值计算仍有一定限制。同样重要的是，该模型考虑了各种减排方案的技术可行性，但没有考虑经济可行性。后续研究将密切考虑整个生产过程中协调还原的经济效益。

综上所述，兰-白地区SO_2减排的最大减排潜力为当前排放量的54.38%，其中行业3216和行业4430采用清洁生产与末端治理协同减排，行业4411和4412主要采取清洁生产，行业3011、3031和3212主要采取末端减排。兰-白地区VOCs减排的最大减排潜力为当前排放量的63.85%，其中行业2319采取原料替代、过程减排和末端治理协同减排，行业2926采用清洁生产与末端治理协同减排，行业2651和4411主要采取末端减排。并且通过Python程序计算得出当VOCs减排潜力要求为排放量的9%～10%时，有19393组可行的协同减排系数方案。

酒-嘉地区SO_2减排的最大减排潜力为当前排放量的32.04%，其中行业3110、3216和4430采用清洁生产与末端治理协同减排，行业3091主要采取末端减排，行业4411暂时维持现状。酒-嘉地区颗粒物减排的最大减排潜力为当前排放量的63.85%，其中行业3011和3110采用清洁生产与末端治理协同减排，行业3120主要采取末端减排。

兰州市重点减排行业的VOCs减排潜力超过工业源VOCs总减排潜力的96%。行业55和44具有显著的VOCs减排潜力，超过了兰州市工业源VOCs减排潜力的67%，且主要依赖于末端减排。此外，行业41、03和46也具有较大的VOCs减排潜力，其中行业03具有过程减排潜力、行业46具有过程-末端协同减排潜力，行业41具有源头-过程-末端减排潜力。并且，行业03和46依赖于过程减排，而行业41更依赖于源头减排。

8.2　南阳市污染物减排潜力分析

8.2.1　南阳市VOCs减排潜力分析

8.2.1.1　VOCs主要排放状况

南阳市工业源主要VOCs排放行业如图8-18所示，VOCs排放量占比前90%的行业主要涉及溶剂使用类（涂料生产、涂装、印刷）、化工（化学药品制造）及塑料制品制造等，包括涂料制造（2641），化学农药制造（2631），装订及印刷相关服务

（2320），汽车零部件及配件制造（3670），非木竹浆制造（2212），文化用信息化学品制造（2664），食用植物油加工（1331），包装装潢及其他印刷（2319），金属结构制造（3311），化学药品原料药制造（2710），兽用药品制造（2750），塑料板、管、型材制造（2922），塑料丝、绳及编织品制造（2923），塑料零件及其他塑料制品制造（2929），塑料薄膜制造（2921），日用塑料制品制造（2927），黑色金属制造（3391）和泡沫塑料制造（2924）。

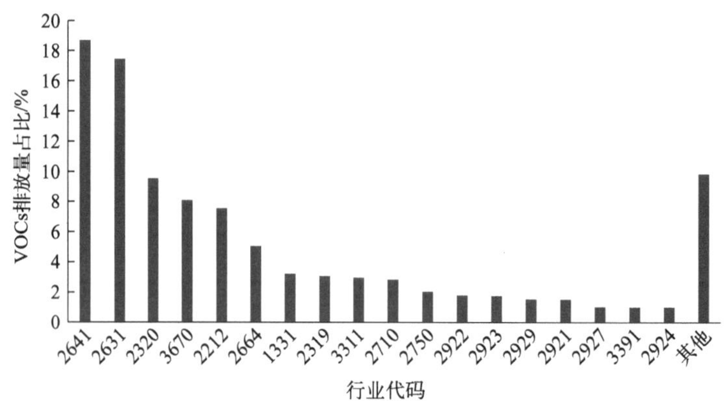

图8-18　南阳市工业行业VOCs排放量占比情况

进一步对南阳市涉VOCs排放工业行业的产污强度（单位工业产值的VOCs排放量）进行测算和识别，根据SPECM模型减排行业的分类方法，将南阳市涉VOCs排放的工业行业分为减排行业（Ⅰ）、减排行业（Ⅱ）、减排行业（Ⅲ）和其他四类（图8-19）。

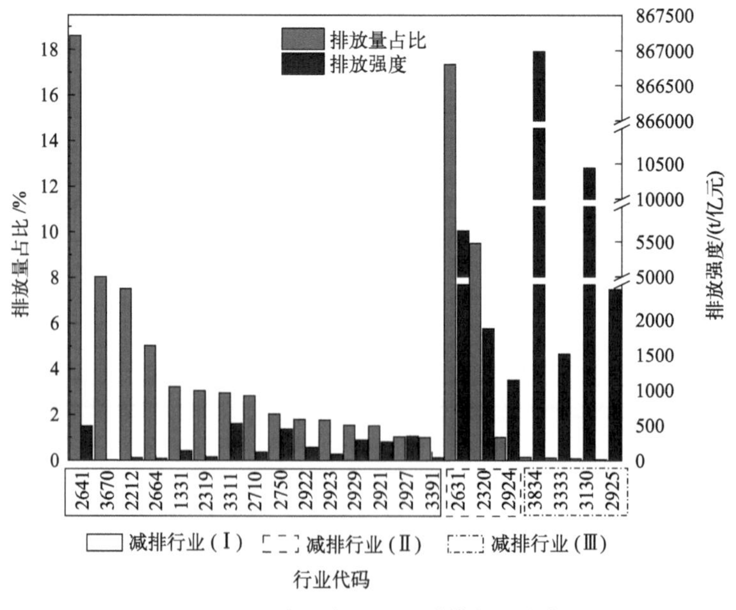

图8-19　南阳市VOCs减排行业分类

减排行业（Ⅰ）的排放量占比高且产污强度较大，减排行业（Ⅲ）的排放量占比较高且产污强度很大，减排行业（Ⅱ）的产污强度很大但排放量占比较低，其他类的排放量占比和产污强度均较低。因此，减排行业（Ⅰ）和减排行业（Ⅲ）的VOCs排放量占南阳市工业行业总排放量的90%以上，是当前南阳市VOCs减排需要着重管控的行业。减排行业（Ⅱ）是未来VOCs减排需要注意技术提升的行业。由于其他类的排放量和产污强度均较低，暂不予考虑。

分别以兰州市、佛山市顺德区、深圳市和内蒙古自治区对应行业的产排污强度和末端去除率为标杆，通过SPECM模型的自上而下减排潜力差值测算模块进行减排潜力差值的估算，发现行业2641、2320、3670、1331、3311和2710的减排潜力差值较大，行业3834、3333、3130和2925的减排潜力差值较小（图8-20，书后另见彩图）。即，减排行业（Ⅱ）的减排潜力差值较小。

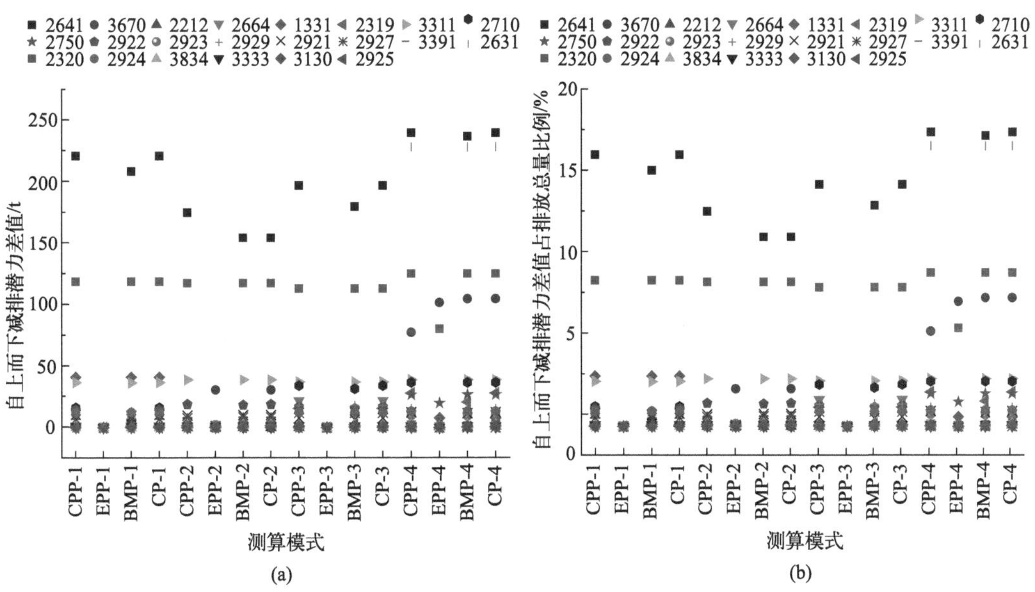

图8-20　南阳市VOCs减排行业（Ⅰ)、(Ⅱ）和（Ⅲ）的减排潜力差值

8.2.1.2　VOCs主要产排污工艺识别

对减排行业（Ⅰ）和减排行业（Ⅲ）的主要产污工艺环节和末端治理水平进行识别，结果分别见表8-37和表8-38。行业1331的主要VOCs产生环节有两个，分别是菜籽毛油/葵花籽毛油/棉籽毛油+菜籽/葵花籽/棉籽+菜籽/葵花籽/棉籽和大豆精制油+大豆+浸出-精炼，VOCs产生量占整个行业的比例分别为10.36%和89.04%，产污强度分别为23.05t/亿元和1444.41t/亿元。大豆精制油的生产VOCs排放量大且产污强度高，主要着重控制。行业2212的主要产污环节仅有一个，为印刷书写纸(涂布)、包装纸(涂布)+化学浆、废纸浆、化学机械浆+机械法抄纸-涂布法，产污轻度为116.32t/亿元。

表8-37　减排行业（Ⅰ）和减排行业（Ⅲ）的主要产污工艺

行业	产品名称	原料名称	工艺名称	产生量占比/%	产污强度/(t/亿元)
1331	菜籽毛油/葵花籽毛油/棉籽毛油	菜籽/葵花籽/棉籽	菜籽/葵花籽/棉籽	10.36	23.05
	大豆精制油	大豆	浸出+精炼	89.04	1444.41
2212	印刷书写纸(涂布)、包装纸(涂布)	化学浆、废纸浆、化学机械浆	机械法抄纸+涂布法	100.00	116.32
2319	印刷品(承印物为塑料)	溶剂型凹版油墨	凹版印刷	10.07	1300.00
		涂布液(溶剂型)	所有印后整理工艺	49.58	1600.00
	印刷品(承印物为纸)	胶黏剂(水性)	所有印后整理工艺	10.07	24.07
		热熔胶	所有印后整理工艺	7.75	5000.00
		水性凸版油墨	凸版印刷(柔性版印刷)	7.70	216.04
		油墨清洗剂(溶剂型)	平版印刷	5.13	144.86
2320	印版(平版)	有机溶剂	平版制版	99.67	1920.38
2631	其他化学类农药	原料	全合成	23.01	9850.00
	其他杂环类农药①	含氮原料	合成	76.99	16222.22
2641	溶剂型涂料	成膜物质、溶剂、颜料、助剂	溶剂型涂料生产工艺	53.60	930.23
	水性工业涂料	成膜物质、溶剂、颜料、助剂	水性涂料生产工艺	45.27	1145.94
2664	PS版	铝版或树脂版、酸、碱、树脂、丙酮	腐蚀-电解-氧化-涂布	100.00	127.30
2710	化学药品原药	化学原料及化学制品、医药中间体	化学合成工艺	100.00	448.97
2750	兽用化学药品原药	化学原料及化学制品、医药中间体	化学合成工艺	98.35	2116.33
2921	塑料薄膜	树脂、助剂	配料-混合-挤出	100.00	294.32
2922	塑料板、管、型材	树脂、助剂	配料-混合-挤出	100.00	246.90

续表

行业	产品名称	原料名称	工艺名称	产生量占比/%	产污强度/(t/亿元)
2923	编织品	溶剂型油墨	印刷	10.43	24.90
	塑料丝、绳及编织品	树脂、助剂	配料-混合-挤出	89.57	143.19
2924	泡沫塑料制品	甲苯二异氰酸酯/聚醚多元醇/EPS/PE/发泡剂	配料-混合-发泡-熟化-成型	100.00	3125.00
2927	日用塑料制品	树脂、助剂	配料-混合-挤出/注塑	100.00	347.33
2929	改性粒料	树脂、助剂	造粒	27.84	808.11
	塑料零件及其他塑料制品	树脂、助剂	注塑/挤出	72.07	326.58
3311	涂装件	底漆	浸底漆	25.31	1388.95
			浸底漆烘干	45.00	2599.37
		底漆、中涂漆、面漆、罩光漆、彩条漆	喷漆	24.01	400.52
			喷漆后烘干	3.42	70.37
3391	涂装件	底漆	浸底漆	18.67	41.63
			浸底漆烘干	34.78	77.56
	铸件	模料、水玻璃、硅溶胶、原砂、再生砂、硬化剂、其他辅助材料	造型/浇注(熔模)	8.61	30.86
		原砂、再生砂、树脂、硬化剂、涂料、脱模剂	造型/浇注(树脂砂)	31.59	71.33
3670	涂装件	清洗溶剂	溶剂擦拭	69.07	133.13
		油性漆	喷漆	17.09	28.51
			喷漆后烘干	4.26	7.10
	铸件	原砂、再生砂、树脂、硬化剂、涂料、白模	造型/浇注(消失模/实型)	5.27	2.78

表8-38 减排行业（Ⅰ）和减排行业（Ⅲ）的末端治理情况

行业	污染物处理工艺名称	企业数占比/%	去除率/%	排放量占比/%
1331	—	100.00	0.00	100.00
2212	—	100.00	0.00	100.00
2319	—	70.59	0.00	34.98
	全部密闭-光催化	11.76	16.00	10.40
	全部密闭-冷凝法	5.88	62.00	32.14
	全部密闭-吸附/催化燃烧法	2.94	81.00	0.00
	外部集气罩-光解	2.94	5.11	11.80
	外部集气罩-冷凝法	2.94	26.00	0.00
	外部集气罩-吸附/催化燃烧法	2.94	34.00	10.67
2320	—	100.00	0.00	100.00
2631	（吸收+分流）+（吸附+蒸汽解析）/（吸附+氮气/空气解析）	66.67	33.16	100.00
	—	33.33	0.00	0.00
2641	—	38.89	0.00	3.19
	A^2/O工艺	11.11	63.16	0.00
	光解	27.78	26.00	21.42
	吸附/催化燃烧法	16.67	37.14	75.37
	吸附+蒸气解析	5.56	39.00	0.02
2664	—	75.00	0.00	89.53
	蓄热式热力燃烧法	25.00	93.00	10.47
2710	—	50.00	0.00	0.00
	冷凝法	25.00	25.00	0.65
	吸附+蒸气解析	25.00	45.00	99.35
2750	—	50.00	0.00	0.66
	冷凝法	25.00	25.00	98.42
	吸收+分流	25.00	40.00	0.92
2921	—	55.56	0.00	34.46
	低温等离子体	11.11	17.00	48.37
	光催化	22.22	12.00	15.19
	其他（活性炭吸附）	11.11	21.00	1.98
2922	—	80.65	0.00	79.10
	低温等离子体+其他（活性炭吸附）	3.23	24.00	3.87
	光解	3.23	12.00	11.20
	其他（活性炭吸附）	6.45	21.00	2.26
	蓄热式热力燃烧法	6.45	85.00	3.57

续表

行业	污染物处理工艺名称	企业数占比/%	去除率/%	排放量占比/%
2923	—	60.00	0.00	83.33
	其他（活性炭吸附）	26.67	20.83	16.54
	蓄热式热力燃烧法	13.33	85.00	0.13
2924	—	66.67	0.00	0.00
	光解	33.33	12.00	100.00
2927	—	91.67	0.00	99.53
	其他（活性炭吸附）	8.33	21.00	0.47
2929	—	58.33	0.00	67.04
	光催化	8.33	12.00	12.05
	光解	8.33	12.00	4.72
	其他（活性炭吸附）	25.00	21.00	16.19
3311	—	75.00	0.00	20.73
	光催化	20.83	9.00	37.63
	其他（吸附法）	4.17	18.00	41.65
3391	—	69.70	0.00	20.37
	光催化	21.21	9.00	64.64
	光解	9.09	9.00	15.00
3670	—	62.79	0.00	7.10
	光催化	18.60	9.00	91.03
	光催化+低温等离子体	2.33	60.00	0.66
	其他（吸附法）	4.65	18.00	1.11
	其他［油雾净化器-机加工和热处理（淬火/回火）工段］	6.98	0.00	0.06
	蓄热式热力燃烧法	4.65	85.00	0.03

行业2319的主要产污环节较多，分为两类产品的制造，分别为印刷品（承印物为塑料）和印刷品（承印物为纸）。生产印刷品（承印物为塑料）的主要产污环节分别为溶剂型凹版油墨+凹版印刷，以及涂布液（溶剂型）+所有印后整理工艺。生产印刷品（承印物为纸）的主要产污环节有：胶黏剂（水性）+所有印后整理工艺，热熔胶+所有印后整理工艺，水性凸版油墨+凸版印刷（柔性版印刷），以及油墨清洗剂（溶剂型）+平版印刷。行业2319的主要产污环节的产污强度较高，特别是溶剂型凹版油墨+凹版印刷，涂布液（溶剂型）+所有印后整理工艺，以及热熔胶+所有印后整理工艺，产污强度分别为1300t/亿元、1600t/亿元和5000t/亿元。采用溶剂型涂布液进行所有印后整理工艺的VOCs产生量占行业总产生量的49.58%。行业2320的主要产污工艺为印版（平板）+有机溶剂+平板制版，产污强度高达1920.38t/亿元。

行业2641的主要产污工艺有两种，分别是溶剂型涂料+成膜物质、溶剂、颜料、助剂+溶剂型涂料生产工艺，和水性工业涂料+成膜物质、溶剂、颜料、助剂+水性涂料生产工艺，VOCs产生强度较高，分别为930.23t/亿元和1145.94t/亿元。

南阳市工业行业的VOCs末端治理设备运行状况良好，90%以上的末端治理设备运行的K值在0.8以上，1.09%在0.8以下，另外有7.24%未填报，如图8-21所示。总体上，南阳市的末端治理设施运行状况优于兰州市、佛山市顺德区、深圳市和内蒙古自治区。

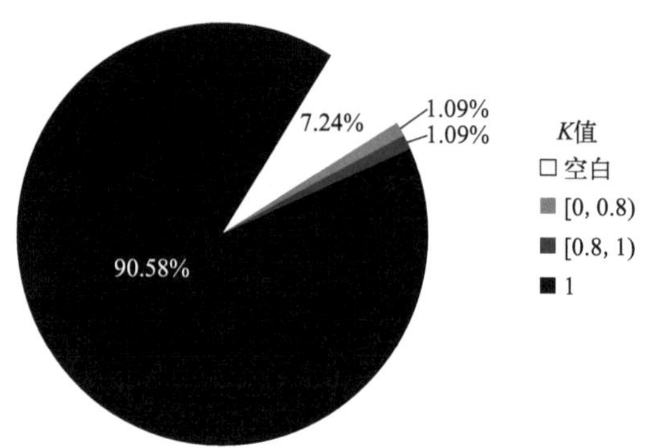

图8-21　减排行业（Ⅰ）和减排行业（Ⅲ）的末端治理设备运行情况

南阳市工业行业的VOCs末端治理情况不容乐观，直排率较高。采用末端治理的企业，治理技术的去除率总体较高，运行状况良好。行业1331、2212、和2320未进行末端治理，全部直排。同时，除行业2641的末端治理情况较好外，其他行业包括污染物产排量极高的行业2319、2631、2664、2710、2750、2921、2923、2924、2927、2929等直排率均超过50%。南阳市VOCs末端减排的主要任务在于降低直排率，提高末端治理技术的普及率及应用率，减少无组织排放。

8.2.1.3　自下而上VOCs减排潜力测算

通过SPECM模型的自下而上减排潜力测算模块，对南阳市减排行业（Ⅰ）和减排行业（Ⅲ）的主要产污工艺水平和末端治理水平不断与标杆地区对应环节进行比对，计算相对于标杆地区对应环节的减排潜力，进而获得各个行业的源头、过程和末端的减排潜力，以及源头-过程-末端全过程协同减排的减排潜力（表8-39）。行业2320、2641、2664和3670的减排潜力较大。在减排行业（Ⅰ）和减排行业（Ⅲ）中，在当前生产技术水平下，与标杆行业的对应生产环节相比，不一定所有行业都有源头、过程、末端减排潜力。如图8-22所示，部分行业，如行业1331和2631，在当前的生产技术水平下，仅具有过程减排潜力；部分行业，如行业2212和2664，仅有末端减排潜力。行业2750仅有源头减排潜力，行业2319、2710等具有源头、过程和末端协同减排潜力，而行业2320、2641和2921等具有过程和末端减排潜力。

表8-39　减排行业（Ⅰ）和减排行业（Ⅲ）的减排潜力情况

行业	减排潜力 /t			排放量 /t
	源头	过程	末端	
1331	0.00	36.08	0.00	42.28
2212	0.00	0.00	25.77	99.10
2319	25.81	34.00	27.93	40.20
2320	0.00	108.79	111.50	125.28
2631	0.00	48.84	0.00	228.91
2641	0.00	225.29	92.37	245.36
2664	0.00	0.00	55.22	66.32
2710	37.21	35.70	2.09	37.28
2750	26.11	0.00	5.32	26.66
2921	0.00	12.28	5.15	19.99
2922	0.00	17.79	19.21	23.58
2923	0.00	2.39	19.49	23.14
2924	13.10	11.56	10.95	13.20
2927	0.00	11.81	3.24	13.55
2929	0.00	17.98	16.93	20.15
3311	0.00	36.63	32.30	38.89
3391	6.63	3.08	11.14	13.29
3670	18.26	1.60	88.44	105.99
汇总	127.11	603.80	527.05	1183.17

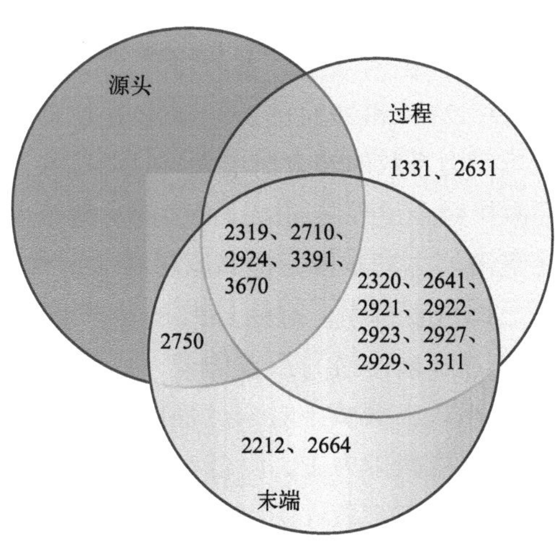

图8-22　减排行业（Ⅰ）和减排行业（Ⅲ）的减排潜力类型

对减排行业的协同减排潜力与协同减排潜力系数的关系进行探讨，针对大部分行业，源头减排潜力系数和过程减排潜力系数越大，协同减排潜力越大。因此，在VOCs减排过程中加强末端管控的同时需要加强清洁生产的管理，强调清洁生产减排的重要性，从源头上降低污染物的产生和排放量。

（1）α、β和γ均不为零

源头-过程-末端全过程协同减排类型中，行业3670的减排潜力较大，协同减排潜力与协同减排潜力系数的关系如图8-23所示（书后另见彩图）。源头减排潜力系数越大，末端减排潜力系数越小，行业3670的协同减排潜力越大。过程减排对行业3670的协同减排潜力的贡献量较低，末端减排对协同减排潜力的贡献量较大，达到80%以上，源头减排的贡献量不足20%。行业3670虽然同时具有源头、过程和末端减排潜力，但该行业的VOCs减排主要依赖于末端和源头减排。因此，在当前技术水平下，行业3670应注重对末端减排的管控，降低直排率，提高废气收集率，提高处理效率较高的蓄热式热力燃烧法的普及率，同时，要注重喷涂件油漆的源头替代，用水性漆逐步替代油性漆，控制油性漆的使用量。

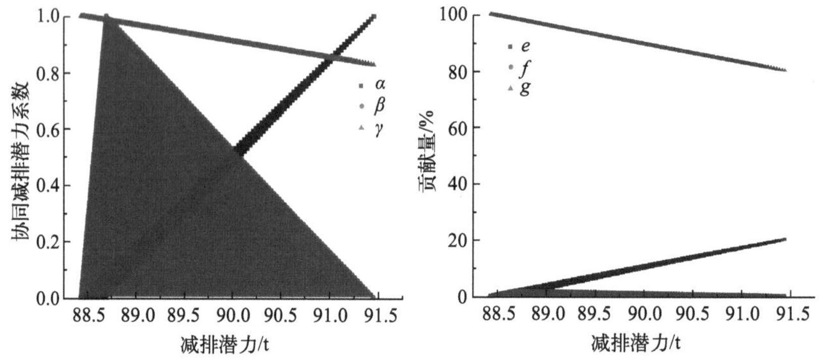

图8-23　行业3670的协同减排潜力及其系数

其他源头-过程-末端全过程协同减排行业的协同减排潜力与系数的关系见图8-24（书后另见彩图）。行业2319、2710和2924的协同减排潜力随末端减排潜力系数的减小而增大，随源头和过程减排潜力系数的增大而增大，且源头和过程减排对全过程协同减排潜力的贡献较大，末端减排对全过程协同减排潜力的贡献较小。因此行业2319、2710和2924的VOCs减排应注重清洁生产减排，提高原材料的替代和生产过程的管控升级，同时进一步加强末端管理，降低直排率。行业3391的协同减排潜力随末端减排潜力系数的减小而增大，随源头和过程减排潜力系数的增大而增大。源头和过程减排对全过程协同减排潜力的贡献量较小，末端减排对全过程协同减排潜力的贡献量较大。因此行业3391的VOCs减排应以末端减排为主，降低直排率，提高废气收集率，采用治理效率较高的末端治理技术，同时在涂装件生产过程中注重环保型漆料的替代和生产技术的升级改造。

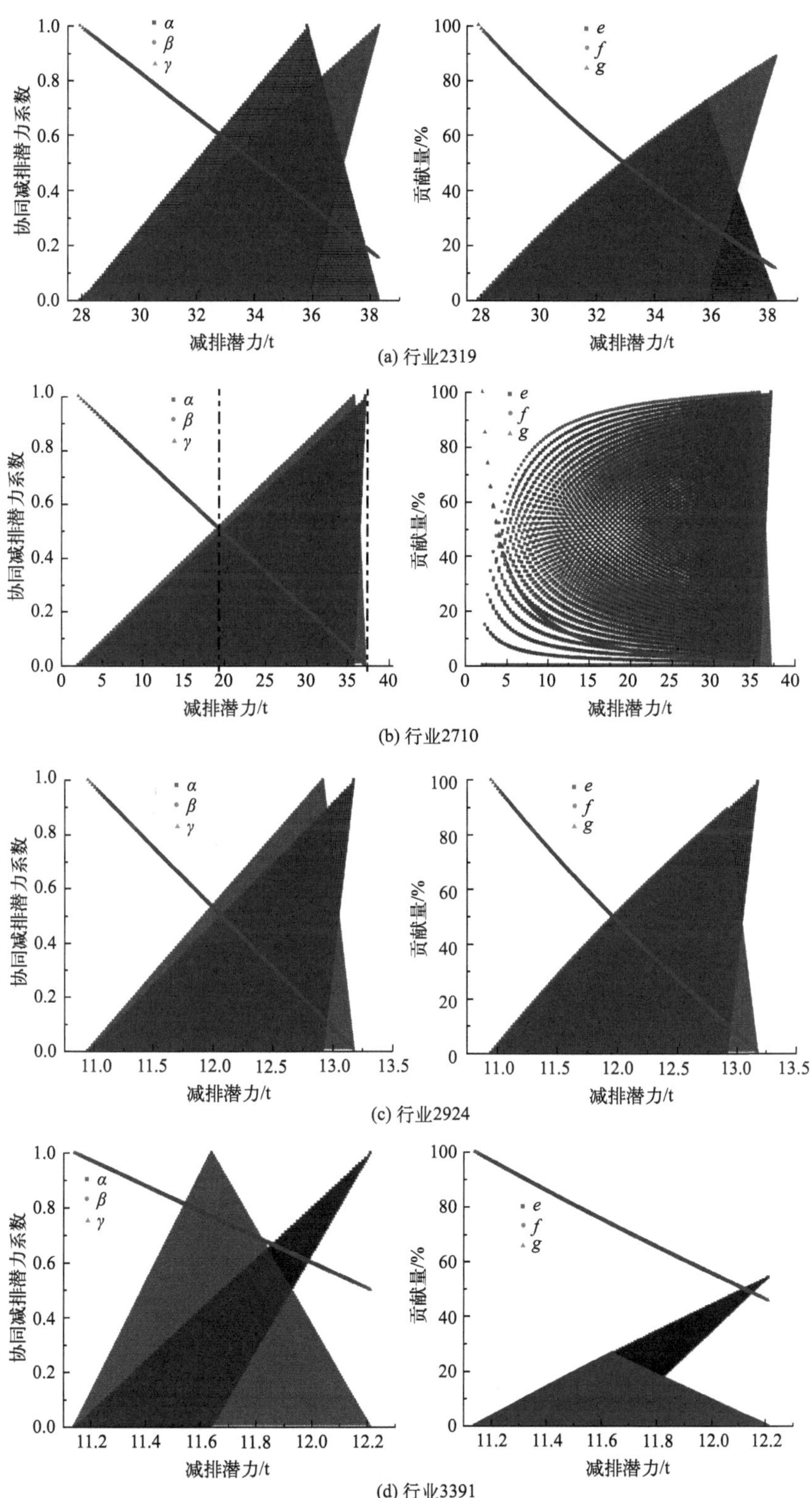

图8-24　其他源头－过程－末端全过程协同减排行业的协同减排潜力及其系数

（2）α、β和γ有一个为零

行业2320和2641具有过程-末端协同减排潜力，且协同减排潜力较大，协同减排潜力与末端减排潜力系数负相关，与过程减排潜力系数正相关。在协同减排潜力较小时，末端减排的贡献率较大，而在协同减排潜力较大时过程减排的贡献率较大。因此，行业2320和2641的VOCs减排在提高废气收集率，降低直排率的同时，也需要加强生产工艺过程的管控和技术升级改造，从源头上降低VOCs的产生和排放量。行业2320和行业2641的协同减排潜力及其系数如图8-25所示（书后另见彩图）。

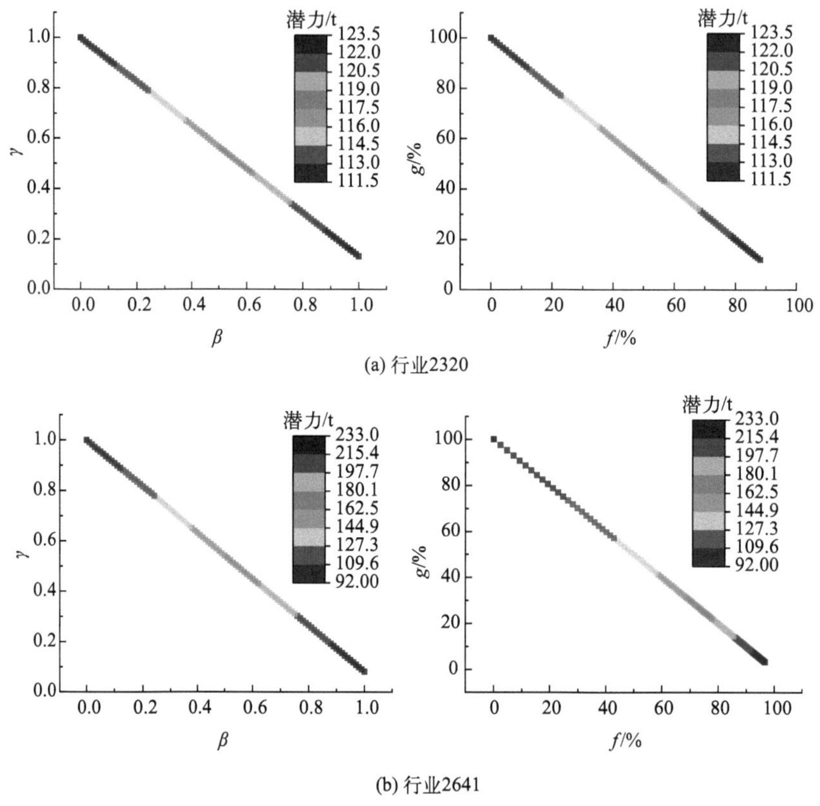

图8-25　行业2320和2641的协同减排潜力及其系数

2320行业的主要VOCs产污环节为印版（平版）+有机溶剂+平版制版，产污强度高达1920.38t/亿元，而标杆地区兰州和深圳的产污强度分别为251.29t/亿元和247.22t/亿元。与标杆地区相比，具有较大的过程减排潜力。标杆地区2320行业的主要产污环节为平版印刷过程，VOCs来源于溶剂型油墨的使用，而南阳市该行业的主要产污工艺为平版制版，说明南阳市平版制版技术水平不够先进，可采用计算机直接制版（CTP）系统和数字化工作流程软件，能够省去胶片及其显影加工的成本，降低试印废纸、油墨、润版液的用量，提高印刷机、印后加工设备的利用率，节约印前和印刷准备时间，降低人员成本。

2641行业的主要产污环节为溶剂型涂料和水性工业涂料的生产，产污强度分别为930.23t/亿元和1145.94t/亿元，产污强度远远超过标杆地区水平（图8-26）。溶剂型涂料生产的产污强度是标杆地区的2倍以上，水性工业涂料的产污强度更是远超过标杆地区。依据标杆地区的生产水平进行VOCs减排的潜力巨大。

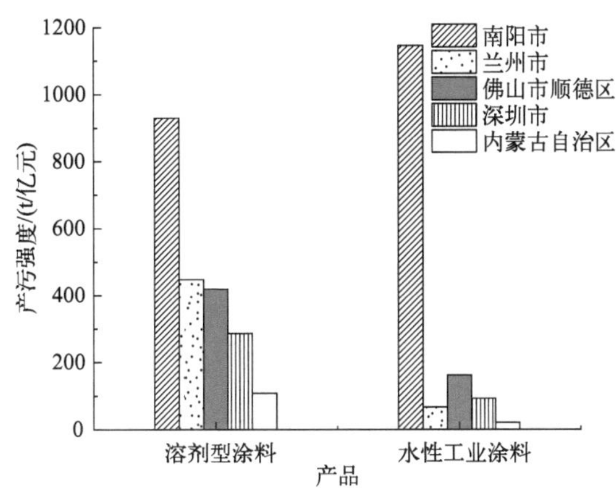

图8-26　行业2641主要产污环节的产污强度与标杆地区对比

行业2921、2922、2923、2927、2929和3311具有过程-末端协同减排潜力，如图8-27所示（书后另见彩图）。协同减排潜力随过程减排潜力系数的增大而增大，随末端减排潜力系数的增大而减小。对于行业2921、2922、2927、2929和3311，在减排潜力较大时过程减排对协同减排潜力的贡献率较大，在减排潜力较小时末端减排对协同减排潜力的贡献量较大。因此，这几个行业的VOCs减排应注重对生产工艺过程的管控和技术的升级改造，同时加强末端治理，降低直排率，提高治理效率较高的末端治理技术的普及率。而对于行业2923，末端减排的贡献率较大，应注重末端治理的管控，提高废气的收集率，减少无组织排放，降低直排率，同时也要加强生活过程的管理和清洁生产改造。

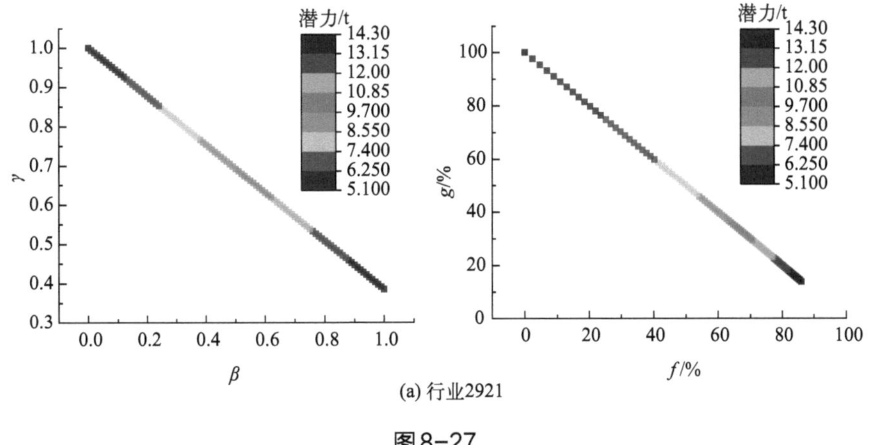

图8-27

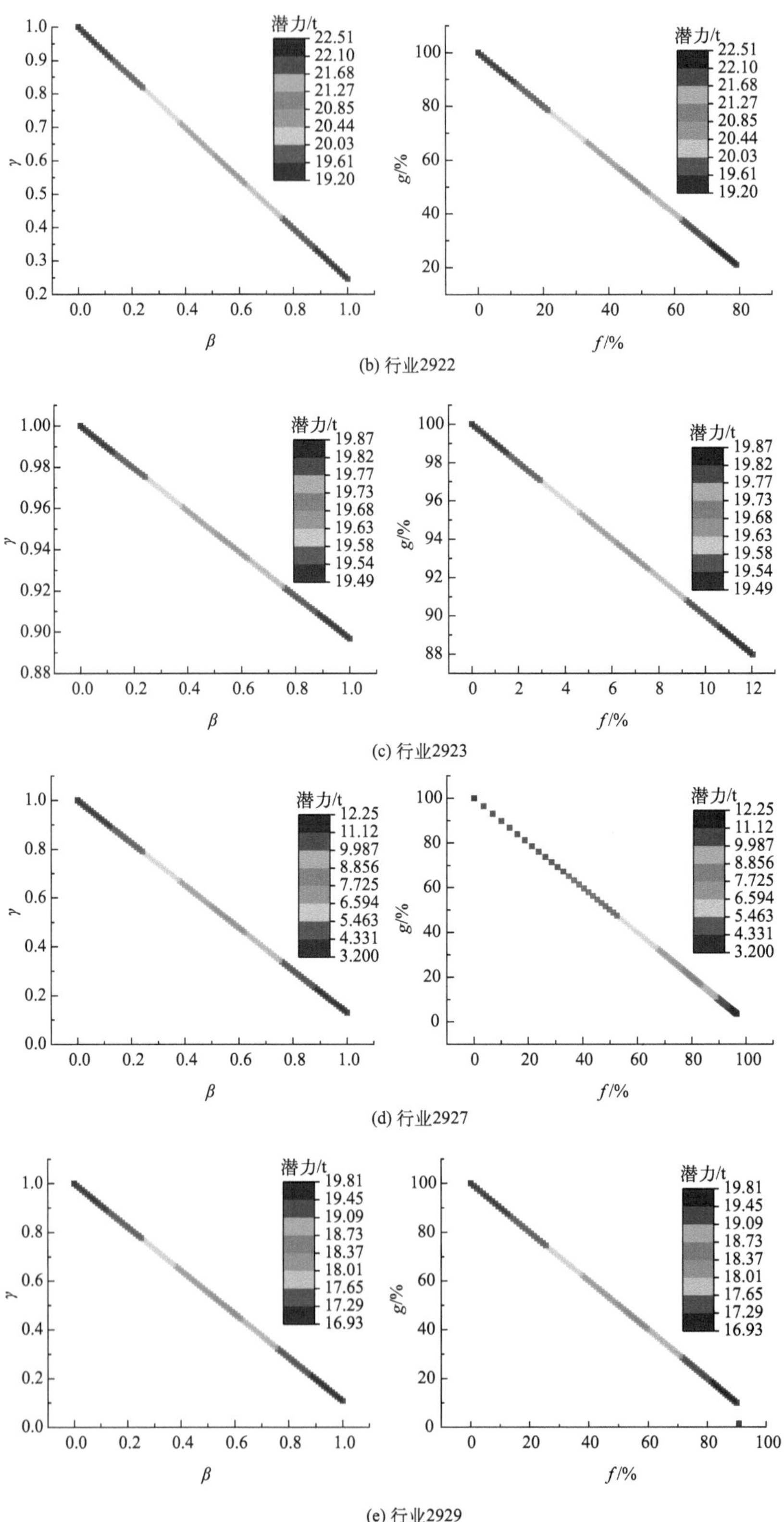

(b) 行业2922

(c) 行业2923

(d) 行业2927

(e) 行业2929

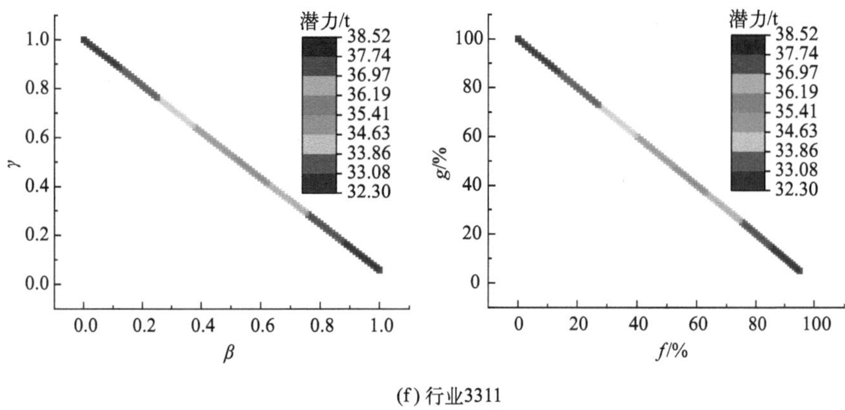

(f) 行业3311

图8-27　其他过程-末端减排行业的协同减排潜力及其系数

南阳市行业2750的主要产污环节为兽用化学药品原药+化学原料及化学制品、医药中间体+化学合成工艺，其产污强度高达2116.33t/亿元。兰州市、佛山市顺德区和深圳市无对应生产环节，内蒙古自治区采用发酵培养基［玉米蛋白粉(浆)、淀粉、葡萄糖等]+发酵工艺(非树脂提取工艺)生产兽用化学药品原药，其产污强度仅为9.14t/亿元。使南阳市按照内蒙古自治区的生产水平进行VOCs减排，具有一定的减排潜力。同时，需加强末端治理管控，降低无组织排放。行业2750的协同减排潜力及其系数如图8-28所示（书后另见彩图）。

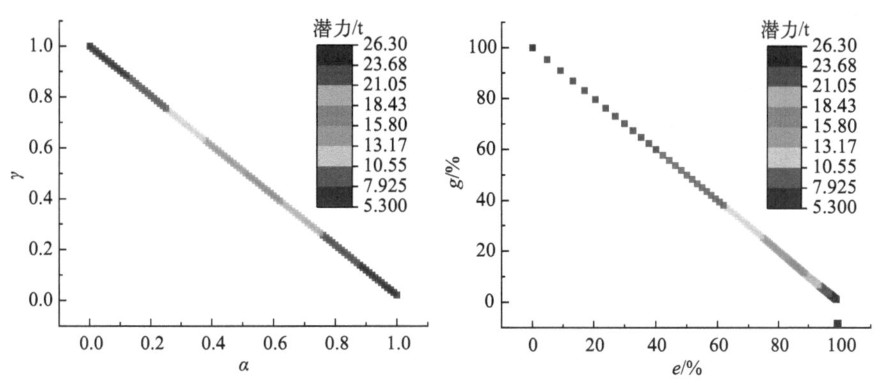

图8-28　行业2750的协同减排潜力及其系数

(3) α、β和γ任意两个为零

在当前生产技术水平下，行业1331和2631仅有过程减排潜力，减排潜力分别为36.08t和48.84t。1331行业，目前国内针对此行业还未采取VOCs的末端治理，VOCs减排应以过程减排为主。国内2631行业的末端治理技术的VOCs治理效率的水平较低，在加强生产过程工艺技术升级改造的同时应注意生产环境的密闭，提高废气收集率，减少无组织排放。

在当前生产技术水平下，行业2212和2664仅具有末端减排潜力，其主要产污环节在标杆地区均无对应环节，无法参照标杆地区水平进行VOCs的减排。因此，这两个行业当前应以末端减排为主，降低直排率，提高末端治理技术的应用率。特别是行业2212，南阳市该行业来采取任何末端治理技术，目前国内采用冷凝法对该行业的VOCs进行治理技术的效率为26%，其他末端治理技术的治理效果不太理想，南阳市该行业的末端减排可采用冷凝法。行业2664的减排应注重治理技术普及率的提高，提高生产过程废气收集率，降低直排率。

8.2.1.4 VOCs减排方案研究

包装印刷和涂装类行业是典型的高VOCs排放的行业，筛分出南阳市涉及包装印刷和涂装的行业，发现包装印刷类工业行业和涂装类工业行业的VOCs产生量在全市工业行业VOCs产生量的占比分别为21.08%和31.40%。这两类行业是目前VOCs减排的重点，也是同时具有源头-过程-末端全过程协同减排潜力的两类行业。

(1) 南阳市包装印刷行业VOCs减排研究

包装印刷类行业主要VOCs产生排放的有行业2664、2320、2319和2311，其他行业的VOCs产生排放量很低，如图8-29所示。南阳市VOCs的减排应以行业2664、2320、2319和2311的减排为主。

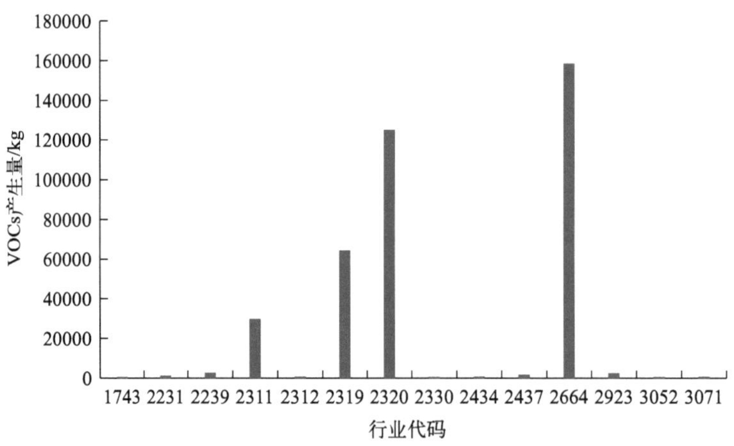

图8-29 包装印刷类行业的VOCs产生量

南阳市包装印刷相关的减排行业2664、2320、2319和2311的主要产污工艺见表8-40，可以看出，包装印刷行业的VOCs产生量主要来自溶剂型油墨和胶黏剂的使用，以及印版制版过程。通过环保型油墨和胶黏剂的使用，将减少34.11t的VOCs排放量，通过印刷工艺升级，将减少42.56t VOCs排放量。此外，2320行业计算机直接制版（CTP）系统和数字化工作流程软件，将大幅度降低胶片及其显影加工的成本，降低试印废纸、油墨、润版液的用量，提高印刷机、印后加工设备的利用率，节约印前和印刷准备时间，降低人员成本。同时，随着制版工艺的升级换代，对行业2664的PS版的需求将大幅降低，随之VOCs的产生排放量也将显著降低。通过计算机直接制版（CTP）系统和数字化工作流程软件的使用，将从源头上减少191.18t的VOCs排放量。

表8-40　行业2311、2319、2320和2664包装印刷环节末端治理情况

行业	产品名称	原料名称	工艺名称	产生强度/(t/亿元)	产生量占比/%
2311	印刷品(承印物为纸)	溶剂型平版油墨	平版印刷	1090.91	5.03
		溶剂型凸版油墨	凸版印刷(柔性版印刷)	2700.00	90.62
2319	印刷品(承印物为塑料)	溶剂型凹版油墨	凹版印刷	1300.00	10.07
		涂布液(溶剂型)	所有印后整理工艺	1600.00	49.58
		涂布液(水性)	所有印后整理工艺	100.00	3.10
	印刷品(承印物为纸)	胶黏剂(溶剂型)	所有印后整理工艺	191.25	2.37
		胶黏剂(水性)	所有印后整理工艺	24.07	10.07
		热熔胶	所有印后整理工艺	5000.00	7.75
		水性凸版油墨	凸版印刷(柔性版印刷)	216.04	7.70
		油墨清洗剂(溶剂型)	平版印刷	144.86	5.13
2320	印版(平版)	有机溶剂	平版制版	1920.38	100.00
2664	PS版	铝板或树脂版、酸、碱、树脂、丙酮	腐蚀-电解-氧化-涂布	127.30	99.67

南阳市包装印刷相关的减排行业2664、2320、2319和2311的末端治理状况见表8-41。通过提高末端治理效率高的技术的普及率，减少直排，包装印刷类行业将减少196.72t的VOCs排放量。

表8-41　行业2311、2319、2320和2664包装印刷环节末端治理情况

行业	污染物处理工艺名称	去除率/%	排放量占比/%	企业占比/%
2311	—	0	22.38	46.67
	全部密闭-催化燃烧法	81	66.36	6.67
	全部密闭-光催化	16	2.42	20.00
	全部密闭-其他（活性炭法）	14	0.07	6.67
	外部集气罩-光催化	7	5.67	13.33
	外部集气罩-吸附/催化燃烧法	34	3.11	6.67
2319	—	0	34.98	67.74
	全部密闭-光催化	16	10.40	12.90
	全部密闭-冷凝法	62	32.14	6.45
	全部密闭-吸附/催化燃烧法	81	0.00	3.23
	外部集气罩-光解	5.11	11.80	3.23
	外部集气罩-冷凝法	26	0.00	3.23
	外部集气罩-吸附/催化燃烧法	34	10.67	3.23
2320	—	0	100.00	100.00
2664	—	0	89.53	50.00
	蓄热式热力燃烧法	93	10.47	50.00

行业2664、2320、2319和2311的源头、过程和末端减排潜力分别为222.29t、42.56t和196.72t，根据SPECM模型的协同减排潜力测算方法，南阳市主要包装印刷行业的VOCs减排潜力为236.45t。

源头减排对包装印刷行业的贡献率较高，同时末端减排对包装印刷行业的VOCs减排也具有显著的作用（图8-30，书后另见彩图）。包装印刷行业的VOCs减排应以源头减排为主，过程和末端减排为辅。南阳市的VOCs减排应注重环保型油墨和黏结剂的替代，同时要大力推广计算机直接制版（CTP）系统和数字化工作流程软件的应用，从源头上降低VOCs的产生和排放量。

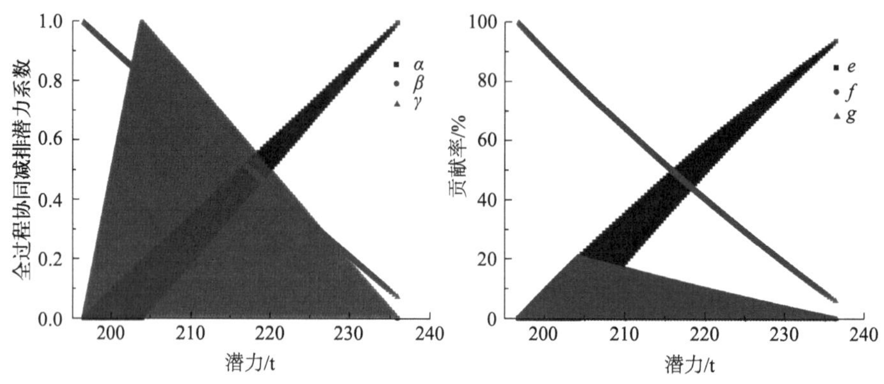

图8-30　包装印刷类行业的VOCs全过程协同减排潜力

此外，南阳市包装印刷类行业中，年排放量超过1t的行业还有行业2231、2239、2437和2923，这几个行业的年总产生量为8.38t，与主要产排的包装印刷行业相比排放量极低。行业2231、2239、2437和2923的直排率较高（表8-42），加强末端治理，降低直排率后，VOCs的排放量将明显降低。

表8-42　行业2231、2239、2437和2923包装印刷环节末端治理情况

行业	污染物处理工艺名称	去除率/%	排放量占比/%	企业占比/%
2231	—	0	83.31	77.78
	外部集气罩-吸附/催化燃烧法	34	16.69	22.22
2239	—	0	90.04	85.71
	外部集气罩-光解	7	9.96	14.29
2437	—	0	93.73	0.75
	其他(活性炭吸附)	21	6.27	0.25
2923	—	0	54.60	0.75
	其他（活性炭吸附）	21	45.40	0.25

(2) 南阳市涂装行业VOCs减排研究

涂装类行业主要VOCs产生排放的有行业2641、3311、3484和3670，其他行业

的VOCs产生排放量很低，如图8-31所示。南阳市VOCs的减排应以行业2641、3311、3484和3670的减排为主。

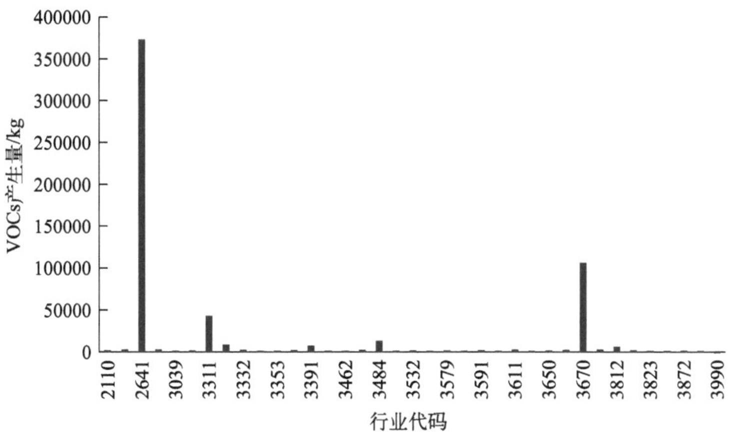

图8-31　涂装类行业的VOCs产生量

南阳市涉及涂装工序的减排行业2641、3311、3484和3670的主要产污工艺见表8-43，可以看出，涂装类行业的VOCs产生量主要来自漆料的生产和使用。匹配标杆地区对应生产工艺的产污强度，测算南阳市喷涂相关行业主要产污工艺的减排潜力，各个行业的过程减排潜力分别为233.10t、61.23t、0.67t和0.44t，南阳市涂装相关行业的VOCs过程减排潜力总计295.44t。行业2641和3311是南阳市涂装相关VOCs减排需重点管控的行业。其中行业2641为涂料制造行业，VOCs产生量主要来自溶剂的使用和挥发，在生产过程中除了提高生产工艺，采用低挥发性的原材料外，应注意生产过程的密闭性，加强废气的收集和回收利用，减少无组织排放。行业3311的VOCs减排需重点提高喷涂的工艺以及生产过程的密闭性，加强废气的收集，减少无组织排放。针对小型喷涂行业以及喷涂频率不高的企业，建立共享喷涂平台，便于对喷涂过程进行集中的管理，能够加强生产密闭性及废气收集率，同时能够降低末端治理的成本。

表8-43　行业2641、3311、3484和3670包装印刷环节末端治理情况

行业	产品名称	原料名称	工艺名称	产生强度/(t/亿元)	产生量占比/%
2641	溶剂型涂料	成膜物质、溶剂、颜料、助剂	溶剂型涂料生产工艺	930.23	53.60
	水性工业涂料	成膜物质、溶剂、颜料、助剂	水性涂料生产工艺	1145.94	45.27
3311	涂装件	底漆	浸底漆	1388.95	25.90
			浸底漆烘干	2599.37	46.04
		底漆、中涂漆、面漆、罩光漆、彩条漆	喷漆	400.52	24.57
			喷漆后烘干	70.37	3.50

续表

行业	产品名称	原料名称	工艺名称	产生强度/(t/亿元)	产生量占比/%
3484	涂装件	底漆	浸底漆	9.64	12.64
			浸底漆烘干	30.38	5.89
		底漆、中涂漆、面漆、罩光漆、彩条漆	喷漆	93.53	70.20
			喷漆后烘干	12.72	8.94
3670	涂装件	清洗溶剂	溶剂擦拭	133.13	75.87
		油性漆	喷漆	28.51	18.77
			喷漆后烘干	7.10	4.67

南阳市涂装类相关的减排行业2641、3311、3484和3670的末端治理状况见表8-44。涂装类行业的末端治理状况较包装印刷类行业好，表现在直排率较低，采用末端治理技术的企业占比较高，但治理效率较高的末端治理技术的普及率较低，造成行业整体的去除率不高。通过提高末端治理效率高的技术的普及率，减少直排，涂装类行业将减少138.97t的VOCs排放量。

表8-44　行业2641、3311、3484和3670包装印刷环节末端治理情况

行业	污染物处理工艺名称	去除率/%	排放量占比/%	企业占比/%
2641	—	0.00	3.19	31.25
	A^2/O工艺	63.16	0.00	12.50
	光解	26.00	21.42	31.25
	吸附/催化燃烧法	37.14	75.37	18.75
	吸附+蒸气解析	39.00	0.02	6.25
3311	—	0.00	18.65	64.71
	光催化	9.00	38.61	29.41
	其他（吸附法）	18.00	42.73	5.88
3484	—	0.00	95.98	71.43
	蓄热式热力燃烧法	85.00	4.02	28.57
3670	—	0.00	0.50	38.46
	光催化	9.00	99.47	46.15
	蓄热式热力燃烧法	85.00	0.03	15.38

行业2641、3311、3484和3670具有的过程和末端减排潜力分别为295.44t和138.97t，根据SPECM模型的协同减排潜力测算方法，南阳市主要涂装类行业的VOCs减排潜力为329.41t。

过程减排对涂装类行业的贡献率较高，同时末端减排对涂装类行业的VOCs减排也具有显著的作用（图8-32）。涂装类行业的VOCs减排应以过程减排为主，末端减排为辅。在协同减排潜力较大时，过程减排的贡献量较大。南阳市的VOCs减排应注重涂装过程的技术升级，加强生产过程的密闭性，提高废气的收集率，减少无组织排放和直排

率。同时对于小微型涂装企业及喷涂频率较低的企业，建立共享喷涂中心，加强喷涂过程的管理，降低小微型企业的减排成本。

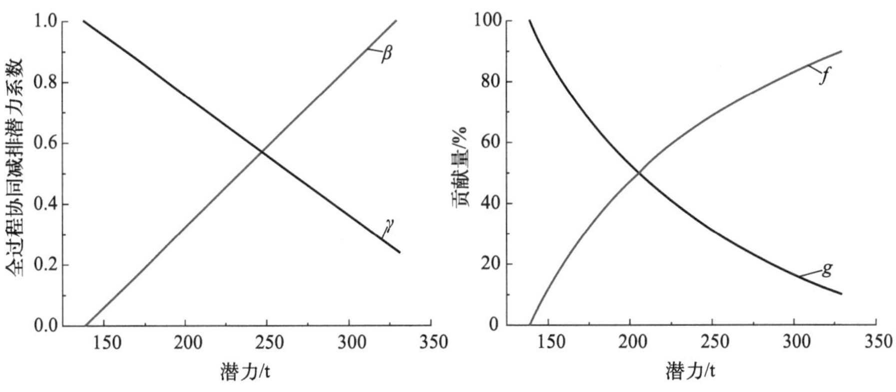

图 8-32　涂装类行业的VOCs全过程协同减排潜力

8.2.2　南阳市 O_3 污染防控对策分析

8.2.2.1　南阳市VOCs防控对策分析

基于南阳市2020年的环境统计数据，南阳市VOCs主要排放行业为水泥制造、化学药品原料药制造、金属门窗制造、炼焦和涂料制造等（图8-33）。通过SPECM模型分析，仅金属门窗制造、涂料制造、汽车零部件及配件制造、日用塑料制品制造、隔热和隔音材料制造以及包装装潢及其他印刷行业具有减排潜力。总减排潜力约为6.34t（表8-45），占南阳市总排放量的7.88%。

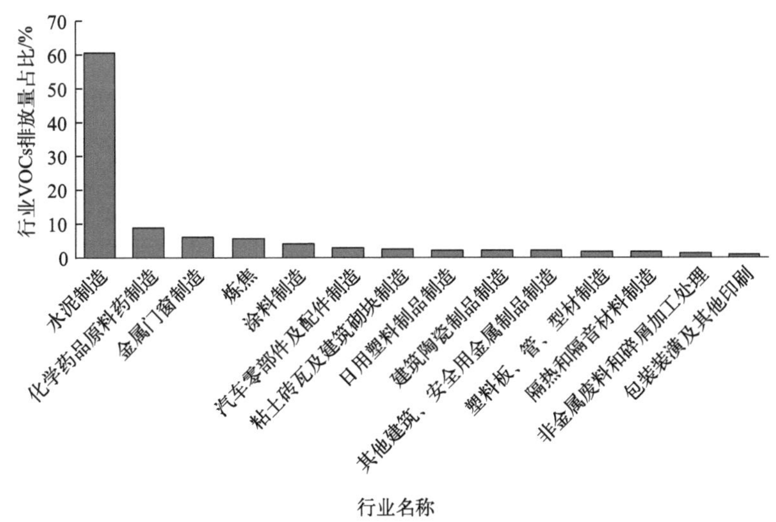

图 8-33　南阳市主要VOCs排放工业行业

表8-45　南阳市主要VOCs减排行业减排潜力及方案

行业	减排潜力/kg	减排方案	
金属门窗制造	2160.69	水性漆替代	吸附/催化燃烧法替代
涂料制造	561.34	—	吸附+蒸汽解析/吸附催化燃烧法替代
汽车零部件及配件制造	1068.36	—	蓄热式热力燃烧法替代
日用塑料制品制造	1317.60	—	蓄热式热力燃烧法替代
隔热和隔音材料制造	1001.70	—	吸附法/燃烧法/等离子体/UV+光催化替代
包装装潢及其他印刷	225.82	水性平板油墨替代	—
总计	6335.51		

根据环统初步数据分析结果，南阳市挥发性有机物重点行业主要包括印刷和机械喷涂行业。从源头管控、工艺改造和末端治理提升三方面提出如下建议：

① 纸制品印刷和塑料包装印刷行业采取以水性原材料替代油墨原料措施时，将具有较大VOCs减排潜力。需重点加强油墨、胶黏剂、涂布液和油墨清洗剂的水性或无溶剂替代（图8-34）。包装印刷行业主要减排企业及减排方向建议见表8-46。

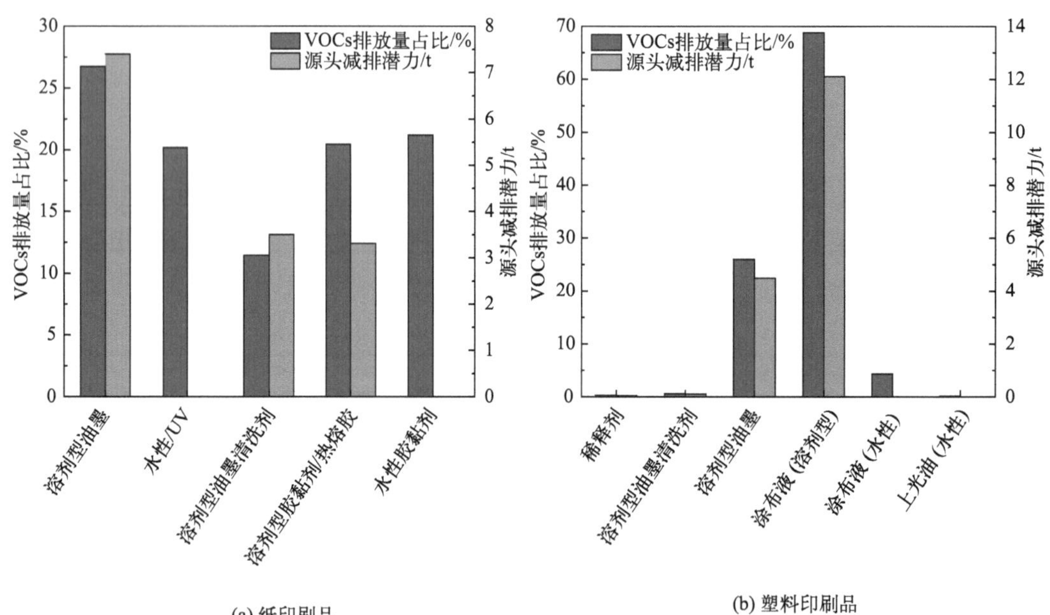

(a) 纸印刷品　(b) 塑料印刷品

图8-34　印刷行业不同原料VOCs排放情况及源头减排潜力

表8-46　包装印刷行业主要减排企业及减排改造方向建议

承印物	企业名称	减排方向
纸	南阳金牛彩印集团优乐包装有限公司	水性油墨替代+增加末端治理措施
	邓州市教育印刷厂	
	南阳大河印务有限公司	水性油墨替代
	河南华福包装科技有限公司	水性油墨替代+改进末端治理技术
塑料	南阳市金河博塑料制品有限公司	水性油墨替代+提升废气收集率

② 根据目前数据分析结果显示，涂料制造（2641）和汽车零部件及配件制造（3670）是喷涂类行业VOCs减排重点控制行业（图8-35），推广水性漆替代、提高生产技术水平和末端治理水平是喷涂类行业减排的关键。涂装行业主要减排企业及减排方向建议见表8-47。

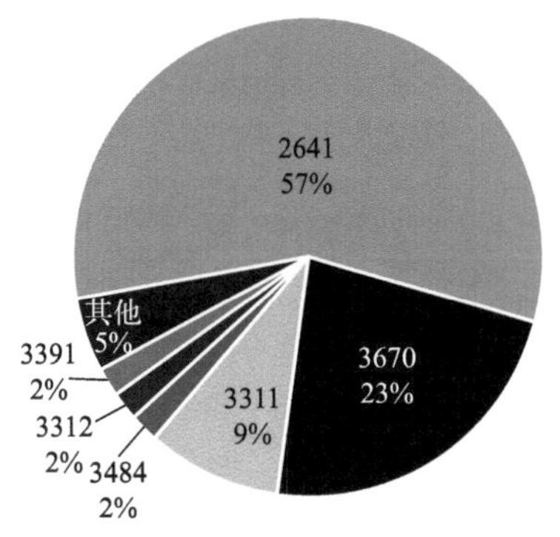

图8-35　喷涂类行业VOCs排放情况

表8-47　涂装行业主要减排企业及减排改造方向建议

单位详细名称	减排方向
河南三棵树涂料有限公司	降低产污强度+提高废气收集率
南阳市兴泰钢结构有限公司	降低产污强度+改进末端治理技术
南阳卧龙漆业有限公司	降低产污强度+提高末端收集率
南阳星港涂料有限公司	提高末端收集率

③ 化学药品原料药制造行业也是南阳市主要VOCs管控行业，需进一步提高废气收集效率，从而提高VOCs治理效率。

④ 水泥制造行业需着重加强末端治理效率，且尽可能不再新增大型水泥行业企业。

8.2.2.2　南阳市NO_x防控对策分析

南阳市NO_x主要排放行业为炼铁、火力发电、耐火陶瓷制品及其他耐火材料制造、建筑陶瓷制品制造和黏土砖瓦及建筑砌块制造等。筛选出主要的减排企业，通过SPECM模型分析，总减排潜力约为2270.7t（图8-36），占南阳市总排放量的50.10%。南

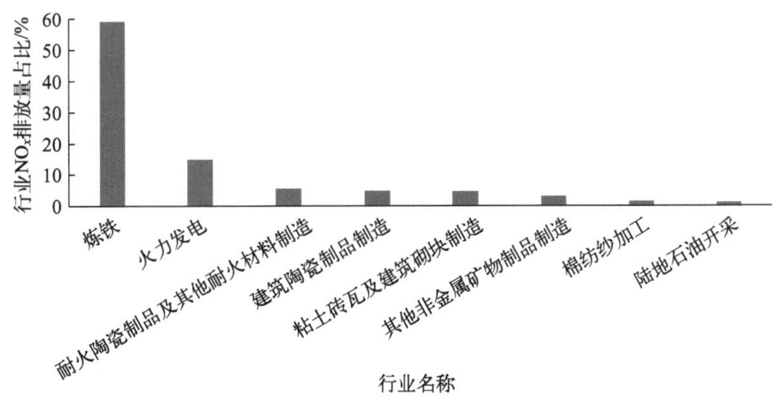

图8-36　南阳市主要NO_x排放工业行业

阳市NO_x减排主要管控企业及减排改造方向建议如表8-48所列。

表8-48 南阳市NO_x减排主要管控企业及减排改造方向建议

<table>
<tr><th>县/区</th><th>企业名称</th><th>减排方向（源头）</th><th>减排方向（末端）</th><th>减排潜力/t</th></tr>
<tr><td>内乡县</td><td>国投南阳发电有限公司</td><td rowspan="4">煤炭/一般烟煤→低氮燃烧法-SNCR，煤炭干燥无灰基挥发分>37%；或煤矸石/油页岩；或天然气</td><td>—</td><td>275</td></tr>
<tr><td rowspan="2">桐柏县</td><td>河南中源化学股份有限公司</td><td rowspan="2">直排→高效选择性催化还原法（SCR）</td><td>1578</td></tr>
<tr><td>桐柏海晶碱业有限责任公司（海晶分厂）</td><td>342</td></tr>
<tr><td>宛城区</td><td>河南天冠燃料乙醇有限公司</td><td>—</td><td>17.6</td></tr>
<tr><td rowspan="2">卧龙区</td><td>南阳双奥普通合伙新型页岩砖厂（普通合伙）</td><td rowspan="2">燃煤→天然气</td><td rowspan="2">直排→SNCR或氧化吸收</td><td>13.9</td></tr>
<tr><td>南阳市鸿国建材有限公司</td><td>7.4</td></tr>
<tr><td>新野县</td><td>河南新野纺织股份有限公司</td><td>一般烟煤→天然气</td><td>—</td><td>36.8</td></tr>
<tr><td>总计</td><td></td><td></td><td></td><td>2270.7</td></tr>
</table>

根据环统初步数据分析结果，南阳市氮氧化物重点行业主要包括火力发电、炼铁行业、热电等行业，从源头管控、工艺改造和末端治理提升三方面提出如下建议：

① 火力发电和炼铁行业是南阳市NO_x重点管控行业（图8-37），且NO_x排放主要来源于锅炉、窑炉燃烧，需要进一步加强推进清洁能源的替代，加强落后燃煤炉窑的淘汰，减少煤等化石燃料的使用。同时加强企业深度治理改造，做好重点行业绩效分级。

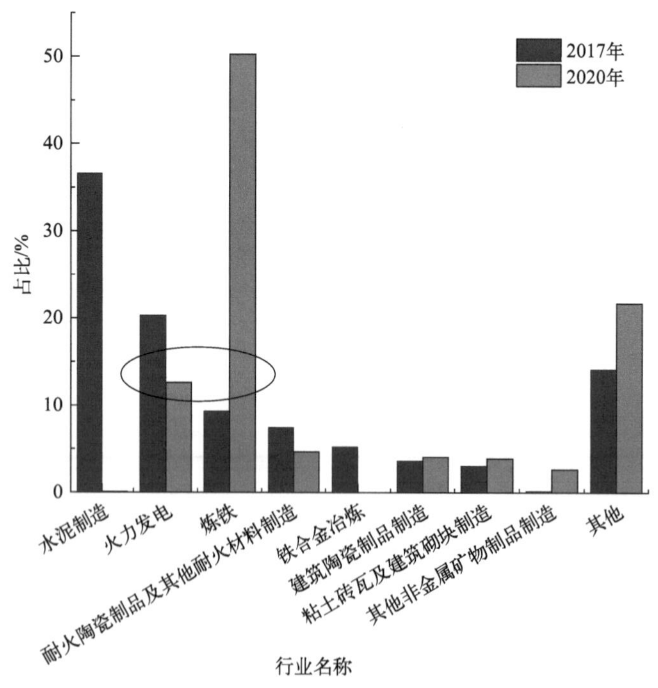

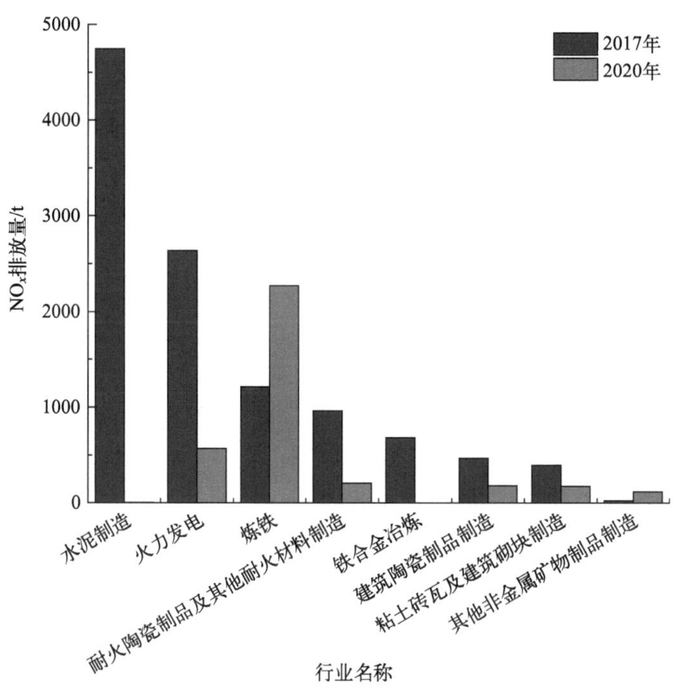

图 8-37　南阳市工业行业 NO_x 排放情况

② 桐柏县、内乡县、宛城区和新野县的 NO_x 排放主要来自电能、热能和蒸汽的生产环节，卧龙区的 NO_x 排放来自烧结类砖瓦及建筑砌块的生产。建议进一步推进清洁能源的替代，强化末端治理。主要管控企业见表 8-49。

表 8-49　南阳市 NO_x 减排主要管控企业及减排改造方向建议

县/区	企业名称	减排方向
内乡县	国投南阳发电有限公司	清洁能源替代
桐柏县	河南中源化学股份有限公司	清洁能源替代+末端治理
	桐柏海晶碱业有限责任公司（海晶分厂）	清洁能源替代+末端治理
宛城区	河南天冠燃料乙醇有限公司	清洁能源替代
卧龙区	南阳双奥普通合伙新型页岩砖厂（普通合伙）	清洁能源替代+末端治理
	南阳市鸿国建材有限公司	清洁能源替代+末端治理
新野县	河南新野纺织股份有限公司	清洁能源替代

综上所述，本小节通过从具体生产工艺的产排污情况出发，探讨了南阳市不同工业行业全过程协同减排潜力与协同减排潜力系数的关系。并探讨了包装印刷和涂装类行业的减排潜力及减排方案。包装印刷类行业以源头减排为主，过程和末端减排为辅。需注重环保型油墨的替代和数字化制版和印刷技术的推广，同时加强末端治理，降低直排率。涂装类行业的 VOCs 减排应以过程减排为主，末端减排为辅，需加强喷涂过程的技术改造升级，提高生产过程的密闭性，减少无组织排放，同时提高治理效率较高的末端

治理技术的普及率。

进一步地，本小节讨论了南阳市O_3污染防治的对策。聚焦了O_3前体物VOCs和NO_x两种污染物的主要产生和排放行业、企业，测算了其在不同减排途径下的减排潜力，明确了主要防控企业的污染物防控方向。根据VOCs∶NO_x的减排比例（2∶1），以VOCs的减排为基准时，工业氮氧化物仅需减排3.17t，占南阳市当前NO_x排放总量的0.08%。而以氮氧化物为基准时，工业源VOCs的减排量难以满足2∶1的减排要求。

8.3 佛山市顺德区挥发性有机物减排潜力分析

8.3.1 研究区域概况及数据来源

8.3.1.1 研究区域概况

佛山市顺德区作为全国重要的家电、家具、燃气具和日用品生活参基地，是全国首个GDP超过1000亿元的县级行政单位，是全国首个工业产值超万亿元的市辖区，与东莞市、中山市和南海区并称广东“四小虎”。2013～2017年间，顺德地区第二产业占比始终超过50%，单位平方千米工业用地产出超百亿元，是全国制造重镇。根据佛山市顺德区环境质量状况公报，近年来，佛山市顺德区的SO_2、PM_{10}、$PM_{2.5}$、CO^*的浓度均低于标准值，2020～2021年，NO_2的浓度也低于标准值（表8-50）。然而，除2020年外，O_3的浓度却明显高于评价标准。

表8-50　2014～2021年佛山市顺德区环境质量状况

污染物		浓度均值								评价标准/（μg/m³）
		2014年	2015年	2016年	2017年	2018年	2019年	2020年	2021年	
SO_2	μg/m³	25	16	12	11	9	8	7	6	60
NO_2	μg/m³	46	40	41	43	40	39	30	33	40
PM_{10}	μg/m³	66	56	55	59	57	56	43	42	70
$PM_{2.5}$	μg/m³	43	40	34	34	33	30	21	22	35
CO	mg/m³	1.7	1.6	1.3	1.3	1.3	1.3	1	1	4
O_3	μg/m³	174	162	165	184	185	190	155	173	160

佛山市顺德区企业具有规模小、数量多、聚集度高等特点，其中，家用厨房电器具制造业，塑料零件及其他塑料制品制造行业，电线、电缆制造行业，塑料人造革、合成革制造行业，塑料板、管、型材制造行业，木制家具制造业，金属家具制造业，涂料制

造行业和化学药品原料药品制造行业是顺德区的九大支柱产业。

根据佛山市第二次全国污染源普查技术报告显示，顺德区的颗粒物和挥发性有机物的排放量分别为1.419万吨和2.281万吨，均居于全市首位，贡献量分别达到30.82%和38.39%。佛山市顺德区的挥发性有机物（VOCs）的排放主要来自工业源，特别是家具行业、橡胶和塑料制品业、印刷和记录媒介复制业等涉及挥发性有机原辅材料使用量较大的行业。而这类行业在顺德区的分布较密集。“十四五”期间佛山市顺德区的VOCs减排压力大、任务重，是广东省VOCs减排的重点地区。

采用“三线一单”技术方法，基于大气环境质量减排潜力评估和环境质量改善目标，根据2016～2018年气象条件、污染特征及数据资料基础，选择WRF-CAMx模型迭代计算方法，以$PM_{2.5}$及O_3的环境空气质量目标为约束，测算二氧化硫、氮氧化物、颗粒物、挥发性有机物、氨等主要污染物环境容量，并结合各地经济发展水平、特点和产业特征情况，按各城市发展目标、技术可行性进行细化调整，综合考虑一定安全余量，最终获得最大允许排放量。允许排放量不应高于上级政府下达的同口径污染物排放总量指标要求。

建立WRF-CAMx模拟体系

气象模式使用中尺度气象预报模式（the weather research and forecasting model，WRF）v3.7.1。驱动数据使用美国国家环境预报中心（NCEP）提供的逐6h的全球气象卫星数据，并使用对应时段的探空观测数据和地面站观测数据同化。气象模式区域覆盖CAMx网格，采用兰伯特投影，中心经纬度为114°E、28.5°N，两条真纬线为15°N、40°N。

空气质量模式CAMxv6.30采用三重嵌套，网格分辨率从外至内分别是27km×27km，9km×9km，3km×3km，外层的模拟结果作为内层的边界条件输入，提前7d开始模拟作为spin-up。模型垂直分层为14层，本次研究取第一层数据，其平均中心高度约为20m，气相化学机制采用CB-05，气溶胶化学采用CF。数据取垂直层第一层的O_3浓度小时值，并后处理为最大8h月均值、平均值、最大1h值等。

根据《佛山2049远景发展规划》，佛山市战略定位为世界级城市群核心区、中国制造业创新中心、珠江三角洲西向发展枢纽、岭南水乡的宜业之都、岭南文化的传承之地。结合《粤港澳大湾区发展规划纲要》要求建设宜居宜业宜游的优质生活圈，对标国际一流湾区生态环境质量和污染治理水平，且考虑佛山市及各区空气质量现状与历史改善趋势，佛山市空气质量目标到2025年要求总体改善，$PM_{2.5} \leqslant 30\mu g/m^3$，$O_3$-8h_90th$\leqslant 160\mu g/m^3$，其中禅城区、南海区、顺德区$PM_{2.5} \leqslant 30\mu g/m^3$，高明区$PM_{2.5} \leqslant 27\mu g/m^3$，三水区$PM_{2.5} \leqslant 33\mu g/m^3$。

环境容量计算方法：对不同阶段环境容量计算时所用的相对于基准年（2017年）排放量的削减比例由省级层面通过目标约束的方法进行统一计算并下发到市级层面，市级层面结合现阶段本地大气污染物排放清单研究成果、环统数据等大气污染物空间排放信息，将全市的削减比例进一步细化到区县。按照省级要求，2025年，二氧化硫、氮氧化物、VOCs削减比例分别为27.6%、18.9%、28.2%。

根据省级层面下发的2020年、2025年达标所需减排比例，结合各区（县）排放量占比情况，将削减比例分摊至区（县）层面。计算出顺德区2025年VOCs削减比例为9.45%。

本研究开发的SPECM模型不仅适用于多污染物的协同减排，也适用于单一污染物的减排。VOCs是佛山市顺德区污染物减排的焦点，根据数据的可得性，本章节选择广东省佛山市顺德区为研究区域[113]，以VOCs为主要研究对象，对提出的污染减排潜力评估方法进行实证研究。

8.3.1.2 数据来源

本章节使用的数据来自2018年广东省佛山市顺德区生态环境统计数据和部分调研数据。对佛山市顺德区涉及VOCs排放的253个行业的超过8000家企业的面板数据进行了检查，并分析了不同过程中VOCs的排放特征。关于工业总产值、产品、原材料、生产工艺、产品产量或原材料消耗以及企业EOP技术的信息都包含在从生态环境统计数据中得出的工业活动水平数据中。现场调查得出的EOP技术的减排目标和去除效率信息。对工业总产值、不同行业的VOCs产生和排放以及末端处理技术的应用进行了评估，以获得不同行业的关键污染产生和排放过程。污染物排放数据通常可以通过监测方法或系数法获得[83]。本研究基于开发的污染物产生和排放核算模型，估算了各行业关键污染物生成和排放过程的减排潜力。

8.3.2 减排行业和减排单元识别

8.3.2.1 标杆地区选取

根据标杆地区的确定原则，选择工业产业结构与佛山市顺德区相似且清洁生产水平较高的深圳市作为顺德区VOCs减排的标杆地区。

佛山市顺德区的工业行业VOCs排放量前94%的大类行业包括家具制造业（21）、橡胶和塑料制品业（29）、化学原料和化学制品制造业（26）、金属制品业（33）以及印刷和记录媒介复制业（23），为顺德地区VOCs减排重点控制大类行业［图8-38（a）］。这几个行业也是深圳市VOCs排放的主要来源［图8-38（b）］。

8.3.2.2 主要减排行业

采用M221模块对佛山市顺德区工业行业VOCs的排放行业进行筛选和分析，由于目前燃烧源锅炉燃烧部分产生的VOCs减排难度大，因此本章节不考虑锅炉燃烧部分产生的VOCs，仅对容易进行VOCs减排的各行业进行分析和减排潜力测算。

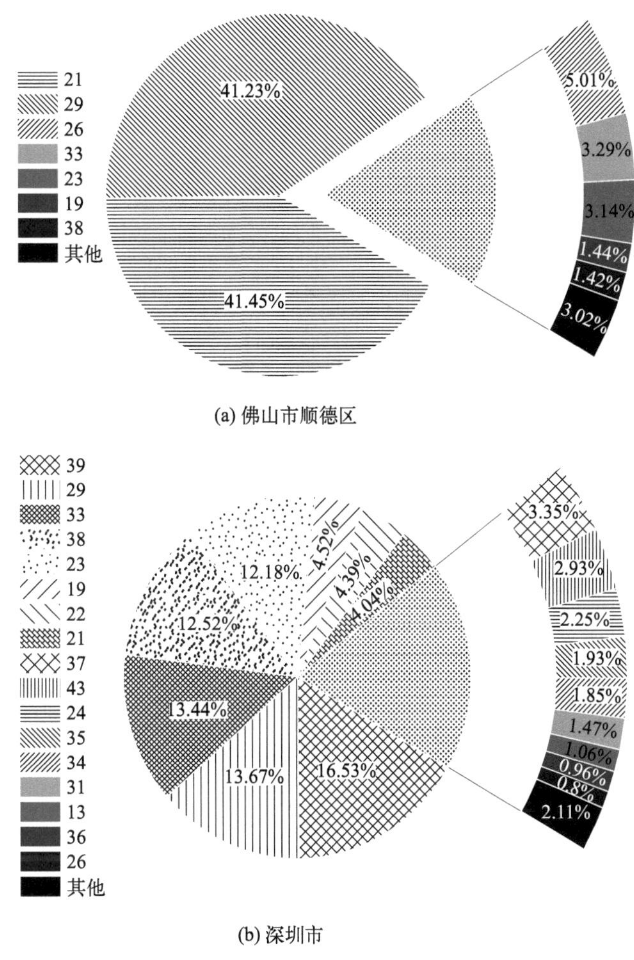

图8-38　佛山市顺德区与深圳市主要VOCs排放行业对比

佛山市顺德区的小类工业行业中前90%的行业分别为：木质家具制造行业（2110），其他家具制造行业（2190），包装装潢及其他印刷行业（2319），涂料制造行业（2641），塑料薄膜制造行业（2921），塑料板、管、型材制造行业（2922），泡沫塑料制造行业（2924），塑料人造革、合成革制造行业（2925），塑料零件及其他塑料制品制造行业（2929）和其他未列明金属制品制造行业（3399）。与主要VOCs排放大类行业相匹配。其他行业的VOCs排放量总体较低。

通过分析佛山市顺德区VOCs工业行业的排放量占比、单位GDP排放强度和单位面积排放强度情况（图8-39），X值、Y值和Z值分别为90%、2%和30%。污染物排放量较大、单位GDP排放强度和单位面积排放强度均较大的减排行业（Ⅰ）包括2110行业和2929行业，是佛山市顺德区的VOCs减排重点；污染物排放量较大、单位GDP排放强度较大，但单位面积排放强度较小的减排行业（Ⅱ）包括行业2641、2921、2924、2925和3399；污染物排放量较大，但单位GDP排放强度较低、单位面积排放强度较小的减排行业（Ⅲ）包括行业2922、2319和2190；其余行业为减排行业（Ⅳ），其对顺德区VOCs

减排贡献量较小。

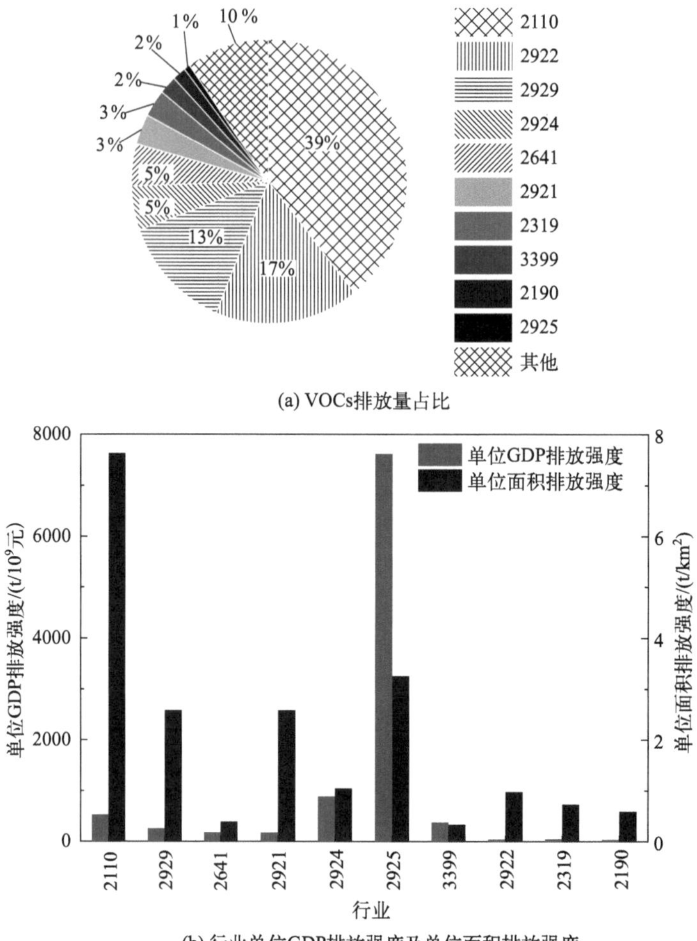

图8-39　佛山市顺德区减排行业分类及排放强度

减排行业（Ⅰ）和减排行业（Ⅱ）的污染物排放量大、单位GDP排放强度大，是佛山市顺德区VOCs减排需要重点关注的行业，且减排行业（Ⅰ）的单位面积排放强度更大，减排紧迫性更强。减排行业（Ⅲ）的污染物排放量较大，但单位GDP排放强度较低，减排的紧迫性略低于减排行业（Ⅰ）和减排行业（Ⅱ）。减排行业（Ⅳ）的VOCs排放量总体较低，不足佛山市顺德区VOCs排放量的10%。

分析不同区域范围内主要减排行业的VOCs排放强度，发现北滘镇、乐从镇和龙江镇的单位面积排放强度明显高于其他镇/区，然而均安镇的单位面积排放强度最低（图8-40，书后另见彩图）。龙江镇需特别关注行业2110、2922和2190的VOCs减排，尤其是行业2110和2922；乐从镇需要特别关注行业2110的VOCs减排；北滘镇需重点关注行业2110、2922和2929的VOCs减排；大良街道需要特别关注行业2924、2641和2319；陈村镇需要特别关注行业2921；杏坛镇需要特别关注行业2929；容桂街道需要特别关注行业2929和3399；勒流街道需要特别关注行业2929和2641的VOCs减排；伦教街道需要特别关注行业2110和2641的VOCs减排。在特定镇/区，主要减排行业（Ⅰ）的行业2110和2929，减排行业（Ⅲ）的行业2922，以及减排行业（Ⅱ）的行业2924、2921和3399的VOCs减排需要重点关注。而行业2925在各镇/区的单位面积VOCs排放强度均较低，减排的迫切度较低。

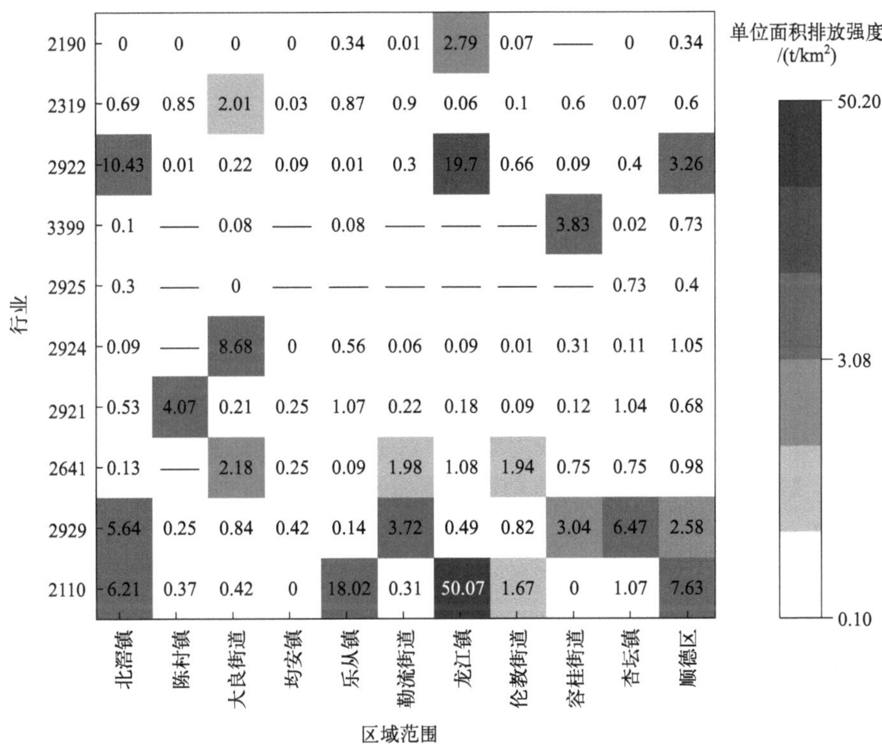

图8-40　佛山市顺德区不同区域范围内各行业单位面积排放强度

佛山市顺德区主要减排行业的单位GDP产排污强度与深圳市比较（表8-51），发现顺德区主要减排行业的单位GDP产排污强度明显高于标杆地区深圳。特别是行业2110、2929、2924、2641、3399、2925的单位GDP产排污强度是标杆地区深圳的数倍至数十倍，清洁生产水平与深圳具有较大的差距。

表8-51　主要减排行业单位GDP产排污强度对比

行业	佛山市顺德区/(t/10⁹元)		深圳市/(t/10⁹元)	
	单位GDP产污强度	单位GDP排放强度	单位GDP产污强度	单位GDP排放强度
2110	561.58	529.96	27.82	25.45
2922	46.85	42.52	28.54	27.41
2929	317.20	263.62	14.52	13.55
2924	1134.18	891.66	23.22	23.22

续表

行业	佛山市顺德区/（t/10^9元）		深圳市/（t/10^9元）	
	单位GDP产污强度	单位GDP排放强度	单位GDP产污强度	单位GDP排放强度
2641	218.72	186.14	16.06	14.30
2921	215.28	184.40	82.91	80.95
2319	63.75	51.52	25.31	24.04
3399	461.54	383.86	0.88	0.84
2190	37.45	36.22	31.64	31.56
2925	9184.74	7623.33	351.60	351.60

8.3.2.3 主要减排单元

（1）主要产污环节

采用M222模块识别和提取佛山市顺德区主要减排行业的主要产污环节。由表8-52可见，各行业主要VOCs产污工艺较为集中，对主要产排污工艺进行改造和治理可快速实现行业污染减排要求。以木质家具制造行业为例，实木家具和人造板家具制造生产过程，是木质家具制造行业VOCs减排管控的主要生产过程。其中，涂料（溶剂型）+流平/烘干/晾干工艺的VOCs产生量占整个行业产生总量的28.04%；涂料（溶剂型）+喷漆工艺的VOCs产生量占整个行业产生总量的66.51%，且这两种生产过程的单位GDP产生强度极高，分别高达1546.31t/10^9元和649.30t/10^9元。通过控制这两种生产工艺，可控制木质家具制造行业90%以上的VOCs产生量。

目前，实木家具和人造板家具制造过程中，除了溶剂型涂料，还常使用溶剂型UV涂料、水性涂料、水性UV涂料和无溶剂UV涂料，且这些原材料使用过程中的VOCs产生强度远低于溶剂型涂料。通过清洁原材料替代，将从源头减少行业2110的VOCs产生量。

行业2110中，实木家具和人造板家具制造主要集中在北滘镇、乐从镇和龙江镇。三个乡镇中涂料（溶剂型）+流平/烘干/晾干工艺的污染物产生量分别占行业VOCs产生总量的2.46%、6.75%和17.69%，涂料（溶剂型）+喷漆工艺的污染物产生量分别占行业VOCs产生总量的6.26%、13.61%和43.52%。因此，龙江镇和乐从镇是行业2110原料替代的重点乡镇。

（2）末端治理状况

采用M222模块识别和提取佛山市顺德区主要减排行业需要进行升级的末端治理技术。治理设施的运行效率和治理技术的去除效率是影响污染物实际去除率的两个重要因素。治理设施的运行水平通过K值的大小表示。佛山市顺德区主要减排行业的K值在0.8

表8-52　主要减排行业的主要产污工艺组合

行业	产品	原料	工艺	排放量占比/%	产生强度/(t/10^9元)	去除率/%
2110	实木家具、人造板家具	涂料(溶剂型)	流平/烘干/晾干	28.04	649.30	6.23
			喷漆	66.51	1546.31	5.50
2190	其他家具	其他原料(弹性材料、软质材料、绷结材料、装饰面料、玻璃、陶瓷)	其他家具制造工艺	24.48	21.48	0.30
	其他家具（座椅、床垫等）	其他原料(弹性材料、软质材料、绷结材料、装饰面料、玻璃、陶瓷)	其他家具制造工艺	40.20	57.64	4.89
		溶剂型胶黏剂	喷胶/施胶/流平	4.53	899.45	0.00
	实木家具、人造板家具	胶黏剂(溶剂型)	涂胶	4.28	129.29	0.00
		涂料(溶剂型)	流平/烘干/晾干	6.53	184.78	4.39
			喷漆	9.86	529.43	6.36
2319	塑料板、管、型材	树脂、助剂	配料-混合-挤出	3.87	289.14	24.00
	涂装件	底漆、中涂漆、面漆、罩光漆、彩条漆	喷漆	3.37	510.00	0.00
	印刷品(承印物为金属)	稀释剂	凹版印刷	5.46	622.64	6.00
	印刷品(承印物为塑料)	溶剂型凹版油墨	凹版印刷	6.14	2086.80	9.86
	印刷品(承印物为纸)	溶剂型凹版油墨	凹版印刷	18.55	219.64	28.61
		溶剂型平版油墨	平版印刷	3.35	132.61	9.78
		水性凹版油墨	凹版印刷	3.70	44.87	31.76
		水性平版油墨	平版印刷	2.01	6.57	10.23
		稀释剂	凹版印刷	27.54	670.05	24.35
		油墨清洗剂(溶剂型)	凹版印刷	3.46	192.45	27.45
			平版印刷	2.26	96.97	11.39

续表

行业	产品	原料	工艺	排放量占比/%	产生强度/(t/10^9元)	去除率/%
2641	溶剂型涂料	成膜物质、溶剂、颜料、助剂	溶剂型涂料生产工艺	39.06	429.07	13.96
	水性工业涂料	成膜物质、溶剂、颜料、助剂	水性涂料生产工艺	52.13	161.88	16.38
2921	塑料薄膜	树脂、助剂	配料-混合-挤出	64.30	200.90	16.80
	印刷品(承印物为塑料)	稀释剂	凹版印刷	9.33	1428.57	6.00
	印刷品(承印物为纸)	溶剂型凹版油墨	凹版印刷	12.19	407.78	11.37
2922	塑料板、管、型材	树脂、助剂	配料-混合-挤出	85.52	206.56	10.81
2924	泡沫塑料制品	甲苯二异氰酸酯/聚醚多元醇/EPS/PE/发泡剂	配料-混合-发泡-熟化-成型	98.18	1792.27	21.61
2925	合成革	PU浆料、基布、DMF、表面处理剂	湿法-干法-后处理	100.00	9184.74	17.00
2929	改性粒料	树脂、助剂	造粒	70.74	589.45	17.54
	塑料零件及其他塑料制品	树脂、助剂	注塑/挤出	28.09	160.28	15.26
3399	涂装件	底漆、中涂漆、面漆、罩光漆、彩条漆	喷漆	81.47	3857.57	17.49
			喷漆后烘干	14.38	680.75	17.49

以上的企业占比为99.52%，设备运行状态与标杆地区相当，但标杆地区运行状态为1的企业数量占比更高[见图8-41（a）]。由图8-41（b）可见（书后另见彩图），顺德区主要减排行业中行业2190、2921、2922、2924、2925和2929的末端治理设施的运行状态优于平均水平。然而，行业2110和2641的末端治理设施的运行状态明显低于平均水平，需要进一步加强行业的末端治理的管理。

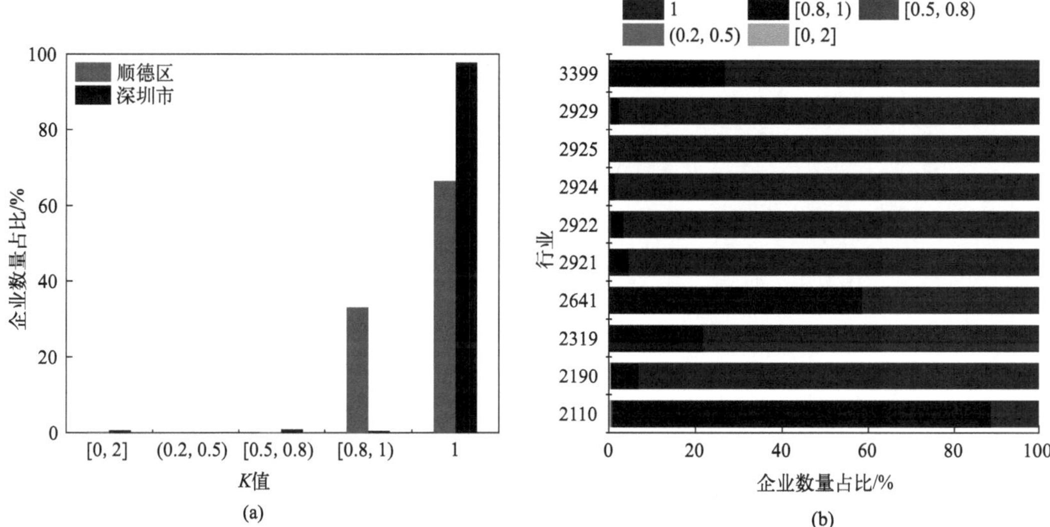

图8-41　顺德区和标杆地区（深圳市）VOCs末端治理设备运行情况对比

以木质家具制造行业为例，由图8-42可见（书后另见彩图），顺德区VOCs直接排放的企业的占比为11.62%，直接排放的企业占比远低于标杆地区。然而，顺德区主要采用治理效率较低的低温等离子体、光解和其他（抛弃式活性炭）等技术进行VOCs的治理，而深圳采取末端治理设施的企业较多地采用治理效率较高的其他（活性炭纤维或沸石吸附/脱附/催化氧化）技术。结合图8-41和图8-42，2110行业有近90%的企业的末端治理设施运行状态不足1，有待进一步加强末端管理。同时，企业多采用低效的治理措施。因此，通过提高实际去除率较高的末端治理技术[如其他（活性炭纤维或沸石吸附/脱附/催化氧化）技术或活性炭吸附/脱附-催化燃烧法]的应用率，并加强末端治理设施运行管理，将会产生可观的末端减排潜力。

佛山市顺德区其他主要减排行业的末端治理情况见书后附表13。

8.3.3　减排路径及潜力分析

8.3.3.1　行业减排路径分析

行业的减排路径包括源头减排、过程优化和末端治理升级，其中源头减排主要是指清洁原辅材料替代；过程优化包括工艺过程升级，主要涉及产品生产工艺过程的改造

（包括温度控制、生产自动化程度和物料混合方式等）、工人操作技术优化及车间过程管理等；末端减排包括加强末端治理监管、采用去除率较高的技术代替直排及去除效率较低的技术等。源头-过程-末端全过程协同减排是指综合考虑工业生产过程中原料替代、过程优化及末端治理升级之间协调关系的全过程协同减排。

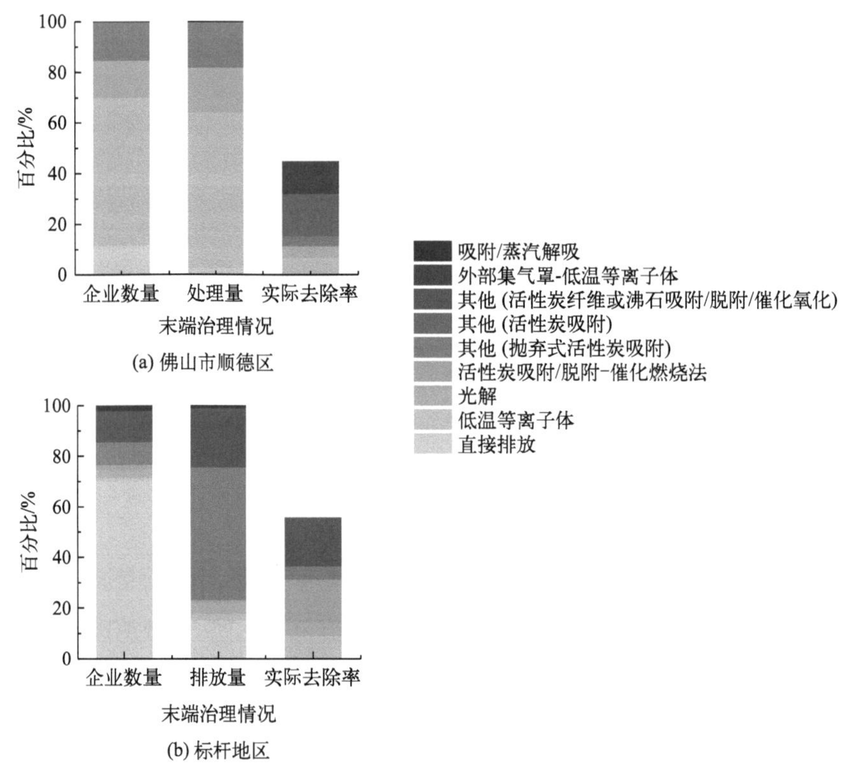

图8-42　木质家具制造业末端治理情况

根据佛山市顺德区主要减排行业的主要产污情况和末端治理情况，不断比对主要产污环节的单位GDP产生强度与标杆地区的差距、原材料替代后单位GDP产生强度的变化，以及末端治理情况与标杆地区和行业先进治理技术水平的差距，同时结合各行业的VOCs防治可行技术，分析不同行业的污染减排措施、路径，及不同污染减排措施、路径下的VOCs减排潜力。

顺德区主要减排行业主要控制环节的主要减排措施见表8-53。不同减排行业的主要减排路径见图8-43。顺德区主要减排行业整体具有协同减排潜力，其中，涉及溶剂使用的行业2110、2190、2319、2921及3399具有源头-过程-末端全过程协同减排潜力，行业2641、2922、2914和2929具有过程-末端协同减排潜力，然而受限于行业的生产工艺技术水平，2925行业仅具有末端减排潜力。

表8-53　主要减排行业主要控制环节的主要减排措施

行业	路径	减排措施
2110 2190	源头	水性涂料替代
		UV涂料替代
		水性胶黏剂替代
	过程	流水线自动涂装技术+减风增浓
	末端	RTO（流水线自动涂装+减风增浓后的废气）/RCO（高温烘干过程）
		水帘/水旋/喷淋除雾（喷涂废气）+多级过滤+沸石转轮/活性炭吸附浓缩+ RTO/RCO技术（涂覆过程）
		喷淋吸收技术（水性涂料使用过程）
		分散吸附-集中脱附技术（小微企业）
2319	源头	水性油墨替代
		水性油墨清洗剂替代
	过程	计算机直接制版技术
		印刷油墨控制程序
		集中供墨技术
		自动橡皮布清洗技术
		干燥技术
	末端	减风增浓+燃烧技术
		活性炭吸附/旋转式分子筛吸附浓缩+热力燃烧/催化燃烧法
2641	过程	桶泵投料技术
		密闭式砂磨机研磨技术
		自动或半自动包装技术
	末端	吸附+催化/热力燃烧法
2921	源头	水性油墨替代
	过程	密闭式热熔、注塑、烘干
		密闭自动配套装置和生产线
		通过调整添加剂或装备升级降低操作温度
		控制热熔温度
	末端	低温等离子体+其他（活性炭吸附）
		密闭-活性炭吸附/转轮吸附+燃烧
2922 2924 2929	过程	密闭式热熔、注塑、烘干
		密闭自动配套装置和生产线
		通过调整添加剂或装备升级降低操作温度
		控制热熔温度
	末端	低温等离子体+其他（活性炭吸附）

续表

行业	路径	减排措施
2925	末端	低温等离子体/光催化+活性炭吸附
3399	源头	粉末涂料替代
	过程	静电喷涂
		密闭操作
	末端	燃烧法
		吸附+燃烧法

以顺德区行业2110为例，实木家具、人造板家具+涂料（溶剂型）+流平/烘干/晾干生产过程的VOCs产生强度是标杆地区的3倍，分别是溶剂型UV、水性UV和无溶剂UV+流平/固化的58倍、134倍和11倍，是标杆地区水性涂料+流平/烘干/晾干的13倍。行业实木家具、人造板家具+涂料（溶剂型）+喷漆生产过程的VOCs产生强度是近5倍，分别是标杆地区溶剂型UV+喷漆的6倍、是当地水性UV+喷漆的6倍。溶剂型涂料+喷漆的VOCs产生强度是溶剂型UV涂料+辊涂/淋涂的15倍，是水性UV涂料+辊涂/淋涂的270倍，是无溶剂UV涂料+辊涂/淋涂的3945倍。此外，行业的末端治理设施运行状态有待提高，高效治理设施的应用率也有待提高。因此行业2110通过水性/UV型涂料替代、流水线自动涂装+减风增浓，以及采用高效的治理技术将具有显著的源头减排潜力、过程优化潜力和末端升级潜力。

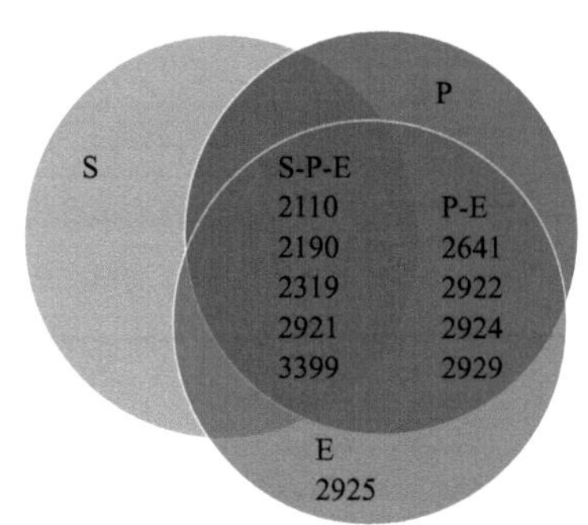

图8-43　不同行业的减排路径

S—源头减排；P—过程优化；E—末端控制；P-E—过程-末端协同控制；S-P-E—源头-过程-末端全过程协同

8.3.3.2　区域工业生产全过程减排潜力分析模型应用

（1）优化目标

综合考虑区域工业源总的减排潜力需求和某一行业能够达到的减排潜力在区域工业污染源管理中尤为重要。因此，本章节选择它们作为目标函数。

1）区域工业生产过程的总减排潜力需求

第一个目标函数考虑了区域工业源的总减排目标需求，如式（8-4）所示，可通过限制不同减排路径协同效应下污染物排放的差异来计算。

$$\sum_{i}^{I} d_i \Delta P_{i\max} \geqslant ER_{\mathrm{t}};\quad i=1, 2, 3, \cdots, 10 \tag{8-4}$$

式中　i的值1, 2, 3,⋯,10——2110行业、2190行业、2319行业、2641行业、2921行业、2922行业、2924行业、2925行业、2929行业和3399行业；

d_i——行业 i 的减排潜力系数，%；

$\Delta P_{i\max}$——行业 i 减排潜力的最大值，t；

ER_t——区域的工业生产过程的污染减排目标，t。（根据“十四五”规划和2035年远景目标纲要，佛山市顺德区的VOCs减排需求为10%，按照工业源VOCs排放占比折算为1538t。）

2）行业减排潜力最大化

第二个目标函数旨在最大化每个潜在减排行业的减排潜力，如式（8-5）所示，可通过在不同减排路径的协同作用下最大化污染物排放差异来计算。

$$\max \Delta P_i = \alpha_i \Delta PO_{iS} + \beta_i \Delta PO_{iP} + \gamma_i \Delta PO_{iE} \tag{8-5}$$

式中　ΔP_i——行业i的减排潜力；

α_i, β_i 和 γ_i——行业 i 的原料替代率、过程优化率和末端升级率；

$\Delta PO_{iS}, \Delta PO_{iP}$和$\Delta PO_{iE}$——$\alpha_i$, β_i和γ_i为100%时的源头减排潜力、过程减排潜力和末端减排潜力，t。

源头、过程和末端的减排潜力通过式（8-6）～式（8-8）计算。

$$\Delta PO_{iS} = \sum_{j}^{J}\left[GV_i \times \Delta IG_{ijS} \times (1-\eta_{i0})\right];\ j=1, 2, 3,\cdots,J \tag{8-6}$$

$$\Delta PO_{iP} = \sum_{j}^{J}\left[GV_i \times \Delta IG_{ijP} \times (1-\eta_{i0})\right];\ j=1, 2, 3,\cdots,J \tag{8-7}$$

$$\Delta PO_{iE} = -PG_i \times \Delta \eta_i \tag{8-8}$$

式中　GV_i——行业i的工业总产值，10^9元；

ΔIG_{ijS}和ΔIG_{ijP}——源头和过程减排前后的污染产生强度差值，t/10^9元；

η_{i0} 和 $\Delta \eta_i$——行业 i 当前的实际去除率和末端减排前后的实际去除率差值，%；

PG_i——行业 i 的污染物产生量，t。

（2）多目标约束条件

1）减排目标

减排目标来自区域政策文件，各种工业生产过程的减排目标基于工业生产过程产生的污染物排放量对区域污染物排放总量的贡献（CR）。

$$ER_t \geqslant CR \times ER_T \tag{8-9}$$

式中　ER_t——区域工业源减排目标，t；

ER_T——评估区域的污染减排目标，t。

根据“十四五”规划和2035年远景目标纲要，要求VOCs排放总量下降10%以上。本研究以减排VOCs排放量的10%为目标。

2）原辅材料替代

原辅料替代率（α）需满足行业原材料替代的要求，并不高于100%。

$$100\% - (100\% - GR_{it}) / NGR_{i0} \leqslant \alpha_i \leqslant 100\% \tag{8-10}$$

式中 GR_{it}——行业i的绿色原辅材料的使用占比要求，%；

NGR_{i0}——当前非绿色原辅材料的使用比例，%。

3）过程优化

过程优化比例（β）不能超过100%。

$$0 \leqslant \beta_i \leqslant 100\% \tag{8-11}$$

4）末端治理提升

末端治理升级率（γ）也在0 ～ 100%之间。

$$0 \leqslant \gamma_i \leqslant 100\% \tag{8-12}$$

5）逻辑约束

由于源头和过程减排方法都属于清洁生产范畴，因此α和β的总和不能超过100%。

$$100\% - (100\% - GR_{it}) / NGR_{i0} \leqslant \alpha_i + \beta_i \leqslant 100\% \tag{8-13}$$

在全过程协同控制下原辅材料替代率、工艺优化率和EOP升级率之间的逻辑关系如下：

$$\gamma_i = 100\% - (\alpha_i \Delta PO_{iS} - \beta_i \Delta PO_{iP}) / PO_{i0} \tag{8-14}$$

$$100\% - (100\% - GR_{it}) / NGR_{i0} \leqslant \alpha_i + \beta_i + \gamma_i < 200\% \tag{8-15}$$

8.3.3.3 行业减排潜力及策略

根据8.3.2部分测算主要减排行业在满足污染物减排需求下的全过程减排潜力及减排策略。表8-54展示了佛山市顺德区VOCs减排目标下，各主要减排行业需要达到的减排潜力占各行业最大减排潜力的比值。本研究共筛选优化出满足佛山市顺德区减排目标的31种减排系数组合。其中，行业2110的减排系数不低于11%，行业2190、2319、2641、2921、2922、2924、2925、2929和3399的减排系数均不低于10%。

表8-55显示了满足佛山市顺德区VOCs减排目标的条件下，各主要减排行业推荐减排潜力的值。可以看出，行业2110的减排对于佛山市顺德区VOCs贡献较大，其次是行业2922和2929。行业2110为佛山市顺德区的支柱产业，主要产品实木家具和人造板家具的产量大，溶剂型原辅材料的使用量大，通过低VOCs含量原辅材料替代、过程升级和末端控制，将释放较大的减排潜力。行业2922和2929属于塑料制品制造行业，生产过程中涉及含VOCs原材料的使用。在塑料加工过程中，加热熔融、成型过程中会产生一定量的VOCs，通过控制生产过程中的熔融温度，增加生产过程的密闭性，提高废气的收集率和处理效率，也将产生较大的VOCs减排潜力。行业2925的减排潜力较小，仅为1 ～ 2t/a。虽然减排潜力较小，但该行业仍有减排的空间。同时，行业2925的减排潜力较其他行业小的主要原因是其VOCs排放量小，且其末端治理仍有升级空间。其他主要减排行业的VOCs减排潜力相差不大，但行业的减排总量较大，为佛山市顺德区的主要VOCs减排行业。

结合表8-54和表8-55的数据，发现减排潜力较大的行业2110的潜力系数主要分布在14%～16%，当减排系数取最小值11%时，仅存在两种方案，且另外两个减排潜力较大的行业2922和2929的减排系数取值较大，分别为19%和16%。因此，行业2110、2922和2922的VOCs防控是佛山市顺德区VOCs防控的关键行业，需要加强控制和监管。

表8-54　佛山市顺德区主要减排行业的减排潜力占其最大潜力比值

序号	*d*值/%									
	2110	2190	2319	2641	2921	2922	2924	2925	2929	3399
1	15	18	20	10	14	19	15	12	12	11
2	15	18	15	13	17	11	16	13	20	10
3	16	11	18	11	13	12	14	17	16	15
4	16	13	12	15	20	16	12	11	10	20
5	12	14	20	20	20	20	10	18	19	10
6	16	19	14	20	10	14	20	10	10	10
7	16	17	17	12	12	10	20	17	15	12
8	16	12	10	16	10	15	12	10	13	17
9	16	16	14	13	10	13	17	14	12	18
10	17	20	18	12	15	11	13	11	11	12
11	15	18	14	19	20	11	17	17	14	14
12	13	10	19	14	16	18	15	17	16	13
13	14	18	10	11	18	16	10	16	17	16
14	14	13	15	12	11	16	19	20	14	15
15	14	20	14	11	18	14	20	16	14	16
16	14	13	16	16	20	12	19	10	14	19
17	15	16	12	15	17	10	13	14	18	11
18	14	13	20	14	14	10	16	19	19	10
19	12	12	20	11	12	18	15	19	18	11
20	15	15	20	20	19	10	15	12	10	16
21	15	18	10	11	12	11	14	12	16	13
22	13	19	12	19	13	15	18	13	13	17
23	12	12	18	18	20	18	17	20	12	11
24	16	14	19	12	10	10	15	10	10	12
25	12	15	15	10	12	14	17	13	20	14
26	13	18	17	17	17	10	14	15	17	19
27	11	13	18	18	12	19	15	13	16	13
28	12	15	17	14	17	16	11	19	18	10

续表

序号	d值/%									
	2110	2190	2319	2641	2921	2922	2924	2925	2929	3399
29	11	15	13	18	18	19	15	17	16	11
30	12	16	14	11	14	19	13	17	14	16
31	12	20	20	15	16	14	18	17	15	11

表8-55　佛山市顺德区主要减排行业的推荐减排潜力目标

序号	减排潜力/t										
	2110	2190	2319	2641	2921	2922	2924	2925	2929	3399	总计
1	874	36	86	44	43	341	93	1	191	36	1746
2	874	36	64	57	52	198	99	1	319	33	1734
3	932	22	77	49	40	216	87	2	255	49	1728
4	932	26	52	66	61	287	74	1	159	65	1725
5	699	28	86	88	61	359	62	2	303	33	1722
6	932	38	60	88	31	252	124	1	159	33	1718
7	932	34	73	53	37	180	124	2	239	39	1713
8	932	24	43	71	31	270	74	1	207	55	1708
9	932	32	60	57	31	234	105	1	191	59	1703
10	991	40	77	53	46	198	80	1	175	39	1701
11	874	36	60	84	61	198	105	2	223	46	1689
12	758	20	82	62	49	323	93	2	255	42	1686
13	816	36	43	49	55	287	62	2	271	52	1673
14	816	26	64	53	34	287	118	2	223	49	1672
15	816	40	60	49	55	252	124	2	223	52	1672
16	816	26	69	71	61	216	118	1	223	62	1662
17	874	32	52	66	52	180	80	1	287	36	1661
18	816	26	86	62	43	180	99	2	303	33	1649
19	699	24	86	49	37	323	93	2	287	36	1636
20	874	30	86	88	58	180	93	1	159	52	1622
21	874	36	43	49	37	198	87	1	255	42	1622
22	758	38	52	84	40	270	111	1	207	55	1616
23	699	24	77	80	61	323	105	2	191	36	1599
24	932	28	82	53	31	180	93	1	159	39	1598
25	699	30	64	44	37	252	105	1	319	46	1597
26	758	36	73	75	52	180	87	1	271	62	1595
27	641	26	77	80	37	341	93	1	255	42	1594
28	699	30	73	62	52	287	68	2	287	33	1593
29	641	30	56	80	55	341	93	2	255	36	1589

续表

序号	减排潜力/t										
	2110	2190	2319	2641	2921	2922	2924	2925	2929	3399	总计
30	699	32	60	49	43	341	80	2	223	52	1582
31	699	40	86	66	49	252	111	2	239	36	1580

图8-44显示了具有源头-过程-末端全过程协同减排潜力的主要减排行业的减排潜力和减排潜力系数（α、β和γ）的分布情况。表8-56显示了各行业最大的源头减排、过程减排和末端减排潜。

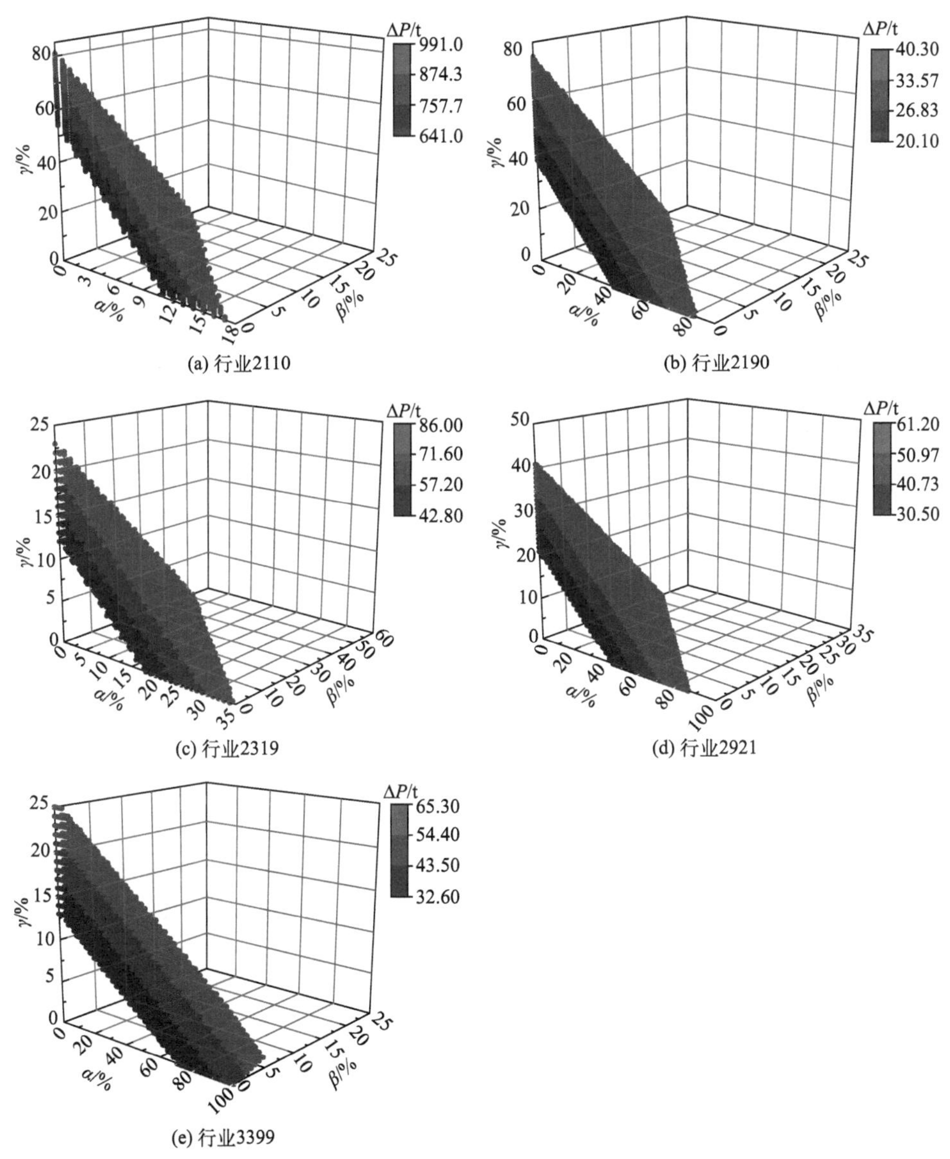

图8-44　源头-过程-末端全过程协同控制行业潜力及策略

以2110木质家具制造行业为例，其源头和过程减排的最大潜力远大于末端减排潜力，这来源于行业溶剂型油漆的替代和喷涂过程的工艺升级。进行全过程协同控制时，源头、过程的减排使得进入污染治理系统的污染物含量大幅度降低，因此仅需较小的末端减排潜力即可达到行业的减排需求，即此时末端减排潜力系数较小。然而，当源头和过程减排的比例较低时，需要较大的末端减排潜力才能够达到行业的污染减排需求，即此时的末端减排潜力系数较大。

表8-56 各主要污染物减排行业在不同路径下能达到的最大潜力

行业	潜力/t		
	源头	过程	末端
2110	5730.35	4507.72	1208.46
2190	49.13	187.90	53.47
2319	245.91	161.72	367.68
2641	0	321.58	211.66
2921	70.78	218.18	145.75
2922	0	1628.94	430.57
2924	0	612.45	26.59
2925	0	0	9.77
2929	0	1548.22	179.65
3399	46.76	308.87	251.20

图8-45显示了过程-末端全过程协同减排和末端减排的主要减排行业的减排潜力和减排潜力系数（α、β和γ）的分布情况。需要指出的是，在当前生产工艺技术水平下，过程-末端协同减排的行业的源头减排潜力系数为0，随着技术的进步和清洁原料的发展，未来源头减排也将对行业的协同减排潜力产生显著的贡献。换句话说，这类行业在进行过程和末端减排的同时，也需要注重对清洁原材料的研发和适配于用清洁原料进行生产的工艺技术条件的研究。以2641涂料制造行业为例，其过程减排的最大潜力大于末端减排潜力，进行全过程协同控制时，过程的减排使得进入污染治理系统的污染物含量大幅度降低，仅需较小的末端减排潜力即可达到行业的减排需求，即此时末端减排潜力系数较小。然而，当过程减排的比例较低时，需要较大的末端减排潜力才能够达到行业的污染减排需求，即此时的末端减排潜力系数较大。

然而，在当前生产工艺技术水平下，2925塑料人造革、合成革制造行业生产合成革的过程，仅存在用PU浆料、基布、DMF、表面处理剂为原料，通过湿法—干法—后处理工艺这种生产路线。行业的源头和过程减排难度较大，因此，行业2925目前仅依靠末端减排的方式进行减排，其源头和过程减排潜力系数为0。行业的VOCs减排潜力的大小仅与末端减排潜力系数的大小有关。

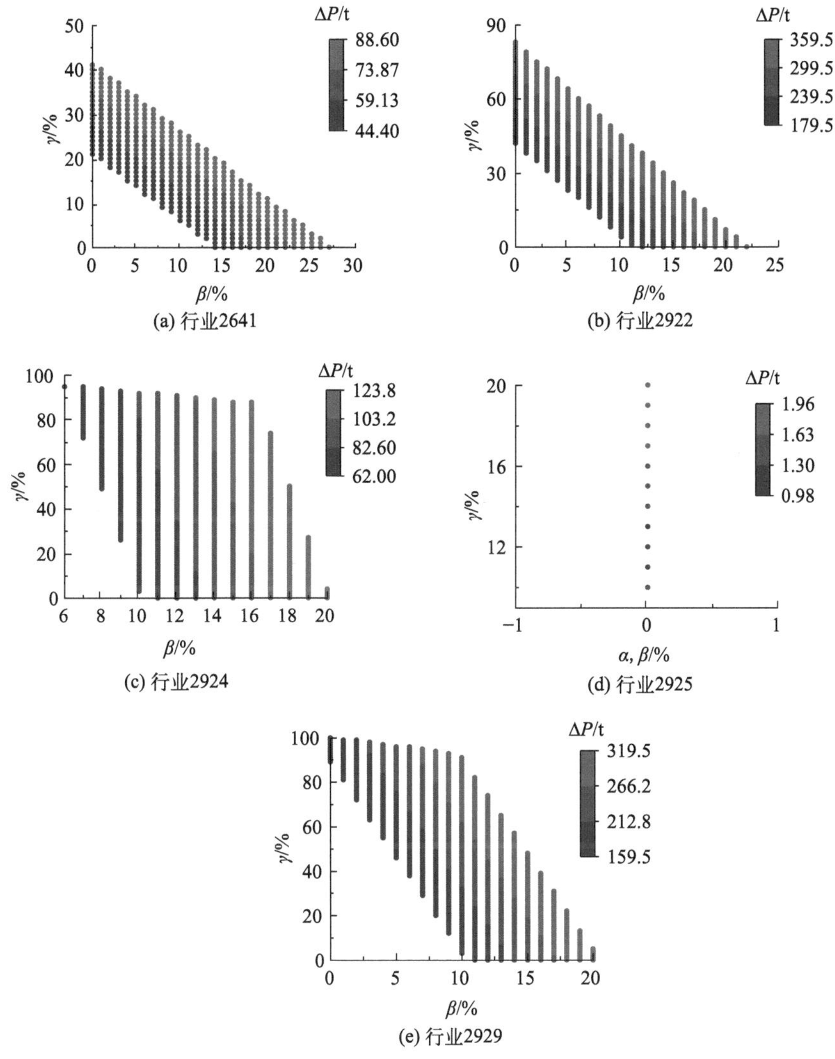

图8-45　过程-末端协同控制行业潜力及策略

8.3.4 不确定性分析

8.3.4.1 减排目标的不确定性

采用蒙特卡洛方法模拟了佛山市顺德区工业源VOCs全过程协同减排潜力的不确定性。顺德区工业源VOCs全过程协同减排获得的行业减排潜力系数d_i使得减排方案能够满足当地工业源VOCs减排需求的概率为96.84%（图8-46），各行业达到推荐减排潜力目标的概率均超过87%（表8-57）。进一步分析总减排潜力与行业减排潜力及行业潜力系数的相关性，发现顺德区工业源总减排潜力与行业2110、2929和2922的减排潜力系数相关性较高（图8-47），分别为0.89、0.24和0.16；同时顺德区工业源总减排潜力与行业2110减排潜力相关性较高，为0.27。说明行业2110、2929和2922是佛山市顺德区工业源VOCs减排的关键控制行业，特别是行业2110是当地VOCs减排的重点行业。

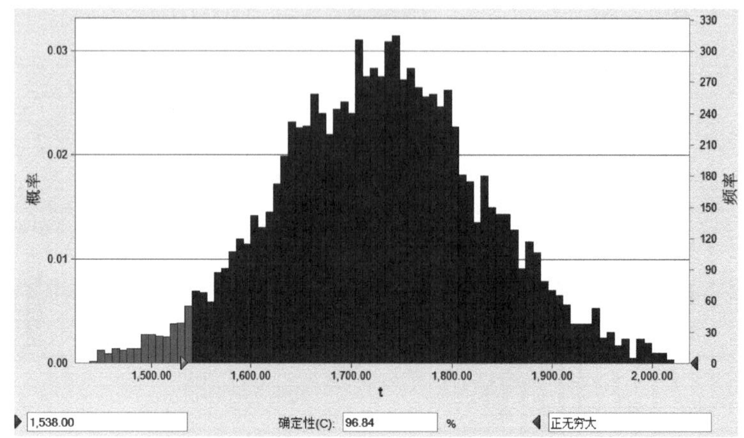

图8-46 顺德区总目标潜力不确定性分析

表8-57 各行业达到推荐减排潜力目标的情况

行业	达标率/%	行业	达标率/%
2110	91.09	2641	92.45
2190	97.16	2922	87.5
2319	91.22	2924	95.95
2921	92.15	2925	91.62
3399	88.1	2929	92.43

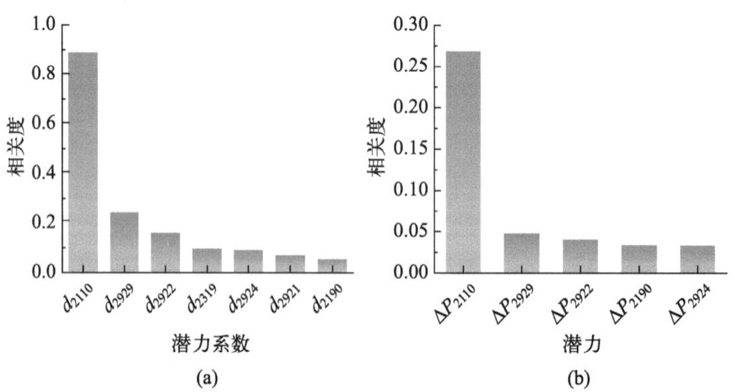

图8-47 顺德区总目标潜力与行业减排潜力及潜力系数的相关性

8.3.4.2　减排路径和减排技术的敏感性

行业i减排潜力与不同减排路径减排潜力系数的大小、污染减排技术及生产工艺参数的选取有关，分析行业的减排潜力与这些参数的敏感性对行业污染防治具有重要意义。通过Oracle Crystal Ball对各行业减排因素的敏感性进行验证，发现行业减排潜力主要受减排技术和减排路径潜力系数的影响。

源头-过程-末端全过程协同控制行业减排潜力对不同减排技术的敏感性如图8-48所示（书后另见彩图），行业2110的VOCs减排潜力主要来自溶剂型涂料的水性或UV型替代，以及溶剂型涂料使用过程的工艺优化。此外，低效的末端治理技术，如低温等离子体技术升级优化对行业VOCs减排潜力也有重要的贡献。行业2190的VOCs减排潜力主要来自溶剂型涂料和其他家具制造过程的工艺优化，溶剂型涂料的水性或UV型替代也具有较大的贡献，此外，对直接排放的部分进行末端治理，对行业VOCs减排也具有显著影响。行业2319溶剂型凹版油墨的水性或UV型替代，以及由此带来的稀释剂的源头减排是该行业VOCs减排的重点；溶剂型油墨及稀释剂使用过程的工艺优化，以及外部集气罩-其他（活性炭）和全部密闭-低温等离子体等治理技术的升级，对行业VOCs减排具有显著的影响。行业2921溶剂型凹版油墨的水性或UV型替代，以及塑料薄膜生产过程的工艺优化是该行业VOCs减排的关键技术和环节。行业3399涂装件喷漆过程的工艺优化及清洁漆料的替代是对行业减排潜力具有显著影响的因素，此外，末端治理技术其他（吸附法）的升级对行业VOCs减排潜力也有重要的贡献。

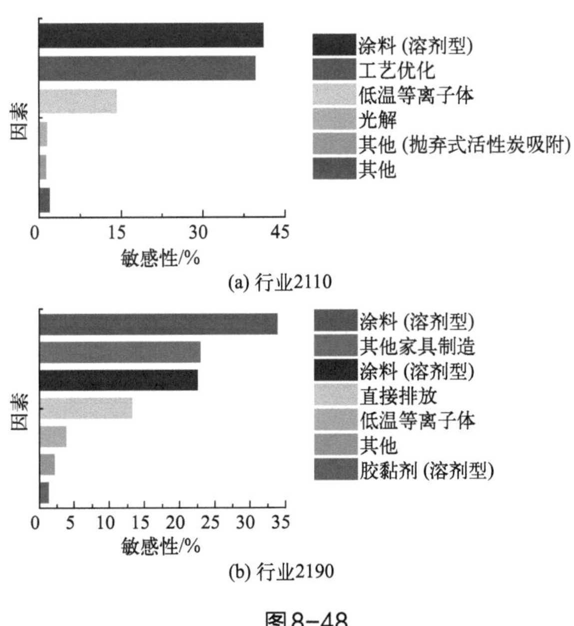

图8-48

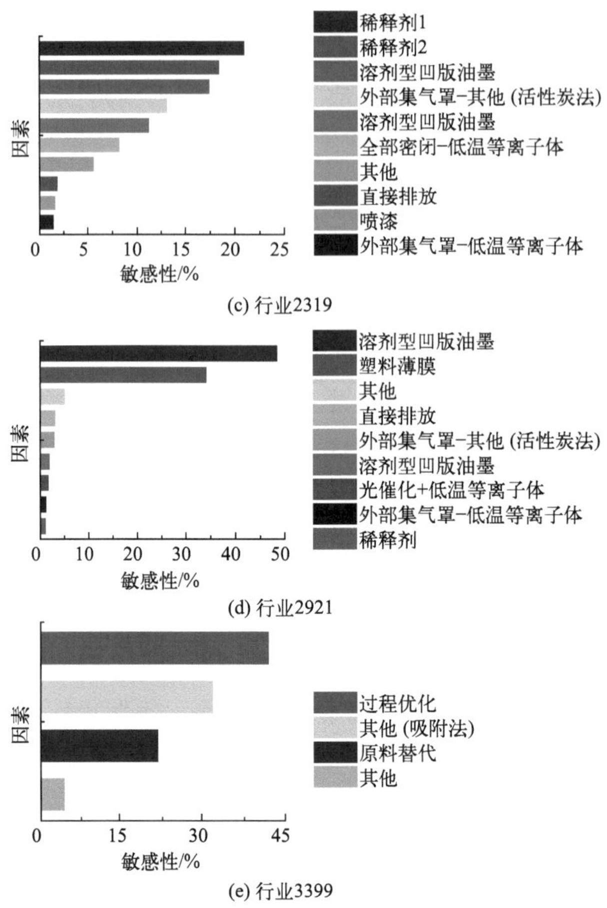

图8-48 源头-过程-末端全过程协同控制行业减排潜力对不同减排技术的敏感性（绿色系表示源头减排的敏感性，蓝色系表示过程减排技术的敏感性，橙色系表示末端减排技术的敏感性）

过程-末端全过程协同控制行业减排潜力对不同减排技术的敏感性如图8-49所示（书后另见彩图），2641行业的VOCs减排潜力主要来自水性工业涂料和溶剂型涂料制造过程的工艺优化，以及低效的末端治理技术，如直接排放和光解的升级优化。塑料板、管、型材制造过程的工艺优化，以及对直接排放的部分进行末端治理，对2922行业

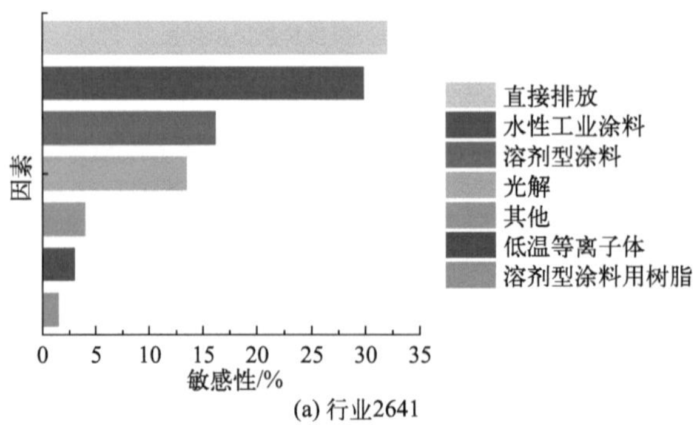

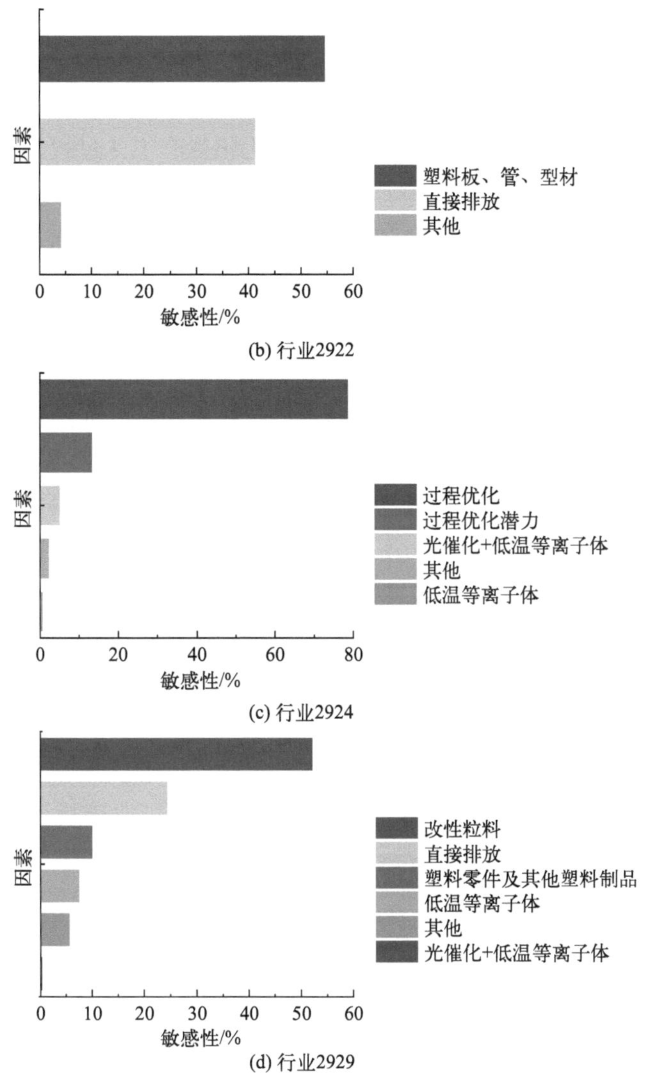

图 8-49　过程-末端全过程协同控制行业减排潜力对不同减排技术的敏感性（蓝色系表示过程减排技术的敏感性，橙色系表示末端减排技术的敏感性）

VOCs减排具有显著影响。行业2924泡沫塑料制品过程的工艺优化是该行业VOCs减排的重点。行业2929改性粒料和塑料零件及其他塑料制品生产过程的工艺优化是对行业减排潜力具有显著影响的因素，此外，低效的末端治理技术，如低温等离子体技术的升级对行业VOCs减排潜力也有重要的贡献。

8.3.5　佛山市顺德区工业污染减排建议

① 研究以清洁生产水平较高的深圳市作为佛山市顺德区的VOCs减排标杆地区，经对比核算佛山市顺德区VOCs源头减排潜力显著。特别是对于该地区VOCs主要产生来

源的塑料材料的加工制造及涂装件的喷涂、干燥等环节，VOCs减排的主要方向为采用原辅材料替代升级和更清洁化的加工工艺。

② 工艺过程的产污强度差距较大也是导致地区间产排污绩效差异的主要原因，例如喷漆、化学聚合、造粒等生产环节，减排方向为优化生产工艺过程，强化无组织排放管理，提高工艺过程密闭性、自动化。

③ 末端治理效率较低也是导致地区间污染物排放绩效差异的重要原因，顺德区更多地采用低效的污染物治理技术，建议进一步普及高效治理技术的应用，同时加强对末端治理设施的运行管理。

④ 减排目标下，减排潜力系数解集的优化需结合评价区域行业的实际生产状况与末端治理情况，不同行业具有不同的减排潜力系数优化解集。然而，要获得最佳的减排潜力系数解集需进一步对减排方案进行技术经济性分析。

⑤ 随着环境标准的不断严格以及环境质量改善要求的不断提高，仅从源头管控开展清洁生产实现“节能、降耗、减污、增效”，或仅从末端治理关注污染物削减，都难以缓解当前污染防治形势的巨大压力。在减排方案对策研究时，应强调对源头管控与末端治理的协同方案的制定；同时，在不同技术路线或工艺组合的推荐时，需进一步开展成本效益测算，为缓解地方政府及企业压力提供更加可行可落地方案。

综上所述，本章以佛山市顺德区作为区域污染物全过程协同减排潜力分析的实例，对本研究提出的方法进行了应用研究。

① 通过M221模块对顺德区涉及VOCs排放的253个行业进行识别和提取，共提取出9个重点VOCs减排行业，分别为行业2110、2190、2319、2641、2921、2922、2924、2925、2929和3399。与标杆地区相比，顺德区重点减排行业的单位GDP产排污强度更高。特别是行业2110、2929、2924、2641、3399和2925的单位GDP产排污强度是标杆地区深圳的数倍至数十倍，清洁生产水平有显著差距。

② 通过M222模块对重点减排行业的污染物产生和排放特征进行分析，从9个重点减排行业的218个产污生产工艺组合中识别提取出31个最小产污基准模块。并确定各行业VOCs减排需要重点优化排放环节。

③ 通过不断对比分析重点减排单元的产污水平与标杆地区的差距，明确各重点减排单元的污染减排路径。其中，具有源头-过程-末端全过程协同减排潜力的行业包括行业2110、2190、2319、2921及3399，具有过程-末端协同减排潜力的行业包括行业2641、2922、2914和2929，而受限于行业的生产技术水平，行业2925仅具有末端减排潜力。

④ 通过减排佛山市顺德区VOCs减排潜力评估多目标优化模型，获得满足当地污染减排目标的污染控制潜力及策略。共筛选优化出满足佛山市顺德区减排目标的31种减排系数组合、行业推荐减排目标，以及满足行业推荐减排目标的源头、过程和末端减排潜力系数集合。解决了区域污染减排潜力目标与行业实际减排潜力不匹配，减排总目标落实难度大的问题。

⑤ 通过蒙特卡洛方法模拟了佛山市顺德区工业源VOCs全过程协同减排方案的不确定性，减排方案能够满足当地工业源VOCs减排需求的概率为96.84%，且各行业达到推荐减排潜力目标的概率均超过87%。工业源总减排潜力与行业2110、2929和2922的减排潜力系数高度相关。通过Oracle Crystal Ball分析各行业减排因素的敏感性，校验了对各行业VOCs减排具有显著影响的污染减排技术和措施。

第9章 基于潜力评估的甘肃省“十四五”总量减排技术路径研究

- □ 甘肃省“十三五”总量减排回顾性分析
- □ 甘肃省工业源主要污染物减排潜力评估
- □ 甘肃省“十四五”污染物减排项目综合减排效果评估
- □ 甘肃省“十四五”污染减排技术路径优化建议

主要污染物排放总量控制是我国一项重要的环境管理制度，是促进环境质量改善的重要手段。“十一五”以来，国家将主要污染物排放总量控制作为国民经济和社会发展的约束性考核指标，对于促进各地加快产业结构调整，淘汰落后产能，促进污染治理设施建设，在区域经济总量持续增长、工业化城镇化加快推进的形势下，实现主要污染物排放量持续下降、环境质量稳中趋好，起到了十分重要的作用。“十三五”以来，总量减排尝试与环境质量挂钩，即以总量减排考核为手段，重点工程项目为具体实施方式，从以管控污染物总量为主，向以改善环境质量为主转变。2021年7月，生态环境部发布《关于做好“十四五”主要污染物总量减排工作的通知》，提出“十四五”各省总量减排目标应依据所承担的污染治理任务及其减排潜力确定，对甘肃省“十四五”总量减排工作及目标设定提出了新的要求和挑战。

实践中，总量减排工作还存在着一些问题。减排目标的确定应在区域实际污染治理能力和排放水平的基础上，结合区域环境质量改善目标进行合理设定，但目前减排目标和减排量的认定与区域环境质量仍存在脱钩现象。其次，产业结构调整等源头治理措施对区域污染物排放量的削减具有重要作用，而一些实际发挥减排效果的项目未被纳入认定。再次，《关于做好“十四五”主要污染物总量减排工作的通知》中要求，“总量减排考核结果依据重点减排工程完成情况确定”，而实际工作中减排工程是否能持续发挥减排效用有待科学合理地评估。

因此，亟须通过对甘肃省“十三五”总量减排工作的回顾性分析，结合新发展阶段、新发展理念、新发展格局下对生态环境保护的新任务、新要求，研究提出甘肃省“十四五”总量减排的技术路径和工作建议。

9.1　甘肃省“十三五”总量减排回顾性分析

9.1.1　总体趋势分析

“十三五”期间，甘肃省一直深入贯彻落实习近平生态文明思想和习近平总书记对甘肃重要讲话及指示精神，牢固树立“绿水青山就是金山银山”理念，坚持以改善生态环境质量为核心，坚决打好污染防治攻坚战，全省污染物排放水平持续下降，生态环境质量明显改善。

由于2020年环境统计制度调整，采用《排放源统计调查制度》（国统制［2021］18号），与2016～2019年执行的“十三五”环境统计报表制度不同，各类源排放量统计核算方法不一致，因此2020年统计数据与前四年数据差异性较大，无法同时比较。因此本研究对“十三五”减排绩效回顾性评估以2016～2019年为主。

2016～2019年，甘肃省废水四项主要污染物排放量均呈现持续下降的趋势，见图9-1。其中化学需氧量从82101.78t下降到59521.37t，年均降幅10.17%；氨氮排放量从6620.98t下降到4987.03t，年均降幅9.01%；总氮、总磷分别从15868.26t下降到12761.78t和从796.52t下降到527.10t，年均降幅分别为7.0%和12.86%。废水污染物排放量下降趋势明显。

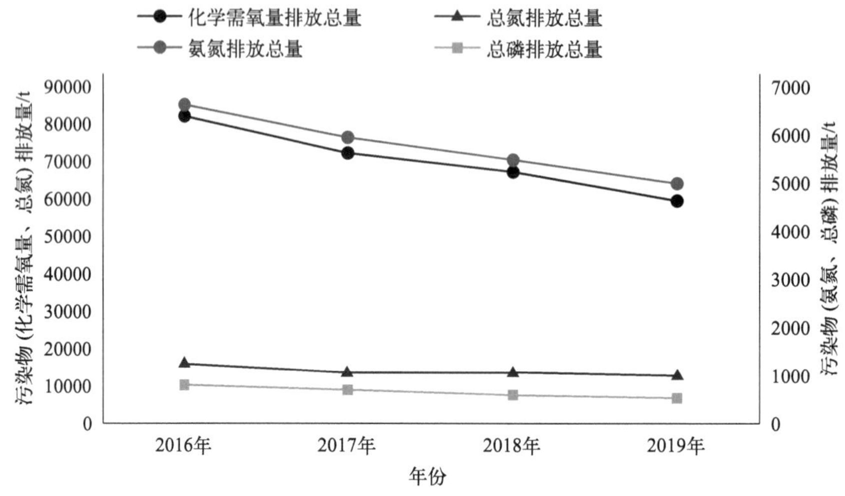

图9-1　甘肃省废水主要污染物排放趋势

废气主要污染物排放量也呈持续下降趋势，见图9-2。其中，二氧化硫排放量从15.67万吨下降到11.29万吨，年均降幅达到10.34%；氮氧化物、颗粒物分别从25.05万吨降到21.97万吨和59.51万吨下降到51.63万吨，年均降幅分别为4.29%和4.63%。

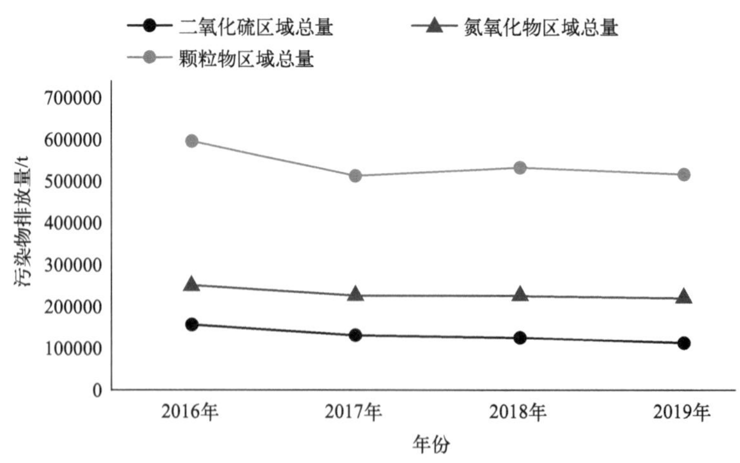

图9-2　甘肃省废气主要污染物排放趋势

2016～2020年甘肃省按照生态环境部下发的每年的总量减排约束性指标计划，结合当年经济增长、产业发展、基础设施建设等情况，落实各项重点工程项目，每年都能按时稳定完成总量减排目标要求。根据重点项目完成累积污染物减排量，四种污染物减排量均呈现波动下降趋势，总量减排工作进入“深水区”，减排潜力和空间逐渐减小，见图9-3。化学需氧量、氨氮、二氧化硫、氮氧化物累计五年减排量为35652.16t、3962.3t、68316.97t、62772.70t。

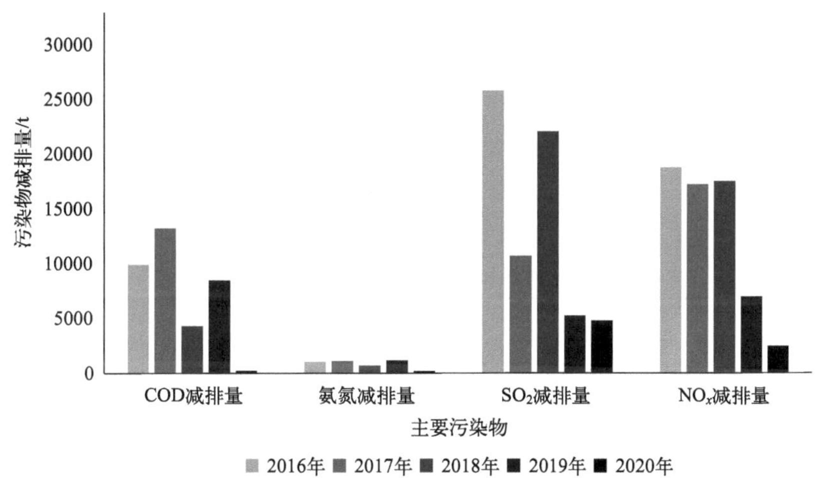

图9-3　2016～2020年甘肃省主要污染物总量减排情况

9.1.2　综合减排绩效评估方法

由于总量减排，每年减排量不固定，且不能持续增长，为进一步综合评估甘肃省总量减排效益，结合地区经济发展、环境质量、污染物排放量以及总量减排目标完成情况，建立评价方法，综合评判甘肃省污染物治理及减排成效。

根据与污染减排绩效直接相关的地区经济发展、环境质量、污染物排放量以及总量减排目标完成情况等方面，筛选合适的指标，建立甘肃省综合减排绩效评估指标体系，见表9-1。

表9-1　甘肃省综合减排绩效评估指标体系

准则层	序号	具体指标	单位	目标值	
经济发展（10%）	1	地区生产总值增长率	%	7.5	
环境质量（30%）	2	细颗粒物浓度	μg/m³	15	35
	3	可吸入颗粒物浓度	μg/m³	40	70
	4	二氧化硫浓度	μg/m³	20	60
	5	二氧化氮浓度	μg/m³	40	40

续表

准则层	序号	具体指标	单位	目标值	
环境质量（30%）	6	一氧化碳浓度	mg/m^3	4	4
	7	臭氧浓度	$\mu g/m^3$	100	160
	8	优良天数比率	%	—	
	9	黄河水质断面评价结果	—	优良	
	10	西北诸河水质断面评价结果	—	优良	
	11	长江水质断面评价结果	—	优良	
污染排放（42%）	12	二氧化硫排放量	t	—	
	13	氮氧化物排放量	t	—	
	14	颗粒物排放量	t	—	
	15	化学需氧量排放量	t	—	
	16	氨氮排放量	t	—	
	17	总氮排放量	t	—	
	18	总磷排放量	t	—	
总量减排目标完成情况（18%）	19	化学需氧量减排比例目标完成情况	%	8.1	
	20	氨氮减排比例目标完成情况	%	7.7	
	21	二氧化硫减排比例目标完成情况	%	8.1	
	22	氮氧化物减排比例目标完成情况	%	8.1	

注：目标值一列中，左列为一级目标值，右列为二级目标值。

其中经济发展、环境质量指标分别参考《甘肃省国民经济和社会发展第十三个五年规划纲要》、《环境空气质量标准》（GB 3095—2012）和生态环境部每年下发的“环保约束性指标计划”中相关指标要求设定本指标体系目标值，并以此标准值为评价依据，对甘肃省2016～2019年指标变化情况进行评估分析。

假设综合减排绩效评估的指标集合X_i为：

$$X_i=\left(x_1,\ x_2,\ x_3,\cdots,x_n\right),\ i\in\left[1,n\right] \tag{9-1}$$

$$X_j=\left(x_{2016},\ x_{2017},\ x_{2018},\ x_{2019}\right),\ j\in\left[2016,2019\right] \tag{9-2}$$

式中　i——具体指标个数，$i\in[1,n]$，n=22；

j——时间，即2016～2019年。

用目标渐近法对指标进行标准化处理，设定目标值为60分，环境质量指标中，二级目标为60分，一级目标为90分。用x_{ij}表示第i项评价指标的第j年的评价数值。

对于经济发展和总量目标完成情况正向指标：

$$x_{ij}=(\frac{x_{ij}-x_{目标值}}{x_{目标值}}+1)\times 60 \tag{9-3}$$

对于经济发展和总量目标未完成情况正向指标：

$$x_{ij}=(1-\frac{x_{目标值}-x_{ij}}{x_{目标值}})\times 60 \tag{9-4}$$

对于环境质量定量负向指标，达到二级目标未到一级目标的：

$$x_{ij}=(\frac{x_{ij}-x_{二级目标值}}{x_{一级目标值}-x_{二级目标值}})\times 30+60 \tag{9-5}$$

达到一级目标的：

$$x_{ij}=(\frac{x_{ij}-x_{一级目标值}}{x_{一级目标值}})\times 10+90 \tag{9-6}$$

未达到二级目标情况下：

$$x_{ij}=(1-\frac{x_{目标值}-x_{ij}}{x_{目标值}})\times 60 \tag{9-7}$$

环境质量指标中对河流水质断面评价的定性指标，按照优90分、良85分、轻度80分、中度70分的标准进行赋分。

得到数据的分数矩阵$\boldsymbol{R}$为：

$$\boldsymbol{R}=(x_{ij})_{m\times n} \tag{9-8}$$

指标体系共包括经济发展、环境质量、污染排放和总量减排目标完成情况四类准则。由于本指标体系评估的目标是以污染减排为核心的绩效，最直接的体现就是污染物排放量的变化，以及总量减排目标的完成情况，分别赋予分数权重为42%和18%，合计分数权重为60%。经济发展和环境质量改善是污染减排的间接绩效，权重分别赋予10%和30%。

最后，由各项具体指标，经过逐个加权求和得到甘肃省各年综合减排绩效分数。分数越高，反映综合减排绩效越好。计算公式如下：

$$G_j=\sum_j W_i\times r_i \tag{9-9}$$

式中　W_i——各类指标的权重值；

G_j——第j年综合减排绩效分数。

9.1.3　综合减排绩效评估结果

根据建立的综合减排绩效评估方法，对甘肃省2016～2019年综合减排绩效进行评估。数据来源于2016～2019年甘肃省生态环境统计数据、甘肃省发展年鉴、甘肃省生态环境状况公报、生态环境部下发的环保约束性指标计划、生态环境部下发的环保约束性指标完成情况审核结果的函等。评估结果见表9-2和表9-3。

① 经济发展状况，甘肃省2016年、2017年均未能达到“十三五”规划设定的7.5%的GDP年均增长率，因此得分较低。2018年、2019年GDP增长率均超过7.5%，2018年GDP增幅为10.47%，得分较高。

表9-2 2016～2019年甘肃省综合减排绩效评估指标值

一级指标	序号	二级指标	单位	指标值			
				2016年	2017年	2018年	2019年
经济发展（10%）	1	地区生产总值增长率	%	5.36	6.21	10.47	7.57
环境质量（30%）	2	细颗粒物浓度	$\mu g/m^3$	39	37	34	26
	3	可吸入颗粒物浓度	$\mu g/m^3$	90	93	77	58
	4	二氧化硫浓度	$\mu g/m^3$	26	21	18	14
	5	二氧化氮浓度	$\mu g/m^3$	30	29	27	25
	6	一氧化碳浓度	$\mu g/m^3$	1.9	1.6	1.5	1.3
	7	臭氧浓度	$\mu g/m^3$	133	140	139	131
	8	优良天数比率	%	83.6	85.4	82.8	93.1
	9	黄河水质断面评价结果	—	良好为主，轻度、重度各1个断面	良好为主，轻度、中度各1个断面	良好	良好
	10	西北诸河水质断面评价结果	—	优良	优良	优	优
	11	长江水质断面评价结果	—	优	优	优	优
污染排放（42%）	12	二氧化硫排放量	t	156748.9	131307	125509.9	112915.8
	13	氮氧化物排放量	t	250527.8	225961.1	224886.4	219663.8
	14	颗粒物排放量	t	595069.3	512547.3	532445.3	516267.9
	15	化学需氧量排放量	t	82101.8	72248.2	67253.4	59521.4
	16	氨氮排放量	t	6620.98	5940.40	5477.81	4987.03
	17	总氮排放量	t	15868.26	13537.74	13665.36	12761.78
	18	总磷排放量	t	796.52	694.73	586.75	527.10
总量减排目标完成情况（18%）	19	化学需氧量减排比例目标完成情况	%	2.15	6.49	7.49	9.4
	20	氨氮减排比例目标完成情况	%	2.13	5.81	7.4	9.9
	21	二氧化硫减排比例目标完成情况	%	4.15	6.1	7.7	8.3
	22	氮氧化物减排比例目标完成情况	%	4.84	5.3	7.7	8.4

表9-3 2016～2019年甘肃省综合减排绩效评估结果

项目	2016年	2017年	2018年	2019年
经济发展评估得分	4.29	4.97	8.37	6.06
环境质量评估得分	23.99	24.21	25.01	26.15
污染排放评估得分	25.20	27.59	28.90	30.54
总量减排目标完成情况评估得分	13.10	14.37	11.58	11.93
综合分数	66.58	71.13	73.85	74.68

② 环境质量方面，甘肃省2016～2019年环境质量持续改善，各项指标均不断提升，因此得分持续增高，2019年环境质量最优。

③ 污染物排放方面，甘肃省废气、废水主要7项污染物排放量均呈持续下降趋势，2019年污染减排累积绩效最为突出。

④ 总量减排目标完成情况，甘肃省2016～2019年每年均完成设定的总量减排目标要求，但2017年大比例超额完成减排目标任务，因此2017年总量减排目标完成情况最优。

综合四方面绩效，得到甘肃省2016～2019年综合减排绩效评估结果，甘肃省综合减排绩效持续提升，2019年绩效最高。且污染减排绩效与环境质量改善绩效同步提升，说明污染减排对环境质量改善有协同作用。但随着减排工作进入“深水期”，减排量及相应环境质量改善幅度都会逐渐下降，减排成效的提升速度有逐渐趋缓的趋势。

9.1.4 甘肃省污染物排放现状分析

2020年甘肃省环境统计采用《排放源统计调查制度》(国统制［2021］18号)，因此单独分析甘肃省废水、废气污染排放现状，确定排放的主要来源、关键地区和行业等。

(1) 废水污染物

2020年，甘肃省各项废水污染物排放量如下：化学需氧量排放量为595372.29t，氨氮排放量为6539.72t。

1) 化学需氧量

化学需氧量按照源类划分，农业源排放量达到490602.2t，占比82%；其次为生活源排放量为99960.42t，占比17%；工业源排放量为4480.35t，占比0.75%，见图9-4。

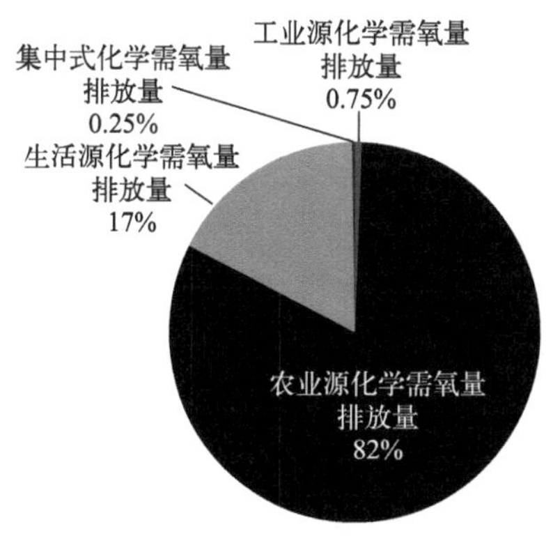

图9-4　甘肃省化学需氧量排放来源结构

① 生活源中，天水市、陇南市化学需氧量排放量较大，分别占全省排放量的16.58%和13.10%。其次为定西市、兰州市和临夏回族自治州，化学需氧量排放量分别

占比为10.27%、9.77%和9.21%。5个地市累积生活源排放量占比达到58.93%。各市生活源化学需氧量排放量如图9-5所示。

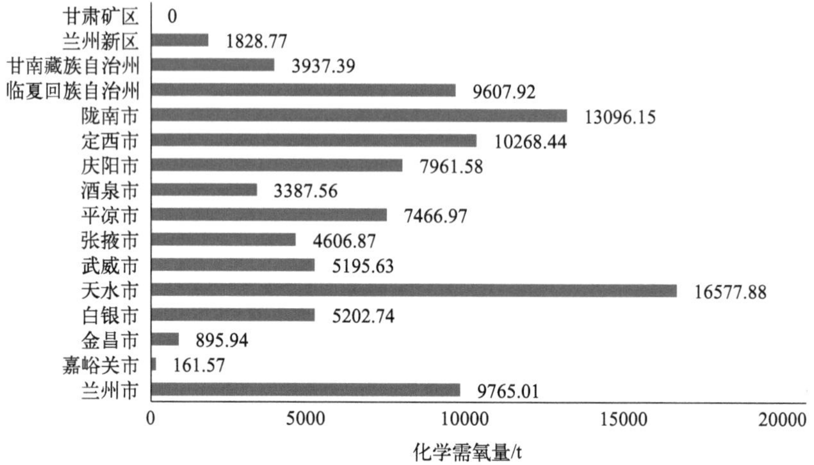

图9-5　各市生活源化学需氧量排放量

② 2020年开始，农业源排放量核算方法采用农业部门数据进行宏观测算，包括种植业、养殖业和水产养殖业的所有规上和规下企业的全部排放量。农业农村部门宏观数据以省为单位，因此农业源排放量无法划分到各地市。

③ 工业源中，定西市、兰州市是化学需氧量排放量较大的两个城市，排放量分别为942.14t和813.54t，占全省排放量比例为21.03%和18.16%。其次为陇南市、嘉峪关市和张掖市，排放量占比分别为11.47%、11.08%和9.75%。5个地市排放量之和占全省排放量的71.49%。各市工业源化学需氧量排放量如图9-6所示。

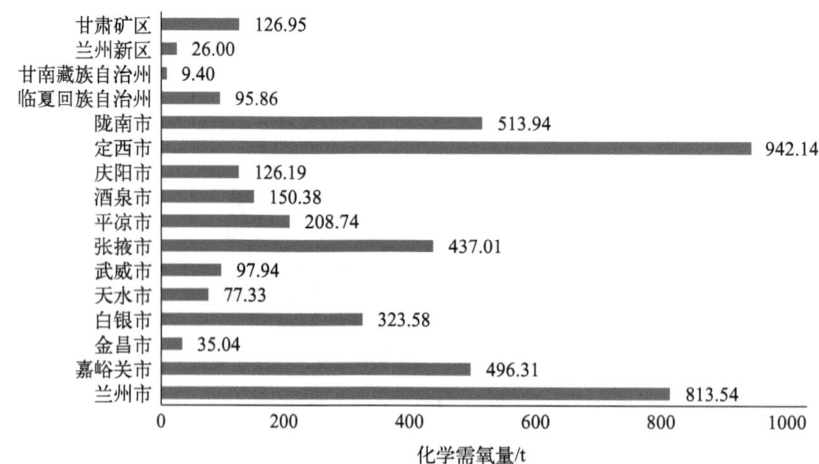

图9-6　各市工业源化学需氧量排放量

从工业源的行业类别划分中可以看到，甘肃省化学需氧量排放较大的行业是农副食品加工业，排放量占全省31%。酒、饮料和精制茶制造业，化学原料和化学制品制造业，黑色金属冶炼和压延加工业排放量占比分别占全省排放量的19%、17%和11%。四个行业合计占比达到78%，见图9-7。

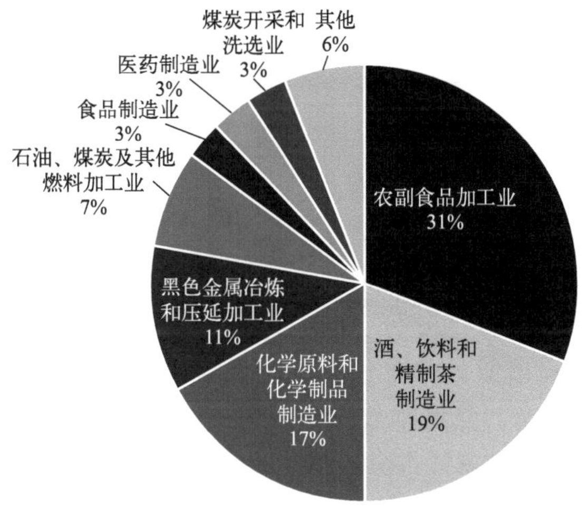

图9-7　工业行业化学需氧量排放分布

2）氨氮

氨氮按照源类划分，生活源排放量为3350.58t，占比51%；其次为农业源排放量达到2931.06t，占比45%；工业源排放量为210.84t，占比3%，见图9-8。

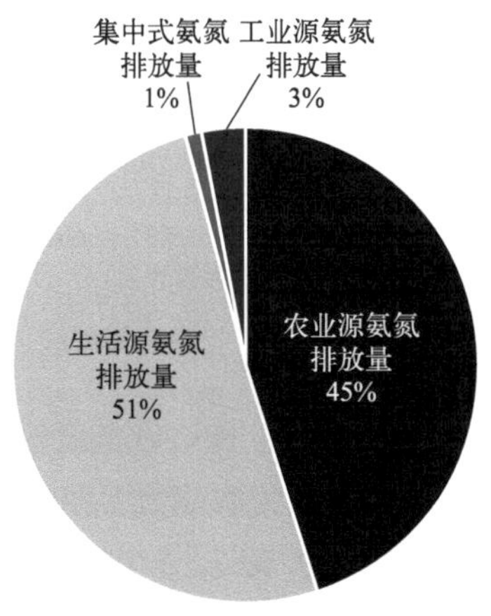

图9-8　甘肃省氨氮排放来源结构

① 生活源中，天水市氨氮排放量为1011.54t，占全省排放量的30.19%；其次为陇南市，氨氮排放量为487.92t，占比14.56%；兰州市氨氮排放量占比9.08%。各市生活源氨氮排放量如图9-9所示。

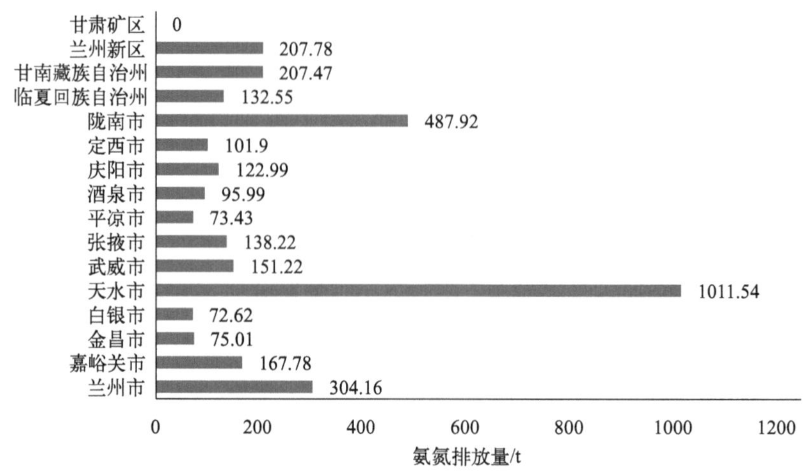

图9-9 各市生活源氨氮排放量

② 工业源中，白银市氨氮排放量为86.64t，显著高于其他地市，占全省41.09%；其次为兰州市和嘉峪关市，氨氮排放量分别为35.66t和22.55t，占比分别为16.92%和10.69%。3个地市排放量之和累计占全省排放量68.70%，见图9-10。

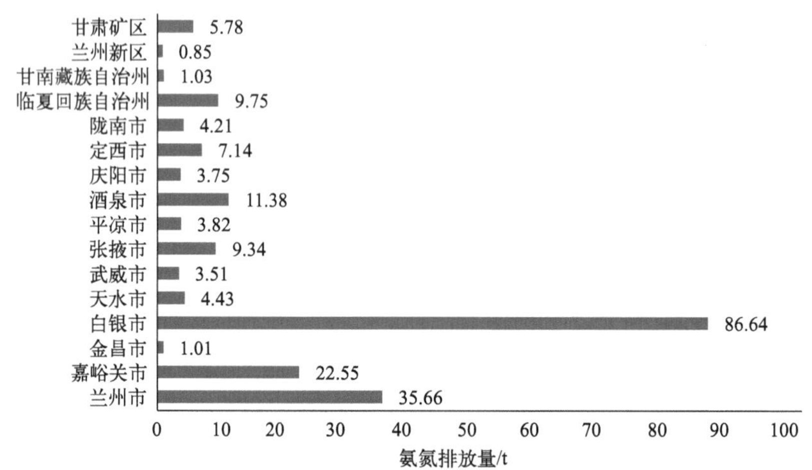

图9-10 各市工业源氨氮排放量

从工业源的行业类别划分中可以看到，甘肃省氨氮排放较大的行业是化学原料和化学制品制造业，排放量占全省51%。其次为农副食品加工业、黑色金属冶炼和压延加工业排放量占比分别占全省排放量的12%和11%。3个行业合计占比达到74%，见图9-11。

（2）废气污染物

1）二氧化硫

二氧化硫按照源类划分，工业源排放量为66044.99t，占比77%，是二氧化硫排放的重点源类；其次为生活源排放量达到19716.81t，占比23%。见图9-12。

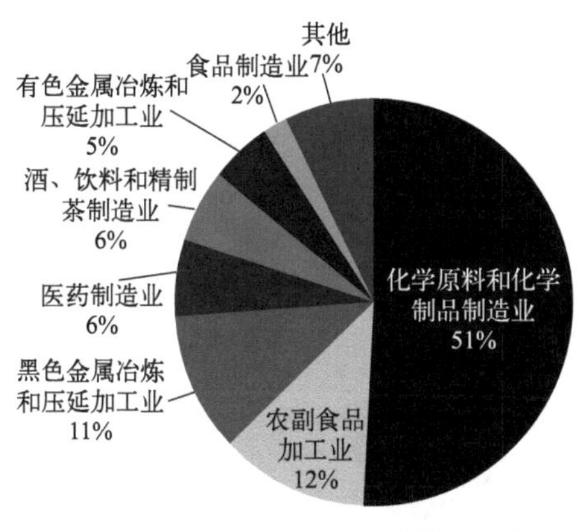

图9-11　工业行业氨氮排放量分布

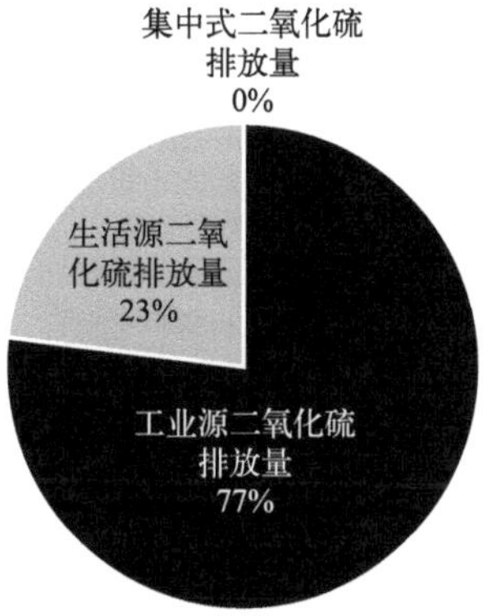

图9-12　甘肃省二氧化硫排放来源结构

① 工业源中，嘉峪关市二氧化硫排放量为15858.3t，占全省排放量24.01%；其次为兰州市二氧化硫排放量为12713.86t，占比为19.25%。此外，金昌市和定西市二氧化硫排放量分别为8910.59t和7091.22t，占比分别为13.49%和10.74%。4个地市排放量之和累计占全省排放量67.49%，见图9-13。

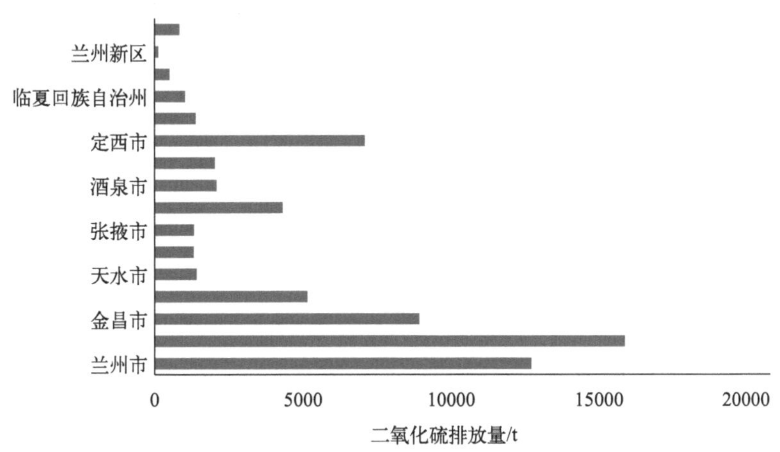

图9-13　各市工业源二氧化硫排放量

从工业源的行业类别划分中可以看到，甘肃省二氧化硫排放较大的行业是有色金属冶炼和压延加工业，排放量占全省46%；其次为电力、热力生产和供应业，排放量占比达21%；非金属矿物制品业和黑色金属冶炼和压延加工业排放量占比分别为15%和13%。4个行业合计占比达到95%，见图9-14。

② 生活源中，天水市二氧化硫排放量为3683.05t，占全省排放量的18.68%；其次为兰州市、武威市，二氧化硫排放量分别为2542.38t和2377.28t，占比分别为12.89%和12.06%。3个地市排放量之和累计占全省排放量43.63%，见图9-15。

2）氮氧化物

氮氧化物按照源类划分，机动车移动源是氮氧化物排放的主要来源，为103261.6t，占比53%；其次为工业源氮氧化物排放量为82457.3t，占比42%；生活源氮氧化物排放量占比5%，见图9-16。

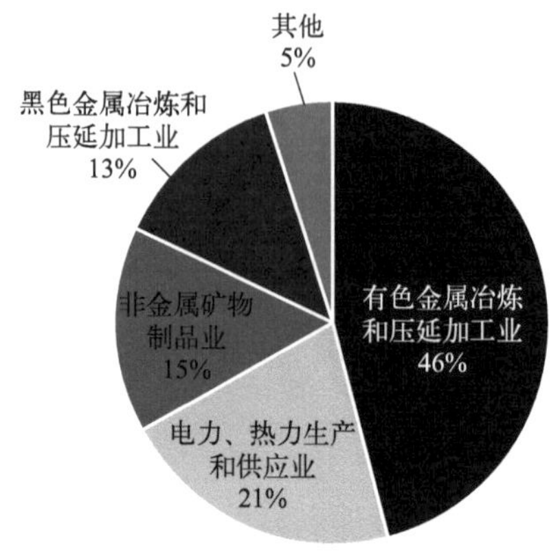

图9-14　工业行业二氧化硫排放量分布

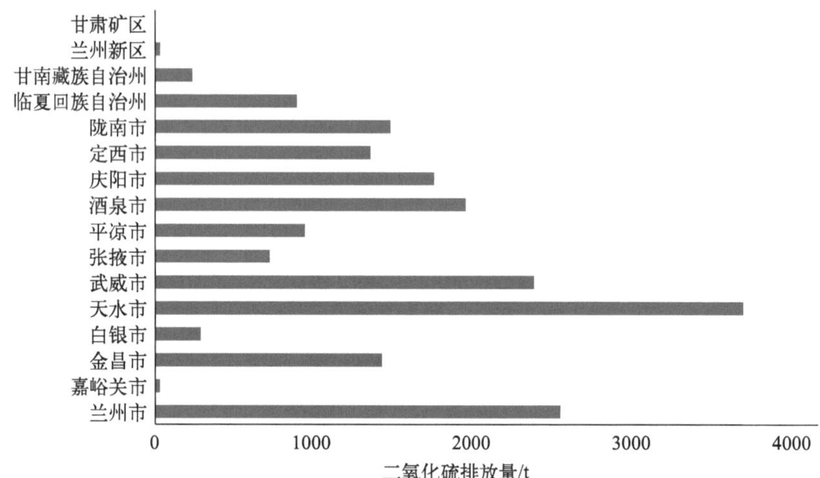

图9-15　各市生活源二氧化硫排放量

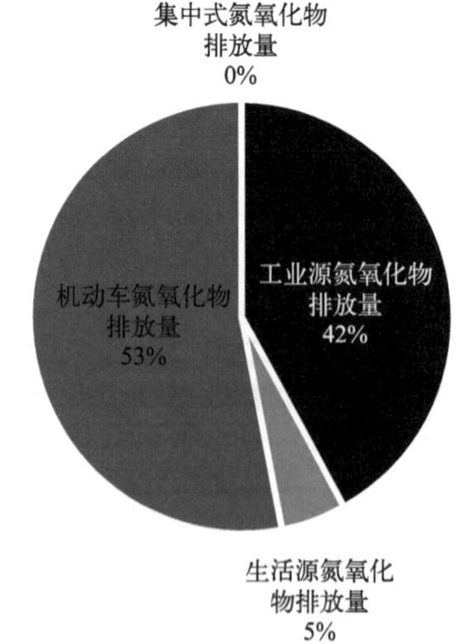

图9-16　甘肃省氮氧化物排放来源结构

① 移动源机动车排放方面，兰州市因机动车保有量最大，氮氧化物排放量也最大，为21795.05t，占比21.11%；其次为白银市，氮氧化物排放量为13305.42t，占比12.89%。这2个地市是氮氧化物排放的重点来源，其余地市氮氧化物排放量都较为接近，见图9-17。

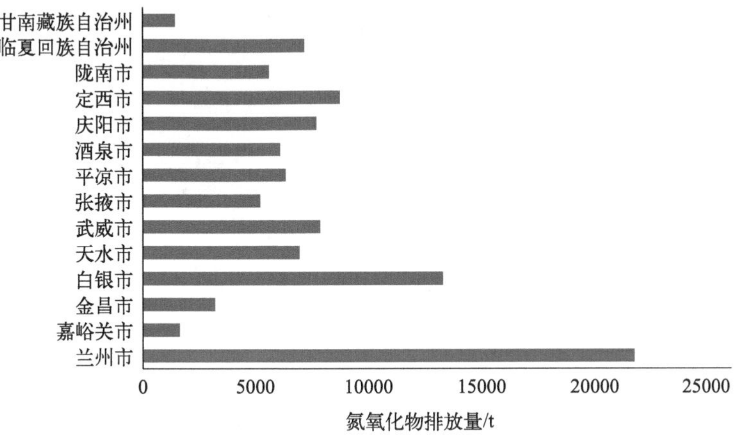

图9-17 各市移动源机动车氮氧化物排放量

② 工业源中，嘉峪关市和兰州市氮氧化物排放量较大，分别为16388.19t和15919.03t，分别占全省排放量19.88%和19.30%。此外，白银市氮氧化物排放量为9274.16t，占比11.23%；平凉市氮氧化物排放量为7355.12t，占比8.92%。4个地市排放量之和累计占全省排放量的59.33%，见图9-18。

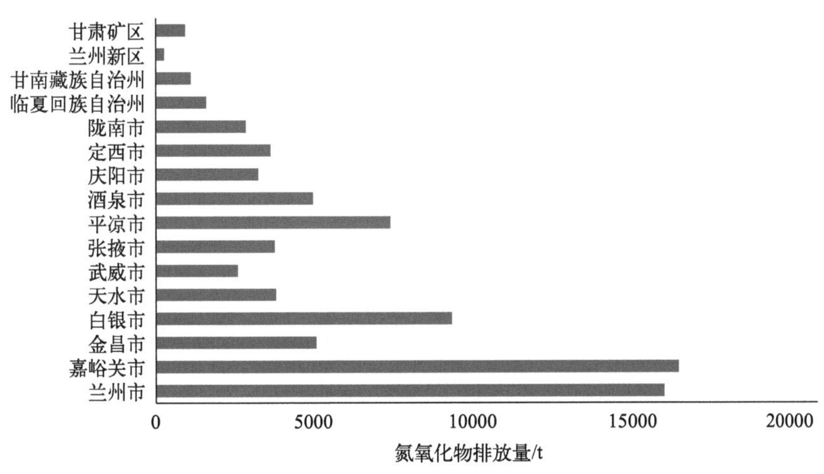

图9-18 各市工业源氮氧化物排放量

从工业源的行业类别划分可以看到，甘肃省氮氧化物排放较大的行业是电力、热力生产和供应业，排放量占全省工业源排放量39%；其次为非金属矿物制品业，氮氧化物排放量占比达到30%；黑色金属冶炼和压延加工业氮氧化物排放占比达到16%。3个行业合计排放量占比达到85%，见图9-19。

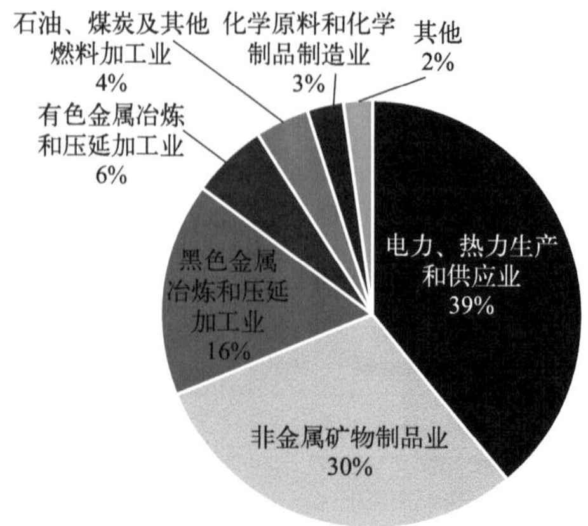

图9-19　工业行业氮氧化物排放量分布

9.1.5 “十三五”甘肃省总量减排项目分析

“十三五”期间，甘肃省根据生态环境部下发的环保约束性指标计划，落实具体减排项目，完成各年总量减排约束性目标。针对“十三五”历年落实的各项减排工程项目进行分类、梳理、分析，识别减排的重点工程类型，为“十四五”总量减排实施提供借鉴。

（1）化学需氧量

2016～2020年化学需氧量总量减排各类工程项目减排量情况见表9-4。总量减排工程包括重点工程和其他减排工程两大类，并以重点工程减排为主，重点工程化学需氧量削减量平均占总削减量的95.5%。在重点工程中，又包含工业污染治理、城镇生活污水处理、再生水利用、畜禽规模养殖粪治理与资源化综合利用四类项目，其中，又以城镇生活污水处理项目污染削减量最大，平均占重点工程削减量的85.09%，见图9-20。

表9-4　2016～2020年化学需氧量总量减排工程效果汇总表　　单位：t

项目	2016年	2017年	2018年	2019年	2020年
重点工程削减量	8482.55	12648.5	4100.81	8207.91	2501.70
①工业污染治理	852.69	1908.32	47.99	22.01	27.26
②城镇生活污水处理	6877.11	9512.34	2817.45	8156.18	2528.96
③再生水利用	9.51	6.60	71.23	29.72	0
④畜禽规模养殖粪污治理与资源化综合利用	743.24	1221.25	1164.14	0	0
其他减排工程削减量	1328.80	505.29	126.12	177.98	0.13

续表

项目	2016年	2017年	2018年	2019年	2020年
⑤涉水“散乱污”企业取缔	0	0	0	0	0
⑥城镇生活垃圾处理处置	0	0	0	0	0
⑦农村生活垃圾处理处置	0	0	103.05	0	0.13
⑧农村分散型生活污水收集处理	0	71.83	23.07	177.98	0
⑨环保疏浚	0	0	0	0	0
⑩网箱养殖拆除	0	0	0	0	0
⑪畜禽养殖场关停	0	42.98	0	0	0
⑫人工湿地工程	0	0	0	0	0
其他	1328.80	0	0	0	0
总削减量	9811.34	13153.79	4226.93	8385.89	2501.83
当年新增排放量	1965.23	−2732.78	554.4418	1588.32	2427.63
当年排放量	357824.7	341938.1	338265.6	331468	331393.8
当年减排比例/%（同比上年）	2.15	4.44	1.07	2.05	0.022
累计减排目标/%（以2015年排放量为基数）	2	3.28	7	9.35	8.2

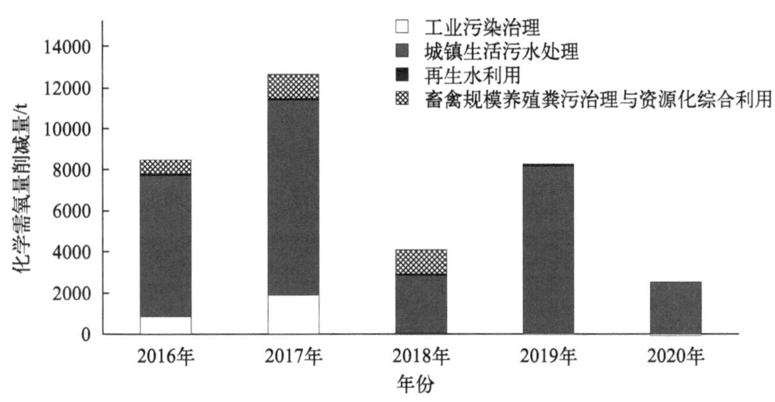

图9-20　甘肃省重点工程化学需氧量削减量

针对城镇生活污水处理类项目，梳理了各地市2016～2020年减排项目化学需氧量减排量。兰州市通过城镇生活污水处理厂建造、改造提升等工程实现化学需氧量减排7164.1t，为全省减排量最高的地市。其次为张掖市、天水市和平凉市，实现化学需氧量减排4342.51t、4281.23t和4160.38t。减排量最少的是嘉峪关市，城镇生活污水厂改造实现化学需氧量减排仅为299.73t，仅为兰州市减排量的4.18%，见图9-21。

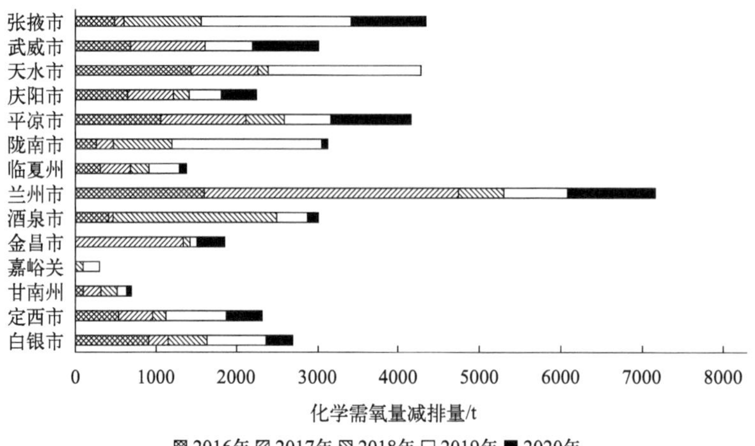

图9-21 各地市城镇生活污水处理类项目化学需氧量减排量

（2）氨氮

2016～2020年氨氮总量减排各类工程项目减排量情况见表9-5。总量减排工程以重点工程减排为主，重点工程氨氮削减量平均占总削减量的98.3%。重点工程中的城镇生活污水处理项目氨氮污染削减量最大，平均占重点工程削减量的87.43%，见图9-22。

表9-5 2016～2020年氨氮总量减排工程效果汇总表 单位：t

项目	2016年	2017年	2018年	2019年	2020年
重点工程削减量	979.15	1034.73	640.75	1082.82	413.21
①工业污染治理	5.26	14.91	120.67	244.66	−3.28
②城镇生活污水处理	920.68	943.91	475.69	832.27	416.49
③再生水利用	0.90	0.29	7.64	5.89	0
④畜禽规模养殖粪污治理与资源化综合利用	52.31	75.62	36.75	0.00	0
其他减排工程削减量	32.64	17.59	11.44	20.59	0.01
⑤涉水“散乱污”企业取缔	0	10.70	0	0	0
⑥城镇生活垃圾处理处置	0	0	0	0	0
⑦农村生活垃圾处理处置	0	0	10.31	0.00	0.01
⑧农村分散型生活污水收集处理	0	0.44	1.14	20.59	0
⑨环保疏浚	0	0	0	0	0
⑩网箱养殖拆除	0	0	0	0	0
⑪畜禽养殖场关停	0	6.45	0	0	0
⑫人工湿地工程	0	0	0	0	0
其他	32.64	0	0	0	0
总削减量	1011.78	1052.32	652.19	1103.41	413.22

续表

项目	2016年	2017年	2018年	2019年	2020年
当年新增排放量	220.02	−316.70	62.51	172.58	270.63
当年排放量	36387.13	35018.12	34428.44	33497.60	33355.00
当年减排比例/%（同比上年）	2.13	3.68	1.68	2.78	0.43
累计减排目标/%（以2015年排放量为基数）	2.00	3.20	6.60	7.70	8.00
累计减排比例/%（以2015年排放量为基数）	2.13	5.81	7.40	9.90	10.29

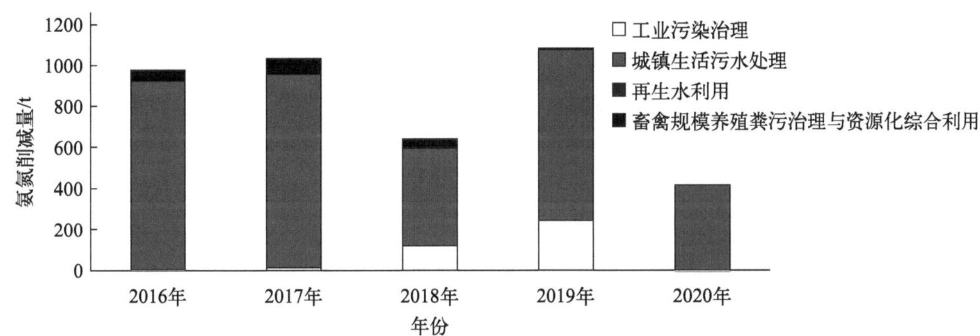

图9-22　甘肃省重点工程氨氮削减量

针对城镇生活污水处理类项目，梳理了各地市2016～2020年减排项目氨氮减排量。兰州市通过城镇生活污水处理厂建造、改造提升等工程实现氨氮减排1457.72t，为全省减排量最高的地市。其次为天水市、张掖市和平凉市，实现氨氮减排543,57t、441.14t和403.03t。减排量最少的是嘉峪关市，城镇生活污水厂改造实现氨氮减排仅为48.63t，仅为兰州市减排量的3.33%，见图9-23。

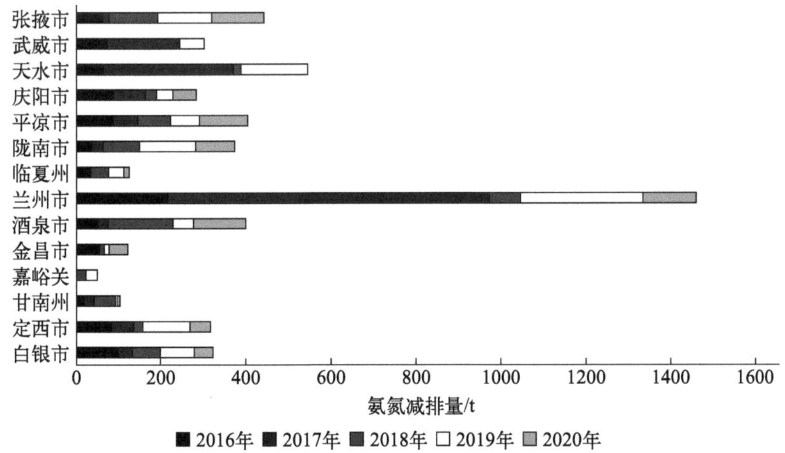

图9-23　各地市城镇生活污水处理类项目氨氮减排量

（3）二氧化硫

甘肃省2016～2020年大气污染物总量减排以重点行业和重点任务落实实现。二氧化硫减排涉及的重点行业包括电力、钢铁、水泥、平板玻璃、石化、有色金属、焦化、其他行业等。重点任务包括关停生产设备或锅炉、清洁能源替代、散煤清洁能源替代，以及“散乱污”整治等工程。随着减排工作的深入推进，总体上SO_2的减排总量呈波动下降趋势。电力行业SO_2减排量贡献尤其突出，2016～2019年均为各类减排中占比最高的，平均占全省SO_2减排量68.4%。此外，钢铁行业的SO_2减排工作也在逐年持续推进。但随着淘汰落后产能，电厂超低排放等措施的全面落地，电厂的SO_2减排空间逐渐减少。在2020年，电厂减排的SO_2仅为当年所有减排量的12.8%。而在2019年、2020年，“散乱污”整治的SO_2削减量较突出，2020年占减排比例的43.8%，见表9-6和图9-24（书后另见彩图）。

表9-6　2016～2020年二氧化硫总量减排工程效果汇总表　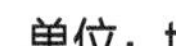单位：t

指标	2016年	2017年	2018年	2019年	2020年
电力行业SO_2减排量	15062.20	9142.13	17341.15	3879.79	465.90
钢铁行业SO_2减排量	9451.66	−684.62	1141.31	1046.80	401.81
水泥行业SO_2减排量			1551.43	−20.36	132.28
平板玻璃行业SO_2减排量	−311.86	103.49	226.02	−37.60	37.89
其他行业SO_2减排量	1539.19	135.84	1034.98	1145.28	1043.53
石化行业SO_2减排量			242.06	12.84	87.08
有色金属冶炼行业SO_2减排量			138.76		
焦化行业SO_2减排量			−130.78	304.73	−182.32
关停生产设备或锅炉SO_2减排量	434.61	0.00	338.84		
清洁能源替代SO_2减排量		1692.29	41.14	37.94	
散煤清洁能源替代SO_2减排量		286.40	49.60	1204.80	1593.14
“散乱污”SO_2削减量					55.44
合计减排量	26175.79	10675.53	21974.50	7574.22	3634.75

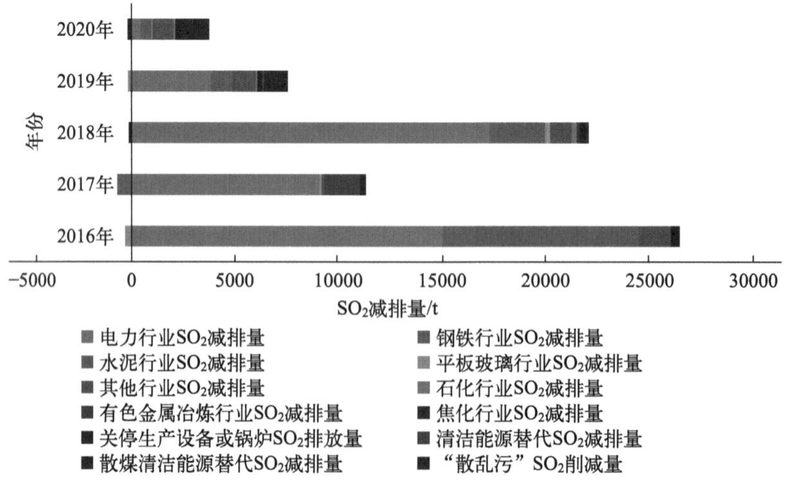

图9-24　二氧化硫总量减排重点行业及任务分布情况

(4) 氮氧化物

与二氧化硫总量减排重点项目相似，随着减排工作的深入推进，总体上氮氧化物的减排总量呈波动下降趋势。氮氧化物减排涉及的重点行业包括电力、钢铁、水泥、平板玻璃、石化、有色金属、焦化、其他行业等。重点任务包括关停生产设备或锅炉、机动车淘汰、清洁能源替代、散煤清洁能源替代、交通运输、“散乱污”治理等工程。其中，电厂对氮氧化物的减排效果在2016～2018年都十分突出，平均电厂氮氧化物减排量占当年氮氧化物减排总量的64.52%。其次，水泥行业、平板玻璃行业是氮氧化物减排的重点行业，氮氧化物减排量占当年减排总量最大，分别为30.19%和16.7%。此外，机动车、交通运输方式转变实现氮氧化物减排也较为突出，尤其在2019年、2020年，氮氧化物减排量占全年比例分别为34.45%和73.31%。随着重点产业减排空间的逐渐压缩，机动车移动源的减排作用逐渐凸显，见表9-7和图9-25（书后另见彩图）。

表9-7　2016～2020年氮氧化物总量减排工程效果汇总表　单位：t

项目	2016年	2017年	2018年	2019年	2020年
电力行业NO_x减排量	12260.84	11673.54	10568.29	3440.51	124.48
钢铁行业NO_x减排量			−1310.44	1954.15	−104.95
水泥行业NO_x减排量	5681.70	1715.38	3385.61	866.53	351.85
平板玻璃行业NO_x减排量	−2620.32	486.37	2918.24	−102.63	52.72
其他行业NO_x减排量	132.01	3.92	1161.57	273.35	453.44
石化行业NO_x减排量			−653.19	747.34	641.36
有色金属冶炼行业NO_x减排量			−65.59		
焦化行业NO_x减排量			−217.50	−4.90	−715.81
关停生产设备或锅炉NO_x减排量	81.22	0.00	150.85		
机动车NO_x减排量	3281.42	2800.92	1485.29	127.84	
清洁能源NO_x减排量		428.71	7.04		
散煤清洁能源替代NO_x减排量		82.55	36.46	582.24	761.58
交通运输NO_x削减量				4143.88	4556.96
“散乱污”NO_x削减量					10.76
合计减排量	18816.86	17191.39	17466.63	12028.31	6132.39

综上所述：

① 2016～2019年，甘肃省废水4种主要污染物排放量均呈现持续下降的趋势，化学需氧量和氨氮年均降幅分别为10.17%和9.01%。废气主要污染物排放量也呈持续下降

趋势，二氧化硫和氮氧化物年均降幅分别为10.34%和4.29%。

② 建立综合减排绩效评估方法，评价2016～2019年甘肃省综合污染减排绩效，综合经济发展、环境质量、污染排放和总量减排目标完成情况四方面数据情况，甘肃省综合减排绩效水平持续提升，2019年绩效最高。污染减排绩效与环境质量改善绩效同步提升，说明污染减排对环境质量改善有协同作用。但随着减排工作进入“深水期”，减排成效的提升速度有逐渐趋缓的趋势。

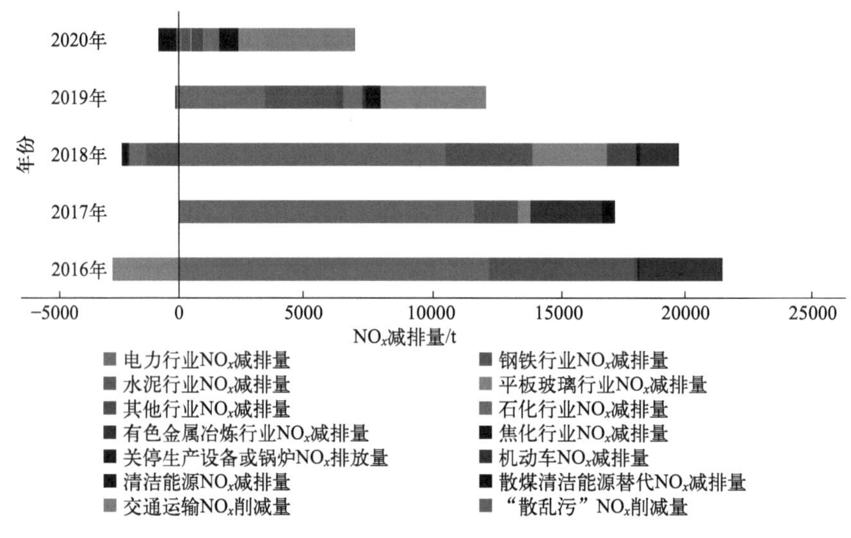

图9-25 氮氧化物总量减排重点行业及任务分布情况

③ 2020年甘肃省污染排放现状。化学需氧量排放82%来自农业源，17%排放来自生活源，工业源占比不足1%。生活源中，主要来自天水市、陇南市、定西市、兰州市、临夏回族自治州，合计占比59.34%。工业源排放主要来自定西市、兰州市、陇南市、嘉峪关市，合计占比61.71%，重点排放行业为农副食品加工业，酒、饮料和精制茶制造业以及化学原料和化学制品制造业，排放占比分别为31%、19%、17%。

氨氮排放主要来自生活源和农业源，排放占比分别为51%和45%，工业源占比3%。生活源排放主要来自天水市、陇南市、兰州市等。工业源排放主要来自白银市，排放占比为41%，其次为兰州市和嘉峪关市，合计占比27.6%。主要排放行业为化学原料和化学制品制造业，排放占比达到51%。

二氧化硫排放主要来自工业源，排放占比77%。工业源中，嘉峪关市、兰州市排放量明显高于其他城市，合计占比43.2%。重点排放行业为有色金属冶炼和压延加工业，排放占比46%。电力、热力生产和供应业排放量占比达21%。

氮氧化物排放主要来自机动车移动源和工业源，排放占比分别为53%和42%。工业源中，嘉峪关市和兰州市排放占比分别为19.88%和19.30%。排放主要行业为电力、热力生产和供应业以及非金属矿物制品业，排放占比达到39%和30%。

④“十三五”总量减排项目中，废水污染物以重点工程的减排量为主。化学需氧量重点工程减排量占总减排量的95.5%，氨氮占比98.3%。在重点工程中又以城镇生活污水处理项目污染削减量最大，该项目实现的化学需氧量和氨氮削减量占比为85.09%和87.43%。城镇生活污水处理项目在兰州市实现的减排量最大，化学需氧量和氨氮削减量分别占全省的17.6%和27.9%。

废气污染物总量减排项目包括重点行业减排和重点任务。2016 ～ 2018年电力行业是二氧化硫和氮氧化物减排的重点行业，二氧化硫和氮氧化物减排量分别占全省68.4%和64.5%。但随着淘汰落后产能，电厂超低排放等措施的全面落地，电厂的减排空间逐渐减少。机动车、交通运输实现氮氧化物减排也较为突出，尤其在2019年、2020年，减排量占比分别达34.45%和73.31%。此外，“散乱污”治理在2020年也成为减排的重点，SO_2减排量占比达到43.8%。

9.2　甘肃省工业源主要污染物减排潜力评估

选择废水污染物COD和废气污染物VOCs作为代表污染物开展减排潜力评估。

9.2.1　数据来源

本研究使用的数据取自2020年甘肃省生态环境统计和调查数据。对甘肃省涉及污染排放的面板数据进行了统计分析，并分析了不同工艺的污染物排放特征。工业总产值、产品、原材料、生产工艺、产品产量或原材料消耗以及企业EOP技术的信息都包含在从生态环境统计中得出的工业活动水平数据中。笔者评估了工业总产值、不同行业的污染物生成和排放以及末端处理技术的应用，以获得不同行业的关键污染生成和排放过程。本研究基于自主开发的污染物产生和排放核算PGDMA模型和全过程减排潜力评估SPECM模型，估算了各行业关键污染物生成和排放过程的减排潜力。污染物的减排总量参考自《甘肃省“十四五”节能减排综合工作方案》。

9.2.2　COD排放量减排潜力评估

9.2.2.1　主要减排地区和行业

甘肃省COD排放地区主要集中在渭源县、徽县、民乐县、临泽县等地区，COD排放量占甘肃省工业源排放总量的80%（图9-26）。COD排放行业主要集中于淀粉及淀粉制品制造、白酒制造、蔬菜加工、牲畜屠宰、酒精制造和果菜汁及果菜汁饮料制造等行业，这几个行业的COD排放量超过甘肃省工业源COD排放总量的80%（图9-27）。

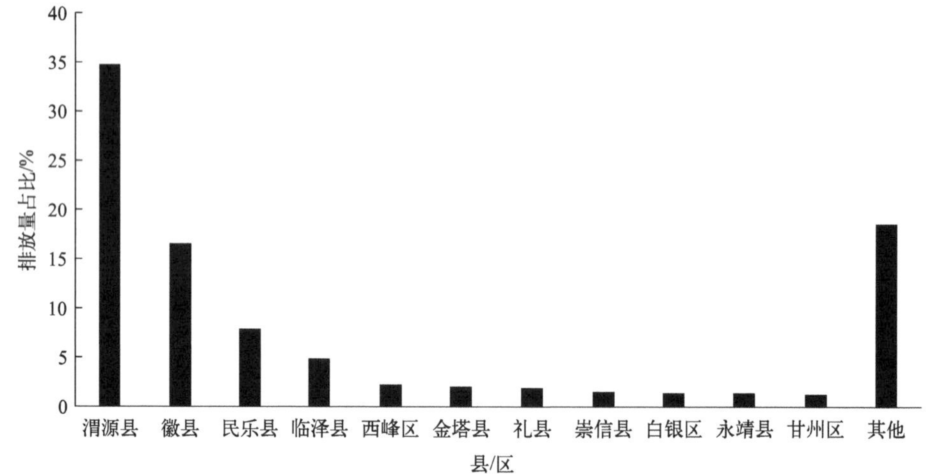

图9-26　甘肃省COD主要排放县区

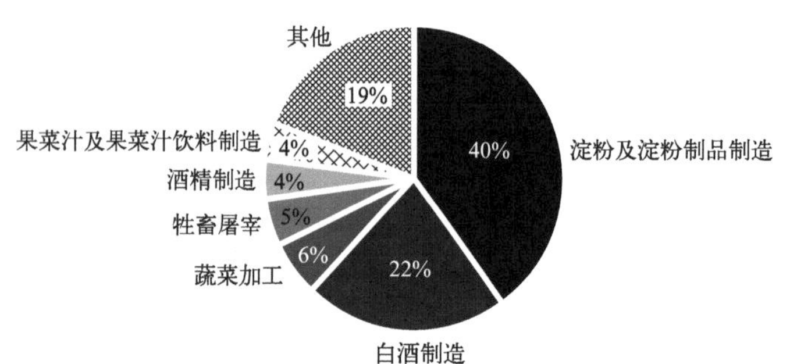

图9-27　甘肃省COD主要排放行业

如表9-8所列，淀粉及淀粉制品制造行业（1391）超过90%的COD排放来自渭源县。白酒制造行业（1512）的COD排放主要来自徽县和民乐县，此外徽县的酱油、食醋及类似制品制造行业（1462）也贡献了当地较多的COD排放。蔬菜加工行业（1371）的COD排放主要来自民乐县、甘州区、肃州区和临泽县，特别是民乐县，贡献了蔬菜加工行业约58%的COD排放量。此外，临泽县的COD排放主要集中在酒精制造行业（1511）。牲畜屠宰行业（1351）的COD排放主要集中在西峰区、景泰县和红古区。果菜汁及果菜汁饮料制造行业（1523）的COD排放主要集中在礼县、静宁县和宁县。除此之外，崇信县的COD排放主要来自烟煤和无烟煤开采洗选行业（610），永靖县和金塔县的COD排放分别来自氮肥制造（2621）和染料制造行业（2645），白银区的COD排放主要来自化学药品原料药制造（2710）和铜冶炼行业（3211）。

表9-8 甘肃省COD主要排放行业-县/区分布情况

行业	县/区	企业数量占比/%	排放量占行业总量比例/%	排放量占工业源总量比例/%
610	崇信县	50	50.60	1.66
	其他	50	49.40	0.98
1351	红古区	0.83	7.14	0.39
	景泰县	1.67	11.59	0.63
	西峰区	1.67	44.12	2.39
	其他	95.83	37.15	0.00
1371	甘州区	23.68	16.85	1.05
	临泽县	5.26	8.47	0.53
	民乐县	7.89	58.24	3.62
	肃州区	34.21	9.54	0.59
	其他	28.95	6.91	0.00
1391	渭源县	4.35	91.75	36.68
	其他	95.65	8.25	0.00
1462	徽县	12.5	81.57	1.47
	其他	87.5	18.43	0.33
1511	临泽县	100	100	4.33
1512	徽县	4.17	72.98	15.84
	民乐县	4.17	21.34	4.63
	其他	91.67	5.68	0.00
1523	静宁县	9.09	21.35	0.84
	礼县	9.09	49.32	1.93
	宁县	9.09	14.80	0.58
	其他	72.73	14.53	0.25
2621	永靖县	100	100	1.33
2645	金塔县	100	100	1.88
2710	白银区	33.33	100	0.45
3211	白银区	100	100	0.44
其他				17.19

9.2.2.2 关键控制环节

甘肃省COD排放的主要控制环节如表9-9所列。行业1391的COD排放主要来源于马铃薯淀粉的制造，超过整个行业COD排放量的99%，贡献了甘肃省COD排放总量的近40%，是该省的主要COD排放环节。行业1512的COD排放主要来自浓香型白酒和浓

表9-9　甘肃省COD主要排放行业的主要控制环节

行业	产品	原料	工艺	企业数量占比/%	排放量占行业比重/%	排放量占工业源总量比重/%
610	烟煤和无烟煤	烟煤和无烟煤	井工机采	11.11	5.21	0.17
			井工综采	83.33	94.79	3.10
1351	白条肉	生猪	半机械化屠宰	20	64.26	3.48
			机械化屠宰	2.5	2.95	0.16
			简单机械化屠宰	10	16.94	0.92
	羊肉(含羊胴肉)	活羊	半机械化屠宰	25	9.18	0.50
			机械化屠宰	1.67	0.33	0.02
1371	脱水蔬菜	根茎类、薯类、茄果类、瓜菜类	水洗+烫漂+脱水	86.84	93.33	5.80
1391	淀粉	马铃薯	湿法	78.26	99.26	39.68
1462	酱油	黄豆(豆粕、蚕豆或其他原料)加辅料	原料蒸煮、翻晾、拌曲、发酵、浇淋、压榨、陈酿、澄清、罐装	37.5	17.84	0.32
	食醋	糯米(小米、小麦、麸皮、高粱或其他原料)加辅料	原料蒸煮、翻晾、拌曲、酒精发酵、加粮醋酸发酵、淋醋、熏醋、陈酿、罐装	50	82.12	1.48
1511	酒精	玉米	原辅料预处理，液化糖化、发酵、蒸馏、废醪液制备DDGS、废水处理	100	100	4.33
1512	浓香型白酒	高粱、稻米等	固态发酵+灌装	79.17	78.66	17.08
	浓香型白酒(原酒)	高粱、稻米等	固态发酵	4.17	21.34	4.63
1523	浓缩果蔬汁	苹果	榨汁、浓缩	36.36	91.76	3.59
2621	合成氨	天然气	蒸汽转化法	100	100	1.33
2645	其他中间体	有机化工原料	有机化工合成	100	100	1.88
2710	化学药品原药	化学原料及化学制品、医药中间体	化学合成工艺	66.67	100	0.45
			酶法工艺	16.67	0	0
3211	阳极铜	铜精矿	闪速熔炼+转炉吹炼	100	100	0.44

香型白酒（原酒）的生产，分别占整个行业COD排放量的78.66%和21.34%，分别贡献了甘肃省COD排放总量的17.08%和4.63%。行业1391和1512贡献了甘肃省超过60%的COD排放量，并且这两个行业的生产工艺较为成熟，目前行业内马铃薯淀粉、浓香型白酒、浓香型白酒（原酒）的生产仅存在一种生产工艺，从生产工艺上减少COD排放的难度较大。

行业1371的COD排放主要来源于脱水蔬菜的生产制造，排放量占整个行业COD排放量的93.33%，并贡献了甘肃省COD排放总量的5.80%。行业1351的COD排放主要来源于生猪生产白条肉的过程和活羊生产羊肉(含羊胴肉)的过程，COD排放量分别占行业排放总量的84.14%和9.51%，并且分别贡献了甘肃省COD排放总量的4.56%和0.52%。其中，生猪生产白条肉，以及活羊生产羊肉(含羊胴肉)过程的COD排放主要来源于半机械化生产过程，通过生产工艺升级，将半机械化生产转变为机械化生产，将释放较大的COD减排潜力。

行业1511的COD排放来自酒精的生产制造，贡献了甘肃省COD排放总量的4.33%。目前，行业内生产酒精的原材料包括玉米、稻谷、小麦、薯类、薯类+小麦、蜜糖等，甘肃省采用产污系数较低的玉米为原材料进行生产，且工艺过程相对成熟，进一步过程减排的潜力较小。行业1523的COD排放主要来自浓缩果蔬汁的生产制造，贡献了甘肃省工业源COD排放总量的3.59%。目前行业内的生产工艺相对较为成熟，进一步过程减排的潜力较小。

行业610的COD排放主要来源于烟煤和无烟煤的井工综采，COD排放量占整个行业的94.79%，贡献了甘肃省工业源COD排放总量的3.10%。行业1462的COD排放主要来自酱油和食醋的生产过程，主要分布在徽县。行业的生产工艺较为成熟，进一步过程改造的减排潜力较小。行业2621的COD排放主要来自天然气制备合成氨的过程，主要分布在永靖县。生产工艺也较为成熟，且采用产污强度较小的天然气进行生产，过程减排的潜力较小。行业2645的COD排放主要来自染料中间体的制造过程，主要分布在金塔县。生产工艺也较为成熟，过程减排的潜力较小。

行业2710的COD排放主要来自化学合成法生产化学药品原药的过程，生产工艺也较为成熟。但当规模小于1000t/a时，通过酶法工艺进行生产的COD排放量更低，同时VOCs排放量也将协同降低。甘肃省行业2710的COD排放主要分布在白银区。同时，白银区的行业3211也产生一定量的COD排放，主要来自利用铜精矿生产阳极铜的过程，生产工艺相对成熟，过程减排潜力较小。

甘肃省各行业的末端治理情况如表9-10所列。行业1391的末端治理效率整体较高，仅有少量的COD简单沉淀后排放，治理效率较低，具有末端减排潜力。行业1512的浓香型白酒的末端治理整体去除率较高，但存在部分直排现象。浓香型白酒（原酒）的末端治理技术的去除率很低，具有一定的末端减排潜力。行业1371的末端治理水平整体较好，但仍有提升空间，且还存在一定的直排。行业1351的大部分企业采用了效率较高的末端治理技术，但仍然有部分企业的末端治理效率有进一步提升空间。目前，甘肃省行业1511以直排为主，通过物理法+厌氧/好氧组合法+化学法处理后，将具有较大的末端减排潜力。行业1523的企业采用了效率较高的末端治理技术，末端减排的潜力较小。

表9-10　甘肃省COD主要排放行业的末端治理状况

<table>
<tr><th>行业</th><th>产品</th><th>污染物处理工艺</th><th>普及率/%</th><th>去除率/%</th></tr>
<tr><td rowspan="3">610</td><td rowspan="3">烟煤和无烟煤</td><td>化学处理法</td><td>13.33</td><td>98.11</td></tr>
<tr><td>物理处理法</td><td>13.33</td><td>98.54</td></tr>
<tr><td>物理化学处理法</td><td>73.33</td><td>97.49</td></tr>
<tr><td rowspan="10">1351</td><td rowspan="6">白条肉</td><td>—</td><td>3.45</td><td>0</td></tr>
<tr><td>沉淀分离</td><td>6.90</td><td>67.21</td></tr>
<tr><td>沉淀分离+SBR类</td><td>6.90</td><td>94.86</td></tr>
<tr><td>沉淀分离+厌氧生物处理法</td><td>6.90</td><td>50</td></tr>
<tr><td>沉淀分离+厌氧水解类+生物接触氧化法</td><td>41.38</td><td>92.75</td></tr>
<tr><td>物理化学处理法+厌氧生物处理法+好氧生物处理法</td><td>34.48</td><td>83.67</td></tr>
<tr><td rowspan="4">羊肉(含羊胴肉)</td><td>沉淀分离+SBR类</td><td>16.67</td><td>75</td></tr>
<tr><td>沉淀分离+厌氧生物处理法</td><td>16.67</td><td>51.45</td></tr>
<tr><td>沉淀分离+厌氧水解类+生物接触氧化法</td><td>58.33</td><td>95.01</td></tr>
<tr><td>物理化学处理法+厌氧生物处理法+好氧生物处理法</td><td>8.33</td><td>97</td></tr>
<tr><td rowspan="4">1371</td><td rowspan="4">脱水蔬菜</td><td>—</td><td>6.90</td><td>0</td></tr>
<tr><td>化学混凝+好氧生物处理法</td><td>3.45</td><td>85</td></tr>
<tr><td>化学混凝+生物接触氧化法</td><td>3.45</td><td>85.00</td></tr>
<tr><td>厌氧生物处理法+好氧生物处理法</td><td>86.21</td><td>78.82</td></tr>
<tr><td rowspan="4">1391</td><td rowspan="4">淀粉</td><td>沉淀分离</td><td>7.69</td><td>0</td></tr>
<tr><td>其他（汁水还田等）</td><td>7.69</td><td>100</td></tr>
<tr><td>物理处理法+厌氧生物处理法</td><td>23.08</td><td>98.86</td></tr>
<tr><td>物理处理法+厌氧生物处理法+好氧生物处理法</td><td>61.54</td><td>99.29</td></tr>
<tr><td rowspan="2">1462</td><td>酱油</td><td>—</td><td>100</td><td>0</td></tr>
<tr><td>食醋</td><td>—</td><td>100</td><td>0</td></tr>
<tr><td>1511</td><td>酒精</td><td>—</td><td>100</td><td>0</td></tr>
<tr><td rowspan="5">1512</td><td rowspan="4">浓香型白酒</td><td>—</td><td>25</td><td>82.45</td></tr>
<tr><td>物理处理法+化学处理法+厌氧生物处理法+好氧生物处理法</td><td>8.33</td><td>83.72</td></tr>
<tr><td>物理处理法+厌氧生物处理法+好氧生物处理法+化学处理法</td><td>58.33</td><td>98.05</td></tr>
<tr><td>厌氧生物处理法+好氧生物处理法+物化处理法</td><td>8.33</td><td>99.90</td></tr>
<tr><td>浓香型白酒(原酒)</td><td>物理处理法</td><td>100</td><td>0</td></tr>
<tr><td rowspan="2">1523</td><td rowspan="2">浓缩果蔬汁</td><td>物理化学处理法+厌氧生物处理法+好氧生物处理法</td><td>75</td><td>95.00</td></tr>
<tr><td>物理化学处理法+厌氧生物处理法+好氧生物处理法+物理处理法</td><td>25</td><td>97.90</td></tr>
</table>

续表

行业	产品	污染物处理工艺	普及率/%	去除率/%
2621	合成氨	物理化学处理法+好氧生物处理法+厌氧生物处理法	100	88
2645	其他中间体	物理处理法+化学处理法+好氧生物处理法+厌氧生物处理法	100	90
2710	化学药品原药	物理化学处理法+厌氧生物处理法+好氧生物处理法	66.67	93.90
		物理化学处理法+厌氧生物处理法+好氧生物处理法+物理化学处理法	33.33	100
3211	阳极铜	化学混凝	100	91.00

行业610、2621和2645的末端治理状况较好，采取了行业内治理效率较高的末端治理技术组合，COD去除率较高。行业1462目前均未采取有效的治理措施，且行业内目前也未采取有效的治理措施。行业2710和3211的末端治理效率也较高。

9.2.2.3　主要减排途径

（1）主要减排行业

结合甘肃省“十三五”期间COD污染物排放情况，以及2020年的环境统计数据及调研情况，行业1391、1512、1371、1351、1511、1523和610是甘肃省VOCs排放较高行业。

（2）主要减排路径

源头减排是指通过采用清洁原材料以实现COD产生量的源头削减。过程减排是指通过采用产污强度较低的生产工艺或通过工艺升级以达到从源头削减污染物产生量的目的。末端减排是指通过采用治理效率较高的末端治理设施或提高治理效率较高的末端治理设施的普及率以达到减少污染物排放的目的。

主要减排行业的主要控制环节，目前已经采用了产污强度低的原材料，因此甘肃省COD减排的关键是控制过程和末端的减排。根据甘肃省2020年的环境统计数据结果，和全国行业生产技术水平，行业1391、1511、1512和1371具有末端减排潜力，主要侧重点在于进一步降低直排率和治理技术升级改造。行业1351需侧重于合并扩大规模，提高机械化生产效率，同时提高末端治理效率。目前，行业1523生产技术和末端治理情况处于较高水平，减排难度较大。

9.2.2.4　COD全过程减排潜力评估模型

（1）决策变量和多目标方程的设置

由于甘肃省主要COD减排行业暂时不涉及原材料的替代，因此决策变量α为0。所以，工艺优化比（β）和EOP变化率（γ）被设置为甘肃省工业源COD减排的决策变量。

工业总减排潜力和行业减排潜力作为甘肃省工业源COD减排的目标函数。

1）区域工业生产过程的总减排潜需求

$$\sum_{i}^{I}\left(\beta_i \Delta PO_{i\mathrm{P}}+\gamma_i \Delta PO_{i\mathrm{E}}\right) \geqslant ER_{\mathrm{t}};\quad i=1, 2, 3, \cdots, I \tag{9-10}$$

式中 β_i和γ_i——行业i的过程优化率和末端升级率；

$\Delta PO_{i\mathrm{P}}$和$\Delta PO_{i\mathrm{E}}$——β_i和γ_i为100%时的过程减排潜力和末端减排潜力，t；

ER_{t}——区域的工业生产过程的污染减排目标，t。

过程和末端的减排潜力的计算方式如下。

$$\Delta PO_{i\mathrm{P}}=\sum_{j}^{J}\left[PG_i / IG_{i0\mathrm{P}} \times \Delta IG_{ij\mathrm{P}} \times\left(1-\eta_{i0}\right)\right];\quad j=1, 2, 3, \cdots, J \tag{9-11}$$

$$\Delta PO_{i\mathrm{E}}=-PG_i \times \Delta \eta_i \tag{9-12}$$

式中 $IG_{i0\mathrm{P}}$——过程减排前的污染产生强度；

$\Delta IG_{ij\mathrm{P}}$——源头和过程减排前后的污染产生强度差值，t/10^9元；

η_{i0}和$\Delta\eta_i$——行业i当前的实际去除率和末端减排前后的实际去除率差值，%；

PG_i——行业i的污染物产生量，t。

2）行业减排潜力最大化

$$\max \Delta P_i=\beta_i \Delta PO_{i\mathrm{P}}+\gamma_i \Delta PO_{i\mathrm{E}} \tag{9-13}$$

式中 ΔP_i——行业i的减排潜力。

（2）多目标约束条件的设置

1）减排目标

减排目标来自区域政策文件，各种工业生产过程的减排目标基于工业生产过程产生的污染物排放量对区域污染物排放总量的贡献（CR）。

$$ER_{\mathrm{t}} \geqslant CR \times ER_{\mathrm{T}} \tag{9-14}$$

式中 ER_{t}——区域工业过程减排目标，t；

ER_{T}——评估区域的污染减排目标，t。

结合《甘肃省“十四五”节能减排综合工作方案》设定目标，化学需氧量减排目标为2.27万吨。根据甘肃省2020年污染物排放总量情况综表，工业源COD排放量占甘肃省COD排放总量的0.75%。因此，甘肃省工业源每年COD减排需求为34.16t。

2）过程优化

过程优化比例（β）不能超过100%。

$$0 \leqslant \beta_i \leqslant 100\% \tag{9-15}$$

3）末端治理提升

末端治理升级率（γ）也在0～100%之间。

$$0 \leqslant \gamma_i \leqslant 100\% \tag{9-16}$$

4）逻辑约束

由于源头和过程减排方法都属于清洁生产范畴，因此α和β的总和不能超过100%。

$$100\% - \left(100\% - GR_{it}\right) / NGR_{i0} \leqslant \beta_i \leqslant 100\% \tag{9-17}$$

式（9-17）为在全过程协同控制下原辅材料替代率、工艺优化率和EOP升级率之间的逻辑关系。

$$\gamma_i = 100\% - \beta_i \Delta PO_{iP} / PO_{i0} \tag{9-18}$$

$$100\% - \left(100\% - GR_{it}\right) / NGR_{i0} \leqslant \beta_i + \gamma_i < 200\% \tag{9-19}$$

9.2.2.5　COD全过程减排潜力

根据甘肃省工业源每年COD减排目标，不同行业的COD减排潜力如图9-28所示。可见，行业1351的减排需求较小，过程减排的贡献量要高于末端减排的贡献量。且在其他减排行业中，行业2641的减排潜力明显优于其他行业。

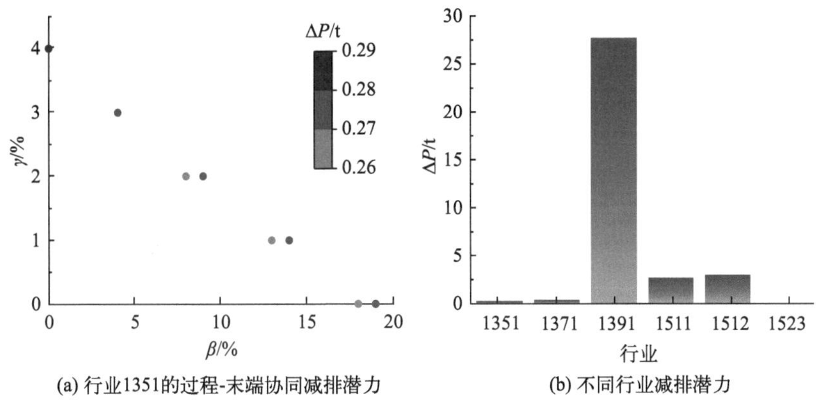

(a) 行业1351的过程-末端协同减排潜力　　(b) 不同行业减排潜力

图9-28　甘肃省工业源不同行业的减排潜力

行业1352的COD排放主要来自白条肉的生产，当前白条肉的生产工艺包括简单机械化屠宰、半机械化屠宰和机械化屠宰三种。其中，简单机械化屠宰的产污强度最高，分别是半机械化屠宰的1.07倍、机械化屠宰的1.21倍。将简单机械化屠宰部分升级为半机械化屠宰，将从源头上大幅度地削减COD的产生量。同时，简单机械化生产的末端治理过程有约12%的COD采用效率较低的末端治理技术进行处理，通过末端治理技术改进，将一定程度上减少行业COD的排放。

行业1371的脱水蔬菜生产过程和腌渍菜、泡菜等产生的生产过程中，有近14%的COD通过直排释放到环境中，通过将直排的COD采用化学混凝+好氧生物处理法/生物接触氧化法进行处理，将在一定程度上减少蔬菜加工行业的COD排放。行业1391的湿法生产马铃薯淀粉的过程中，有约7%仅经过简单的物理沉淀后就排入环境。将这部分含大量COD的废水进行汁水还田，将大幅减少行业COD的排放。行业1511的COD直接排入环境，通过将直排的COD采用化学混凝+好氧生物处理法/生物接触氧化法进行处理，将在一定程度上减少行业的COD排放。行业1512通过固态发酵生产浓香型白酒（原酒）的过程中，废水仅通过简单的物理处理就排入环境，治理效率为0。通过将其升级为化学混凝+好氧生物处理法/生物接触氧化法进行处理，将在一定程度上减少行业的COD排放。行业1523在榨汁、发酵生产发酵苹果汁的过程中，采用的末端治理技术的治理效率为达到该技术的理论治理效率，通过加强末端治理管理，将在一定程度上减少行业COD的排放。

9.2.2.6 COD全过程减排路径分析

根据前述关于COD减排的潜力分析，行业1391的马铃薯淀粉生产过程的末端减排潜力较大，是甘肃省COD减排需重点关注的生产过程。同时，行业1351需要加强半机械化屠宰工艺替代简单机械化屠宰，且注重末端治理技术的升级。表9-11为最大减排潜力和不同减排方案下各行业的减排需求。可见，行业1351、1371和1523的减排潜力较小，但却有可升级的空间。行业1392、1511和1512的减排潜力较大，特别是行业1391，是甘肃省COD减排的重点行业。

表9-11　行业最大减排潜力及不同减排方案下各行业的减排需求

行业	过程减排潜力/t	末端减排潜力/t	最大减排潜力/t	按潜力比重/t
1351	1.46	7.27	8.73	0.28
1371	0	12.13	12.13	0.38
1391	0	877.08	877.08	27.72
1511	0	84.97	84.97	2.69
1512	0	94.17	94.17	2.98
1523	0	3.67	3.67	0.12

针对减排潜力较大的行业1391、1511和1512分析了不同县区的减排潜力和需求。行业1391需要重点末端减排的是渭源县金蛋蛋马铃薯产业有限责任公司，建议将沉淀分离升级为物理处理法+厌氧生物处理法+好氧生物处理法或物理处理法+厌氧生物处理法，或者通过其他工艺（汁水还田等）进行处理。行业1511需要重点加强末端治理的是位于临泽县的甘肃雪润生化有限公司，建议将直排升级为化学混凝+好氧生物处理法/生物接触氧化法。行业1512需要重点加强末端治理的是位于民乐县的甘肃滨河食品工业（集团）有限责任公司，建议将物理处理法升级为化学混凝+好氧生物处理法/生物接触氧化法。

9.2.3 VOCs排放量减排潜力评估

9.2.3.1 主要减排地区和行业

甘肃省VOCs排放地区主要集中在嘉峪关市区、玉门市、西固区、永昌县、金塔县、金川区和白银区等地区，VOCs排放量占甘肃省工业源排放总量的90%（图9-29）。甘肃省VOCs排放行业主要集中于炼焦、钢压延加工、初级形态塑料及合成树脂制造、合成橡胶制造、水泥制造和化学药品原料药制造等行业，这几个行业的VOCs排放量超过甘肃省工业源VOCs排放总量的80%（图9-30）。

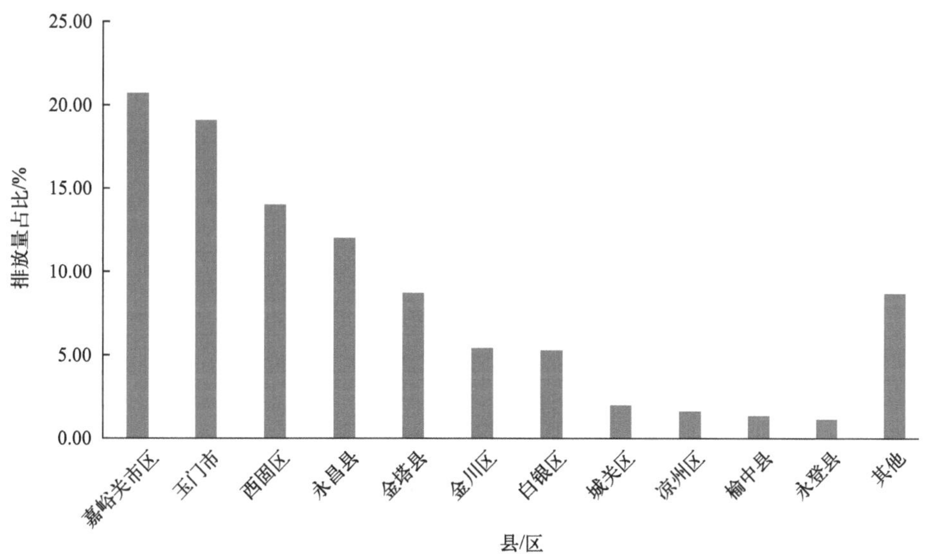

图9-29　甘肃省VOCs主要排放县区

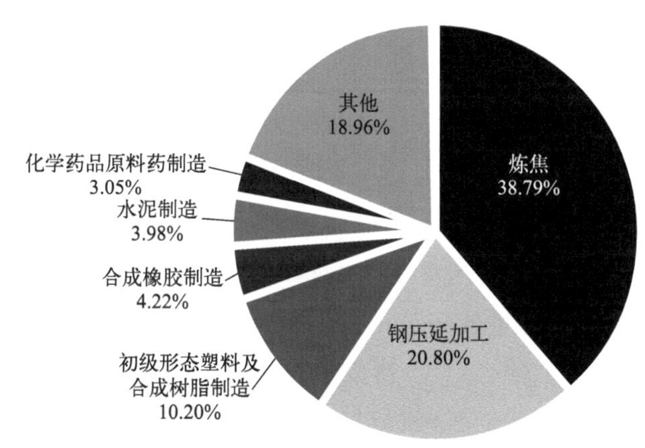

图9-30　甘肃省VOCs主要排放行业

如表9-12所列，焦炭制造，包括炼焦行业（2521）的焦炭生产和钢压延加工行业（3130）的焦炭生产，分别贡献了甘肃省工业源VOCs排放量的38.79%和19.52%，是甘肃省主要的VOCs排放来源。甘肃省焦炭生产主要集中在金塔县、永昌县、玉门市和嘉峪关市区，此外凉州区和榆中县也有生产。初级形态塑料及合成树脂制造行业（2651）的VOCs排放主要集中在西固区和金川区，分别贡献了行业VOCs排放量的67.86%和

31.47%，分别占甘肃省VOCs排放总量的6.92%和3.21%。合成橡胶制造行业（2652）主要分布在西固区。甘肃省水泥制造行业（3011）在甘肃省28个县区分散分布，其VOCs排放主要来自金川县、永昌县和永登县。其中金川县和永昌县各一家水泥制造企业，永登县6家水泥制造企业，贡献了行业43.16%的VOCs排放量。化学药品原料药制造行业（2710）超过97%的VOCs排放来自白银区，贡献了甘肃省近3%的VOCs排放。此外，城关区的VOCs排放主要来自溶剂的使用（2641涂料制造行业）。

表9-12 甘肃省VOCs主要排放行业-县/区分布情况

行业	县/区	企业数量占比/%	排放量占行业总量比例/%	排放量占工业源总量比例/%
2521	金塔县	25	22.19	8.61
	永昌县	5	28.10	10.90
	玉门市	30	48.88	18.96
2641	城关区	28.57	92.17	1.98
2651	金川区	55.56	31.47	3.21
	西固区	22.22	67.86	6.92
2652	西固区	100	100	4.22
2710	白银区	60	97.09	2.96
3011	金川区	2.27	21.61	0.86
	永昌县	2.27	10.72	0.43
	永登县	13.64	10.82	0.43
3130	嘉峪关市区	88.24	98.28	20.44
其他				20.09

9.2.3.2 关键控制环节

甘肃省VOCs排放的主要控制环节见表9-13。行业2521的VOCs排放主要来源于捣固焦的生产，超过整个行业VOCs排放量的99%，贡献了甘肃省VOCs排放总量的近39%，是甘肃省的主要VOCs排放环节。行业3130的VOCs排放主要来源于捣固焦和顶装焦的生产，分别超过整个行业VOCs排放量的80%和6%，贡献了甘肃省VOCs排放总量的近20%，是甘肃省的主要VOCs排放环节。行业2710的VOCs排放量主要来自化学药品原药的生产，超过整个行业VOCs排放量的99%，贡献了甘肃省VOCs排放总量的3%。当前，化学药品原药的生产包括化学合成工艺和酶法工艺，甘肃省主要采用产污强度较高的化学合成工艺进行生产，可部分采用酶法工艺，以从源头削减行业VOCs的产生量。

行业2641的VOCs排放量主要来自溶剂型涂料的生产，占整个行业VOCs排放量的95.32%，贡献了甘肃省VOCs排放总量的2.15%。行业2651的VOCs排放主要来源于丙烯腈和聚氯乙烯的生产，超过整个行业VOCs排放量的62%和30%，贡献了甘肃省

表9-13　甘肃省VOCs主要排放行业的主要产生环节

行业	产品	原料名称	工艺名称	企业数量占比/%	排放量占比/%	排放量占工业源总量比重/%
2521	焦炭	炼焦煤	捣固	60	99.17	38.47
2641	溶剂型涂料	成膜物质、溶剂、颜料、助剂	溶剂性涂料生产工艺	28.57	95.32	2.04
2651	丙烯腈	丙烯、氨、空气	丙烯氨氧化法	11.11	62.15	6.34
	聚氯乙烯	电石、氯化氢	电石法	33.33	30.32	3.09
	聚乙烯	乙烯、丙烯、丁烯、已烯、醋酸乙烯酯	高压法	11.11	5.71	0.58
2652	丁苯橡胶	丁二烯、苯乙烯	乳液聚合	50	63.23	2.67
	丁腈橡胶	丁二烯、丙烯腈	乳液聚合	50	36.77	1.55
2710	化学药品原药	化学原料及化学制品、医药中间体	化学合成工艺	90	99.51	3.03
3011	熟料	钙、硅铝铁质原料	新型干法(窑尾)	90.91	64.46	2.56
	水泥	钙、硅铝铁质原料	新型干法(窑尾)	4.55	32.34	1.29
3130	焦炭	炼焦煤	捣固	11.76	80.73	16.79
			顶装	23.53	6.04	1.26
			热回收	11.76	7.08	1.47

VOCs排放总量的近10%，是甘肃省的主要VOCs排放环节。行业2652的VOCs排放主要来源于丁苯橡胶和丁腈橡胶的生产，贡献了甘肃省VOCs排放总量的近4%，是甘肃省的主要VOCs排放环节。行业3011的VOCs排放主要来源于熟料和水泥的生产，分别超过整个行业VOCs排放量的64%和32%，贡献了甘肃省VOCs排放总量的近4%，是甘肃省的主要VOCs排放环节。行业2641、2651、2652和3011的生产工艺水平目前处于较为先进的水平，源头、过程减排的难度较大。

甘肃省各行业的末端治理情况如表9-14所列。行业2521的末端治理效率整体不高，仅有少量的VOCs经过治理，具有末端减排潜力。行业2621的氮肥制造的末端治理技术整体去除率较高，但存在50%的企业有直排现象，具有末端减排潜力。行业2641的末端治理技术水平整体较低，且还存在一定的直排，具有较大的末端减排潜力。行业2710整体末端治理水平较高，但仍有部分企业采用的末端治理技术的去除率较低。具有一定的末端减排潜力。目前，甘肃省行业2921的整体末端治理效率较低，大部分企业以直排为主，采用末端治理的企业较多地采用治理效率较低的治理技术，具有较大的末端减排潜力。行业2922的整体末端治理效率较低，近1/2的企业以直排为主，采用末端治理的企业较多地采用治理效率较低的治理技术，具有较大的末端减排潜力。行业3130的企业未采取有效的治理措施，直接排入环境，具有一定的末端减排潜力。

表9-14　甘肃省VOCs主要排放行业的末端治理情况

行业		污染物处理工艺名称	普及率/%	去除率/%
2521	炼焦	—	60	0
		化产区废气返回负压煤气管道或燃烧系统	30	30.3
		生化处理+后处理+深度处理	10	100
2621	氮肥制造	—	50	0
		催化燃烧法	25	94.78
		热力燃烧法	25	98.8
2641	涂料制造	—	30.77	0.00
		光催化	46.15	26
		光解	7.69	13.13
		吸附/催化燃烧法		38.87
2710	化学药品原料药制造	冷凝法	10	25
		吸附+蒸气解析	30	43
		吸收+分流	50	41.71
		蓄热式催化燃烧法	10	52
2921	塑料薄膜制造	—	62.5	0
		光催化+低温等离子体	6.25	21
		光催化+其他（活性炭吸附）	12.5	24
		其他（活性炭吸附）	18.75	21

续表

行业		污染物处理工艺名称	普及率/%	去除率/%
2922	塑料板、管、型材制造	—	46.15	0
		光催化+其他（活性炭吸附）	15.38	24
		其他（活性炭吸附）	38.46	21
3130	钢压延加工	—	100	0

9.2.3.3　主要减排途径

(1) 主要减排行业

结合甘肃省“十三五”期间VOCs污染物排放情况，以及2020年的环境统计数据及调研情况，行业2521、3130和2651是甘肃省VOCs排放较高行业。同时，行业2710、2641、2921、2621和2922也是甘肃省VOCs排放的主要贡献行业。

(2) 主要减排路径

源头减排是指通过采用低/无VOCs含量的清洁原材料以实现VOCs产生量的源头削减。过程减排是指通过采用产污强度较低的生产工艺或通过工艺升级以达到从源头削减污染物产生量的目的。末端减排是指通过采用治理效率较高的末端治理设施或提高治理效率较高的末端治理设施的普及率以达到减少污染物排放的目的。

结合行业关键产排污环节的产排特征分析，主要减排行业2521、2710和3130可进行过程和末端协同减排；行业2621、2641、2921和2922可进行末端减排。

9.2.3.4　VOCs全过程减排潜力评估模型

(1) 决策变量和多目标方程的设置

由于甘肃省主要减排行业暂时不涉及原材料的替代，因此决策变量α为0，工艺优化比（β）和EOP变化率（γ）被设置为甘肃省工业源VOCs减排的决策变量。工业总减排潜力和行业减排潜力作为甘肃省工业源VOCs减排的目标函数。

1）区域工业生产过程的总减排潜力需求

$$\sum_{i}^{I}\left(\beta_i \Delta PO_{i\text{P}} + \gamma_i \Delta PO_{i\text{E}}\right) \geqslant ER_{\text{t}};\quad i=1, 2, 3, \cdots, I \tag{9-20}$$

式中　β_i和γ_i——行业i的过程优化率和末端升级率；

$\Delta PO_{i\text{P}}$和$\Delta PO_{i\text{E}}$——β_i和γ_i为100%时的过程减排潜力和末端减排潜力，t；

ER_{t}——区域的工业生产过程的污染减排目标，t。

过程和末端的减排潜力的计算公式如下。

$$\Delta PO_{i\mathrm{P}}=\sum_{j}^{J}\left[PG_i/IG_{i0\mathrm{P}}\times\Delta IG_{ij\mathrm{P}}\times\left(1-\eta_{i0}\right)\right],\quad j=1,2,3,\cdots,J \tag{9-21}$$

$$\Delta PO_{i\mathrm{E}}=-PG_i\times\Delta\eta_i \tag{9-22}$$

式中　$IG_{i0\mathrm{P}}$——过程减排前的污染产生强度；

$\Delta IG_{ij\mathrm{P}}$——源头和过程减排前后的污染产生强度差值，t/10^9元；

η_{i0}和$\Delta\eta_i$——行业i当前的实际去除率和末端减排前后的实际去除率差值，%；

PG_i——行业i的污染物产生量，t。

2）行业减排潜力最大化

$$\max\ \Delta P_i=\beta_i\Delta PO_{i\mathrm{P}}+\gamma_i\Delta PO_{i\mathrm{E}} \tag{9-23}$$

式中　ΔP_i——行业i的减排潜力。

（2）多目标约束条件的设置

1）减排目标

减排目标来自区域政策文件，各种工业生产过程的减排目标基于工业生产过程产生的污染物排放量对区域污染物排放总量的贡献（CR）。

$$ER_{\mathrm{t}}\geqslant CR\times ER_{\mathrm{T}} \tag{9-24}$$

式中　ER_{t}——区域工业过程减排目标，t；

ER_{T}——评估区域的污染减排目标，t。

结合《甘肃省“十四五”节能减排综合工作方案》设定目标，挥发性有机物减排目标为0.70万吨。根据甘肃省2020年污染物排放总量情况总表，工业源挥发性有机物排放量占甘肃省COD排放总量的20.36%。因此，甘肃省工业源每年挥发性有机物减排需求为285.11t。

2）过程优化

过程优化比例（β）不能超过100%。

$$0\leqslant\beta_i\leqslant100\% \tag{9-25}$$

3）末端治理提升

末端治理升级率（γ）也在0～100%之间。

$$0\leqslant\gamma_i\leqslant100\% \tag{9-26}$$

4）逻辑约束

由于源头和过程减排方法都属于清洁生产范畴，因此α和β的总和不能超过100%。

$$100\%-\left(100\%-GR_{it}\right)/NGR_{i0}\leqslant\beta_i\leqslant100\% \tag{9-27}$$

式（9-27）为在全过程协同控制下原辅材料替代率、工艺优化率和EOP升级率之间的逻辑关系。

$$\gamma_i=100\%-\beta_i\Delta PO_{i\mathrm{P}}/PO_{i0} \tag{9-28}$$

$$100\%-\left(100\%-GR_{it}\right)/NGR_{i0}\leqslant\beta_i+\gamma_i<200\% \tag{9-29}$$

9.2.3.5　VOCs全过程减排潜力

根据甘肃省工业源每年挥发性有机物减排目标，行业2521、3130和2710的协同减排潜力和减排潜力系数如图9-31所示。可见，行业2521的末端减排潜力对其协同减排潜力贡献较大，但随着过程减排潜力系数的增大末端减排潜力系数迅速减小。行业2710的末端减排的贡献略大于过程减排的贡献，而行业3130的过程减排和末端减排对行业的协同减排潜力的贡献相当。同时，行业2521、3130和2710是甘肃省的VOCs减排贡献较大的行业。

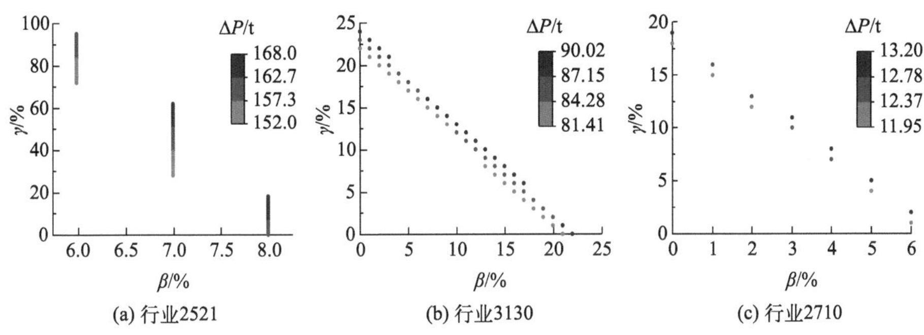

图9-31　过程－末端协同减排潜力及其系数

行业2521和3130的VOCs排放主要来自焦炉炼焦过程的捣固环节。目前焦炉炼焦分捣固和顶装两种生产工艺，而捣固过程的VOCs产生强度是顶装过程的近4倍，对焦炭品质要求稍不严格的过程，通过将少部分的捣固工艺改造为顶装工艺，能从源头上大幅度地削减炼焦过程中VOCs产生量。捣固环节的VOCs排放主要是装煤过程，碳化室内残留废气被挤出逸散。末端减排潜力也来自捣固装备过程的将炉门废气通过负压煤气净化系统将无组织废气转化为有组织废气，再返回到炉体中进行燃烧。目前国内焦化企业均采用组合式末端治理技术，基本能实现达标排放，但从综合效益考虑，单纯的末端处理手段其经济性远不如将VOCs放散气引入负压煤气系统，因此负压煤气系统应是焦化企业优先考虑的处理工艺。

行业2710的减排潜力来自化学合成工艺制备化学药品原药过程。当前生产化学药品原药的工艺包括化学合成工艺和酶法工艺，且化学合成工艺的产污强度是酶法工艺的约26倍，通过将部分化学合成工艺用酶法工艺替代，可以从源头上大幅削减VOCs的产生量。同时，当前用化学合成方法生产化学药品原药过程中，有近40%的VOCs排放量采用治理效率较低的技术处理，将其升级为治理效率高的末端治理技术，也能一定程度上降低行业2710的VOCs排放量。

行业2641、2921、2621和2922的减排潜力相对较小（图9-32）。行业2641、2921、2621和2922具有末端减排潜力，潜力值分别为9.13t、7.55t、6.27t和4.98t，且其减排潜力系数分别为14.30%、7.68%、10.61%和7.48%。行业2611具有过程减排潜力，约为4.78t，且减排潜力系数约为6.90%。

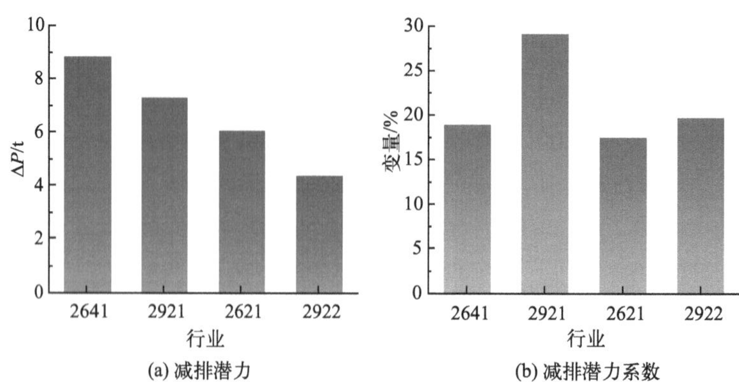

(a) 减排潜力　(b) 减排潜力系数

图9-32　不同行业的过程或末端减排潜力及其系数

行业2641、2921、2621和2922的减排潜力来自末端减排，通过提高治理效率较高的治理设施的普及率可以显著降低行业的VOCs排放。行业2611的减排潜力来自过程控制。乙炔生产工艺包括电石法（干法）和电石法（湿法）两种，且电石法（干法）的产污强度是电石法（湿法）的近11倍，通过将部分干法工艺替换为湿法工艺，可以从源头上大幅削减行业的VOCs产生量。

9.2.3.6　VOCs全过程减排路径分析

根据9.2.3.5部分的VOCs减排潜力分析，行业2521、3130和2710的减排潜力较大，特别是行业2521和3130。这两个行业的VOCs排放都来自炼焦过程。煤化工作为传统重工业性行业，在实际生产过程中很容易产生各种尾气，因此煤化工（焦化）也是VOCs产生的主要领域之一。炼焦及后续煤气净化涉及到的众多化工介质中含有大量的VOCs。在焦化生产过程中，由于介质流动、温度及压力的变化，极易出现含有VOCs的尾气逸散。这些逸散尾气组成复杂，含有不同刺激性、腐蚀性、恶臭甚至致癌致畸的有害成分，是焦化厂异味的主要来源。

虽然，顶装炼焦的产污强度更低，但通过分析捣固焦和顶装焦的焦炭质量、生产原料要求及其他参数发现，将捣固焦更改为顶装焦的做法并不可取。

① 由于捣固焦炉单孔产量高，干熄焦焦罐加大，提升装置动力加大，故投资增加。系统投资折旧费增加，5.5m的捣固焦炉多投资1.1亿元，折旧合吨焦7元，加上运行费、维修费的提高，每吨焦炭增加成本9元；6.25m捣固焦炉多投资2.3亿元，折旧费为12元/t，加上人工费、动力费、维修费增加成本14元/t。5.5m捣固焦炉因设备故障率高，技术不太成熟，经常发生塌煤饼现象，生产管理困难；达产困难；6.25m捣固焦炉考虑引进设备的话，设备可靠性相对提高，同时有完全备用的一套设备，所以生产管理容易，可提高劳动生产率。

② 如果产品质量定为中档产品焦炭，随着优质炼焦煤资源逐渐枯竭，全国焦炭质量将会有普遍走低的可能，用同样质量的煤，采用捣固炼焦可以适当提高冷强度，如M40可以提高2%～4%、M10可以提高3%～5%。可以适当地改善反应性，提高反应后强度，

因此上捣固焦炉较为有利。故建议独立的焦化厂适合上捣固焦炉，提高竞争力，产品立足于中型高炉（因大部分大型焦炉为钢铁联合企业配套），所以要求质量相对不是太高，上捣固焦炉竞争优势明显。

③ 上捣固焦炉可适当多配弱黏煤和气煤等高挥发分煤种，可降低配合煤成本，从煤的市场情况分析，可降低成本15元左右。捣固焦炉对原料煤的要求较为宽松，原料煤的结构调整灵活，市场采购可能较为容易。6.25m捣固焦炉可提高焦炭产量，是一个明显增效点，易产生规模效益。从上述分析来看，捣固焦炉可利用的煤源广泛，有长远的竞争优势，建议应主要着眼于当地的煤源结构来决定上什么焦炉。

焦化行业VOCs以无组织排放为主，来源非常广泛，种类众多、毒性大，对环境产生严重污染。煤制焦行业VOCs主要排放源在化产回收区和污水处理区。目前国内焦化企业均采用组合式末端治理技术，基本能实现达标排放，但从综合效益考虑，单纯的末端处理手段其经济性远不如将VOCs放散气引入负压煤气系统，因此负压煤气系统应是焦化企业优先考虑的处理工艺。因此，在焦炉炉门处增加废气收集装置，将废气引入负压煤气系统，可一定程度上降低炼焦VOCs的排放。

为达到甘肃省的VOCs减排总量目标，若按照行业的VOCs排放占比进行分配，则行业2521通过末端减排获得的减排潜力难以满足需求。因此，按照各行业能够达到的最大减排潜力的比重，设定各行业的减排潜力目标值。表9-15为最大减排潜力和不同减排方案下各行业的减排需求。

表9-15 行业最大减排潜力及不同减排方案下各行业的减排需求

行业	最大减排潜力/t	按排放比重/t	按潜力比重/t
2521	44.62	159.83	13.20
3130	371.88	85.69	110.05
2710	259.18	12.55	76.70
2641	63.89	8.84	18.91
2921	98.24	7.30	29.07
2621	59.11	6.07	17.49
2922	66.53	4.82	19.69

此时，其他减排行业的减排量需要在一定程度上增加，以达到甘肃省“十四五”期间的污染物减排总量需求。不同行业的减排量建议见表9-16。

表9-16 建议减排潜力

行业	过程减排潜力/t	末端减排潜力/t	减排需求/t
2521	0	44.62	13.20
3130	0	371.88	110.05
2710	191.44	67.74	76.70

续表

行业	过程减排潜力/t	末端减排潜力/t	减排需求/t
2641	0	63.89	18.91
2921	0	98.24	29.07
2621	0	59.11	17.49
2922	0	66.53	19.69

其中，行业2521和3130均在炼焦过程中，将化产区废气返回负压煤气管道或燃烧系统，以减少炼焦过程中的VOCs排放。行业2710采用过程和末端结合的方式进行减排，协同减排潜力及其潜力系数见图9-33。可见，末端减排对行业2710的协同减排潜力贡献显著，且随着过程减排潜力系数的增大，末端减排潜力系数迅速下降。行业2710需要重点关注白银区的几家化学原料药的制造的过程升级和末端改进。

不同行业的减排潜力见图9-34。其中，行业2521、3130、2641、2921、2621和2922依靠末端减排，而行业2611主要依靠过程控制。几个行业中，行业3130的贡献量最大。行业2521需要特别关注位于金塔县和玉门市的两家炼焦企业的治理。行业3130需要特别关注位于嘉峪关市的甘肃酒钢集团宏兴钢铁股份有限公司的末端治理。行业2641需特别加强城关区、西固区、榆中县和秦川园区的末端治理技术的改造升级。行业2921需加强西固区、榆中县、民乐县、秦安县、甘谷县、武山县、合水县和陇西县的末端治理技术的改造升级，特别是榆中县、西固区、秦安县。行业2621需特别加强中国石油天然气股份有限公司兰州石化分公司化肥厂邻、对二氯苯和聚醚多元醇生产过程的末端治理。行业2922需加强西固区、永登县、凉州区、民勤县、民乐县、高台县、陇西县、临洮县和中州园区的末端治理技术的改造升级，特别是永登县、民乐县、临洮县。

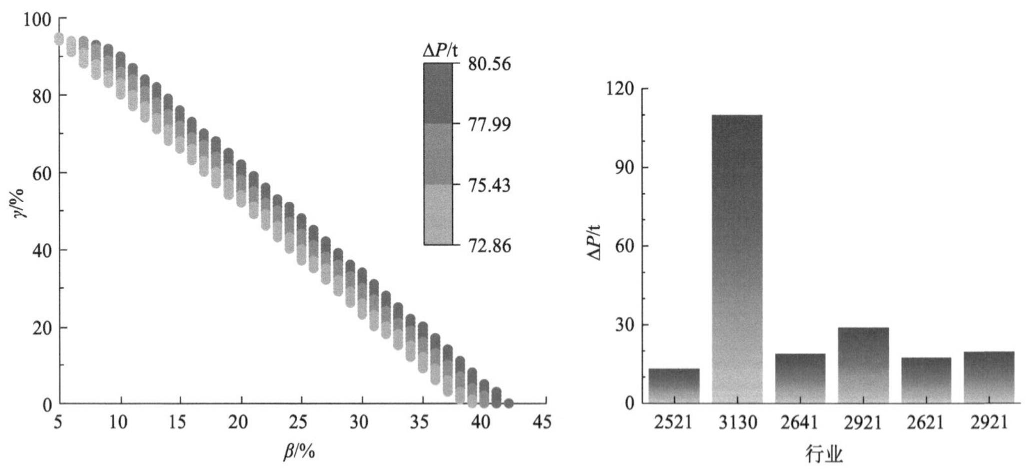

图9-33　行业2710的协同减排潜力及其潜力系数

图9-34　不同行业的减排潜力

综上所述：

① 本节利用多目标优化协同减排潜力评估方法分别测算了甘肃省重点工业行业生产

全过程的COD减排潜力及VOCs减排潜力，并针对性地给出了重点减排行业重点减排企业的VOCs减排潜力和减排策略。

② 结果表明，行业1391、1511和1512的COD减排潜力较大。特别是行业1391，是甘肃省COD减排的重点行业，且行业1391需要重点末端减排的是渭源县金蛋蛋马铃薯产业有限责任公司；行业1511需要重点加强末端治理的是位于临泽县的甘肃雪润生化有限公司；行业1512需要重点加强末端治理的是位于民乐县的甘肃滨河食品工业（集团）有限责任公司。

③ 行业3130的减排对甘肃省VOCs防控的贡献量最大，且需要特别关注位于嘉峪关市的甘肃酒钢集团宏兴钢铁股份有限公司的末端治理。与COD防控不同，甘肃省VOCs防控企业较为分散。行业2521需要特别关注位于金塔县和玉门市的两家炼焦企业的治理。行业2641需特别加强城关区、西固区、榆中县和秦川园区的末端治理技术的改造升级。行业2921需特别加强西固区、榆中县、秦安县的末端治理技术的改造升级。行业2621需特别加强中国石油天然气股份有限公司兰州石化分公司化肥厂邻、对二氯苯和聚醚多元醇生产过程的末端治理。行业2922需加强永登县、民乐县和临洮县的末端治理技术的改造升级。

9.3 甘肃省“十四五”污染物减排项目综合减排效果评估

9.3.1 重点工程综合减排效果评估方法

9.3.1.1 指标选取原则

指标的选取对技术评价结果的准确性有非常重要的影响，指标选取的数量也要适当。指标之间要尽可能避免互相干扰；指标可能提升代表性，使评价结果尽可能全面。因此，指标的选取应遵循以下原则：

① 目的性。指标的选择要直接表征评价对象的特征，达到评价的直接目的。

② 代表性。指标要既能反映项目实现的减排特征，又能反映出不同项目间的差异性。

③ 独立性。指标之间要相互独立，同一层次指标要不存在前后因果关系。

④ 可行性。指标对具体对象要能反映出实际水平。同时，指标的资料和数据收集来源要稳定可靠。

9.3.1.2 水污染物减排项目综合减排效果评价指标体系

水污染物减排项目综合减排效果评价指标体系的构建首先要遵循指标体系与管理目

标一致性原则和可行性原则。根据甘肃省“十四五”水污染物减排项目分类和参数类型，按照生态环境管理要求运行和维护污染防治设施，建立环境管理制度，严格控制污染物排放。此外，还要坚持重点和全面相结合的原则。减排效果评估的指标设置既要突出单项减排项目的减排效果，又要从整体上兼顾区域的污染物减排需求，以及区域整体上多类污染减排项目的综合减排效果。据此，构建了水污染物减排项目综合减排效果评价指标体系。指标体系重点考虑不同类型污染源废水的减排项目，以及不同类型减排项目的特点，评估内容包括项目资金投入、减排效果、项目实施前后的污染物浓度变化及治理设施运行情况等方面。甘肃省“十四五”水污染物减排项目综合减排效果评估指标体系详见表9-17。

（1）城镇生活污水收集和处理设施建设

通过单位投资额COD减排强度和单位投资额氨氮减排强度表征投资与污染物减排绩效。用处理负荷占设计规模比表征水污染物减排项目的优劣。通过实施重点工程前后COD和氨氮的排放浓度差值表征水污染物减排项目的实施效果。

（2）再生水设施建设

通过单位投资额新增规模、单位投资额COD减排强度、单位投资额氨氮减排强度表示再生水设施建设的投资与污染物减排绩效。

（3）工业深度治理

用处理负荷占涉及规模比表征工业深度治理工程的优劣。通过污染物排放浓度的变化和污染物减排量来评价工业深度治理工程的减排效果。通过是否纳管和治理设施的运行情况（用K值表示）表示工业深度治理工程项目的管理情况。

污染物减排量的大小和是否纳管是评价工业深度治理工程的一个重要指标。而末端治理设施的运行情况通过污染治理设施实际运行率(K)表示。K值是表征相同产污水平条件下，采用相同环保工艺技术和设施的不同企业具有不同排放量的参数。K值反映的是污染治理设施运行的状态，越稳定运行，运行时间越长，K值越高。在取值上，如果连续稳定运行的理想状态定义为1，非连续稳定运行的状态在0～1之间。实际运行率一般通过能够反映治理设施运行状态的参数计算得出。

$$K = \frac{D_t}{G_r \times T_r} \tag{9-30}$$

或：

$$K = \frac{S_d}{S_{sd}} \tag{9-31}$$

式中　K——污染治理设施实际运行率；

D_t——治理设施耗电量；

G_r——治理设施额定功率；

表9-17　甘肃省“十四五”水污染物减排项目综合减排效果评估指标体系

目标层	准则层	指标层		备注
		一级指标	二级指标	
水污染物减排项目绩效评估	城镇生活污水收集和处理设施建设（25%）	投资与减排量（10%）	单位投资额COD减排强度（5%）	COD减排量/投资金额
			单位投资额氨氮减排强度（5%）	氨氮减排量/投资金额
		处理负荷（5%）	处理负荷占设计规模比例（5%）	总处理量/设计处理规模
		污染物浓度变化（10%）	COD排放浓度差值（5%）	
			氨氮排放浓度差值（5%）	
	再生水设施建设（20%）	投资与减排量（20%）	单位投资额新增规模（6%）	新增规模/投资金额
			单位投资额COD减排强度（7%）	COD减排量/投资金额
			单位投资额氨氮减排强度（7%）	氨氮减排量/投资金额
	工业深度治理（20%）	处理负荷（4%）	处理负荷占设计规模比例（4%）	总处理量/设计处理规模
		污染物排放（12%）	COD排放浓度差值（3%）	
			氨氮排放浓度差值（3%）	
			COD减排量（3%）	
			氨氮减排量（3%）	
		管理情况（4%）	是否纳管（2%）	
			治理设施运行情况（2%）	*K*值
	畜禽养殖粪污资源化利用（20%）	粪污资源化减排情况（20%）	单位投资额COD减排强度（5%）	COD减排量/投资金额
			单位投资额氨氮减排强度（5%）	氨氮减排量/投资金额
			COD减排比例（5%）	COD减排量/COD产生量
			氨氮减排比例（5%）	氨氮减排量/COD产生量
	其他减排工程（10%）	污染物排放（16%）	COD排放浓度差值（4%）	
			氨氮排放浓度差值（4%）	
			COD减排量（4%）	
			氨氮减排量（4%）	
		处理负荷（4%）	处理负荷占设计规模比例（5%）	总处理量/设计处理规模
	产业结构升级（5%）	污染物排放（5%）	COD减排量（2.5%）	
			氨氮减排量（2.5%）	

T_r——治理设施运行时间；

S_d——绝干污泥量；

S_{sd}——标准绝干污泥量（即通过调研同行业同种治理技术、治理设施得到所产生的绝干污泥量的均值）。

（4）畜禽养殖粪污资源化利用

通过单位投资额污染物减排强度及污染物减排比例来表征畜禽养殖粪污资源化利用的效率。

（5）其他减排工程

用处理负荷占涉及规模比表征工业深度治理工程的优劣。通过污染物排放浓度的变化和污染物减排量来评价工业深度治理工程的减排效果。

（6）产业结构升级

通过污染物减排量直接表示产业结构升级的减排绩效。

水污染物减排项目综合减排效果评价指标计算公式汇总如下：

单位投资额污染物减排强度=污染物减排量/投资金额

处理负荷占设计规模比=废水处理量/设计处理规模

污染物排放浓度差值=完成后污染物平均排放浓度/原来污染物平均排放浓度

9.3.1.3 大气污染物减排项目综合减排效果评价指标体系

水污染物减排项目是按照废水排放来源和类型的不同对减排项目进行分类，大气污染物减排项目的分类与此完全不同，大气污染物减排项目是按照不同的减排途径和策略对减排项目进行分类。其综合减排效果评价指标体系的构建遵循原则与水污染物减排项目相同，但其重点考虑不同治理策略对特定污染物的治理过程及治理效果，评估内容根据治理措施的不同而有所差异。甘肃省“十四五”大气污染物减排项目综合减排效果评估指标体系详见表9-18。

（1）产业结构升级

通过单位产能的污染物减排量表征产业结构升级工程的减排绩效。

（2）VOCs源头替代

通过原材料使用情况，包括替代前后原材料中VOCs含量的变化比例和原材料使用量变化，以及VOCs减排量表示VOCs源头替代工程的VOCs减排绩效。

VOCs含量变化率=（替代后VOCs含量-原来VOCs含量）/原来VOCs含量

原料用量变化率=（替代后原料用量-原来原料用量）/原来原料用量

表9-18　甘肃省“十四五”大气污染物减排项目综合减排效果评估指标体系

目标层	准则层	指标层		备注
		一级指标	二级指标	
大气污染物减排项目效果评估	产业结构升级（10%）	单位产能减排量（10%）	NO_x减排量/淘汰产能（5%）	
			VOCs减排量/淘汰产能（5%）	
	VOCs源头替代（10%）	原料使用情况（6%）	替代前后VOCs含量降低比例（3%）	VOCs含量差值/替代前VOCs含量
			原料用量变化率（3%）	原料使用量差值/替代前原料用量
		VOCs减排量（4%）	VOCs减排量（4%）	
	工业VOCs深度治理（10%）	减排情况（10%）	减排量（5%）	
			减排比例（5%）	VOCs减排量/基数年排放量
	工业NO_x治理（10%）	改造产能占比（4%）	改造产能占比（4%）	改造产能/现有产能
		NO_x减排量（6%）	减排比例（3%）	NO_x减排量/基数年排放量
			NO_x排放强度变化率（3%）	（NO_x排放强度−基数年NO_x排放量/现有产能）/（基数年NO_x排放量/现有产能）
	清洁取暖项目（15%）	用煤情况（5%）	清洁取暖替代比例（2.5%）	（替代户数/基数年用煤户数替代户数）×（户均散煤使用量/散煤使用总量）
			散煤减少比例（2.5%）	
		减排情况（10%）	单位户数NO_x减排量（2%）	NO_x减排量/替代户数
			NO_x减排比例（3%）	NO_x减排量/基数年排放量
			单位户数VOCs减排量（2%）	VOCs减排量/替代户数
			VOCs减排比例（3%）	VOCs减排量/基数年排放量

续表

目标层	准则层	指标层		备注
		一级指标	二级指标	
大气污染物减排项目效果评估	燃煤锅炉项目（10%）	锅炉淘汰或改造蒸吨数（2%）	锅炉淘汰或改造蒸吨数（2%）	
		单位蒸吨数煤炭减少量（2%）	单位蒸吨数煤炭减少量（2%）	煤炭消费减少量/锅炉蒸吨数
		单位蒸吨数清洁能源增加量（1%）	单位蒸吨数清洁能源增加量（1%）	清洁能源使用量/锅炉蒸吨数
		单位蒸吨数用电增加量（1%）	单位蒸吨数用电增加量（1%）	用电增加量/锅炉蒸吨数
		减排情况（4%）	NO_x减排比例（2%）	NO_x减排量/基数年排放量
			VOCs减排比例（2%）	VOCs减排量/基数年排放量
	工业炉窑项目（5%）	减排情况（5%）	NO_x减排比例（2.5%）	NO_x减排量/基数年排放量
			VOCs减排比例（2.5%）	VOCs减排量/基数年排放量
	老旧车船淘汰（15%）	减排情况（5%）	NO_x减排量占比（2.5%）	NO_x减排量/基数年排放量
			VOCs减排量占比（2.5%）	VOCs减排量/基数年排放量
	公转铁、公转水项目（5%）	货运周转量（2.5%）	公转铁周转量占比（1.25%）	公转铁周转量/基数货运年周转量
			公转水周转量占比（1.25%）	公转水周转量/基数货运年周转量
		减排情况（2.5%）	NO_x减排比例（1.25%）	NO_x减排量/基数年排放量
			VOCs减排比例（1.25%）	VOCs减排量/基数年排放量
	老旧非道路机械和船舶治理（5%）	发动机更换比例（2%）	发动机更换比例（2%）	更换发动机数量/保有量
		减排情况（3%）	NO_x减排量比例（1.5%）	NO_x减排量/基数年排放量
			VOCs减排量比例（1.5%）	VOCs减排量/基数年排放量
	油品储运销（5%）	油气回收情况（2.5%）	油气回收率变化率（2.5%）	（改造后油气回收率−基数年油气回收率）/基数年油气回收率
		VOCs减排量（2.5%）	VOCs减排量（2.5%）	

（3）工业VOCs深度治理

通过VOCs减排量和VOCs减排比例表征工业VOCs深度治理工程的VOCs减排绩效。

VOCs减排比例=VOCs减排量/基数年VOCs排放量

（4）工业NO_x治理

通过改造产能占比表示工业NO_x治理工程改造的比例；通过NO_x减排比例和NO_x排放强度变化率表示工业NO_x治理工程的减排情况。

改造产能占比=改造产能/现有产能

减排比例=NO_x减排量/基数年排放量

NO_x排放强度变化率=（改造后NO_x排放强度－基数年排放强度）/基数年排放强度

其中，基数年排放强度=基数年NO_x排放量/现有产能。

（5）清洁取暖项目

通过用煤情况，包括清洁取暖替代比例和散煤减少比例表示清洁取暖替代项目的替代程度。通过单位户数污染物减排量和污染物减排比例表示清洁取暖替代项目的污染物减排绩效。

清洁取暖替代比例=替代户数/基数年用煤户数

散煤减少比例=替代户数×（户均散煤使用量/散煤使用总量）

单位户数污染物减排量=污染物减排量/替代户数

污染物减排比例=污染物减排量/基数年排放量

（6）燃煤锅炉项目

通过锅炉淘汰或改造的蒸吨数表示燃煤锅炉改造的实施成效。通过单位蒸吨数煤炭减少量、单位蒸吨数清洁能源增加量和单位蒸吨数用电增加量表示燃煤锅炉改造的效果。通过污染物的减排比例表示锅炉改造的减排绩效。

单位蒸吨数煤炭减少量=煤炭消费减少量/锅炉蒸吨数

单位蒸吨数清洁能源增加量=清洁能源使用量/锅炉蒸吨数

单位蒸吨数用电减少量=用电增加量/锅炉蒸吨数

污染物减排比例=污染物减少量/基数年污染物排放量

（7）工业炉窑项目

通过污染物减排比例表示工业炉窑改造项目的减排绩效。

污染物减排比例=污染物减少量/基数年污染物排放量

（8）老旧车船淘汰

通过污染物减排比例表示工业炉窑改造项目的减排绩效。

污染物减排比例=污染物减少量/基数年污染物排放量

（9）公转铁公转水项目

通过公转铁周转量占比、公转水周转量占比表示货运周转项目的转换情况。用污染物减排比例表示公转铁、公转水项目的污染物减排绩效。

公转铁周转量占比=公转铁周转量/基数货运年周转量

公转水周转量占比=公转水周转量/基数货运年周转量

污染物减排比例=污染物减排量/基数年排放量

（10）老旧非道路机械和船舶治理

通过发动机更换比例表示老旧非道路机械和船舶治理项目发动机升级的比例。通过污染物减排比例表示项目的污染物减排效果。

发动机更换比例=更换发动机数量/保有量

污染物减排比例=污染物减排量/基数年排放量

（11）油品储运销

通过油气回收变化率和VOCs减排量表示油品储运销改造的效果。

油气回收变化率=（改造后油气回收率－基数年油气回收率）/基数年油气回收率

9.3.1.4 区域污染物减排项目效果评估方法

（1）评分标准的确定

评分标准作为绩效评估的重要组成之一，是最终得到评估结果的关键依据。为了确保评估的有效性和实用性，本研究针对甘肃省水污染物减排项目和大气污染物减排项目的实际情况，制定评分标准。

本章节以甘肃省所有申报的“十四五”减排项目为评估范围，评估各减排项目的减排绩效。以“单位投资额COD减排强度”这一指标为例，单位投资额COD减排强度=减排项目实现的COD减排量/项目投资额，计算出水污染物减排项目的单位投资额COD减排量，对所有水污染物减排项目计算数值按照以下公式计算：

$$\text{单位投资额COD减排强度的评分}=(x-x_{min})/(x_{max}-x_{min})\times 40+60 \quad (9\text{-}32)$$

即所有预实施的减排项目，预期减排量大于0，即以60分为基准，减排量或其他减排成效越大，分数越高。

（2）减排项目效果评分核算与等级划分

1）减排项目效果评分估算与等级划分

分类评估分值是指通过加权计算，分别对准则层的各类重点工程下的各项重点工程的各项指标的值进行计算、评分，再进行平均，得到二级指标评估分值，计算公式：

$$P_t = \sum_{i=1}^{n} G_i / n \tag{9-33}$$

式中　P_t——二级指标评估分值；

G_i——减排项目的第 i 项指标值；

n——参与评估的同类型项目个数。

一级指标的评估分值的计算公式：

$$P_o = \sum_{j=1}^{m} P_{tj} \times W_j / \sum_{i=1}^{m} W_j \tag{9-34}$$

式中　P_o——一级级指标评估分值；

P_{tj}——第 j 项二级指标评估分值；

W_j——第 j 项二级指标的权重；

m——同一一级指标下的二级指标个数。

综合评估分值由各一级指标的得分加权计算得到：

$$P_c = \sum_{k=1}^{t} P_{ok} \times W_k / \sum_{k=1}^{t} W_k \tag{9-35}$$

式中　P_c——某类重点工程的评估分值；

P_{ok}——第 k 项一级指标评估分值；

W_k——第 k 项一级指标的权重；

t——同一准则层下的一级指标个数。

2）区域减排项目评分估算与等级划分

区域污染物减排项目的综合评估分值由该区域各准则层的各类减排项目的评估分值加权计算得到，用 KPI 表示，计算公式为：

$$KPI = \sum_{l=1}^{s} P_{cl} \times W_l / \sum_{l=1}^{s} W_l \tag{9-36}$$

式中　P_{cl}——第 l 类重点工程的评估分值；

W_l——第 l 类重点工程的权重；

s——重点工程类型的数量，l 的取值范围为 1,2,3,…,s。

因此，区域污染物减排项目的评估结果的登记划分结果见表 9-19。

表 9-19　综合评估结果等级划分

序号	评估分值范围	等级
1	$KPI \geqslant 90$	优秀
2	$80 \leqslant KPI < 90$	良好
3	$70 \leqslant KPI < 80$	中等
4	$60 \leqslant KPI < 70$	合格
5	$KPI < 60$	不合格

9.3.2 甘肃省“十四五”减排项目综合减排效果评估

9.3.2.1 水污染物减排项目综合减排效果评估

依据甘肃省“十四五”水污染物减排项目清单，结合白银市工业氨氮排放量全省最高，以及涉及“十四五”水污染物减排的各类项目较多，本研究以白银市为例进行水污染物减排项目综合减排效果评估。白银市“十四五”水污染物减排项目清单见附表14～附表17。白银市水污染物减排项目主要包括城镇生活污水收集和处理设施建设、再生水设施建设、工业深度治理和畜禽养殖粪污资源化利用四大方面，重点工程数量分别为11个、2个、4个和2个。根据区域污染物减排项目效果评估方法的评分规则，白银市不同类型的水污染物减排项目的各指标的评分结果见表9-20。

表9-20 白银市“十四五”水污染物减排项目综合减排效果评估结果

<table>
<tr><th rowspan="2">目标层</th><th rowspan="2">准则层</th><th colspan="4">指标层</th></tr>
<tr><th>一级指标</th><th>一级评分/分</th><th>二级指标</th><th>二级评分/分</th></tr>
<tr><td rowspan="19">白银市水污染物减排项目绩效评估</td><td rowspan="5">城镇生活污水收集和处理设施建设（25%）</td><td rowspan="2">投资与减排量（10%）</td><td rowspan="2">61</td><td>单位投资额COD减排强度（5%）</td><td>61</td></tr>
<tr><td>单位投资额氨氮减排强度（5%）</td><td>61</td></tr>
<tr><td>处理负荷（5%）</td><td>71</td><td>处理负荷占设计规模比例（5%）</td><td>71</td></tr>
<tr><td rowspan="2">污染物浓度变化（10%）</td><td rowspan="2">70</td><td>COD排放浓度差值（5%）</td><td>73</td></tr>
<tr><td>氨氮排放浓度差值（5%）</td><td>67</td></tr>
<tr><td rowspan="3">再生水设施建设（20%）</td><td rowspan="3">投资与减排量（20%）</td><td rowspan="3">72</td><td>单位投资额新增规模（6%）</td><td>72</td></tr>
<tr><td>单位投资额COD减排强度（7%）</td><td>72</td></tr>
<tr><td>单位投资额氨氮减排强度（7%）</td><td>72</td></tr>
<tr><td rowspan="7">工业深度治理（20%）</td><td>处理负荷（4%）</td><td>60</td><td>处理负荷占设计规模比例（4%）</td><td>60</td></tr>
<tr><td rowspan="4">污染物排放（12%）</td><td rowspan="4">74</td><td>COD排放浓度差值（3%）</td><td>62</td></tr>
<tr><td>氨氮排放浓度差值（3%）</td><td>65</td></tr>
<tr><td>COD减排量（3%）</td><td>85</td></tr>
<tr><td>氨氮减排量（3%）</td><td>85</td></tr>
<tr><td rowspan="2">管理情况（4%）</td><td rowspan="2">80</td><td>是否纳管（2%）</td><td>60</td></tr>
<tr><td>治理设施运行情况（2%）</td><td>100</td></tr>
<tr><td rowspan="4">畜禽养殖粪污资源化利用（20%）</td><td rowspan="4">粪污资源化减排情况（20%）</td><td rowspan="4">76</td><td>单位投资额COD减排强度（5%）</td><td>65</td></tr>
<tr><td>单位投资额氨氮减排强度（5%）</td><td>60</td></tr>
<tr><td>COD减排比例（5%）</td><td>96</td></tr>
<tr><td>氨氮减排比例（5%）</td><td>84</td></tr>
</table>

根据区域污染物减排项目的综合绩效计算方法和分级，白银市“十四五”水污染物减排项目的综合绩效如表9-21所列。白银市城镇生活污水收集和处理设施建设项目的得分为67分，为合格水平；再生水设施建设项目和工业深度治理项目的得分均为72分，处于中等水平；畜禽养殖粪污资源化利用项目的得分为76分，也处于中等水平。根据区域综合评估绩效*KPI*的计算公式，白银市“十四五”水污染物减排项目的综合得分为71

分，为中等水平，但有较大的提升空间。一方面，可以考虑增加其他减排工程和产业结构升级的项目；另一方面，针对现有的水污染物减排项目，需要提高水污染物减排项目的综合绩效，特别是“十四五”期间，白银市还需提升城镇生活污水收集和处理设施建设的重点工程的综合减排效果，尤其是提高单位投资额的污染物减排强度（包括单位投资额COD减排强度和单位投资额氨氮减排强度），以及氨氮的排放浓度差值。

表9-21 白银市“十四五”水污染物减排项目综合减排效果评估结果

目标层	准则层	分值/分
白银市水污染物减排项目绩效评估 *KPI*=71分	城镇生活污水收集和处理设施建设（25%）	67
	再生水设施建设（20%）	72
	工业深度治理（20%）	72
	畜禽养殖粪污资源化利用（20%）	76

9.3.2.2 大气污染物减排项目综合减排效果评估

2020年，兰州市大气污染物二氧化硫、氮氧化物和VOCs排放量占全省排放量的18%、20%和24%，是甘肃省大气污染排放最重要的地市。因此，根据大气污染物减排项目效果评价指标体系和重点地区重点工程综合减排效果评估方法，选择兰州市作为大气污染物减排项目评估的典型地区，进行大气污染物减排项目效果评估实证研究。兰州市“十四五”大气污染物减排项目清单见附表15～附表23。

兰州市申报“十四五”大气减排项目中共包括8个大类29个（类）项目，具体为产业结构升级类项目6个，VOCs源头替代项目8个，工业VOCs深度治理类项目7个，工业NO_x治理类项目3个，清洁取暖类项目1项，燃煤锅炉类项目2类，老旧车船淘汰项目1类，油品储运销项目1类。根据评分规则，核算“十四五”兰州市通过落实各项大气污染减排项目，实现的减排效果见表9-22。

兰州市涉及8个大类大气污染减排项目，其中产业结构升级类项目减排效果评分为83.5分，VOCs源头替代项目减排效果评分为63分，工业VOCs深度治理类项目减排效果评分为77分，工业NO_x治理类项目减排效果评分为81分，清洁取暖类项目减排效果评分为72分，燃煤锅炉类项目减排效果评分为68分，老旧车船淘汰项目减排效果评分为100分，油品储运销项目评分为100分。兰州市各类减排项目平均减排效果评分为79分，核算兰州市大气污染重点减排工程的综合评估分值*KPI*为83.5分，属于良好水平，是甘肃省大气污染减排项目效果最为突出的城市。

其中，老旧车船淘汰和油品储运销两类项目，兰州市减排效果得满分，主要由于兰州市的车辆保有量全省最高，淘汰更换的总量最高，使污染物减排量全省最大，减排效果最优。另外，油品储运销类项目仅有兰州市申报了项目，因此减排效果也是全省最优。

其次，工业NO_x治理类项目兰州市减排效果81分，处于良好水平。其中改造产能占比，兰州市3项改造项目产能100%全部改造。但在NO_x减排量方面，兰州市有2个项

表9-22　兰州市“十四五”大气污染物减排项目综合减排效果评估指标体系

目标层	准则层	准则层分值/分	指标层			
			一级指标	一级指标分值/分	二级指标	二级指标分值/分
兰州市大气污染物减排项目综合减排效果 KPI=83.5分	产业结构升级（10%）	71	单位产能减排量（10%）	71	单位产能NO_x减排量（5%）	74
					单位产能VOCs减排量（5%）	67
	VOCs源头替代（10%）	63	原料使用情况（6%）	58	替代前后VOCs含量降低比例（3%）	75
					原料用量变化率（3%）	42
			VOCs减排量（4%）	69	VOCs减排量（4%）	69
	工业VOCs深度治理（10%）	77	减排情况（8%）	73	VOCs减排量（4%）	63
					VOCs减排比例（4%）	82
			治理设施运行情况（2%）	92	治理设施运行情况（2%）	92
	工业NO_x治理（10%）	81	改造产能占比（3%）	1	改造产能占比（3%）	1
			NO_x减排量（5%）	66	NO_x减排比例（2.5%）	39
					NO_x排放强度变化率（2.5%）	92
			治理设施运行情况（2%）	92	治理设施运行情况（2%）	92
	清洁取暖项目（15%）	72	用煤情况（5%）	65	清洁取暖替代比例（5%）	65
			减排情况（10%）	76	单位户数NO_x减排量（2%）	91
					NO_x减排比例（3%）	66
					单位户数VOCs减排量（2%）	65
					VOCs减排比例（3%）	97
	燃煤锅炉项目（10%）	76	锅炉淘汰或改造蒸吨数（2%）	75	锅炉淘汰或改造蒸吨数（2%）	75
			单位蒸吨数煤炭减少量（2%）	73	单位蒸吨数煤炭减少量（2%）	73
			单位蒸吨数清洁能源增加量（1%）	100	单位蒸吨数清洁能源增加量（1%）	100
			单位蒸吨数用电增加量（1%）	0	单位蒸吨数用电增加量（1%）	0
			减排情况（4%）	72	NO_x减排比例（2%）	95
					VOCs减排比例（2%）	50

续表

目标层	准则层	准则层分值/分	指标层			
			一级指标	一级指标分值/分	二级指标	二级指标分值/分
兰州市大气污染物减排项目综合减排效果 KPI=83.5分	工业炉窑项目（5%）	0	减排情况（5%）	0	NO_x减排比例（2.5%）	0
					VOCs减排比例（2.5%）	0
	老旧车船淘汰（15%）	100	减排情况（15%）	100	NO_x减排比例（7.5%）	100
					VOCs减排比例（7.5%）	100
	公转铁公转水项目（5%）	0	货运周转量（2.5%）	0	公转铁周转量占比（1.25%）	0
					公转水周转量占比（1.25%）	0
			减排情况（2.5%）	0	NO_x减排比例（1.25%）	0
					VOCs减排比例（1.25%）	0
	老旧非道路机械和船舶治理（5%）	0	发动机更换比例（2%）	0	发动机更换比例（2%）	0
			减排情况（3%）	0	NO_x减排量比例（1.5%）	0
					VOCs减排量比例（1.5%）	0
	油品储运销（5%）	100	油气回收情况（2.5%）	100	油气回收率变化率（2.5%）	100
			VOCs减排量（2.5%）		VOCs减排量（2.5%）	100

目，NO_x减排量不高，在全省排名靠后，可能与减排空间逐渐减小有关。但3个项目的NO_x减排强度变化率均较为显著，且治理设施运行效率为92%，因此兰州市工业NO_x治理类项目整体分数较高。

产业结构升级类项目、工业VOCs深度治理类项目、清洁取暖项目和燃煤锅炉项目减排效果评分分别为71分、77分、72分和76分，均为合格。其中产业结构升级类项目，兰州市单位产能VOCs减排量和工业VOCs深度治理类项目，兰州市VOCs减排量，两项指标有进一步提升空间。清洁取暖类项目，替代户数占比在全省中排名靠后，有能力可进一步提升。

VOCs源头替代类项目减排效果评分为63分，其中部分项目可实现VOCs浓度降低的同时，原料使用量也降低。未能实现原料使用量减少的项目可进一步优化使用量和VOCs含量的配比，进一步提升减排成效。

综上所述：

① 本小节依据甘肃省“十四五”水/大气污染物减排项目清单，根据不同类型减排工程特点及数据可得性，遵循目的性、代表性、独立性和可行性的原则，分别针对甘肃省“十四五”水污染物减排项目和大气污染物减排项目建立了水污染物减排项目综合减排效果评价指标体系和大气污染物减排项目综合减排效果评价指标体系，分别包含4类19项指标和11类35项指标。分别以白银市作为水污染物减排项目综合减排效果评估的案例区、以兰州市作为大气污染物减排项目综合减排效果评估的案例区进行减排项目综合减排效果评估。

② 白银市的水污染物减排项目的综合减排效果达到中等水平，且可以考虑增加其他减排工程和产业结构升级的项目，同时提升城镇生活污水收集和处理设施建设的重点工程的综合减排效果，尤其是提高单位投资额的污染物减排强度和氨氮的排放浓度差值。

③ 兰州市的大气污染物减排项目的综合减排效果也达到良好水平。其中在移动源老旧车船淘汰、油气回收等方面处于全省领先水平。进一步加强VOCs原料替代类项目原料使用量的优化，促进VOCs含量和原料使用量双降低。工业NO_x治理类项目，进一步提升NO_x排放量减排力度。此外由于兰州市是全省VOCs排放最大的地区，应进一步强化落实兰州市VOCs减排项目及减排量，提升VOCs管控能力和减排效果。

9.4 甘肃省“十四五”污染减排技术路径优化建议

本研究针对“十三五”甘肃省污染排放和总量减排项目实施情况，开展回顾性分析评估；结合工业重点行业生产过程主要因素对比分析，建立潜力分析模型，开展重点地区、行业污染物减排潜力分析；建立“十四五”污染物减排项目综合效果评估方法，对兰州和白银市开展总量减排项目效果评估。结合以上研究成果提出甘肃省“十四五”污染减排路径优化建议。

（1）把握总量减排变化新趋势

主要污染物排放总量控制是我国一项重要环境管理制度，“十一五”以来，总量减排指标作为约束性考核要求，对于加快各地产业结构调整，提升污染治理设施建设能力，促进环境质量持续改善，起到了十分重要的推动作用。“十三五”以来，总量减排从管控污染物总量向改善环境质量转变。通过对甘肃省“十三五”总量减排绩效回顾性分析，全省总量减排绩效持续提升，环境质量各项指标持续改善，处于总量减排与环境质量改善协同提升阶段。但随着总量减排空间逐渐压缩，一贯减排的重点工作潜力逐渐降低，要把握总量减排转变的“新”方向和趋势，面向减排的重点和难点任务，从重点工业点源严格管控向农业、生活面源加强管控转变；从以兰州、白银等重点城市减排为主，向挖掘全省各级地市各类重点工作重点工程减排潜力转变；从传统化学需氧量、氨氮、二氧化硫、氮氧化物四种污染物向挥发性有机物、重金属、氨等“新”型危害大的污染物管控转变。逐步推进，全面落实，促进甘肃省全面提升污染治理能力，促使总量减排项目成为推进环境质量改善的重要工具。

（2）加强农业源、生活源减排项目实施

甘肃省废水污染物化学需氧量82%来自农业源，17%来自生活源；氨氮45%来自农业源，51%来自生活源。因此农业源和生活源是甘肃省水污染物排放的主要来源。“十四五”水污染物减排项目中，畜禽养殖类改造项目共计25项，COD减排量仅为全省所有减排项目COD减排总量的4.5%。应进一步加大规模化以及规下的畜禽养殖场的规范化管理，提升污染治理水平，降低污染排放量。同时生活污水收集和集中处理设施建设项目是减排效果最突出的项目，“十四五”减排项目清单中有105项涉及污水集中处理设施项目，有82项提标改造之后达到污水处理标准一级B的要求，仍有进步提升的空间。同时集中污水处理设施运行负荷水平较低，在提升处理能力的同时要同步加强废水收集范围和覆盖度，提高废水纳管率，切实提升污水处理厂的处理效率，降低生活源污染排放量。

（3）工业源更加注重VOCs、NO_x管控

大气污染物仍以工业源排放为主。“十四五”主要污染物总量减排目标中，将二氧化硫替换为挥发性有机物（VOCs）开展总量考核。VOCs是细颗粒物和臭氧污染的重要前体物，它比二氧化硫排放的来源更多、更分散、收集难度更大，减排压力也更大。目前“十四五”大气减排项目清单中包含“含VOCs产品源头替代工程”10项，VOCs减排量占所有大气减排项目VOCs减排量的17.8%。原料替代是减排VOCs最有效的办法，此类项目应进一步加强，有效提升VOCs减排量。另外“工业VOCs治理项目”普遍采

用集气罩收集+活性炭吸附，或采用活性炭吸附+光氧等治理技术，这两种技术应用最为普遍，但对VOCs减排效果，很大程度取决于废气收集效率以及日常规范化更换活性炭操作等，预期减排量与实际减排效果往往存在较大差距。建议技术升级的同时要做好技术应用的培训和定期运行情况检查，保障治理技术的实施效果。另外，车船和油品清洁化工程类项目中的老旧非道路移动机械和船舶深度治理类项目和公转铁、公转水项目没有申报相关项目。对于传统冶炼、煤化工、钢铁等产业集群、集聚区，非道路移动机械深度治理和公转铁类项目将大幅降低移动源油品消耗和污染排放，建议补充增加。

（4）基于潜力分析提出COD减排建议

工业行业中，淀粉及淀粉制品制造行业（1391）、酒精制造行业（1511）和白酒制造行业（1512）的COD减排潜力较大，特别是行业1391，是甘肃省COD减排的重点行业，末端治理水平亟待提升，如渭源县金蛋蛋马铃薯产业有限责任公司减排潜力较大，建议将沉淀分离升级为物理处理法+厌氧生物处理法+好氧生物处理法或物理处理法+厌氧生物处理法，或者通过其他方法（汁水还田等）进行处理。另外，行业1511和1512都是酒类制造行业，需要重点加强末端治理技术的升级，尤其临泽县的甘肃雪润生化有限公司，建议将直排升级为化学混凝+好氧生物处理法/生物接触氧化法。民乐县的甘肃滨河食品工业（集团）有限责任公司建议将物理处理法升级为化学混凝+好氧生物处理法/生物接触氧化法，通过末端治理技术的提升可有效实现COD减排。

（5）基于潜力分析提出VOCs减排建议

甘肃省VOCs排放的重点行业减排潜力也都集中在末端治理技术提升方面，通过末端治理技术改造可实现较为显著的减排成效。例如，焦炭生产和钢压延加工行业（3130）的减排对甘肃省VOCs防控的贡献量最大，需要特别关注位于嘉峪关市的甘肃酒钢集团宏兴钢铁股份有限公司的末端治理技术水平升级。炼焦行业（2521）在金塔县和玉门市的两家炼焦企业需要重点提升末端治理技术。城关区、西固区、榆中县和秦川园区的涂料制造行业（2641）企业需特别加强末端治理技术的改造升级。塑料薄膜制造行业（2921）需特别加强西固区、榆中县、秦安县的末端治理技术改造升级。氮肥制造行业（2621）需特别加强中国石油天然气股份有限公司兰州石化分公司化肥厂邻、对二氯苯和聚醚多元醇生产过程的末端治理。塑料板、管、型材制造行业（2922）需加强永登县、民乐县和临洮县的末端治理技术的改造升级。

第10章 总结与展望

- 总结
- 展望

10.1 总结

面对“双碳”背景下工业行业全过程污染控制的关键问题，本书针对工业生产过程中的污染物产生排放特征，基于自上而下和自下而上相结合的方法，探讨了区域/行业生产全过程的污染物控制途径和策略，并结合工业污染防治和管理工作中的实际需求以及现有的统计数据结构，开展工业行业污染减排潜力分析与技术评估，具有一定的理论和实用价值。

（1）建立工业行业全过程协同减排潜力评估SPECM模型

针对我国工业门类众多、产品繁多、工艺和产排污特征复杂的状况，急需形成一套广泛适用于工艺过程、企业、区域等不同对象的污染减排潜力评估和测算方法，本书基于多目标优化，构建了源头-过程-末端协同减排潜力评估模型（SPECM）。其中，优化目标包括污染物减排量、减排成本和碳减排量，约束条件包含减排需求、技术和工艺升级、成本控制等。相比已有的方法，SPECM实现了源头、过程、末端过程中不同要素、污染物、减排成本和减碳量的协同，补充和丰富了污染减排潜力测算方法。此外，该方法充分利用了长期未得到有效利用的环境统计数据，使大量的环境数据被激活。该模型实现了以下两个方面的创新：

① 面向工业污染减排对稳定性和可持续性的要求，通过对工业行业关键产排污过程的识别，厘清工业生产全过程的生产要素与产排污的协同关系，提出工业行业从原料、生产工艺到末端治理的全过程协同的减排潜力评估方法。

② 提出工业污染减排“双协同”——工业减排全过程的协同，以及减排过程中的污染物减排、成本效益和碳减排的协同，建立了全过程综合评估系统。研究发现，“双协同”下，包装印刷行业VOCs减排过程的碳排放至少减少70%。

（2）行业全过程污染减排潜力分析

本书应用SPECM模型在包装印刷行业完成了试点研究，分析了行业VOCs产排污的特征及需要重点管控的生产环节，提出了技术、碳减排、成本-效益均可行的多目标控制策略。该分析模式可在其他溶剂使用型行业得到快速应用，可以快速筛选出行业重点控制环节及优选控制策略，为行业污染物从原料、生产工艺到末端治理的全过程控制提供科学的方法。

本书介绍了团队开发的适合制糖工业行业特点的“制糖工业节能与水污染物减排潜力（sugar industry energy and wastewater pollutant reduction potential，SIEWPRP）”评估分析模型。全面分析了当前我国制糖工业生产工况、技术结构以及能耗和产排污现状，基于污染防治技术模拟的行业技术系统，研究了制糖工业中远期的节能减排潜力、废水及其水污染物的产排水平和综合能耗强度以及污染物减排的不确定性等问题。该分析模式可在其他流程型行业中迅速应用，可为行业节能减排策略的制定提供技术支撑。

（3）区域/流域工业源污染物全过程减排潜力分析

本书介绍了团队开发的流域清洁生产潜力分析的系统动力学模型（system dynamics model of basin cleaner production potential, SDM-BCPP），并对辽河流域的清洁生产潜力进行了分析。识别了辽河流域的重点污染物、污染的主要原因和需要重点控制的行业。根据不同行业的清洁生产水平分级，估算了不同行业的清洁生产减排潜力及需要重点管控的方向，明确了重点水污染行业源头减量和过程控制技术路线。该分析方法可为其他流域工业污染物的防治和清洁生产减排方案的制定提供技术支撑。

本书应用SPECM模型在甘肃省、南阳市和佛山市顺德区等地完成了区域工业行业污染物减排潜力研究，分析了各区域的主要污染控制行业、重点产排污环节以及全过程污染控制策略。该方法可在其他区域的工业污染源管理和工业污染物防治中迅速扩展应用，可为不同污染物的协同控制，以及不同行业污染减排目标的制定提供方法参考，也可为地方政府、企业提供优选的污染防控控制方案。

10.2 展望

（1）“双碳”背景下的工业污染物全过程协同防治

工业是污染物排放和温室气体排放的主要部门之一，工业污染物的治理常伴随着能源的消耗和温室气体的大量排放，“双碳”目标对工业污染物的防治和管控提出了新的挑战。未来工业污染防治技术研究和决策制定时，既要考虑污染物的减排效果，又要考虑到减排过程中的碳排放变化。因此，需要更加精准地识别工业生产过程中，以及减排技术和方案实施过程中的污染物产生排放量的变化和温室气体排放量的变化，同时将污染减排从原材料替代、过程优化和末端治理进一步推广到数字化生产、智慧化管理等方面，更系统全面地优化防控策略。

（2）跨行业协同控制问题

本书的工业行业全过程协同减排主要解决特定行业生产过程的全过程协同控制和多目标优化，初探了区域工业行业协同减排目标的优化，尚未考虑到行业间的能量和物质的流动，未考虑到存在共生关联的行业在生产过程中的污染物减排应该采取什么样的协同控制措施。实际上，受产业共生系统内物质和能量流动的影响，某一个行业的污染物减排措施可能一定程度地影响其他行业的污染物产生排放情况。摸清区域内产业共生系统内在的生产关系、污染物产生排放特征及系统内污染物减排的响应传递关系，整合区域污染减排技术和措施，有助于制定更精准、更符合当地产业实际生产情况的污染防治策略。

(3) 跨区域协同控制问题

本书的工业行业全过程协同减排潜力分析方法仅考虑了一定范围尺度内各工业行业的污染物产生排放情况及其重点控制环节和控制方案，未考虑空间尺度的差异性及协同控制问题。区域间的产业结构、主要控制污染物、经济发展水平、资源禀赋、环境容量和环境管理水平等因素具有显著的差异性，同时受大气传输的影响，某个区域的污染控制措施又直接或间接地影响其他区域的环境质量，不利于全国污染防治政策的制定和区域间污染物协同治理策略的实施。探索区域间污染协同治理的联防联动机制，厘清区域间的污染物流动和传递关系，对区域环境质量改善、工业绿色转型和低碳发展具有重要意义。

(4) 工业行业污染减排数字化管理

随着数字化工业的不断发展，工业行业污染防治和减排措施不应局限在本书研究的源头替代、过程优化和末端治理升级，还应包括数字化生产、智慧化管理等方面的数据挖掘和优化。其中，数字化生产设计和调度生产原料和物质的流动，详细记录和描述各个独特生产过程的加工参数和污染物产排特征，提高资源和能源的利用效率。智慧化管理通过对企业的智慧资源，包括管理者、高级技术人员、组织结构、产业链适应性资源和品牌价值等进行系统化管理，实现企业智慧化的战略决策管理和控制，提高整个企业的工作效率和价值转化。通过对这些信息的整理和挖掘，实现工业污染减排的精准模拟和控制。

附录

附表1　水性原料替代成本

减排技术	单价差值/(元/kg)
水性油墨替代	10
无醇润版液替代	20～25
水性油墨清洗剂替代	5
水性光油替代	5～10
水性涂布液替代	3
水性或无溶剂胶黏剂替代	3～5

附表2　减排技术的成本和效益

技术	平均成本	效益	
IR干燥	4万元/台	能耗/（kW·h）	0.0083
热风干燥	0.7万元/台		0.0238
微波干燥	5万元/台		0.0067
橡皮布自动清洗	30万元/台	每年每台设备节省3.2万元	
集中供墨技术	1.6万～3.7万元/ (20～200kg)	溶剂消耗降低2/3，并节省油墨17%	
CTP系统	25万～50万元/套	高效、低污染强度	
全密闭或增加遮挡板/帘	可忽略	当收集效率超过90%时，所需控制风量分别为160m^3/h（密闭）和320m^3/h（半密闭）	
减风增浓技术	设备折旧费12.5万元/a	总排风量：6000～12000m^3/h；整体能耗降低2.6万元/（月·台）	
燃烧技术	10万元，10000m^3/h 0.4～1.2元，1000m^3/h	VOC去除效率	90%

附表3　兰州市P&P行业VOCs减排潜力影响因素的敏感性

减排途径	减排潜力影响因素	敏感性/%
源头减排	溶剂型平版油墨	55.42
过程减排潜力系数		23.42
源头减排潜力系数		19.43
过程减排	溶剂型平版油墨	0.63
其他		1.11

附表4　兰州市P&P行业成本-效益影响因素的敏感性

减排途径	成本-效益潜力影响因素	敏感性/%
源头减排	溶剂型平版油墨	72.78
源头减排潜力系数		21.84
过程减排潜力系数		3.06
末端减排潜力系数		1.21
其他		1.11

附表5　兰州市P&P行业碳排放影响因素的敏感性

减排途径	碳减排影响因素	敏感性/%
末端减排潜力系数		89.82
源头减排	溶剂型平版油墨	2.96
过程减排潜力系数		2.21
源头减排潜力系数		2.07
末端减排	溶剂型平版油墨	0.97
源头减排	油墨清洗剂(溶剂型)	0.91
其他		1.07

附表6　佛山市顺德区P&P行业VOCs减排潜力影响因素的敏感性

减排路径	减排潜力影响因素	敏感性/%
源头减排潜力系数		59.16
源头减排	稀释剂	17.04
源头减排	溶剂型凹版油墨	7.01
末端减排	稀释剂-外部集气罩-其他（活性炭法）	3.39
末端减排	稀释剂-全部密闭-低温等离子体	3.08
末端减排	溶剂型凹版油墨-全部密闭-低温等离子体	1.84
源头减排	溶剂型平版油墨	1.69
其他		6.79

附表7　佛山市顺德区P&P行业成本－效益影响因素的敏感性

减排路径	成本－效益影响因素	敏感性/%
源头减排潜力系数		31.38
末端减排	稀释剂-外部集气罩-其他（活性炭法）	16.83
末端减排	稀释剂-全部密闭-低温等离子体	14.11
源头减排	溶剂型凹版油墨	9.59
末端减排	溶剂型凹版油墨-全部密闭-低温等离子体	8.63
源头减排	溶剂型平版油墨	3.68
过程减排	油墨清洗剂(溶剂型)	1.55
末端减排	溶剂型凹版油墨-外部集气罩-其他（活性炭法）	1.31
过程减排	溶剂型凹版油墨	1.18
过程减排	水性平版油墨	1.06
源头减排	润版液(普通型)	0.87
末端减排	溶剂型平版油墨-外部集气罩-低温等离子体	0.81
末端减排	溶剂型平版油墨	0.62
末端减排	油墨清洗剂(溶剂型)-外部集气罩-低温等离子体	0.54
末端减排	水性凹版油墨-全部密闭-低温等离子体	0.53
其他		7.32

附表8 佛山市顺德区P&P行业碳排放影响因素的敏感性

减排路径	碳减排影响因素	敏感性/%
源头减排潜力系数		60.23
过程减排	油墨清洗剂(溶剂型)	10.62
末端减排	稀释剂-外部集气罩-其他（活性炭法）	8.99
末端减排	稀释剂-全部密闭-低温等离子体	7.33
末端减排	溶剂型凹版油墨-全部密闭-低温等离子体	4.06
末端减排	溶剂型凹版油墨-外部集气罩-其他（活性炭法）	0.76
末端减排	油墨清洗剂(水性)-平版印刷	0.67
末端减排	溶剂型平版油墨-外部集气罩-低温等离子体	0.50
其他		6.84

附表9 深圳市P&P行业VOCs减排潜力影响因素的敏感性

减排路径	减排潜力影响因素	敏感性/%
源头减排	溶剂型平版油墨	38.87
源头减排潜力系数		31.61
源头减排	稀释剂	13.73
过程减排潜力系数		4.67
源头减排	油墨清洗剂(溶剂型)-平版印刷	4.01
末端减排潜力系数		3.86
其他		3.26

附表10 深圳市P&P行业成本–效益影响因素的敏感性

减排路径	成本效益影响因素	敏感性/%
源头减排	溶剂型平版油墨	56.37
末端减排潜力系数		30.43
源头减排潜力系数		8.49
源头减排	上光油(溶剂型)	1.01
源头减排	溶剂型孔版油墨	0.37
其他		3.33

附表11 深圳市P&P行业碳排放影响因素的敏感性

减排路径	碳减排影响因素	敏感性/%
末端减排潜力系数		96.11
源头减排	油墨清洗剂(溶剂型)-平版印刷	0.39
末端减排	溶剂型平版油墨	0.21
其他		3.29

附表12 内蒙古自治区P&P行业全过程减排影响因素的敏感性

项目	影响因素	敏感性/%
减排潜力	过程减排潜力系数	73.52
	源头减排潜力系数	20.97
	末端减排潜力系数	4.60
	其他	0.90
成本-效益	过程减排潜力系数	98.91
	其他	1.09
碳减排	过程减排潜力系数	76.30
	末端减排潜力系数	22.80
其他		0.90

附表13 主要减排行业的末端治理情况 单位：%

行业	污染物处理工艺	企业数量占比	排放量占比	实际去除率
2110	—	11.60	2.52	0.00
	低温等离子体	58.36	61.41	6.62
	光解	14.60	17.87	4.74
	其他（活性炭吸附）	0.05	0.00	16.80
	其他（抛弃式活性炭吸附）	15.35	18.20	3.83
	外部集气罩-低温等离子体	0.05	0.00	12.80
2190	—	93.80	56.46	0.00
	低温等离子体	5.24	39.49	7.56
	光解	0.79	2.79	4.05
	其他（抛弃式活性炭吸附）	0.16	1.26	4.62
2319	—	23.40	10.56	0.00
	低温等离子体	0.88	0.53	15.87
	低温等离子体+其他（活性炭吸附）	0.22	3.80	24.00
	光催化	0.11	0.32	9.60
	光催化+其他（活性炭吸附）	0.11	0.02	24.00
	光解	0.22	0.33	11.73
	全部密闭-低温等离子体	9.05	29.02	36.65
	全部密闭-光催化	0.11	0.02	16.00
	全部密闭-光解	2.10	3.18	15.96
	全部密闭-其他（活性炭法）	1.32	0.80	13.94
	外部集气罩-催化燃烧法	0.11	0.81	34.00
	外部集气罩-低温等离子体	21.74	12.64	13.34

续表

行业	污染物处理工艺	企业数量占比	排放量占比	实际去除率
2319	外部集气罩-光催化	1.99	0.75	6.15
	外部集气罩-光解	31.90	5.95	6.56
	外部集气罩-其他（沸石转轮吸附法）	0.11	0.04	11.20
	外部集气罩-其他（活性炭法）	6.51	31.25	6.00
	外部集气罩-吸附/催化燃烧法	0.11	0.00	27.20
2641	—	26.20	37.59	0.00
	低温等离子体	7.42	14.54	16.05
	光催化	0.87	0.48	20.80
	光解	44.54	47.39	23.54
	生物接触氧化法	18.34	0.00	61.70
	厌氧水解类	2.62	0.00	86.51
2921	—	35.61	17.52	0.00
	低温等离子体	21.59	9.15	16.13
	低温等离子体+其他（活性炭吸附）	1.14	2.86	24.00
	光催化	0.38	0.24	12.00
	光催化+低温等离子体	27.65	22.43	21.00
	光催化+其他（活性炭吸附）	1.52	15.07	24.00
	光解	1.89	1.03	12.00
	全部密闭-低温等离子体	1.52	0.22	37.00
	外部集气罩-低温等离子体	5.30	12.61	12.81
	外部集气罩-光催化	0.38	0.07	7.00
	外部集气罩-光解	0.76	0.30	7.00
	外部集气罩-其他（活性炭法）	2.27	18.48	6.00
2922	—	34.17	60.81	0.00
	低温等离子体	23.75	1.65	16.63
	低温等离子体+其他（活性炭吸附）	3.75	0.47	24.00
	光催化	25.00	0.87	12.00
	光催化+低温等离子体	6.67	36.02	21.00
	光催化+其他（活性炭吸附）	0.83	0.04	24.00

续表

行业	污染物处理工艺	企业数量占比	排放量占比	实际去除率
2922	光解	1.67	0.05	12.00
	其他（活性炭吸附）	0.42	0.01	21.00
	外部集气罩-低温等离子体	0.83	0.00	16.00
	外部集气罩-光催化	0.42	0.02	7.00
	外部集气罩-光解	2.08	0.04	7.00
	外部集气罩-其他（活性炭法）	0.42	0.02	6.00
2924	—	58.67	1.61	0.00
	低温等离子体	14.67	10.11	17.00
	低温等离子体+其他（活性炭吸附）	6.67	35.41	24.00
	光催化+低温等离子体	17.33	51.73	21.00
	光解	1.33	0.83	12.00
	其他（活性炭吸附）	1.33	0.30	21.00
2925	低温等离子体	100.00	100.00	17.00
2929	—	29.85	20.63	0.00
	低温等离子体	52.52	31.32	16.92
	低温等离子体+其他（活性炭吸附）	1.99	25.70	24.00
	光催化	0.14	0.01	12.00
	光催化+低温等离子体	13.65	21.11	21.00
	光催化+其他（活性炭吸附）	0.14	0.01	24.00
	光解	0.78	0.28	10.03
	其他（活性炭吸附）	0.21	0.77	18.53
	外部集气罩-低温等离子体	0.28	0.01	16.00
	外部集气罩-光解	0.21	0.00	5.89
	外部集气罩-其他（活性炭法）	0.21	0.17	6.00
3399	—	48.84	4.03	0.00
	低温等离子体	30.23	3.56	7.27
	光解	17.44	2.31	7.29
	其他（吸附法）	3.49	90.10	18.00

附表14　白银市“十四五”水污染物减排项目城镇生活污水收集和处理设施建设清单

污水处理厂	设施处理工艺	项目投资/万元	项目类型	总处理水量/（万吨/d）		设计处理规模/（万吨/d）	平均进水COD浓度/（mg/L）		平均进水氨氮浓度/（mg/L）		平均出水COD浓度/（mg/L）		平均出水氨氮浓度/（mg/L）		预计减排量/（t/a）	
				原来	完成后		原来	完成后	原来	完成后	原来	完成后	原来	完成后	COD	氨氮
A1	A2O	22000	①城镇生活污水处理能力提升	1.00	1.20	2.00	386.00	386.00	37.00	37.00	32.11	50.00	1.74	5	179.98	11.46
A2	A/O	11000		4.00	4.20	6.00	400.00	400.00	50.00	50.00	60.00	60.00	8.00	8	248.20	30.66
A3	A2O+MBR	500			0.00	0.02		373.00		44.50		50.00		8	0.00	0.00
A4	AO+MBR	500			0.00	0.02		373.00		44.50		50.00		8	0.00	0.00
A5	AO+MBR	500				0.25		373.00		44.50		50.00		8	0.00	0.00
A6	A2O+MBR	500			0.00	0.02		373.00		44.50		50.00		8	0.00	0.00
A7	AO+MBR	500			0.00	0.02		373.00		44.50		50.00		8	0.00	0.00
A8	AO+MBR	500			0.00	0.02		373.00		44.50		50.00		8	0.00	0.00
A9	AO+MBR	500						373.00		44.50		50.00		8	0.00	0.00
A10	A/O	13980	②污水处理厂提标改造	0.80	0.80	0.80	400.00	400.00	50.00	50.00	26.22	26.22	1.27	1.27	0.00	0.00
A11	改良型氧化沟	5900		1.00	1.00	1.00	400.00	400.00	50.00	50.00	32.56	32.56	1.20	1.20	0.00	0.00

附表15　白银市“十四五”水污染物减排项目再生水设施建设清单

再生水设施名称	设施处理工艺	项目投资/万元	再生水利用途径	新增规模/（万吨/d）	进水口浓度/（mg/L）		预计减排量/（t/a）	
					COD	氨氮	COD	氨氮
B1	活性污泥法	3648.42	道路清扫消防、城市绿化及观赏性景观用水（水景类）	0.80	26.20	1.54	76.50	4.50
B2	曝气生物滤池处理工艺	11996.32	道路浇洒和绿化用水	0.40	35.00	2.49	51.10	3.64

附表16　白银市“十四五”水污染物减排项目工业深度治理项目清单

企业名称	主体处理工艺	设计处理规模/（万吨/d）	治理前年均排放浓度/（mg/L）	治理后年均排放浓度/（mg/L）	预计2025年实际处理水量/（万吨/d）	预计减排量/（t/a）		备注
						COD	氨氮	
D1	臭氧氧化	2.2		COD：50mg/L；氨氮：5（8）mg/L	0.22	259.37	17.67	进口浓度COD 373mg/L，氨氮 27mg/L（环统均值）
D2	除磷脱氮	1		COD：50mg/L；氨氮：5（8）mg/L	0.1	117.90	8.03	进口浓度COD 373mg/L，氨氮 27mg/L（环统均值）
D3	氧化沟	3.5		COD：50mg/L；氨氮：5（8）mg/L	0.35	412.63	28.11	进口浓度COD 373mg/L，氨氮 27mg/L（环统均值）
D4	氧化沟	2		COD：50mg/L；氨氮：5（8）mg/L	0.2	235.79	16.06	进口浓度COD 373mg/L，氨氮 27mg/L（环统均值）

附表17　白银市“十四五”水污染物减排项目畜禽粪污资源化利用项目清单

畜禽养殖企业（公司/小区）名称	养殖种类	养殖规模/（只/头）	项目投资/万元	预计2025年污染物产生量/t		污染物减排途径及COD减排量/（t/a）		污染物减排途径及氨氮减排量/（t/a）		备注
				COD	氨氮	养殖方式	干清粪	养殖方式	干清粪	
E1	奶牛	950	476.46	1011.75	2.71	舍饲	52.11	舍饲	0.63	厌氧好氧处理后循环利用
E2	肉牛	900	303	640.80	2.27	舍饲	34.92	舍饲	0.57	

附表18　兰州市“十四五”大气污染物减排项目产业结构升级项目清单

企业名称	淘汰生产线或设备名称	淘汰产能	基数年排放量/t		预计减排量/t		备注
			NO_x	VOCs	NO_x	VOCs	
A1	3×6300kV·A特种合金电炉	2万吨	62.20	20.00	62.20	20.00	2019年环统氮氧化物1672.9102t，无VOCs数据。二污普653.3748t，VOCs7.56531t。淘汰铁合金产能采用产排污系数法计算：系数X产量。二污普NO_x系数：3.11kg/t。VOC系数参考环统铁合金产污系数：0.1g/kg
A2	1×6300kV·A特种合金矿热炉	0.4万吨	7.78	0.00	7.78	0.00	2019年环统无氮氧化物、VOCs数据；二污普7.775t，VOCs 0t;基数年采用普查数据
A3	3×6300kV·A特种合金电炉	1.8万吨	34.86	0.07	34.86	0.07	2019年环统无氮氧化物、VOCs数据;二污普34.856t，VOCs0.069992t;基数年采用普查数据
A4	轮窑生产线	3000万块标砖/a	5.50	0.06	5.50	0.06	未纳入2019年环统，基数年排放量采用污普数据
A5	轮窑生产线	3000万块标砖/a	2.11	0.05	2.11	0.05	未纳入2019年环统，基数年排放量采用污普数据
A6	轮窑生产线	2000万块标砖/a	2.24	0.18	2.24	0.18	未纳入2019年环统，基数年排放量采用污普数据
A7	轮窑生产线	3000万块标砖/a	1.99	1.02	1.99	1.02	基数年排放量采用2019年环统，污普数据（氮氧化物5.541447t，VOCs 0.14137t）

附表19　兰州市“十四五”大气污染物减排项目含VOCs产品源头替代项目清单

企业名称	所属行业类型	替代前			替代后			预计VOCs减排量/t
		产品类型	产品VOCs含量	产品使用量	产品类型	产品VOCs含量	产品使用量	
B1	印刷	油性漆	80%	2000000g/a	大豆水性油墨	30%	2000000g/a	1
B2	金属包装容器及材料制造	油性漆	80%	6000000g/a	水性油墨	30%	6000000g/a	3
B3	印刷	油性漆印刷品	80%	2000000g/a	水性油墨	30%	2000000g/a	1
B4	印刷	油性漆印刷品	80%	2000000g/a	水性油墨	30%	2000000g/a	1
B5	涂料制造业	溶剂型醇酸类涂料	450g/L	180000L/a	水性醇酸类涂料	250g/L	100000L/a	56
		溶剂型环氧类涂料	500g/L	40000L/a	水性环氧类涂料	180g/L	15000L/a	17.3
		溶剂型环氧类涂料	500g/L	320000L/a	高固体环氧类涂料	300g/L	160000L/a	112
		溶剂型聚氨酯类涂料	550g/L	40000L/a	水性聚氨酯类涂料	250g/L	15000L/a	18.25

附表20　兰州市“十四五”大气污染物减排项目工业VOCs深度治理项目清单

企业名称	所属行业类型	治理措施		基数年VOCs排放量/t	预计VOCs减排量/t	备注
		VOCs无组织排放控制	工艺废气“三率”提升			
C1	合成橡胶制造（2652）	密闭排气系统	蓄热式催化燃烧	57.13	17.14	
C2	有机化学原料制造（2614）	密闭排气系统	蓄热式催化燃烧	40.49	12.15	
C3	污水处理及再生利用（4620）	管网收集	废气净化装置	16.50	3.60	
C3	污水处理及再生利用（4620）	管网收集	废气净化装置	6.90	2.40	
C4	包装装潢及其他印刷（2319）	集气罩	光氧催化	0.04	0.03	采用UV、集气罩设施（紫外线光解）
C5	涂料制造（2641）	集气罩	光氧催化	0.02	0.01	采用UV、集气罩设施（紫外线光解）
C6	涂料制造（2641）	集气罩	光氧催化	0.01	0.01	采用UV、集气罩设施（紫外线光解）

附表21 兰州市"十四五"大气污染物减排项目工业NO_x治理（含超低排放改造）项目清单

企业名称	现有产能/万吨	改造产能/万吨	基数年NO_x排放量/t	改造后NO_x排放绩效/（kg/t产品）	NO_x减排量/t
D1	330	330	1394.00	0.15	899.00
D2	141	141	1030.39	0.09	112
D3	120	120	65.6264	0.09	12

附表22 兰州市"十四五"大气污染物减排项目清洁取暖项目清单

农村总户数	基数年用煤户数	户均散煤使用量	散煤使用总量	基数年排放量/t		"十四五"计划替代户数	替代方式与户数/万户					预计减排量/t	
万户	万户	t/户	万吨	NO_x	VOCs	万户	煤改气	煤改电	集中供热	生物质	其他（注明具体类型）	NO_x	VOCs
11.56	11.35	2.00	22.70	240.62	310.99	2.10	0.82	1.24	0.04	0.00	0.00	38.95	57.15

附表23 兰州市"十四五"大气污染物减排项目燃煤锅炉淘汰或清洁能源替代项目清单

淘汰或清洁能源替代方式（注明清洁能源类型）	锅炉台数/台	锅炉蒸吨数/蒸吨	煤炭消费减少量/万吨	新增清洁能源使用量/（万吨/万立方米）	基数年排放量/t		预计减排量/t	
					NO_x	VOCs	NO_x	VOCs
淘汰	58	253.60	4.39	—	129.07	1.10	129.07	1.10
煤改气	50	449.00	10.64	4371.58	312.76	2.66	243.38	−1.19

参考文献

[1] 黄润秋. 以生态环境高水平保护推进经济高质量发展[J]. 中国生态文明, 2020(5):2.

[2] 黄晓东, 张晚兰. 对钻井废物污染的全过程控制[J]. 油气田环境保护, 1994(04):24-27.

[3] 张清友, 张永鑫. 钢铁工业清洁生产及污染全过程控制[J]. 河南冶金, 2000(05):3-6,37.

[4] 周传良. 航天器研制全过程污染控制工程[J]. 航天器环境工程, 2005(06):335-341.

[5] 高小娟. 电解锰生产废水全过程控制技术研究[D]. 北京: 中国环境科学研究院, 2012.

[6] 李家玲, 张正洁. 再生铝生产过程中二噁英成因及全过程污染控制技术[J]. 环境保护科学, 2013, 39(02):42-46.

[7] 曹宏斌, 赵赫, 张笛, 等. 基于高效清洁生产的全过程污染控制(WPPC)——中国钨行业典型案例研究[J]. Engineering,2019,5(04):373-391.

[8] 曹宏斌. 钢铁水污染全过程控制技术与应用[C]// 第十二届中国钢铁年会论文集——大会特邀报告 & 分会场特邀报告.2019:165.

[9] 赵月红, 谢勇冰, 曹宏斌, 等. 基于全过程污染控制策略的钢铁工业园区水网络全局优化[J]. 过程工程学报, 2022,22(01):127-134.

[10] 杨中惠. 水泥窑协同处置危险废物全过程污染控制方案思考[J]. 绿色环保建材, 2018(07):40-41.

[11] 张笛, 曹宏斌, 赵赫, 等. 工业污染控制发展历程及趋势分析[J]. 环境工程, 2022,40(01):1-7,206.

[12] 赵月红, 谢勇冰, 曹宏斌, 等. 基于全过程污染控制策略的钢铁工业园区水网络全局优化[J]. 过程工程学报, 2022,22(01):127-134.

[13] 史菲菲, 王雯, 但智钢, 等. 基于AHP-FCE的电解锰行业废水全过程控制技术评估[J]. 有色金属(冶炼部分), 2022(07):109-116,121.

[14] Djukic M, Jovanoski I, Ivanovic O M, et al. Cost-benefit analysis of an infrastructure project and a cost-reflective tariff: A case study for investment in wastewater treatment plant in Serbia[J]. Renewable and Sustainable Energy Reviews, 2016, 59: 1419-1425.

[15] Liu Y H, Liao W Y, Lin X F, et al. Assessment of co-benefits of vehicle emission reduction measures for 2015-2020 in the Pearl River Delta region, China[J]. Environmental Pollution, 2017, 223: 62-72.

[16] Yang X, Teng F. The air quality co-benefit of coal control strategy in China[J]. Resources, Conservation and Recycling, 2018, 129: 373-382.

[17] 曹建军, 王俊, 张利勇, 等. 蓄热技术对可再生能源分布式能源系统的效益分析[J]. 储能科学与技术, 2021, 10(1): 385-392.

[18] 毛显强, 曾桉, 邢有凯, 等. 从理念到行动 温室气体与局地污染物减排的协同效益与协同控制研究综述[J]. 气候变化研究进展, 2021, 17(3): 255-267.

[19] 张琦, 张薇, 王玉洁, 等. 中国钢铁工业节能减排潜力及能效提升途径[J]. 钢铁, 2019, 54(2): 7-14.

[20] Lin B Q, Raza M Y. Analysis of energy related CO_2 emissions in Pakistan[J]. Journal of Cleaner Production, 2019, 219: 981-993.

[21] Wang S, Zhao Y H, Wiedmann T. Carbon emissions embodied in China-Australia trade: A scenario analysis based on input-output analysis and panel regression models[J]. Journal of Cleaner Production, 2019, 220: 721-731.

[22] 卢浩洁, 王婉君, 代敏, 等. 中国铝生命周期能耗与碳排放的情景分析及减排对策[J]. 中国环境科学, 2021, 41(1): 451-462.

[23] Hasanbeigi A, Morrow W, Sathaye J, et al. A bottom-up model to estimate the energy efficiency improvement and CO_2 emission reduction potentials in the Chinese iron and steel industry[J]. Energy, 2013, 50: 315-325.

[24] Morrow W R, Hasanbeigi A, Sathaye J, et al. Assessment of energy efficiency improvement and CO_2 emission reduction potentials in India's cement and iron & steel industries[J]. Journal of Cleaner Production, 2014, 65: 131-141.

[25] 田羽, 方刚, 周长波, 等. 我国橡胶制品行业VOCs末端减排技术评估[J]. 环境工程技术学报, 2021, 11(4): 797-806.

[26] 樊静丽, 李佳, 晏水平, 等. 我国生物质能-碳捕集与封存技术应用潜力分析[J]. 热力发电, 2021, 50(1): 7-17.

[27] Kannah R Y, Kavitha S, Preethi, et al. Techno-economic assessment of various hydrogen production methods-A review[J]. Bioresource Technology, 2021, 319: 124175.

[28] Li Y, Zhang S X, Zhang W L, et al. Life cycle assessment of advanced wastewater treatment processes: Involving 126 pharmaceuticals and personal care products in life cycle inventory[J]. Journal of Environmental Management, 2019, 238: 442-450.

[29] Lorenzo-Toja Y, Alfonsin C, Amores M J, et al. Beyond the conventional life cycle inventory in wastewater treatment plants[J]. Science of the Total Environment, 2016, 553: 71-82.

[30] Zepon Tarpani R R, Azapagic A. Life cycle environmental impacts of advanced wastewater treatment techniques for removal of pharmaceuticals and personal care products (PPCPs)[J]. Journal of Environmental Management, 2018, 215: 258-272.

[31] Parisi M L, Ferrara N, Torsello L, et al. Life cycle assessment of atmospheric emission profiles of the Italian geothermal power plants[J]. Journal of Cleaner Production, 2019, 234: 881-894.

[32] Wang L, Wang Y, Du H B, et al. A comparative life-cycle assessment of hydro-, nuclear and wind power: A China study[J]. Applied Energy, 2019, 249: 37-45.

[33] Zhang W L, Fang S Q, Li Y, et al. Optimizing the integration of pollution control and water transfer for contaminated river remediation considering life-cycle concept[J]. Journal of Cleaner Production, 2019, 236: 117651.

[34] Chen Y X, Yu T, Yang B, et al. Many-objective optimal power dispatch strategy incorporating temporal and spatial distribution control of multiple air pollutants[J]. IEEE Transactions on Industrial Informatics, 2019, 15(9): 5309-5319.

[35] Cai X J, Zhang J J, Ning Z H, et al. A many-objective multistage optimization-based fuzzy decision-making model for coal production prediction[J]. IEEE Transactions on Fuzzy Systems, 2021, 29(12): 3665-3675.

[36] Doh Dinga C, Wen Z G. Many-objective optimization of energy conservation and emission reduction in China's cement industry[J]. Applied Energy, 2021, 304: 117714.

[37] Doh Dinga C, Wen Z G. Many-objective optimization of energy conservation and emission reduction under uncertainty: A case study in China's cement industry[J]. Energy, 2022, 253: 124168.

[38] Li N, Zhang X L, Shi M J, et al. Does China's air pollution abatement policy matter? An assessment of the Beijing-Tianjin-Hebei region based on a multi-regional CGE model[J]. Energy Policy, 2019, 127: 213-227.

[39] Tang K, Liu Y, Zhou D, et al. Urban carbon emission intensity under emission trading system in a developing economy: evidence from 273 Chinese cities[J]. Environmental Science and Pollution Research, 2021, 28(5): 5168-5179.

[40] Rajbhandari S, Limmeechokchai B, Masui T. The impact of different GHG reduction scenarios on the economy and social welfare of Thailand using a computable general equilibrium (CGE) model[J]. Energy, Sustainability and Society, 2019, 9(1): 1-21.

[41] Li Z D. An econometric study on China's economy, energy and environment to the year 2030[J]. Energy Policy, 2003, 31(11): 1137-1150.

[42] Jin L, Chang Y H, Wang M, et al. The dynamics of CO_2 emissions, energy consumption, and economic development: Evidence from the top 28 greenhouse gas emitters[J]. Environmental Science and Pollution Research, 2022, 29: 36565-36574.

[43] Aryanpur V, Shafiei E. Optimal deployment of renewable electricity technologies in Iran and implications for emissions reductions[J]. Energy, 2015, 91: 882-893.

[44] Nyasapoh M A, Debrah S K, Anku N E L, et al. Estimation of CO_2 emissions of fossil-fueled power plants in Ghana: Message analytical model[J]. Journal of Energy, 2022, 2022: 1-10.

[45] Zhang S N, Yang F, Liu C Y, et al. Study on global industrialization and industry emission to achieve the 2℃ goal based on MESSAGE model and LMDI approach[J]. Energies, 2020, 13(4): 825-845.

[46] Fujimori S, Hasegawa T, Krey V, et al. A multi-model assessment of food security implications of climate change mitigation[J]. Nature Sustainability, 2019, 2: 386-396.

[47] Emodi N V, Emodi C C, Murthy G P, et al. Energy policy for low carbon development in Nigeria: A LEAP model application[J]. Renewable and Sustainable Energy Reviews, 2017, 68: 247-261.

[48] Hong S J, Chung Y H, Kim J H, et al. Analysis on the level of contribution to the national greenhouse gas reduction target in Korean transportation sector using LEAP model[J]. Renewable and Sustainable Energy Reviews, 2016, 60: 549-559.

[49] Cai L Y, Luo J, Wang M H, et al. Pathways for municipalities to achieve carbon emission peak and carbon neutrality: A study based on the LEAP model[J]. Energy, 2023, 262: 125435.

[50] Chen W Y, Wu Z X, He J K, et al. Carbon emission control strategies for China: A comparative study with partial and general equilibrium versions of the China MARKAL model[J]. Energy, 2007, 32(1): 59-72.

[51] Tsai M, Chang S. Taiwan's 2050 low carbon development roadmap: An evaluation with the MARKAL model[J]. Renewable and Sustainable Energy Reviews, 2015, 49: 178-191.

[52] Victor N, Nichols C, Zelek C. The U.S. power sector decarbonization: Investigating technology options with MARKAL nine-region model[J]. Energy Economics, 2018, 73: 410-425.

[53] Victor N, Nichols C. CCUS deployment under the U.S. 45Q tax credit and adaptation by other North American Governments: MARKAL modeling results[J]. Computers & Industrial Engineering, 2022, 169: 108269.

[54] Bijay B, Pradhan, Limmeechokchai B, et al. Implications of biogas and electric cooking technologies in residential sector in Nepal—A long term perspective using AIM/Enduse model[J]. Renewable Energy, 2019, 143: 377-389.

[55] Song T, Zou X, Wang N, et al. Prediction of China's carbon peak attainment pathway from both

production-side and consumption-side perspectives[J]. Sustainability, 2023, 15(6): 4844.

[56] 徐士莹, 杨加猛, 刘梅娟. 中国造纸及纸制品业碳排放因素分解与减排潜力分析[J]. 资源与环境, 2018, 34(5): 638-643.

[57] 许金华, 范英. 中国水泥行业节能潜力和CO_2减排潜力分析[J]. 气候变化研究进展, 2013, 9(5): 341-349.

[58] 张颖, 王灿, 王克, 等. 基于LEAP的中国电力行业CO_2排放情景分析[J]. 清华大学学报(自然科学版), 2007, 47(3): 365-368.

[59] Qi S Z, Cheng S H, Tan X J, et al. Predicting China's carbon price based on a multi-scale integrated model[J]. Applied Energy, 2022, 324: 119784.

[60] Cui Q, Liu Y, Ali T, et al. Economic and climate impacts of reducing China's renewable electricity curtailment: A comparison between CGE models with alternative nesting structures of electricity[J]. Energy Economics, 2020, 91: 104892.

[61] Li Z L, Hanaoka T. Plant-level mitigation strategies could enable carbon neutrality by 2060 and reduce non-CO_2 emissions in China's iron and steel sector[J]. One Earth, 2022, 5(8): 932-943.

[62] Xing J, Wang S, Zhu Y, et al. ABaCAS: An overview of the air pollution control cost-benefit and attainment assessment system and its application in China[J]. The Magazine for Environmental Managers, 2017, 4: 1-8.

[63] 盛叶文, 朱云, 陶谨, 等. 典型城市臭氧污染源贡献及控制策略费效评估[J]. 环境科学学报, 2017, 37(9): 3306-3315.

[64] Wang Y H, Chen C, Tao Y, et al. A many-objective optimization of industrial environmental management using NSGA-Ⅲ: A case of China's iron and steel industry[J]. Applied Energy, 2019, 242: 46-56.

[65] Wen Z, Wang Y, Li H, et al. Quantitative analysis of the precise energy conservation and emission reduction path in China's iron and steel industry[J]. Journal of Environmental Management, 2019, 246: 717-729.

[66] Fukushima T, Somiya I. A study on the environmental efficiency improvement of a sewage treatment plant by performance evaluation system[J]. Water Practice and Technology, 2009, 4(3): 1-10.

[67] Brandt M, Middleton R, Wheale G, et al. Energy efficiency in the water industry, A global research project[J]. Water Practice and Technology, 2011, 6(2): 1-2.

[68] Krampe J, Leak M. Strategic planning approach for optimising investment at WWTPs[J]. Water Practice and Technology, 2012, 7(2): 1-9.

[69] Nguyen T K L, Ngo H H, Guo W S, et al. A critical review on life cycle assessment and plant-wide models towards emission control strategies for greenhouse gas from wastewater treatment plants[J]. Journal of Environmental Management, 2020, 264: 110440.

[70] 李家玲, 张正洁. 再生铝生产过程中二噁英成因及全过程污染控制技术[J]. 环境保护科学, 2013, 39(2): 42-46.

[71] Naqi A, Jang J G. Recent progress in green cement technology utilizing low-carbon emission fuels and raw materials: A review[J]. Sustainability, 2019, 11(2): 537.

[72] Luderer G, Pehl M, Arvesen A, et al. Environmental co-benefits and adverse side-effects of alternative power sector decarbonization strategies[J]. Nature Communications, 2019, 10: 5229.

[73] Tang L, Qu J, Mi Z, et al. Substantial emission reductions from Chinese power plants after the introduction

of ultra-low emissions standards[J]. Nature Energy, 2019, 4(11): 929-938.

[74] 张薇, 王玉洁, 刘帅, 等. 基于CSC方法的钢铁行业节能减排技术潜力分析[J]. 中国冶金, 2019, 29(1): 70-76.

[75] Sarkis J, Cordeiro J J. An empirical evaluation of environmental efficiencies and firm performance: Pollution prevention versus end-of-pipe practice[J]. European Journal of Operational Research, 2001, 135: 102-113.

[76] Corral C M. Sustainable production and consumption systems—cooperation for change: Assessing and simulating the willingness of the firm to adopt/develop cleaner technologies. The case of the In-Bond industry in northern Mexico[J]. Journal of Cleaner Production, 2003, 11(4): 411-426.

[77] Frondel M, Horbach J, Rennings K. End-of-pipe or cleaner production? An empirical comparison of environmental innovation decisions across OECD countries[J]. Business Strategy & the Environment, 2007, 16(8): 571–584.

[78] Zhang P D. End-of-pipe or process-integrated: evidence from LMDI decomposition of China's SO_2 emission density reduction[J]. Frontiers of Environmental Science & Engineering, 2013, 7(6): 867-874.

[79] Williams J H, Jones R A, Haley B, et al. Carbon-neutral pathways for the United States[J]. AGU Advances, 2021, 2(1): e2020AV000284.

[80] Ding D, Xing J, Wang S X, et al. Estimated contributions of emissions controls, meteorological factors, population growth, and changes in baseline mortality to reductions in ambient $PM_{2.5}$ and $PM_{2.5}$-related mortality in China, 2013-2017[J]. Environmental health perspectives, 2019, 127(6): 67009-67009.

[81] Wang Q W, Wang Y Z, Zhou P, et al. Whole process decomposition of energy-related SO_2 in Jiangsu Province, China[J]. Applied Energy, 2017, 194: 679-687.

[82] 王迪, 边曦琛, 聂锐. 长三角工业SO_2排放驱动因素全周期因素分解及其区域差异[J]. 科技管理研究, 2019, 39(16): 91-99.

[83] Zheng J, Mi Z, Coffman D, et al. Regional development and carbon emissions in China[J]. Energy Economics, 2019, 81: 25-36.

[84] Azimi S, Rocher V. Energy consumption reduction in a waste water treatment plant[J]. Water Practice and Technology, 2017, 12(1): 104-116.

[85] Hang Y, Wang Q, Wang Y, et al. Industrial SO_2 emissions treatment in China: A temporal-spatial whole process decomposition analysis[J]. Journal of Environmental Management, 2019, 243: 419-434.

[86] Zhang Y, Ge T, Liu J, et al. The comprehensive measurement method of energy conservation and emission reduction in the whole process of urban sewage treatment based on carbon emission[J]. Environmental Science and Pollution Research, 2021, 28(40): 56727-56740.

[87] Cao H B, Zhao H, Zhang D Y, et al. Whole-process pollution control for cost-effective and cleaner chemical production—A case study of the tungsten industry in China[J]. Engineering, 2019, 5(4): 768-776.

[88] 张笛, 曹宏斌, 赵赫, 等. 工业污染控制发展历程及趋势分析[J]. 环境工程, 2022, 40(1): 1-7, 206.

[89] 赵月红, 谢勇冰, 曹宏斌, 等. 基于全过程污染控制策略的钢铁工业园区水网络全局优化[J]. 过程工程学报, 2022, 22(1): 127-134.

[90] 史菲菲, 王雯, 但智钢, 等. 基于AHP-FCE的电解锰行业废水全过程控制技术评估[J]. 有色金属(冶炼部分), 2022, 7: 109-116, 121.

[91] 白璐，乔琦，张玥，等. 工业污染源产排污核算模型及参数量化方法[J]. 环境科学研究，2021, 34(9): 2273-2284.

[92] 乔琦，白璐，刘丹丹，等. 我国工业污染源产排污核算系数法发展历程及研究进展[J]. 环境科学研究，2020, 33(8): 1783-1794.

[93] 乔琦，白璐. 夯实污染物排放量核算科学基础——第二次全国污染源普查工业源产排污核算方法解读[N]. 中国环境报，2020.

[94] 乔琦，白璐，张玥，等. 一种工业污染源产排污核算模型的构建方法[P]. 中国，ZL 2021 1 1133856.2. 2021-09-27.

[95] 生态环境部. 排放源统计调查产排污核算方法和系数手册[EB/OL]. 2021.

[96] William B. The papers of Benjamin Franklin[M]. New Haven: Yale University Press, 1975, 19: 299-300.

[97] Chankong V, Haimes Y Y. Multiobjective decision making: Theory and methodology[M]. New York: North-Holland, 1983.

[98] Dulebenets M A. Multi-objective collaborative agreements amongst shipping lines and marine terminal operators for sustainable and environmental-friendly ship schedule design[J]. Journal of Cleaner Production, 2022, 342: 130897.

[99] Khamis M A, Gomaa W. Adaptive multi-objective reinforcement learning with hybrid exploration for traffic signal control based on cooperative multi-agent framework[J]. Engineering Applications of Artificial Intelligence, 2014, 29: 134-151.

[100] Khamis M A, Gomaa W, El-Shishiny H. Multi-objective traffic light control system based on Bayesian probability interpretation [M]. 2012 15th International IEEE Conference on Intelligent Transportation Systems. 2012: 995-1000.

[101] Mou J B. Intersection traffic control based on multi-objective optimization[J]. IEEE Access, 2020, 8: 61615-61620.

[102] Frey S, Diaconescu A, Menga D, et al. A Holonic control architecture for a heterogeneous multi-objective smart micro-grid [M]. Seventh IEEE International Conference on Self-adaptive & Self-organizing Systems. IEEE, 2013.

[103] Ramirez-Atencia C, Del Ser J, Camacho D. Weighted strategies to guide a multi-objective evolutionary algorithm for multi-UAV mission planning[J]. Swarm and Evolutionary Computation, 2019, 44: 480-495.

[104] Ramirez-Atencia C, Bello-Orgaz G, R-Moreno M D, et al. Solving complex multi-UAV mission planning problems using multi-objective genetic algorithms[J]. Soft Computing, 2016, 21(17): 4883-4900.

[105] Sweetapple C, Fu G, Butler D. Multi-objective optimisation of wastewater treatment plant control to reduce greenhouse gas emissions[J]. Water Research, 2014, 55: 52-62.

[106] Salehizadeh M R, Rahimi-Kian A, Oloomi-Buygi M. Security-based multi-objective congestion management for emission reduction in power system[J]. International Journal of Electrical Power & Energy Systems, 2015, 65: 124-135.

[107] Mayer M J, Szilágyi A, Gróf G. Environmental and economic multi-objective optimization of a household level hybrid renewable energy system by genetic algorithm[J]. Applied Energy, 2020, 269: 115058.

[108] 喻洁，季晓明，夏安邦. 基于节能环保的水火电多目标调度策略[J]. 电力系统保护与控制，2009,

37(1): 24-27.

[109] 张晓花，赵晋泉，陈星莺．节能减排多目标机组组合问题的模糊建模及优化[J]. 中国电机工程学报，2010, 30(22): 71-76.

[110] 张晓花，赵晋泉，陈星莺．节能减排下含风电场多目标机组组合建模及优化[J]. 电力系统保护与控制，2011, 39(17): 33-39.

[111] 陈洁，杨秀，朱兰，等．微网多目标经济调度优化[J]. 中国电机工程学报，2013, 33(19): 57-66.

[112] Yu S W, Zheng S H, Zhang X J, et al. Realizing China's goals on energy saving and pollution reduction: Industrial structure multi-objective optimization approach[J]. Energy Policy, 2018, 122: 300-312.

[113] Li H H, Zhang R F, Mahmud M A, et al. A novel coordinated optimization strategy for high utilization of renewable energy sources and reduction of coal costs and emissions in hybrid hydro-thermal-wind power systems[J]. Applied Energy, 2022, 320: 119019.

[114] 吕一铮，曹晨玥，田金平，等．减污降碳协同视角下沿海制造发达地区产业结构调整路径研究[J]. 环境科学研究，2022, 35(10): 2293-2302.

[115] Huang D, Dinga C D, Tao Y, et al. Multi-objective optimization of energy conservation and emission reduction in China's iron and steel industry based on dimensionality reduction[J]. Journal of Cleaner Production, 2022, 368: 133131.

[116] Wang Y H, Wen Z G, Yao J G, et al. Multi-objective optimization of synergic energy conservation and CO_2 emission reduction in China's iron and steel industry under uncertainty[J]. Renewable and Sustainable Energy Reviews, 2020, 134: 110128.

[117] Wen Z, Xu C, Zhang X. Integrated control of emission reductions, energy-saving, and cost-benefit using a multi-objective optimization technique in the pulp and paper industry[J]. Environmental Science & Technology, 2015, 49(6): 3636-3643.

[118] Tang Z, Zhang Z. The multi-objective optimization of combustion system operations based on deep data-driven models[J]. Energy, 2019, 182(1): 37-47.

[119] 杜栋，庞庆华，吴炎．现代综合评价方法与案例精选[M].2版．北京：清华大学出版社，2008: 1.

[120] 熊本和．技术评价(TA)简介[J]. 未来与发展，1983, 2: 33-34.

[121] 项保华．技术评价的现状及其策略研究[J]. 浙江大学学报，1988, 2(2): 48-53.

[122] Linstone H A, Lendaris G G, Rogers S D, et al. The use of structural modeling for technology assessment[J]. Technological Forecasting and Social Change, 1979, 14(4): 291-327.

[123] Keller P, Ledergerber U. Bimodal system dynamic：A technology assessment and forecasting approach[J]. Technological Forecasting and Social Change, 1998,58(1-2): 47-52.

[124] Coates J F. Some methods and techniques for comprehensive impact assessment[J]. Technological Forecasting and Social Change, 1974, 6: 341-357.

[125] Ballard S C, Hall T A. Theory and practice of integrated impact assessment：The case of the western energy study[J]. Technological Forecasting and Social Change, 1984,25(1):37-48.

[126] Smith P J, Byrd J. A preliminary technology assessment of a standardized container recycling system[J]. Technological Forecasting and Social Change, 1978,12(1):31-39.

[127] Diffenbach J. A compatibility approach to scenario evaluation[J]. Technological Forecasting and Social Change, 1981,19(2):161-174.

[128] Chen K, Jarboe K, Wolfe J. Long-range scenario construction for technology assessment[J]. Technological Forecasting and Social Change, 1981,20(1):27-40.

[129] Winebrake J J, Creswick B P. The future of hydrogen fueling systems for transportation：An application of perspective-based scenario analysis using the analytic hierarchy process[J]. Technological Forecasting and Social Change, 2003, 70:359-384.

[130] Hellstrom T. Systemic innovation and risk: Technology assessment and the challenge of responsible innovation[J]. Technology in Society, 2003, 25:369-384.

[131] Wilhite A, Lord R. Estimating the risk of technology development[J]. Engineering Management Journal, 2006, 18 (3):3-10.

[132] Merkhofer M W. A process for technology assessment based on decision analysis[J]. Technological Forecasting and Social Change, 1982, 22 (3-4):237-265.

[133] Ramanujam V, Saaty T L. Technological choice in the less developed countries：An analytic hierarchy approach[J]. Technological Forecasting and Social Change, 1981, 19:81-98.

[134] Loveridge D. Technology and environmental impact assessment：Methods and synthesis[J]. International Journal of Technology Management, 1996, 11 (5-6):539-554.

[135] Bohm E, Walz R. Life-cycle-analysis: a methodology to analyse ecological consequences within a technology assessment study[J]. International Journal of Technology Management, 1996, 11(5-6):554-566.

[136] Nilsson M, Eckerberg K(Eds.). Environmental policy integration in practise shaping institutions for learning[M]. London: Earthscan, 2007: 57.

[137] Finnveden G，Moberg A. Environmental systems analysis tools — An overview[J]. Journal of cleaner production, 2005, 13: 1165-1173.

[138] Ness B, Urbel-Piirsalu E, Anderberg S, et al. Categorising tools for sustainability assessment[J]. Ecological Economics, 2007, 60: 498-508.

[139] 易斌，杨艳. 中国环境技术评价体系发展概况[J]. 中国环保产业, 2003, (6): 30-32.

[140] 段宁, 程胜高. 环境影响评价研究的发展方向[J]. 安全与环境工程, 2007, 14(1): 57-60.

[141] 孙凯，何流. 战略环境影响评价（SEA）研究进展[A]. //姜艳萍、王国清. 2008中国环境科学学会学术年会优秀论文集（下卷）[C]. 重庆：中国环境科学学会, 2008:2028-2037.

[142] 程胜高，鱼红霞. 环境风险评价的理论与实践研究[J]. 环境保护, 2001,(9):23-25.

[143] Paul H，Helmut R. Practical handbook of material flow analysis[M]. Boca Raton: Lewis Publishers, 2004: 1318.

[144] 黄和平，毕军，张炳，等. 物质流分析研究述评[J]. 生态学报, 2007, 27(1): 368-379.

[145] 孙园园, 白璐, 乔琦, 等. 一种工业行业源头-过程-末端全过程协同减排潜力评估方法[P]. 中国, CN 2021108853712. 2021-08-03.

[146] 孙园园, 白璐, 张玥, 等. 工业行业源头-过程-末端全过程减排潜力评估研究[J]. 环境科学研究, 2021, Vol. 34(12): 2867-2875.

[147] Sun Y Y, Bai L, Qiao Q, et al. Exploring the emission reduction potential of industries: A source-processing-end coordinated model and its application[J]. Journal of Cleaner Production, 2022, Vol. 380: 134885.

[148] Sun Y Y, Zhang Y, Zhao H H, et al. Synergistic reduction potentials for VOCs in solvent-using industrial

sectors: A case study ofthe packaging and printing industry in China[J]. Resources, Conservation and Recycling, 2022,187:106638.

[149] Chang D, Gao D, Xu X, et al. Top-runner incentive scheme in China: A theoretical and empirical study for industrial pollution control[J]. Environmental Science and Pollution Research, 2021, 28(23): 29344-29356.

[150] Chen Z, Song P, Wang B L. Carbon emissions trading scheme, energy efficiency and rebound effect–Evidence from China's provincial data[J]. Energy Policy, 2021, 157: 112507.

[151] Li Z, Wang S. The impact of carbon emission reduction inputs of power generation enterprises on the cost of equity capital[J]. Environmental Science and Pollution Research 2023, 30: 44006-44024.

[152] 王诺, 吴迪, 黄祺, 等. 选择Pareto非劣解最优方案的量化方法: 性价比法[J]. 系统工程理论与实践, 2018, 38(3): 725-733.

[153] 乔琦. 工业污染源产污系数核算方法研究与应用[D]. 北京: 清华大学, 2020.

[154] 蒋彬, 孙慧, 陈晨, 等. 去除1吨VOCs产生的碳排放高达33.5吨CO_2 [EB/OL]. 碳达峰碳中和研究中心, 2021.

[155] 生态环境部办公厅.《关于做好“十四五”主要污染物总量减排工作的通知》(环办综合函〔2021〕323号) [EB/OL]. 2021.

索引

H

J

K

L

Z

其他

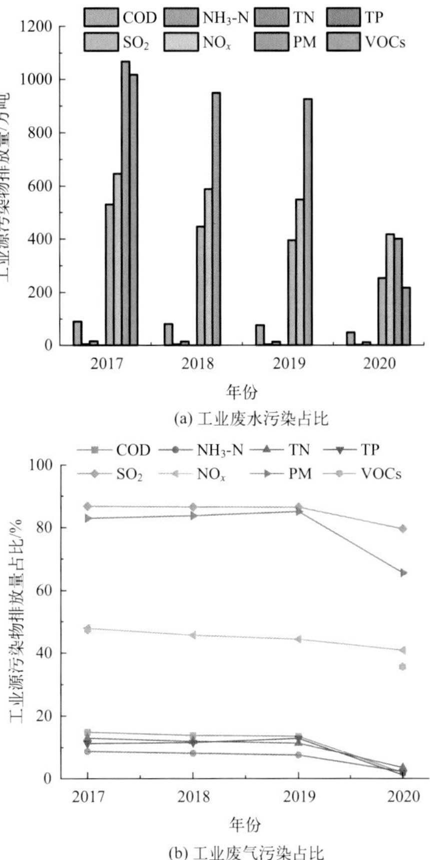

图1-2 2017～2020年我国工业污染物排放量级占比情况

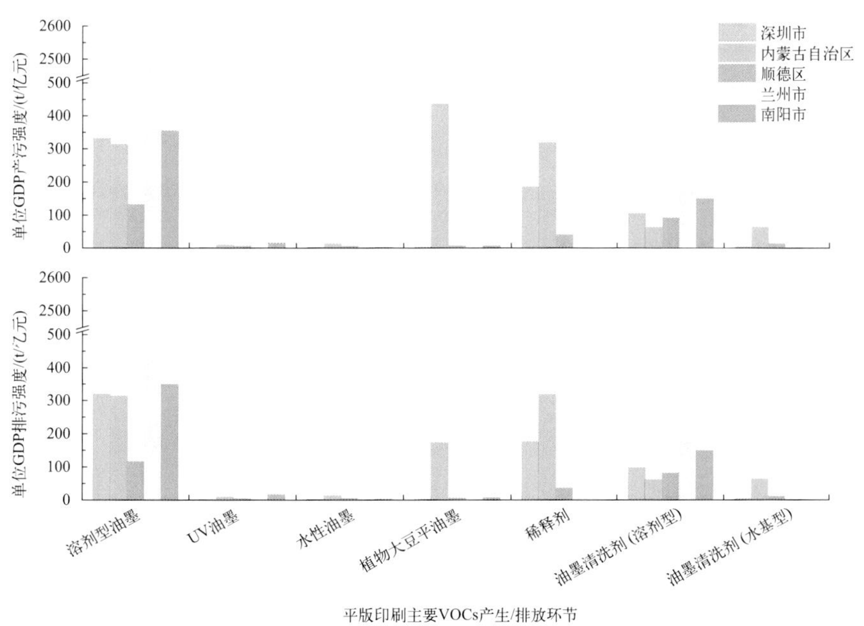

图4-5 不同区域纸制品平版印刷的主要产污环节的VOCs产排污强度

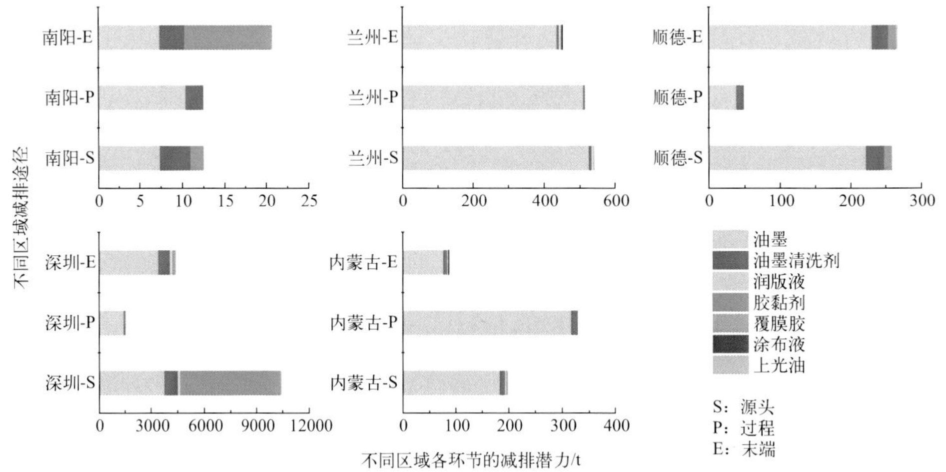

图4-8　不同生产过程中纸制品的减排潜力

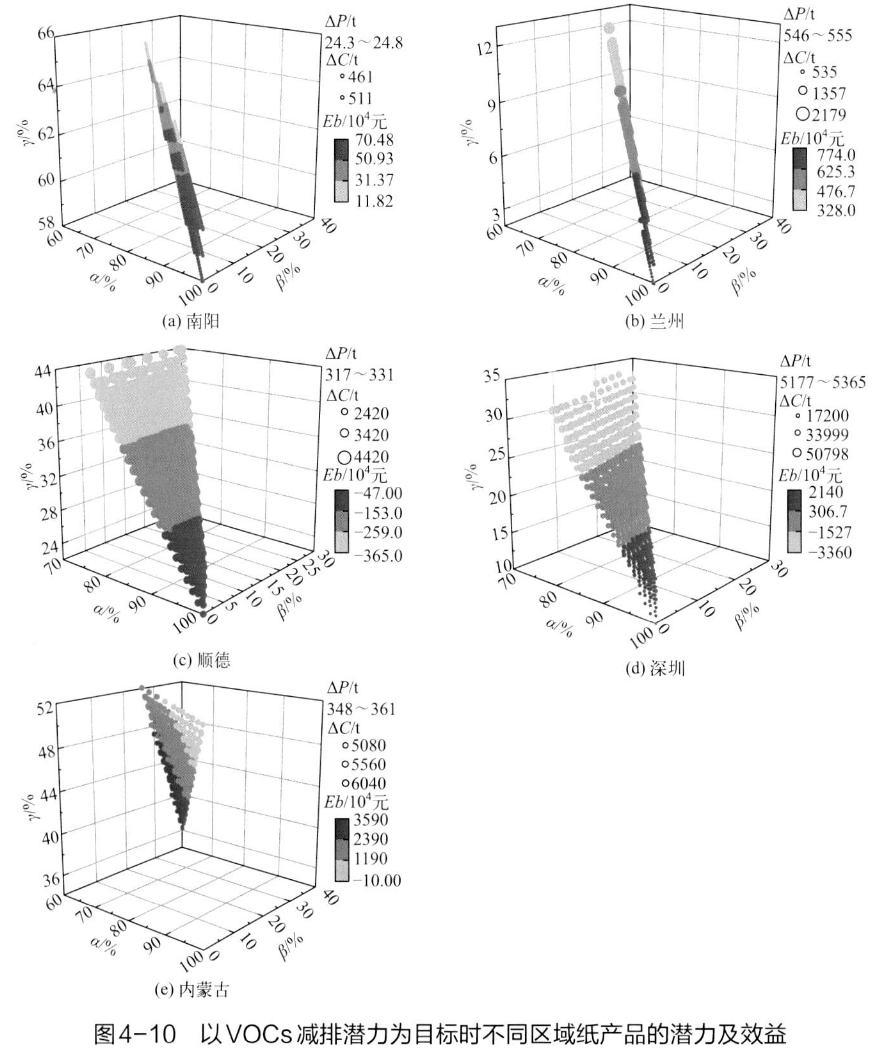

(a) 南阳

(b) 兰州

(c) 顺德

(d) 深圳

(e) 内蒙古

图4-10　以VOCs减排潜力为目标时不同区域纸产品的潜力及效益

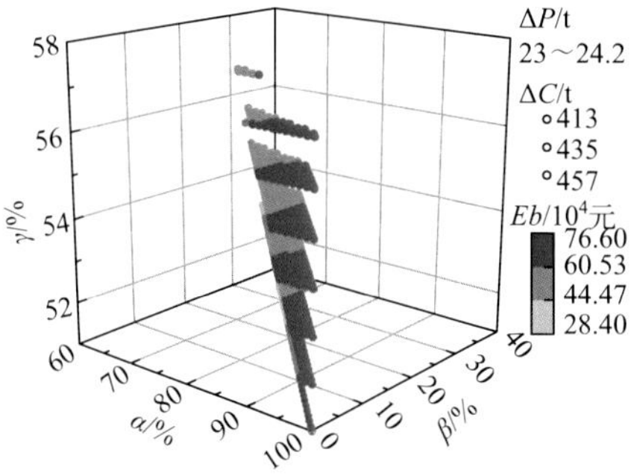

(a) 南阳

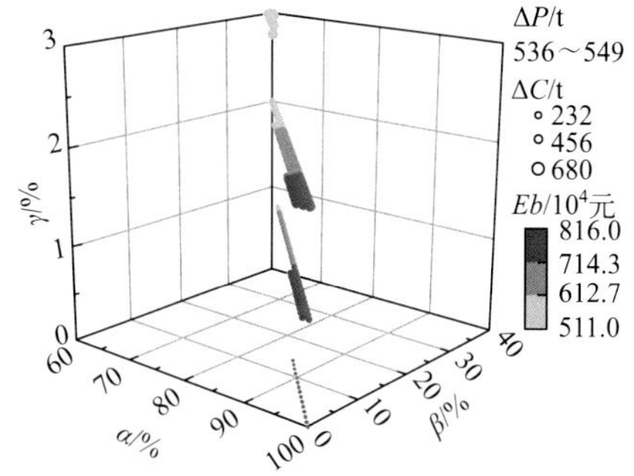

(b) 兰州

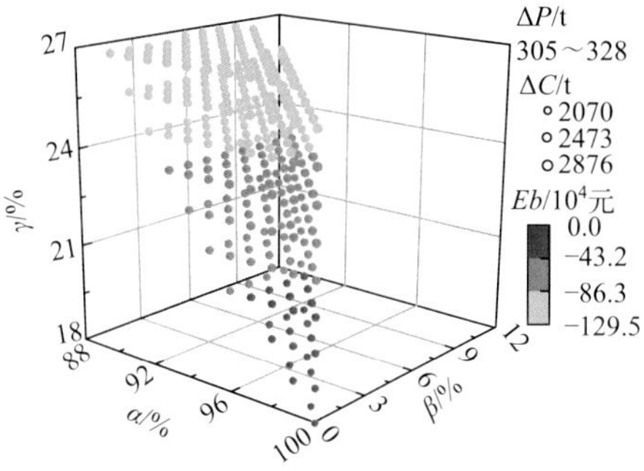

(c) 顺德

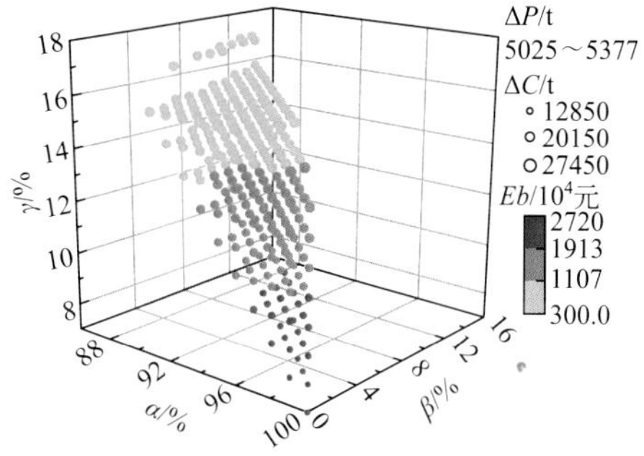

(d) 深圳

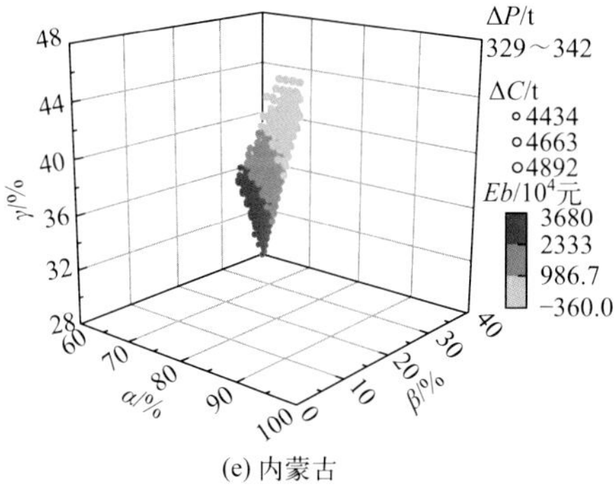

(e) 内蒙古

图4-11　以VOCs减排潜力和碳减排协同控制为目标时不同区域纸产品的潜力及效益

南阳

南阳

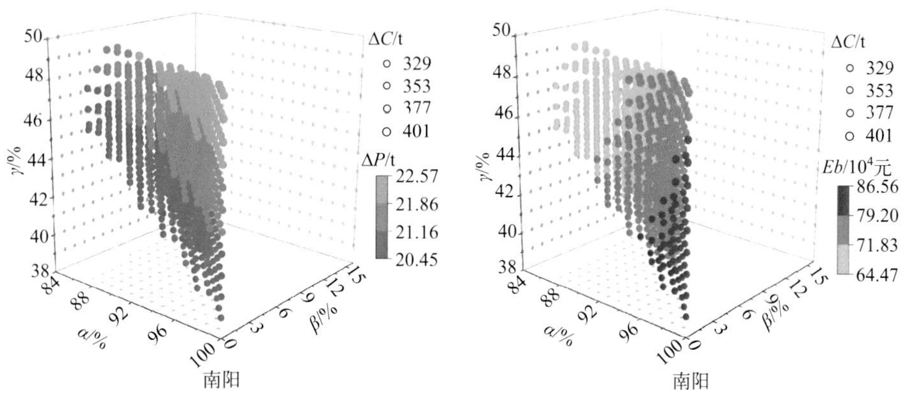

图4-14

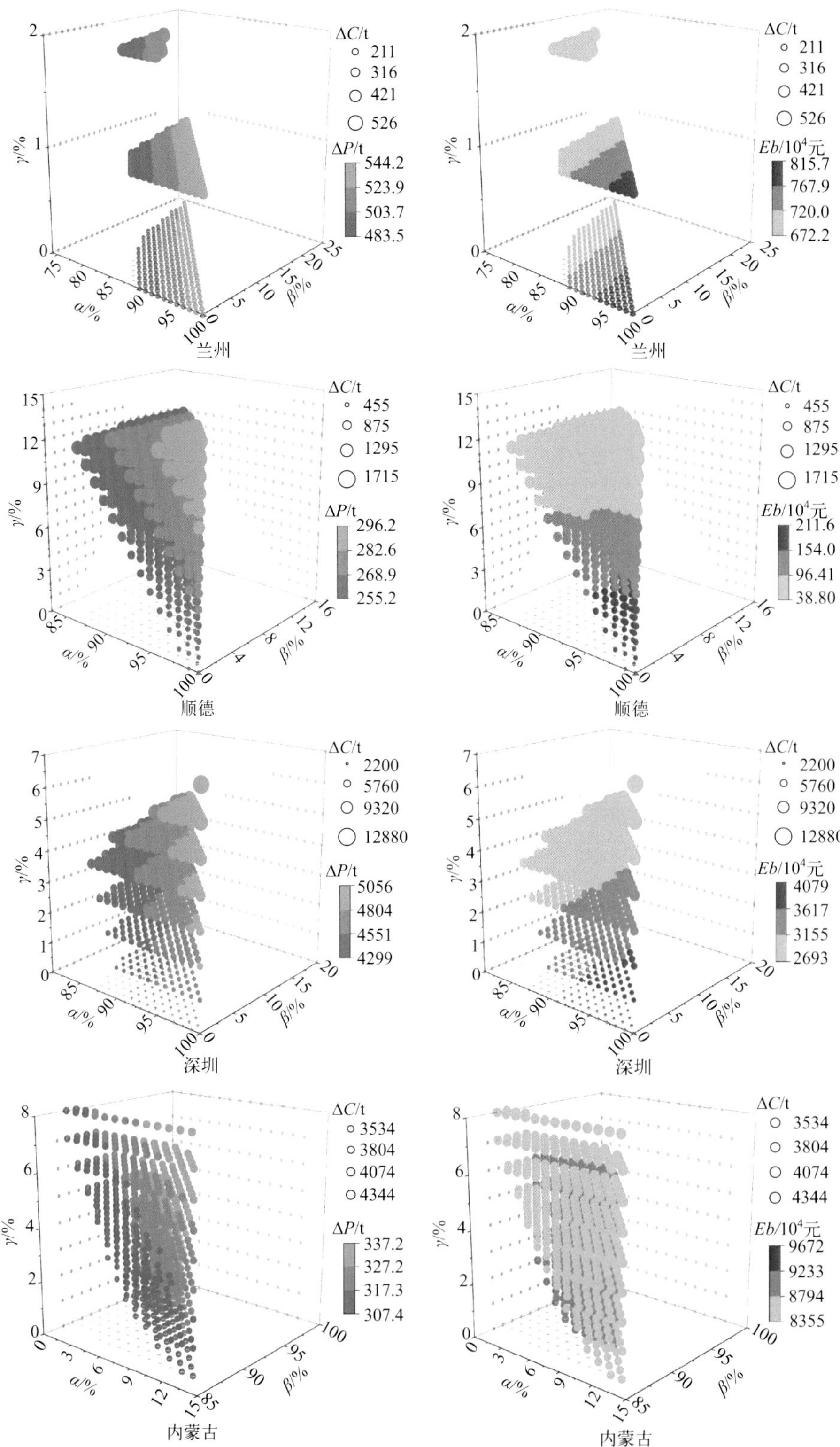

图4-14 满意解集下的协同减排潜力、碳减排和成本效益

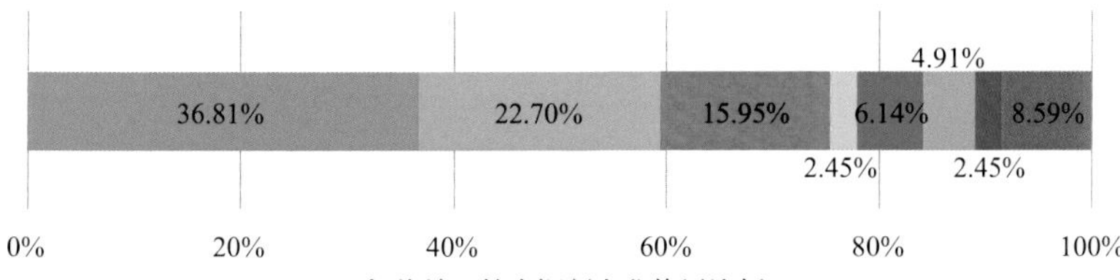

图5-12　制糖行业废水二级处理主流工艺及使用比例

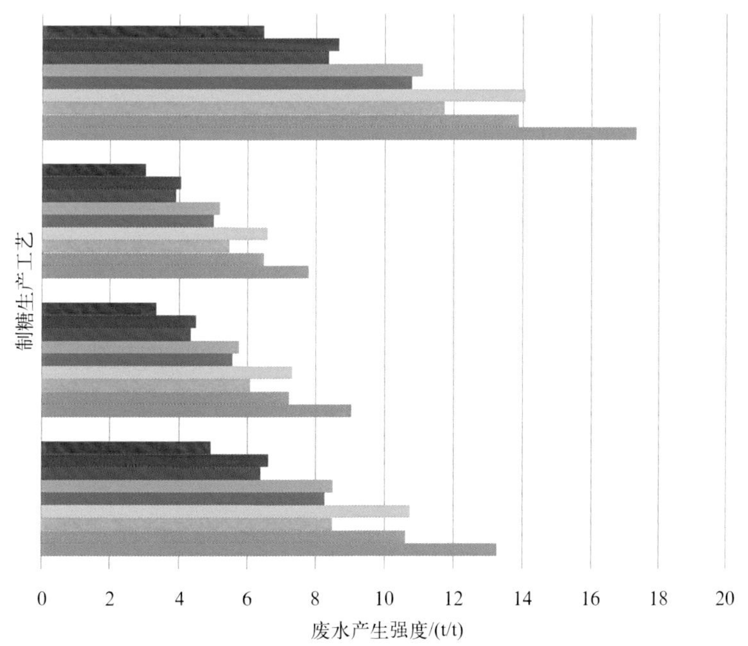

图5-26　废水产生强度

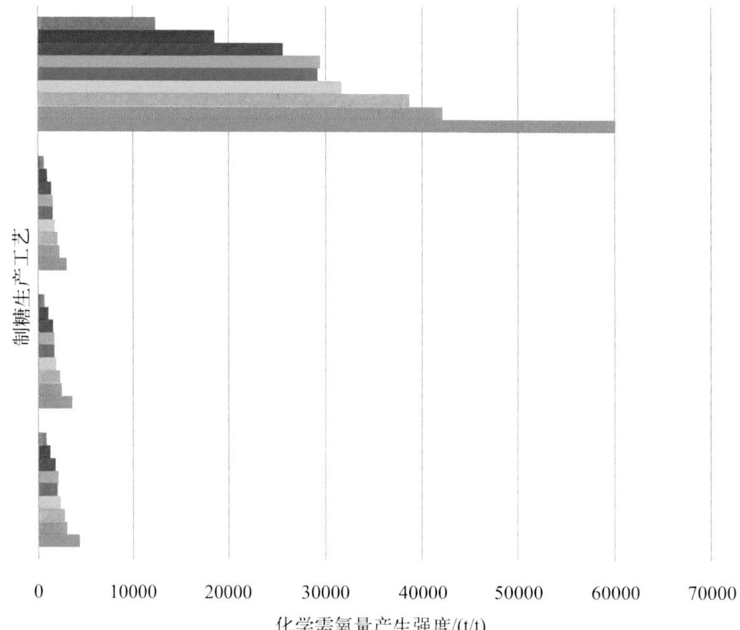

图5-27　化学需氧量产生强度

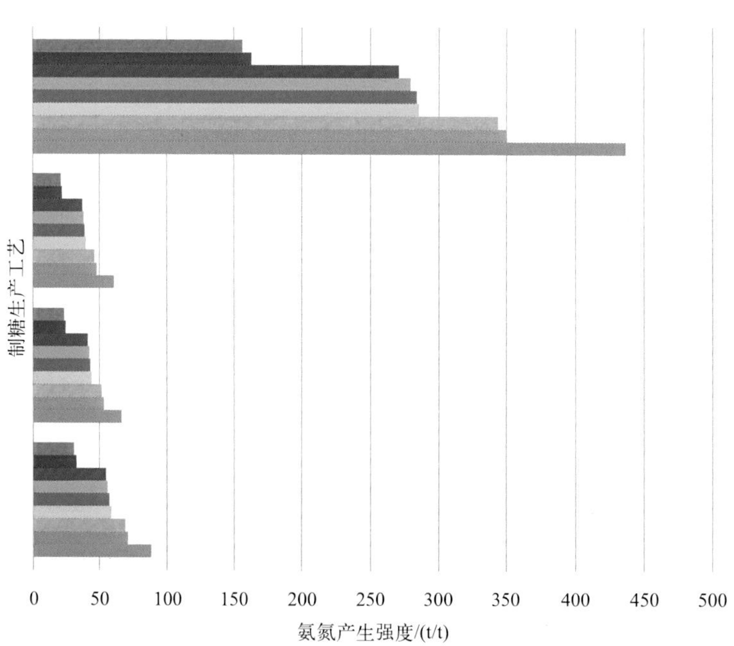

图5-28　氨氮产生强度

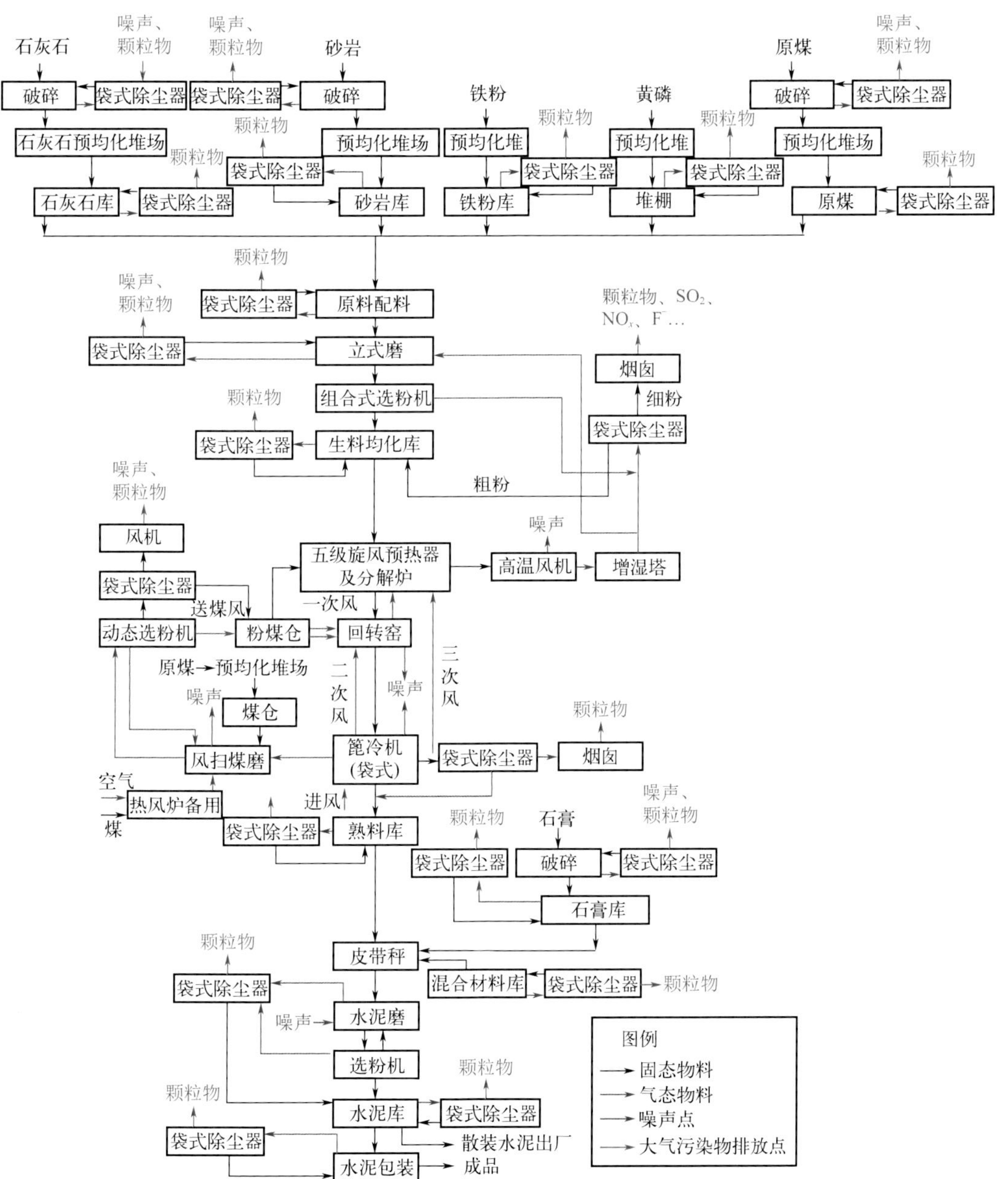

图6-3　某水泥企业日产2500t新型干法熟料水泥生产线

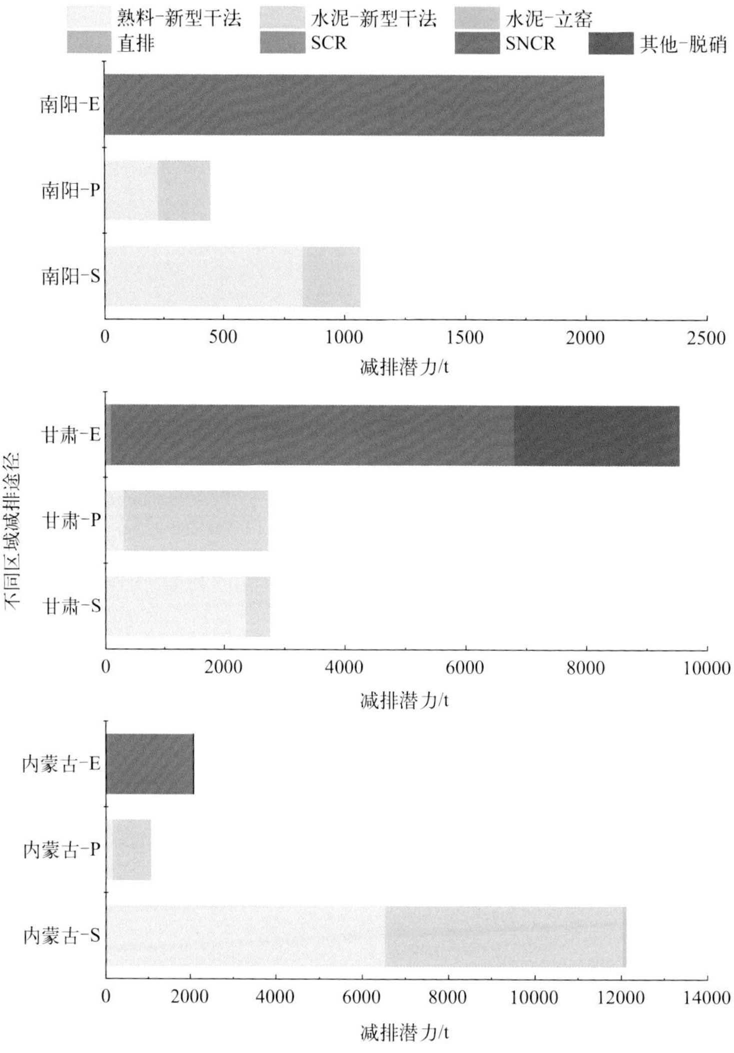

图6-10 不同区域水泥行业生产过程的减排潜力

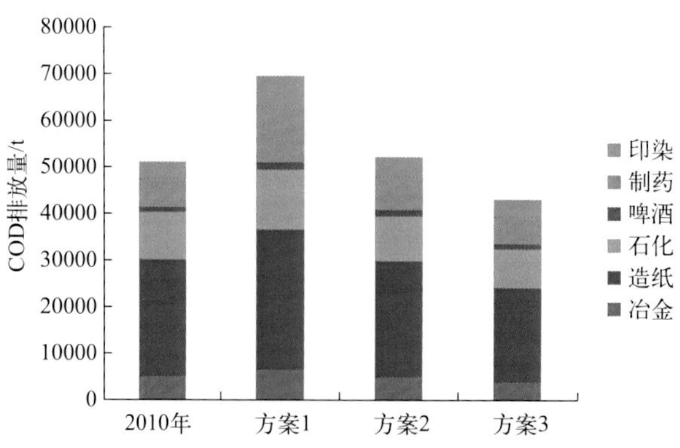

图7-20 辽河流域不同方案下六大行业COD排放量

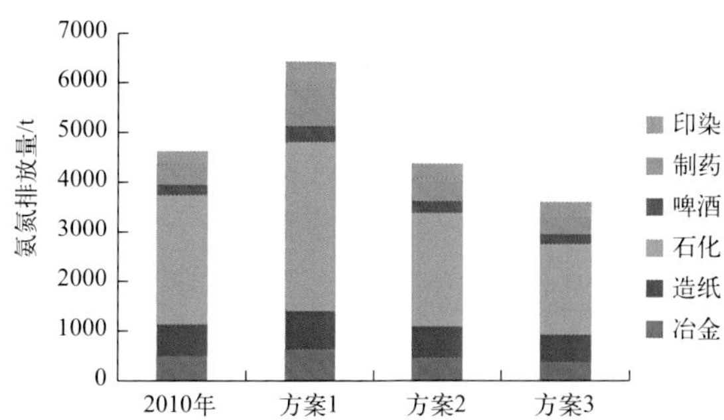

图7-21　辽河流域不同方案下六大行业氨氮排放量

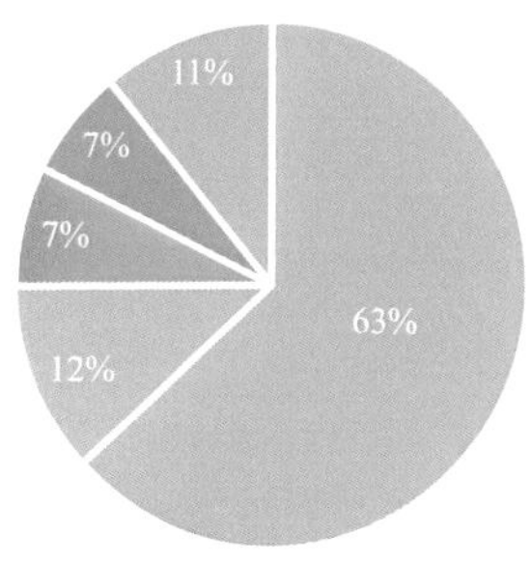

图8-3　兰-白地区VOCs减排大类行业及占比

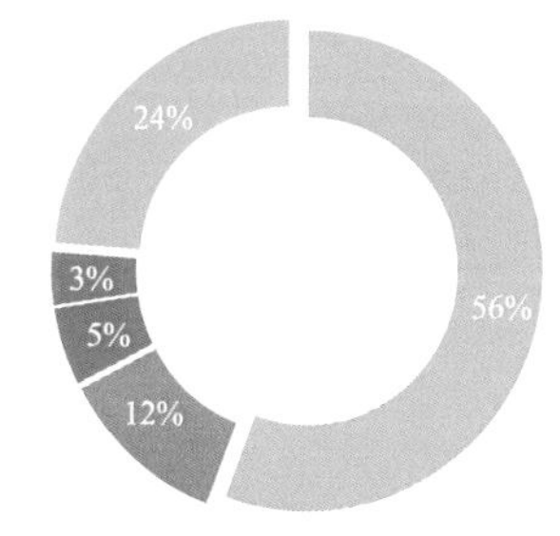

图8-4　兰-白地区VOCs减排行业（Ⅰ）及占比

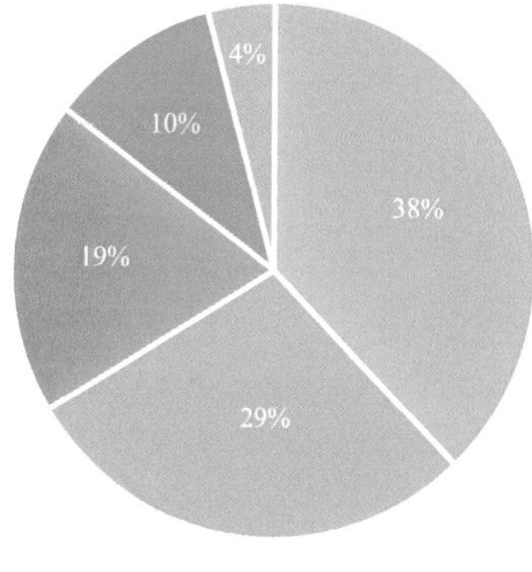

图8-7　酒-嘉地区SO_2减排大类行业及占比

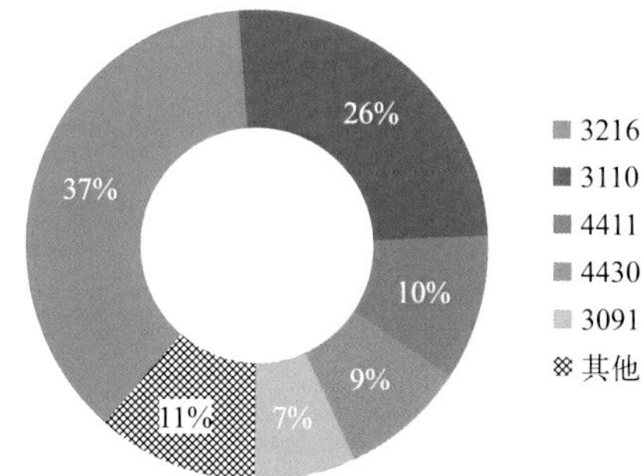

图8-8 酒-嘉地区SO_2减排行业（Ⅰ）及占比

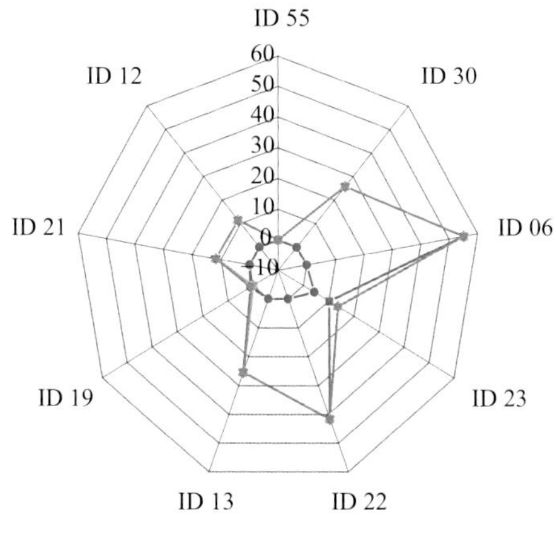

(a) 行业(Ⅰ)

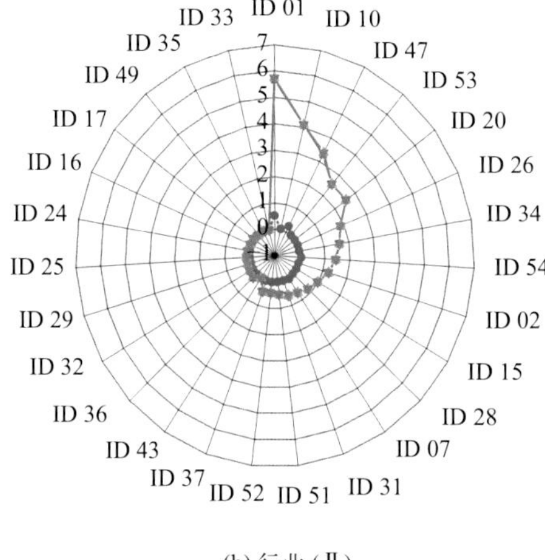

(b) 行业(Ⅱ)

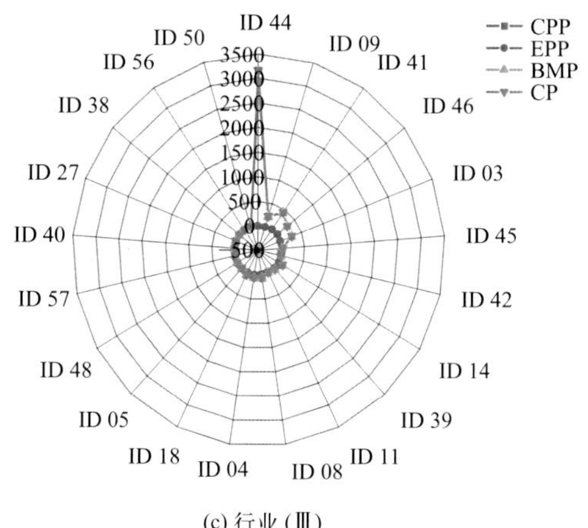

(c) 行业(Ⅲ)

图8-12　不同行业相对于深圳的减排潜力差值

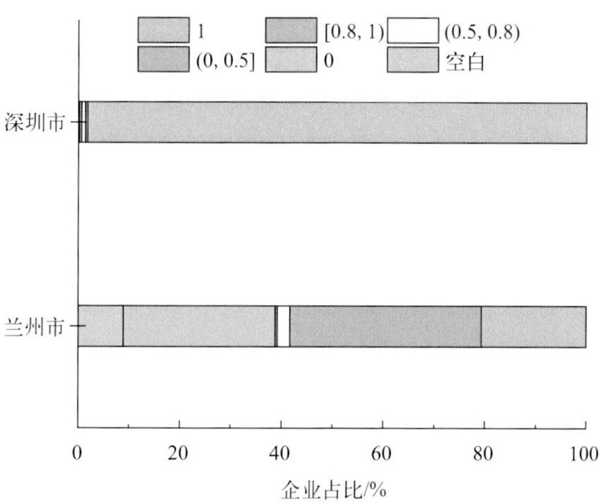

图8-13　EOP治理设施运行情况

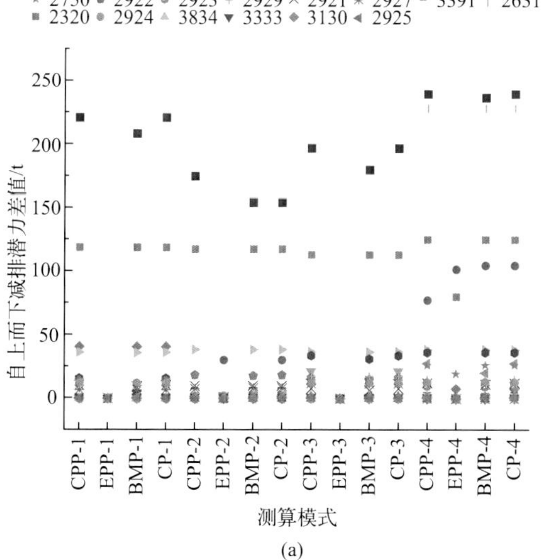

(a)

图8-20

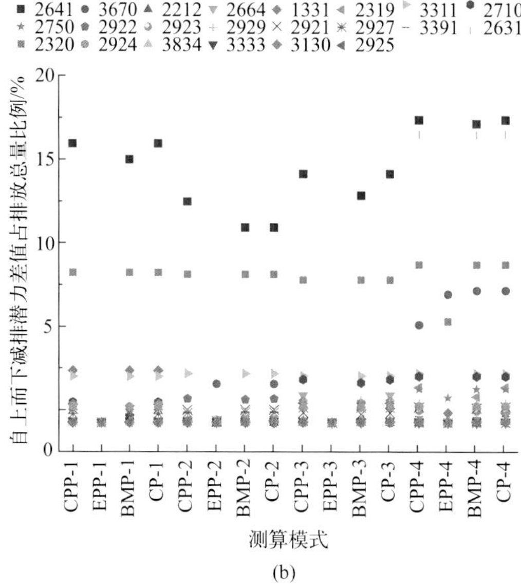

(b)

图8-20　南阳市VOCs减排行业（Ⅰ）、（Ⅱ）和（Ⅲ）的减排潜力差值

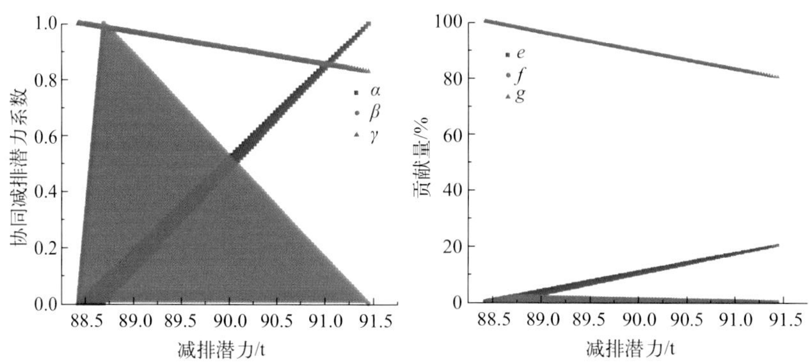

图8-23　行业3670的协同减排潜力及其系数

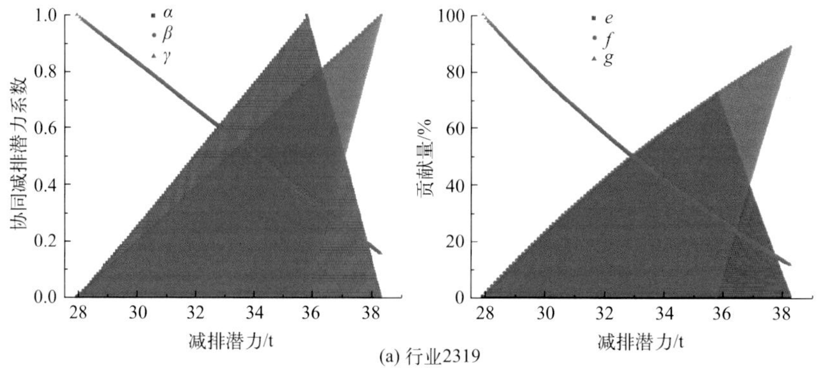

(a) 行业2319

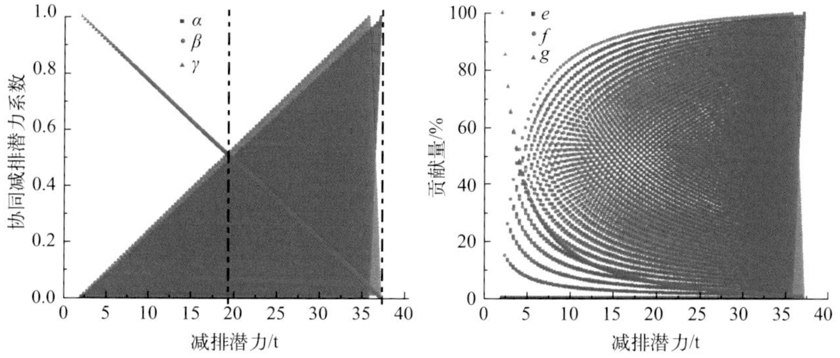

(b) 行业2710

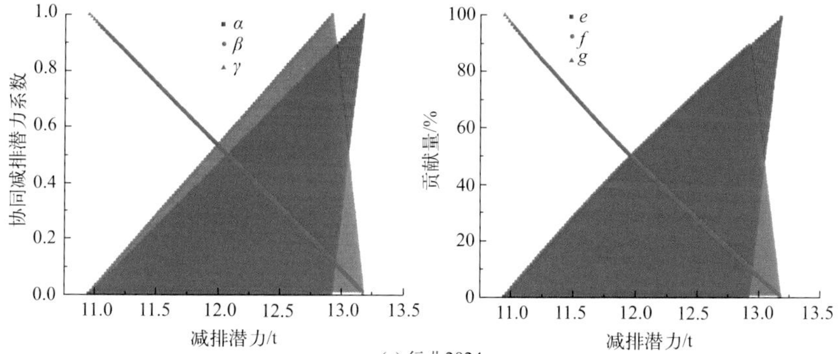

(c) 行业2924

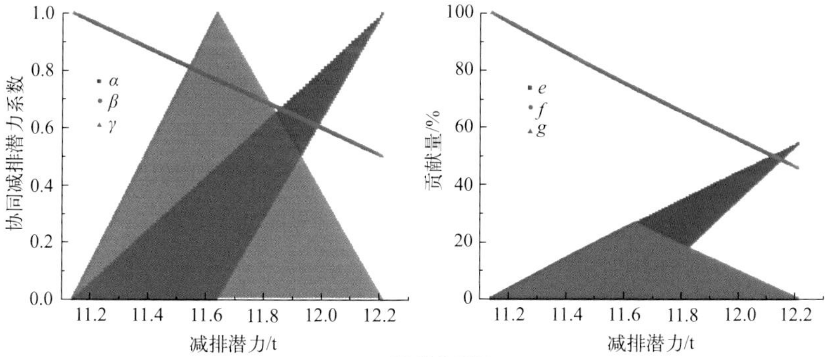

(d) 行业3391

图8-24　其他源头-过程-末端全过程协同减排行业的协同减排潜力及其系数

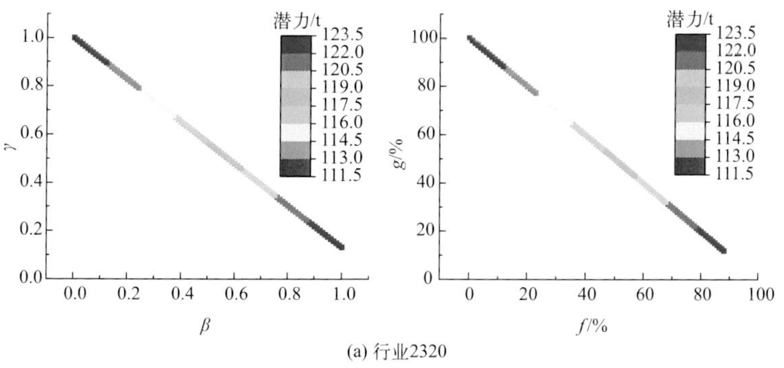

(a) 行业2320

图8-25

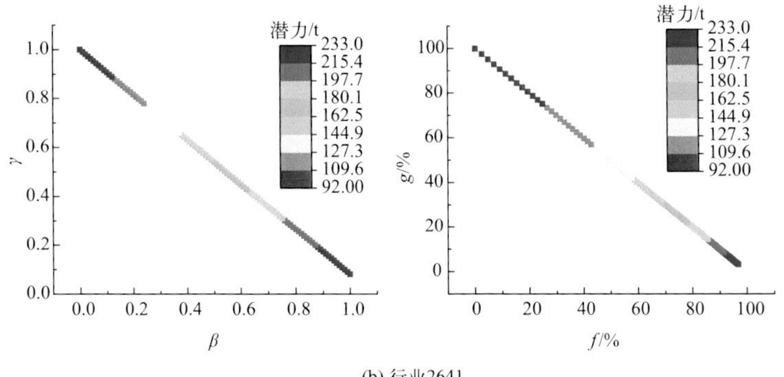

(b) 行业2641

图8-25　行业2320和2641的协同减排潜力及其系数

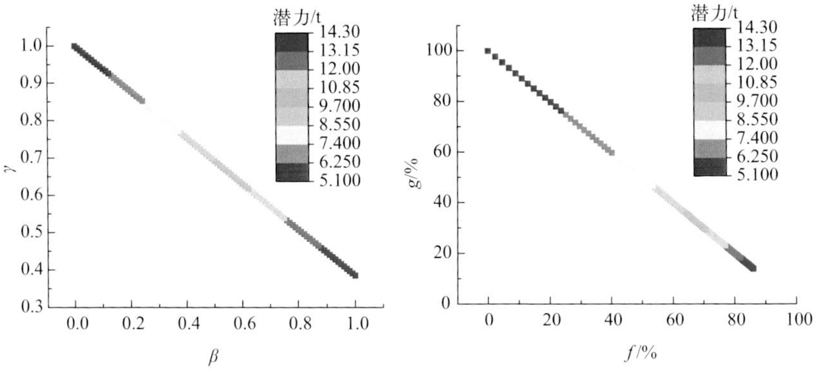

(a) 行业2921

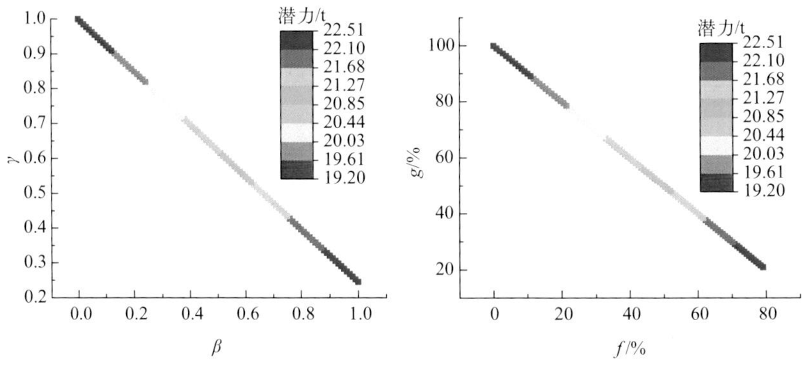

(b) 行业2922

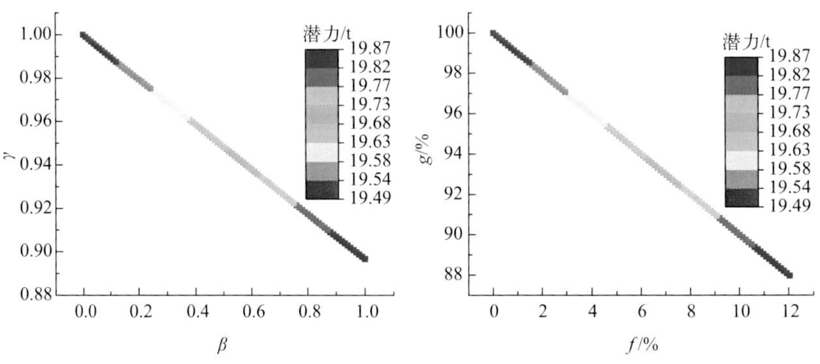

(c) 行业2923

图8-27

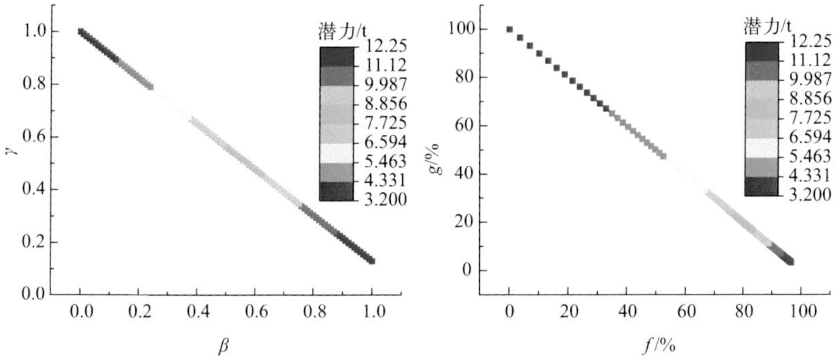

(d) 行业2927

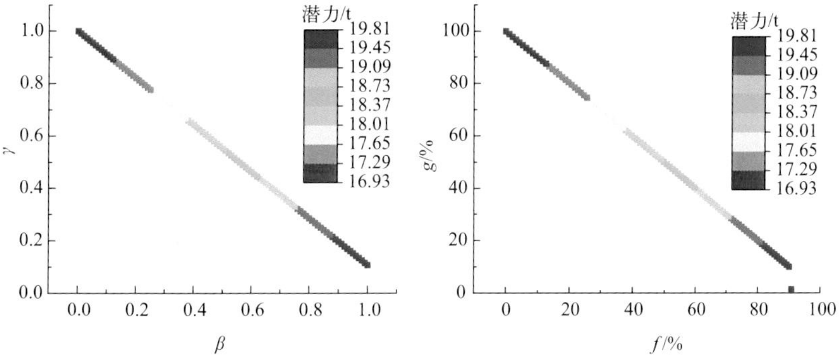

(e) 行业2929

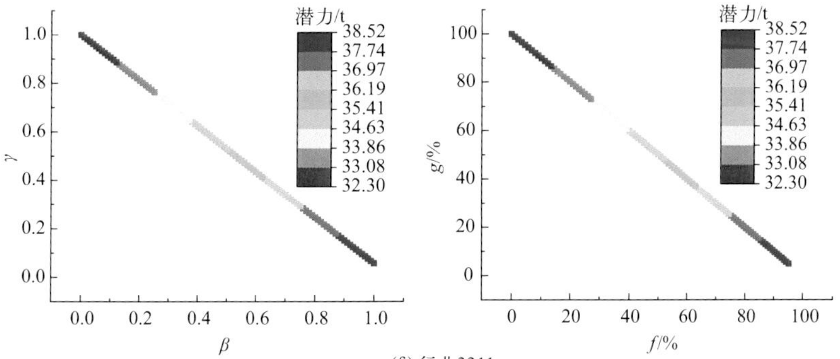

(f) 行业3311

图8-27　其他过程-末端减排行业的协同减排潜力及其系数

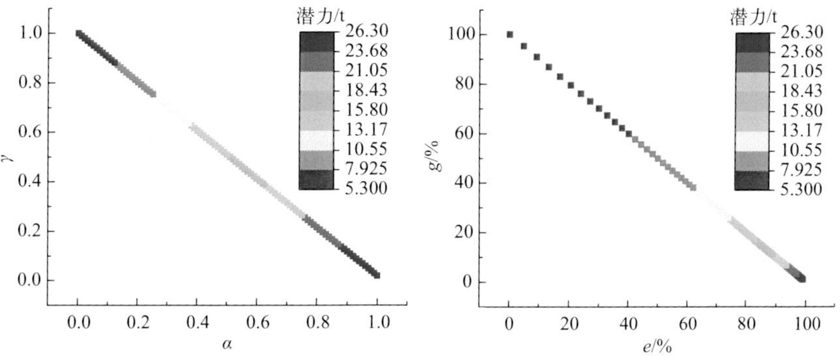

图8-28　行业2750的协同减排潜力及其系数

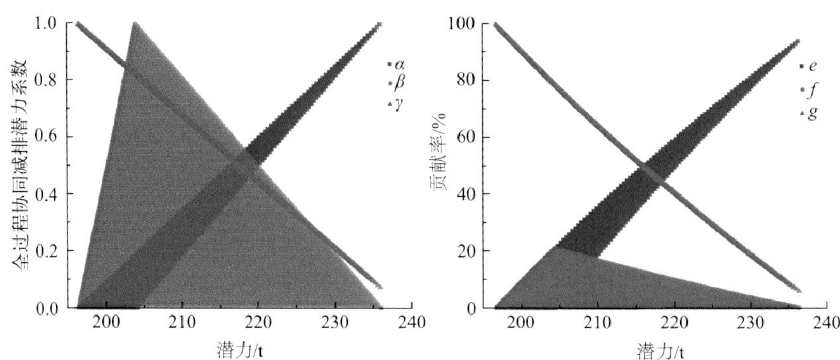

图8-30　包装印刷类行业的VOCs全过程协同减排潜力

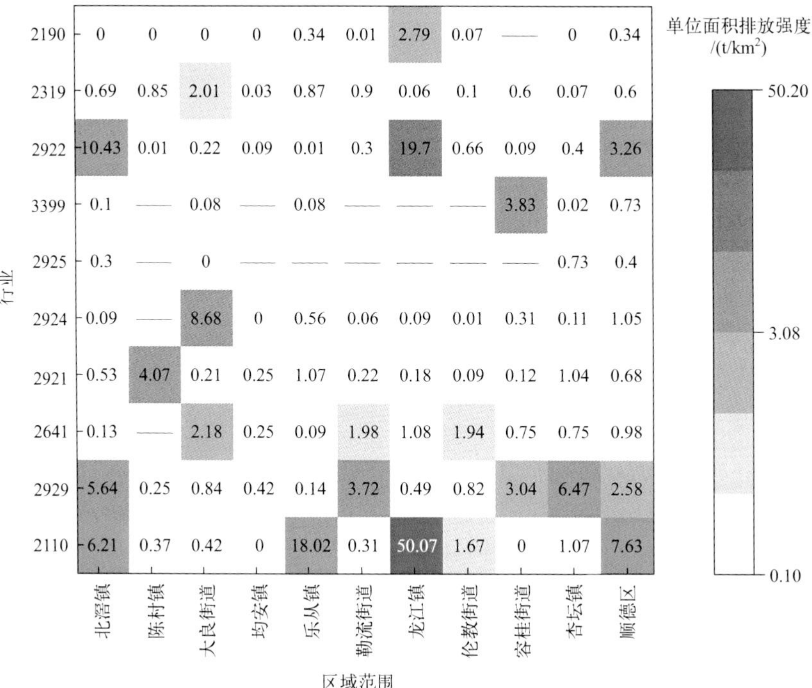

行业	北滘镇	陈村镇	大良街道	均安镇	乐从镇	勒流街道	龙江镇	伦教街道	容桂街道	杏坛镇	顺德区
2190	0	0	0	0	0.34	0.01	2.79	0.07	—	0	0.34
2319	0.69	0.85	2.01	0.03	0.87	0.9	0.06	0.1	0.6	0.07	0.6
2922	10.43	0.01	0.22	0.09	0.01	0.3	19.7	0.66	0.09	0.4	3.26
3399	0.1	—	0.08	—	0.08	—	—	—	3.83	0.02	0.73
2925	0.3	—	0	—	—	—	—	—	—	0.73	0.4
2924	0.09	—	8.68	0	0.56	0.06	0.09	0.01	0.31	0.11	1.05
2921	0.53	4.07	0.21	0.25	1.07	0.22	0.18	0.09	0.12	1.04	0.68
2641	0.13	—	2.18	0.25	0.09	1.98	1.08	1.94	0.75	0.75	0.98
2929	5.64	0.25	0.84	0.42	0.14	3.72	0.49	0.82	3.04	6.47	2.58
2110	6.21	0.37	0.42	0	18.02	0.31	50.07	1.67	0	1.07	7.63

图8-40　佛山市顺德区不同区域范围内各行业单位面积排放强度

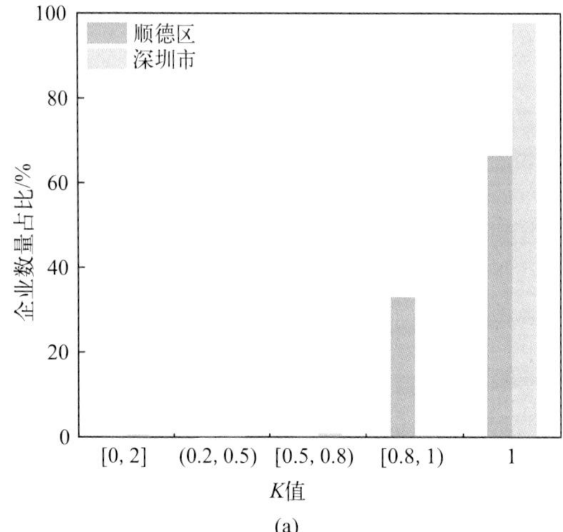

(a)

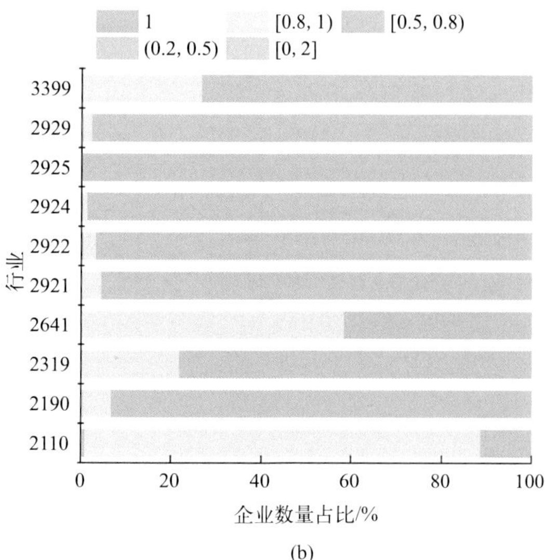

(b)

图8-41 顺德区和标杆地区（深圳市）VOCs末端治理设备运行情况对比

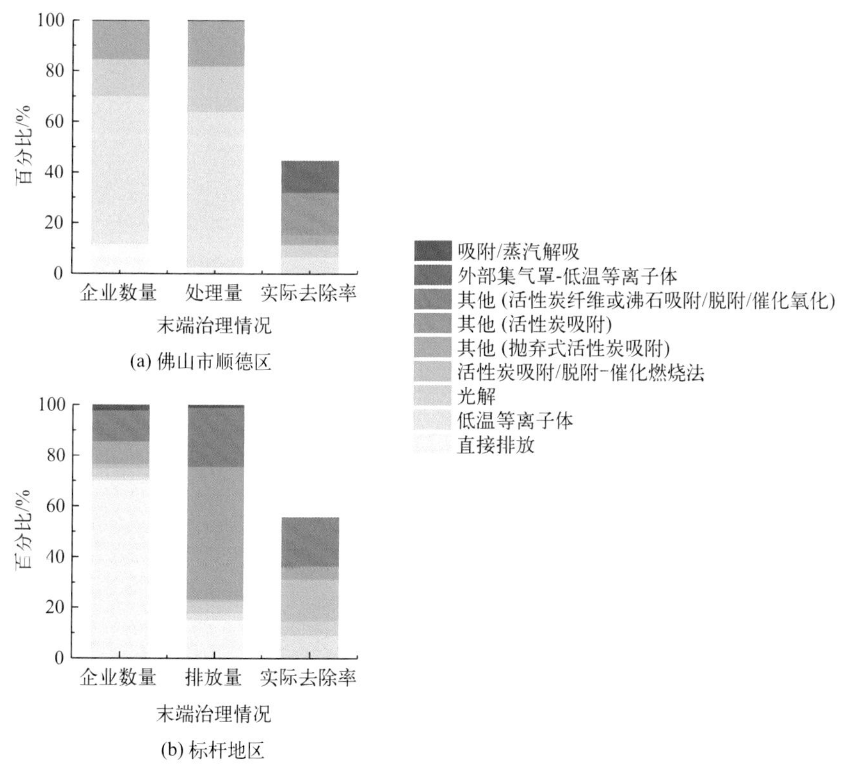

图8-42 木质家具制造业末端治理情况

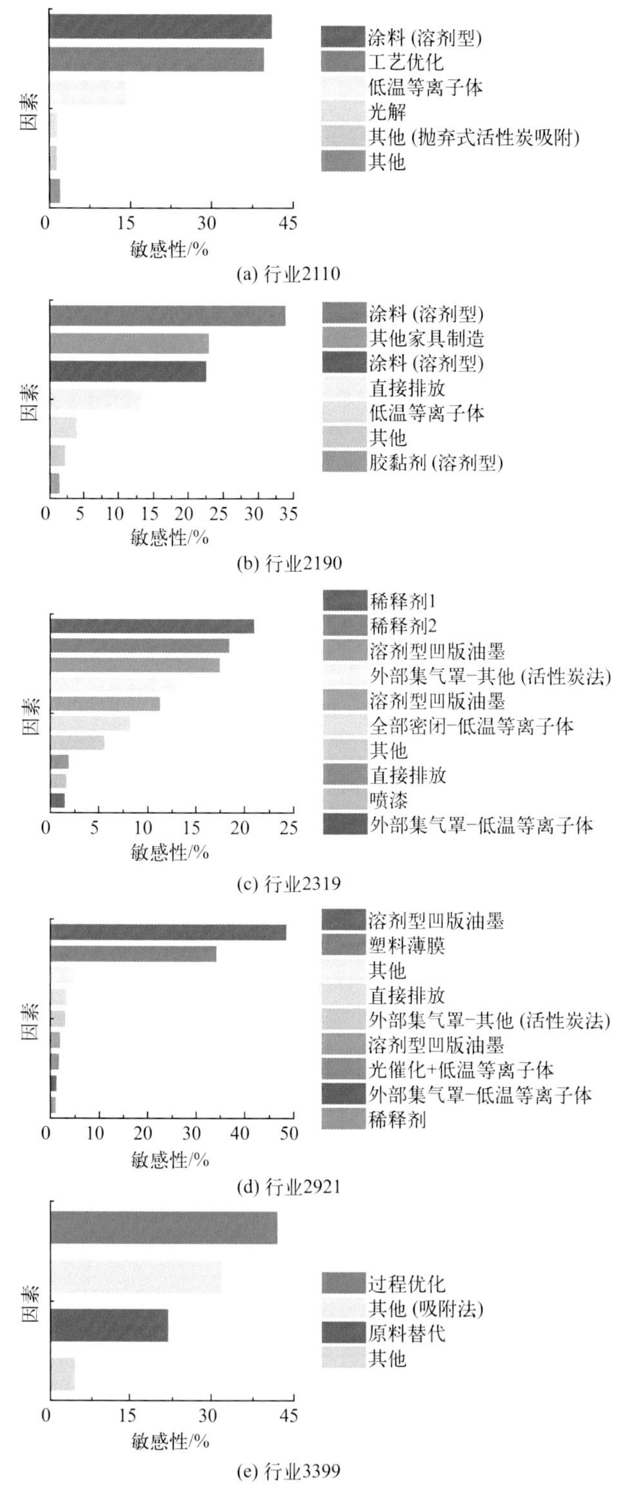

图8-48　源头-过程-末端全过程协同控制行业减排潜力对不同减排技术的敏感性（绿色系表示源头减排的敏感性，蓝色系表示过程减排技术的敏感性，橙色系表示末端减排技术的敏感性）

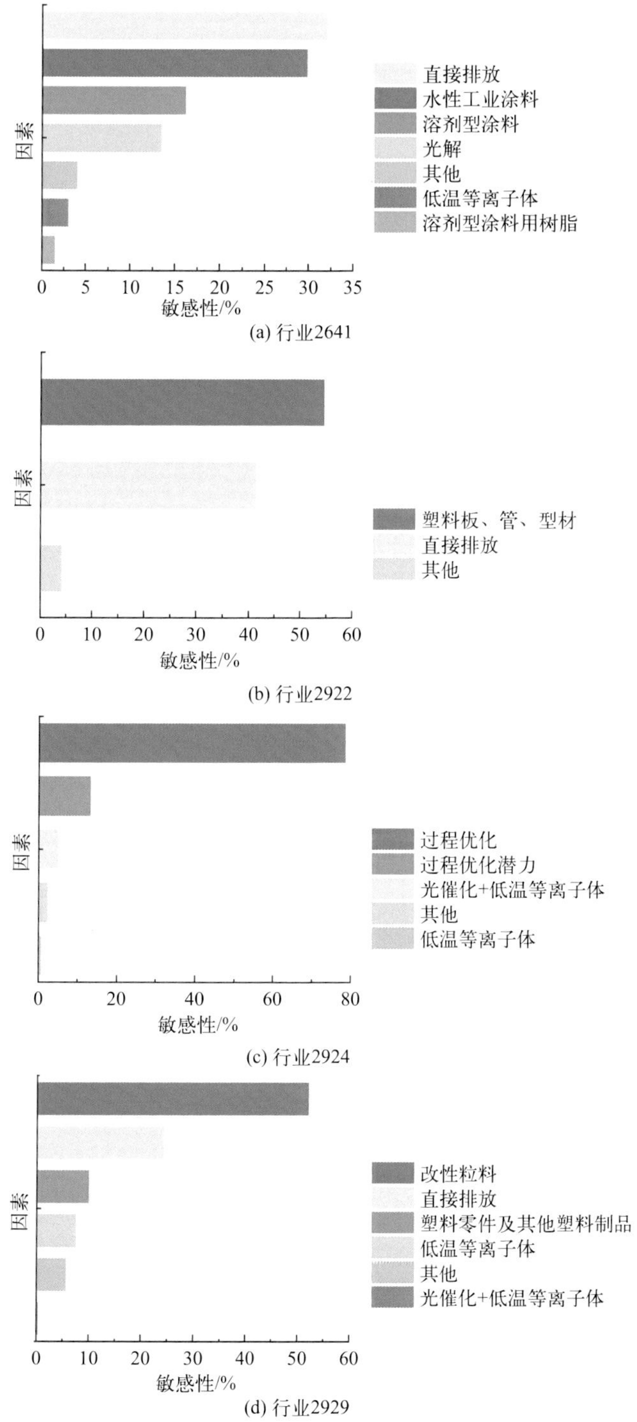

图8-49　过程－末端全过程协同控制行业减排潜力对不同减排技术的敏感性（蓝色系表示过程减排技术的敏感性，橙色系表示末端减排技术的敏感性）

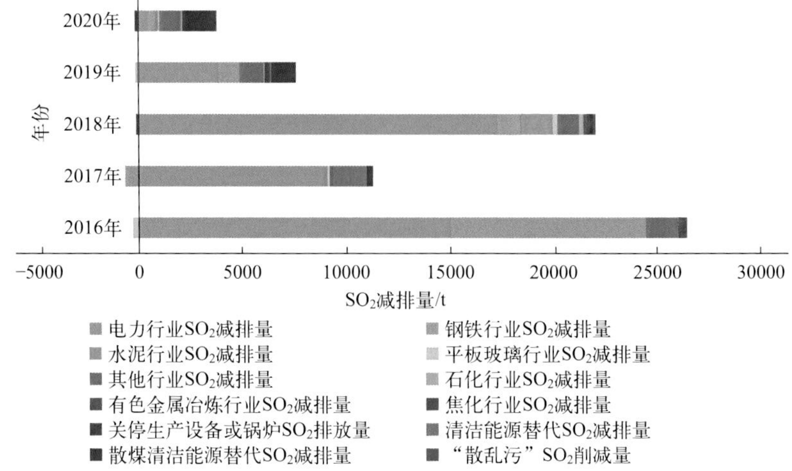

图9-24 二氧化硫总量减排重点行业及任务分布情况

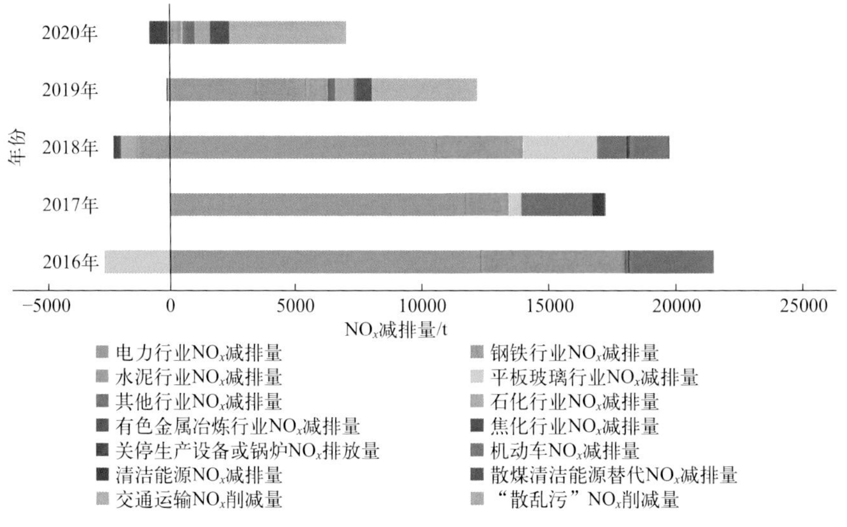

图9-25 氮氧化物总量减排重点行业及任务分布情况